技工院校实训基地人才培养一体化模块教材

机修钳工实训
（中级模块）

人力资源和社会保障部教材办公室组织编写

中国劳动社会保障出版社

简　介

本书主要内容有机械设备零部件加工、机械设备安装与调试、机械设备维修以及职业技能鉴定机修钳工中级考核模拟试卷。

图书在版编目(CIP)数据

机修钳工实训：中级模块/徐建锋主编. —北京：中国劳动社会保障出版社，2015
技工院校实训基地人才培养一体化模块教材
ISBN 978－7－5167－2196－4

Ⅰ. ①机…　Ⅱ. ①徐…　Ⅲ. ①机修钳工-教材　Ⅳ. ①TG947

中国版本图书馆 CIP 数据核字(2015)第 264622 号

中国劳动社会保障出版社出版发行
(北京市惠新东街 1 号　邮政编码:100029)
*
北京市白帆印务有限公司印刷装订　新华书店经销
787 毫米×1092 毫米　16 开本　19 印张　425 千字
2015 年 11 月第 1 版　　2023 年 1 月第 2 次印刷
定价: 35.00 元
营销中心电话: 400－606－6496
出版社网址: http://www.class.com.cn
http://jg.class.com.cn

技工院校实训基地人才培养一体化模块教材编委会名单

编审委员会（以姓氏笔画排序）

王国海　冯跃虹　吕成鹰　刘海光　孙大俊
冷耀明　张　林　胡恒庆　龚　安

编审人员

本书主编：徐建锋
本书参编：虞　海　奚　伟

前言

Preface

为了进一步发挥技工院校在技能人才培养方面的作用，切实满足企业对技能型人才的需求，人力资源和社会保障部教材办公室组织有关学校的骨干教师和行业、企业专家，在充分调研技工院校实训基地人才培养和培训模式以及企业技能人才需求的基础上，吸收和借鉴当前较为成熟的人才培养理念，编写了技工院校实训基地人才培养一体化模块教材。

使用说明

本套教材分为基础模块和专业核心模块（见下图）。其中专业核心模块教材根据国家职业技能鉴定标准中的初级、中级和高级要求设计有相对应的初级模块教材、中级模块教材和高级模块教材。实训基地可根据需要按照“基础模块＋专业核心模块”组合模式选择相应的教材。

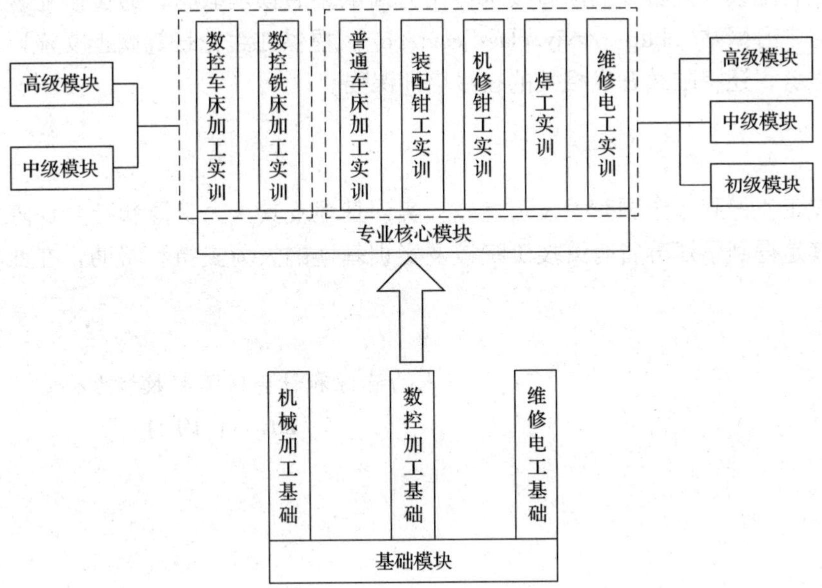

编写特色

◆与职业技能鉴定接轨

教材的编写以车工、数控车工、数控铣工、装配钳工、机修钳工、焊工、维修电工等国家职业技能标准为依据，涵盖国家职业技能标准（初、中、高级）的知识和技能要求，内容具有权威性。为了帮助学员熟悉职业技能鉴定考核形式及考题类型，每种专业核心模块教材均附有3～5套职业技能鉴定模拟试卷（包含理论知识试卷和技能操作试卷），并配有相应的参考答案。

◆与企业需求接轨

教材在编写中充分考虑企业的培训和用人需求，尽量选取企业真实的、有代表性的操作案例，整合相应的知识和技能，构建一体化教学模块，实现理论与操作技能的统一，既符合职业教育和职业培训的基本规律，又有利于培养学员分析问题和解决问题的综合职业能力。

◆保证先进性和规范性

教材根据相关专业领域的最新发展，编入了新知识、新技术、新设备、新材料等方面的内容，保证教材的先进性。同时采用最新的国家技术标准，使教材更加科学和规范。

读者对象

本套教材既可作为技工院校实训基地技能人才培养和培训用书，还可作为企业、社会培训机构的技能培训用书以及职业技术院校师生的专业用书。

后续拓展

作为补充，我们将陆续开发各专业高新技术应用方面的拓展模块教材，通过职业教育教学资源和数字学习中心网站（http://zyjy.class.com.cn/）提供在线论坛等网上交流以及相关教学资源下载服务，还将陆续开发相关的在线培训课程。

致谢

本套教材的开发工作得到了全国有关技工院校、实训基地及其人力资源和社会保障主管部门的支持，尤其是得到了江苏省有关技工院校及实训基地的大力支持和帮助，在此我们表示诚挚的谢意。

人力资源和社会保障部教材办公室

2014 年 10 月

目　录

CONTENTS

模块一　机械设备零部件加工

模块二 机械设备安装与调试

模块三 机械设备维修

模块四 职业技能鉴定机修钳工中级考核模拟试卷

模块一 机械设备零部件加工

课题1　划线操作

划线是指在毛坯或工件上，用划线工具划出待加工部位的轮廓线或作为基准的点、线、面，分为平面划线和立体划线两种。划线不但可以明确加工界线，确定加工余量，而且能够及时发现一些不合格的毛坯，避免加工后造成损失。划线的精度一般为0.25～0.5 mm。

子课题1　划线基准的选择

学习目标

1. 掌握常用划线工具的使用。
2. 了解划线基准的选择。
3. 掌握划线时的找正和借料。
4. 掌握立体划线的方法。

一、常用划线工具

1. 划线常用基准工具

划线常用基准工具包括划线平板、方箱、V形铁、弯板、分度头等，其外观及用途见表1—1—1。

表1—1—1　划线常用基准工具的外观及用途

类别	名称	图片	用途
基准工具	划线平板		由铸铁制成，工件表面经过精刨或刮削加工，作为划线时的基准平面

续表

类别	名称	图片	用途
基准工具	方箱		由铸铁制成，表面经刨削及精刮加工而成，六面成直角，可迅速地划出三个方向的垂线
	V形铁		由铸铁或碳钢制成，相邻各面互相垂直，用来支承轴、套筒、圆盘等圆形工件，以便找到划线中心
	弯板		两个平面垂直精度很高，其上的孔或槽是搭压工件时用来穿螺栓的，与C形夹钳配合使用
	分度头		万能分度头是一种较准确的等分角度的工具，是铣床上等分圆周的附件，钳工在划线中也常用它对工件进行分度和划线

2. 划线常用量具

划线常用量具有钢直尺、游标卡尺、万能角度尺等，其外观及用途见表1—1—2。

表1—1—2　　划线常用量具的外观及用途

名称	外观	用途
钢直尺		钢直尺用于确定两点（位置）间的距离，粗略地测量工件的长、宽、高、深、厚等几何尺寸

续表

名称	外观	用途
游标卡尺		游标卡尺是一种测量长度、内径、外径、深度的量具。游标卡尺由主尺和附在主尺上能滑动的游标两部分构成
万能角度尺		万能角度尺又被称为角度规、游标角度尺和万能量角器，它是利用游标读数原理来直接测量工件角度或进行划线的一种角度量具

3. 划线常用工具

划线常用工具有划针、高度游标尺、划规、样冲、曲线板、锤子、平尺等，其外观及用途见表1—1—3。

表1—1—3　划线常用工具的外观及用途

名称	外观	用途
划针		由弹簧钢或高速钢制成，直径一般为3～5 mm，端部磨尖为15°～20°的夹角，沿着钢直尺、角尺、样板进行划线
高度游标尺		它的主要用途是测量工件的高度，另外还经常用于测量形状和位置公差尺寸，有时也用于划线
划规		由工具钢或不锈钢制成，两脚尖淬硬、耐磨，可用来量取尺寸、定角度、划分线段、划圆、划圆弧线、测量两点间距离等
样冲		由工具钢制成，头部淬硬，用于在划线部位上冲眼
锤子		由锤头、木柄和楔子（斜楔铁）组成，用于敲击

4. 划线常用辅助工具

划线常用辅助工具有千斤顶、C 形夹钳、中心架、木条、铅条等，见表 1—1—4。

表 1—1—4　　划线常用辅助工具的外观及用途

名称	外观	用途
千斤顶		千斤顶是一种起重高度小（小于 1 m）的最简单的起重设备。它有机械式和液压式两种。千斤顶主要用于厂矿、交通运输等方面作为车辆修理及其他起重、支撑等工作。其结构轻巧坚固、灵活可靠，一人即可携带和操作
C 形夹钳		在划线时用于固定
中心架		在划线时，用来对空心的圆形工件定圆心

二、划线基准的选择

1. 基准的概念

基准是指图样（或工件）上用来确定其他点、线、面位置的依据。

设计基准是指设计时，在图样上所选定的用来确定其他点、线、面位置的基准。

划线基准是指划线时，在工件上所选定的用来确定其他点、线、面位置的基准。

2. 划线基准的选择

合理地选择划线基准是做好划线工作的关键。只有划线基准选择得好，才能提高划线的质量和效率，从而提高工件合格率。

划线时，应从划线基准开始。在选择划线基准时，应先分析图样，找出设计基准，使划线基准与设计基准尽量一致，这样能够直接量取划线尺寸，简化换算过程。

划线基准一般有以下三种类型：

（1）以两个相互垂直的平面（或线）为基准。

（2）以两条中心线为基准。

（3）以一个平面和一条中心线为基准。

划线时，在零件的每一个方向都需要选择一个基准，因此，平面划线时一般选择两个划线基准，而立体划线时一般选择三个划线基准。

三、找正和借料

立体划线在很多情况下是对铸、锻毛坯划线。各种铸、锻毛坯件，由于种种原因，形成形状歪斜、偏心、各部分壁厚不均匀等缺陷。当形位误差不大时，可以通过划线找正和借料的方法来补救。

1. 找正

对于毛坯工件，划线前一般先做好找正工作。找正就是利用划线工具（如划线盘、角尺、单脚规等）使工件上有关的毛坯表面处于合适的位置。找正应注意：

（1）当毛坯上有不加工表面时，通过找正后再划线，可使加工表面与不加工表面之间保持尺寸均匀。如图 1—1—1 所示的轴承架毛坯，内孔和外圆不同心，底面和上平面 A 不平行，划线前应找正。在划内孔加工线之前，应先以外圆作为找正依据。用单脚规找出其中心，然后按求出的中心划出内孔的加工线。这样，内孔与外圆可以达到同心要求。

在划轴承座底面之前，同样应以上平面（不加工表面 A）为依据，用划线盘找正成水平位置，然后划出底面加工线，这样，底座各处的厚度就比较均匀。

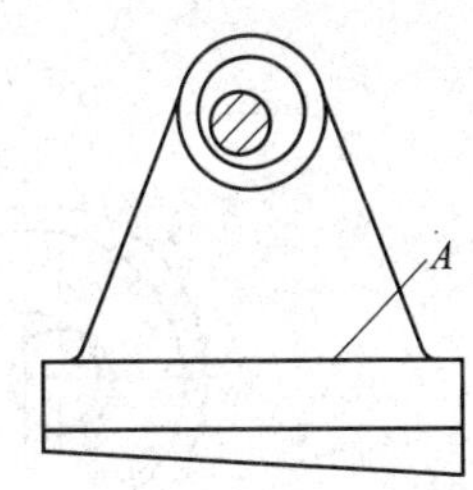

图 1—1—1　毛坯工件的找正

（2）当工件上有两个以上的不加工表面时，应选择其中面积较大、较重要的或外观质量要求较高的表面为主要找正依据，并兼顾其他较次要的不加工表面，使划线后的加工表面与不加工表面之间的尺寸（如壁厚、凸台的高低等）都尽量均匀和符合要求，而把无法弥补的误差反映到较次要的或不明显的部位上去。

（3）当毛坯上没有不加工表面时，通过对各加工表面自身位置的找正后再划线，可使各加工表面的加工余量得到合理和均匀的分布，避免加工余量相差悬殊。

由于毛坯各表面的误差和加工结构形状不同，划线时的找正要按工件的实际情况进行。

2. 借料

铸、锻件毛坯在形状、尺寸和位置上的误差缺陷用找正后的划线方法不能补救时，可考虑采用借料的方法解决。

借料是指通过试划和调整，使各个加工面的加工余量合理分配，互相借用，从而保证各个加工表面都有足够的加工余量，而误差和缺陷可在加工后排除。

要做好借料划线，首先要知道待划毛坯误差程度，确定需要借料的方向和大小，这样才能提高划线效率。如果毛坯误差超出许可范围，就不能利用借料来补救了。借料的一般步骤如下：

（1）图 1—1—2 所示的圆环，是一个锻造毛坯，其内、外圆都要加工。如果毛坯形状比较准确，就可以按图样尺寸进行划线。此时，划线工作简单（见图 1—1—2b）。现在因锻造圆环的内、外圆偏心较大，划线就不是那样简单了。若按外圆找正划内孔加工线，则内孔有个别部分的加工余量不够（见图 1—1—3a）；若按内圆找正划外圆加工线，则外圆个别部分的加工余量不够（见图 1—1—3b）。只有在内孔和外圆都兼顾的情况下，适当地将圆心选在锻件内孔和外圆圆心之间的一个适当的位置上划线，才能使内孔和外圆都有足够的加工余量（见图 1—1—3c）。这说明通过划线借料，使有误差的毛坯仍能很好地利用。当然误差太大时则无法补救。

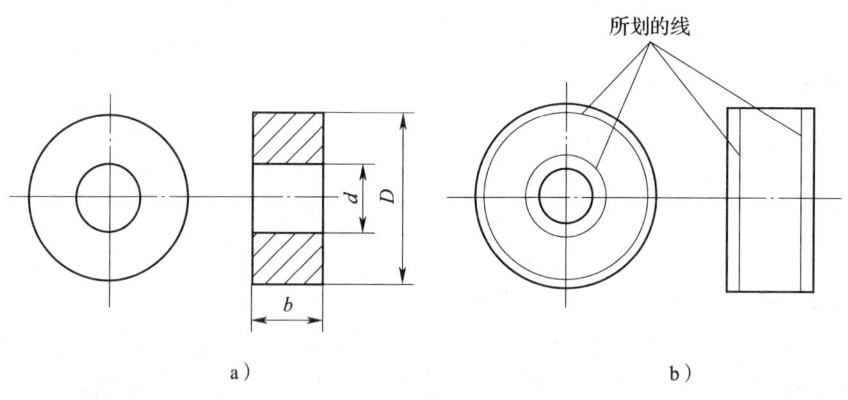

图 1—1—2　圆环工作图及划线

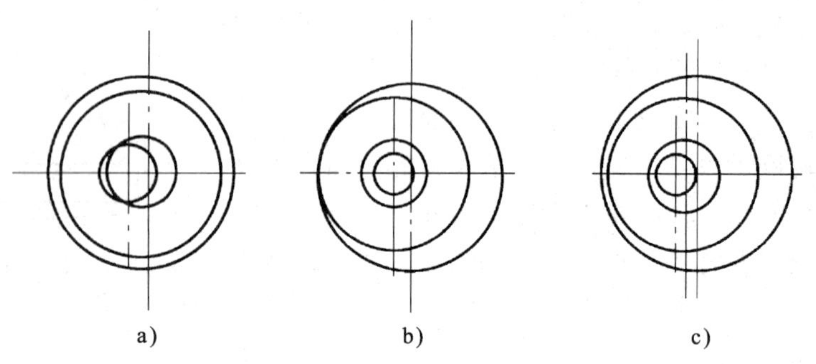

图 1—1—3　圆环划线的借料

（2）图 1—1—4 所示的齿轮箱体是一个铸造毛坯。由于铸造误差，使 *A*、*B* 两孔的中心距由图样规定的 150 mm 缩小为 144 mm，*A* 孔向右偏移 6 mm，按照一般的划法，因为凸台的外圆 ϕ125 mm 是不加工的，为了保证两孔加工后与其外圆同心，首先应该以两孔的凸台外圆为找正依据，分别找出它们的中心，并保证两孔中心距为 150 mm，然后划出两孔的圆周尺寸线 ϕ75 mm。但是，由于 *A* 孔偏心过多，如果按上述一般方法划出 *A* 孔，它的右边局部地方没有足够的加工余量（见图 1—1—4a）。

如果用借料的方法将 *A* 孔中心向左借过 3 mm，*B* 孔中心向右借过 3 mm，这时再划两孔的中心线和内孔圆周加工线，就可使得两孔都能分配到加工余量，从而使毛坯得以利用（见图 1—1—4b）。当然，由于把 *A* 孔的误差平均反映到 *A*、*B* 两孔的凸台外圆上，所以划线结果会使凸台外圆与内孔产生偏心，但偏心程度并不显著，对外观质量的影响也不大，一般可符合零件的质量要求。

应该指出，划线时的找正和借料这两项工作是密切配合进行的。例如图 1—1—4 所示的齿轮箱体，除了要划 *A*、*B* 两孔的加工线外，毛坯其他部位还有许多线需要划。如划底面加工线时，因为平面 *C* 也是不加工表面，为了保证此表面与底面之间的厚度 25 mm 在各处均匀，划线时也要以 *C* 面为依据进行找正。在对 *C* 面找正时，必然会影响到 *A*、*B* 两孔

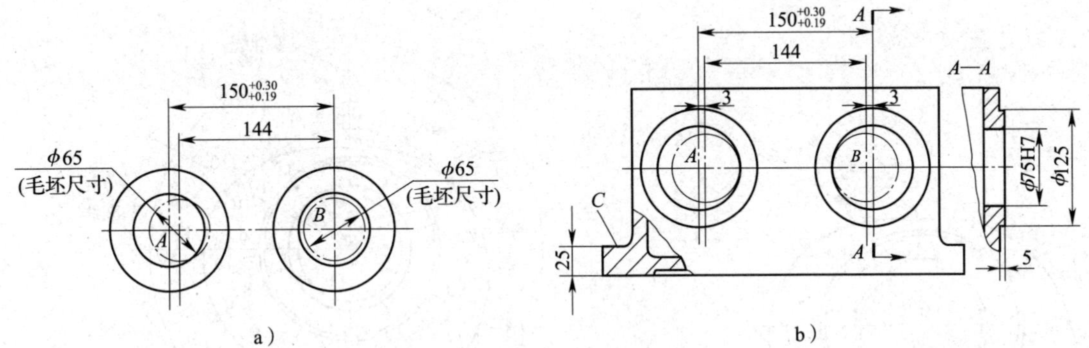

图 1—1—4　齿轮箱体划线

a）一般划线　b）借料划线

的中心高低，可能还要进行高低方面的借料。因此，找正和借料必须相互兼顾，使各方面都满足要求，如果只考虑一方面，忽略其他方面，都不能做好划线工作。

四、立体划线的方法

一般按下列步骤进行：

1. 读图，分析图样，确定划线基准。
2. 检查、清理工件和涂色。
3. 选用划线工具，正确安放、装夹工件。
4. 划线。
5. 仔细检查划线的正确性和完整性。
6. 在划线的合适部位打冲眼。

五、技能操作

1. 分别标出以下三张图的设计基准和划线基准。

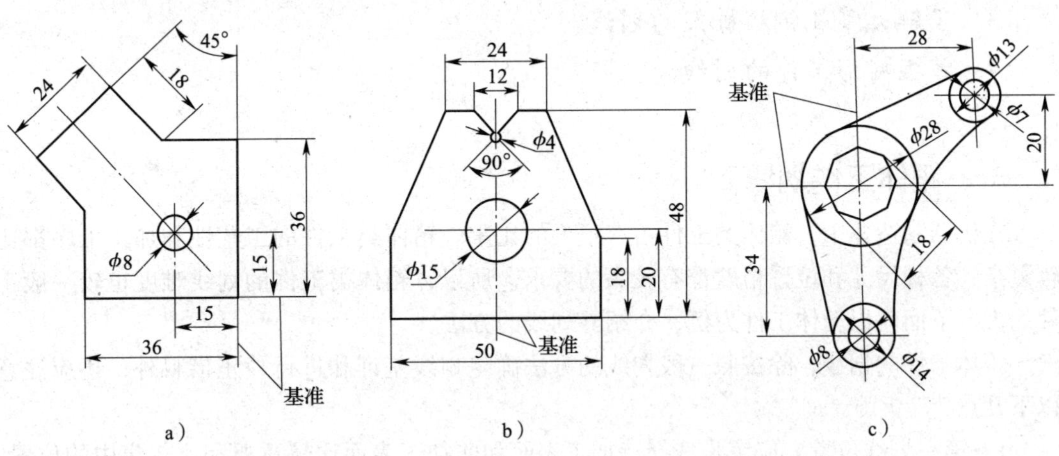

2. 采用借料的方法对下图进行划线。

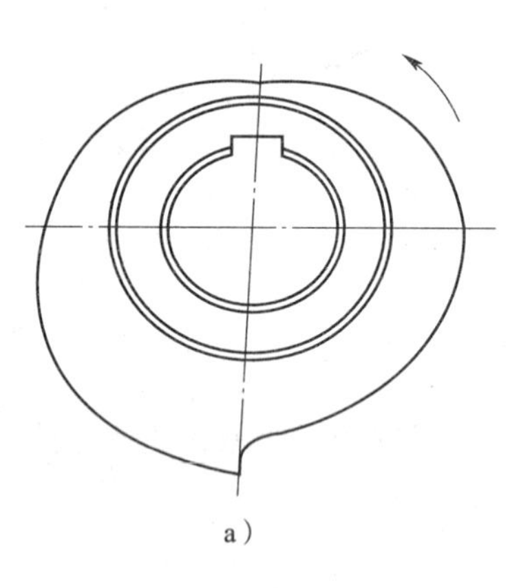

a）

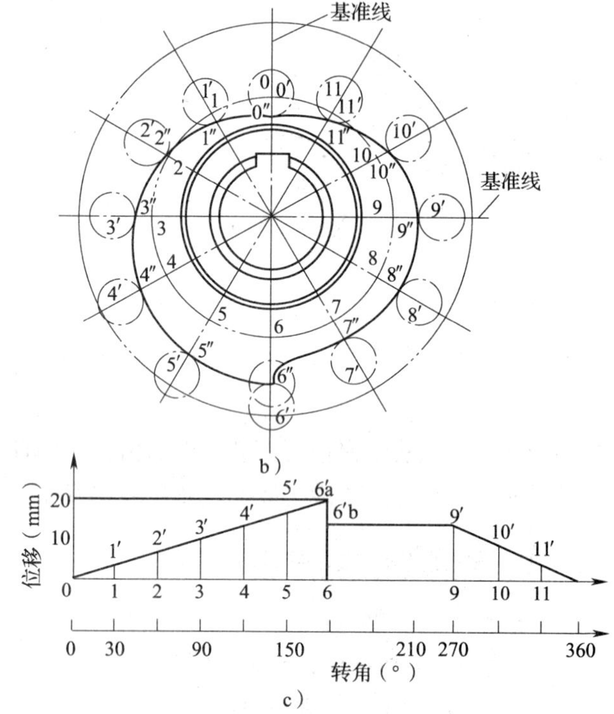

b）

c）

子课题 2　较大型及形状复杂工件的划线

学习目标

1. 熟悉箱体工件的划线。
2. 了解车床主轴箱的划线。
3. 了解大型轧钢机机架的划线。
4. 掌握畸形工件的划线。

一、箱体工件划线

在机器制造业中，箱体类工件占有很大的比重。箱体类工件的工艺性和加工工序都比较复杂，各种尺寸和位置精度都有较高的要求。所以，箱体类工件的划线难度也较一般工件的大。下面就以箱体工件为例，介绍其划线的方法。

箱体工件的划线，除按照一般划线的方法确定划线基准和进行找正借料外，还应注意以下几点：

1. 第一划线位置，应该是选择待加工表面和非加工表面比较重要和比较集中的位置，这样有利于划线时能正确找正和及早发现毛坯的缺陷，既保证了划线质量，又可减少工件的翻转次数。

2. 箱体工件划线，一般都要划出十字校正线，在四个面上都要划出，划在长或平直的部位。一般常以基准孔的轴线作为十字校正线。在毛坯面上划的十字校正线，经过刨削加工后再次划线时，必须以加工的面作为基准面，原十字校正线必须重划。

3. 为避免和减少翻转次数，其垂直线可利用角铁或角尺一次划出。

4. 某些箱体，内壁不需加工，而且装配齿轮等零件的空间又较小，在划线时要特别注意找正箱体内壁，以保证加工后能顺利装配。

二、车床主轴箱的划线

主轴箱是车床的重要部件之一，图 1—1—5 所示为卧式车床主轴箱箱体图。从图中可以看出，箱体上加工的面和孔很多，而且位置精度和加工精度要求都比较高，虽然可以通过加工来保证，但在划线时对各孔间的位置精度仍需要特别注意。

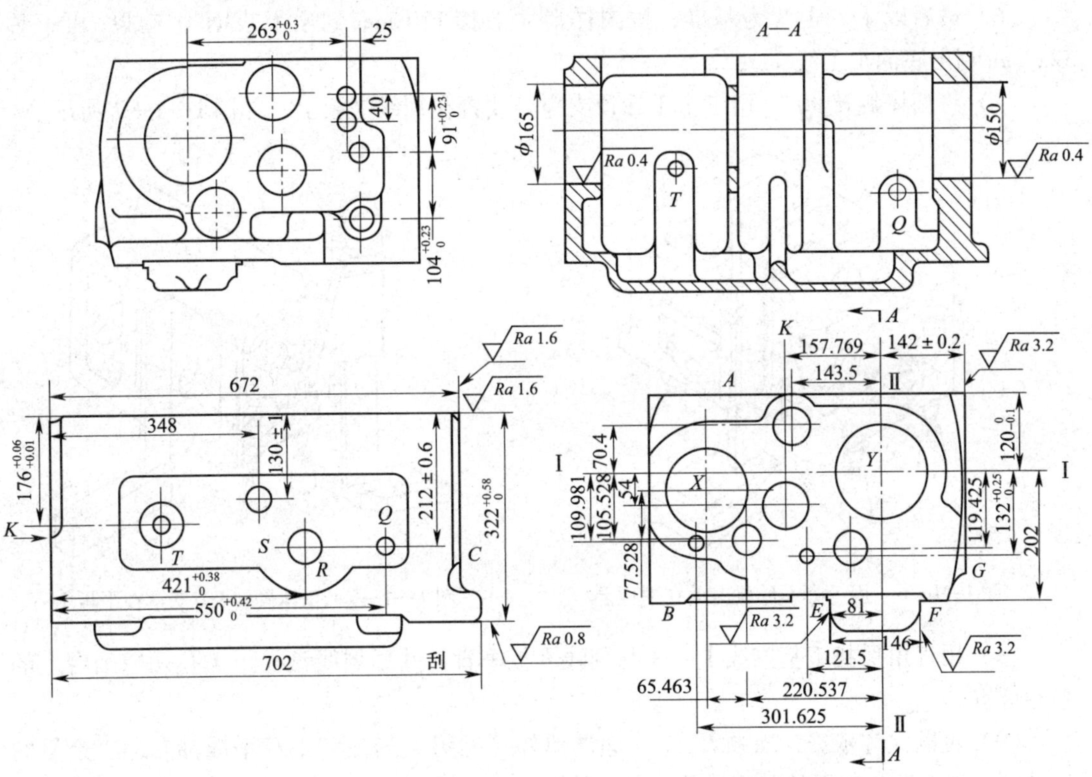

图 1—1—5　卧式车床主轴箱箱体图

在一般加工条件下，该主轴箱箱体划线可分为三次进行。第一次确定箱体加工面的位置，划出各平面的加工线；第二次以加工后的平面为基准，划出各孔的加工线和十字校正线；第三次划出与加工后的孔和平面尺寸有关的螺孔、油孔等加工线。

主轴箱箱体的划线步骤：

1. 第一次划线

第一次划线是在箱体毛坯件上划线，主要是合理分配箱体上每个孔和平面的加工余量，使加工后的孔比较均匀对称，为第二次划线时确定孔的正确位置奠定基础。

（1）将箱体用三个千斤顶支撑在划线板上，如图 1—1—6 所示。

（2）用划线盘找正 X、Y 孔（制动轴孔、主轴孔都是关键孔）的水平中心线及箱体的上、下平面与划线平板基本平行。

（3）用直角尺找正 X、Y 孔的两端面 C、D 和平面 G 与划线平板基本垂直，若差异较大，可能出现某处加工余量不足，应调整千斤顶与 A、B 的平行方向借料。

（4）然后以 Y 孔内壁凸台的中心（在铸造误差较小的情况下，应与孔中心线基本重合）为依据，划出第一放置位置的基准线Ⅰ－Ⅰ。

（5）再以Ⅰ－Ⅰ线为依据，检查其他孔和平面在图样所要求的相应位置上是否都有充分的加工余量，以及在 C、D 垂直面上各孔周围的螺纹孔是否有合理的位置，一定要避免螺纹孔有大的偏移，如发现孔或平面的加工余量不足，要进行借料，对加工余量进行合理调整，并重新划出Ⅰ－Ⅰ基准线。

（6）最后以Ⅰ－Ⅰ线为基准，按图样尺寸上移 120 mm 划出上表面加工线，再下移 322 mm 划出底面加工线。

（7）将箱体旋转 90°，用三个千斤顶支撑，放置在划线平板上，如图 1—1—7 所示。

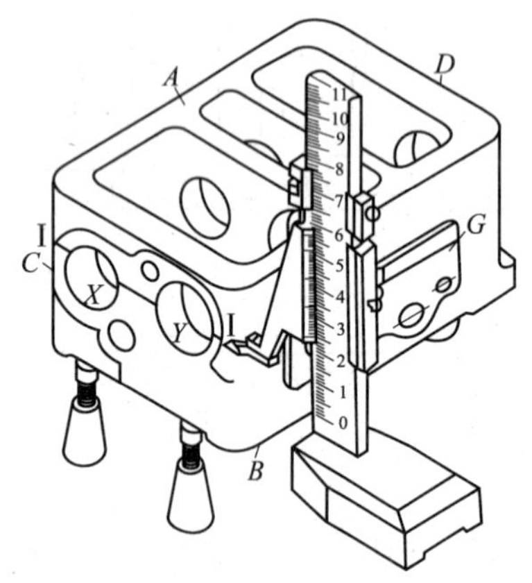

图 1—1—6　用三个千斤顶支承在平板上

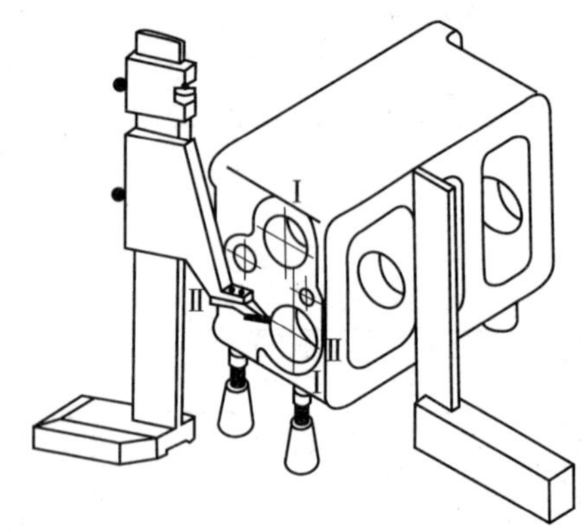

图 1—1—7　箱体翻转 90°支承在平板上

（8）用直角尺找正基准线Ⅰ－Ⅰ与划线平板垂直，并用划线盘找正 Y 孔两壁凸台上的中心位置。

（9）再以此为依据，兼顾 E、F（储油池外壁见图 1—1—5）、G 平面都有加工余量的条件下，划出第二放置的基准线Ⅱ－Ⅱ。

（10）以Ⅱ－Ⅱ为基准，检查各孔是否有充分的加工余量，E、F、G 平面的加工余量是否合理分布；若某一部位的误差较大，应借料找正后重新划出Ⅱ－Ⅱ基准线。

（11）最后以Ⅱ－Ⅱ线为依据，按图样尺寸上移 81 mm 划出 E 面加工线，再下移 146 mm 划出 F 面加工线，仍以Ⅱ－Ⅱ线为依据下移 142 mm 划出 G 面加工线（见图 1—1—5）。

（12）将箱体翻转 90°，用三个千斤顶支承在划线平面上，如图 1—1—8 所示。

（13）用直角尺找正Ⅰ－Ⅰ、Ⅱ－Ⅱ两条基准线与划线平面垂直。

（14）以主轴孔 Y 内壁凸台的高度为依据，兼顾 D 面加工后到 T、S、R、Q 孔的距离

（确保孔对内壁凸台、筋板的偏移量不大），划出第三放置位置的基准线Ⅲ－Ⅲ，即 *D* 面的加工线。

（15）然后上移 672 mm 画出平面 *C* 的加工线。

（16）检查箱体在三个放置位置上的划线是否准确，当确认无误后，冲出样冲孔，转加工工序进行平面加工。

2. 第二次划线

箱体的各平面加工结束后，在各孔内装进中心塞块，并在需要划线的位置涂色，以便划出各孔中心线的位置。

（1）箱体放置如图 1—1—6 所示，但不用千斤顶而是用两块平行垫铁安放在箱体底面和划线平板之间，垫铁厚度要大于储油池凸出部分的高度，应注意箱体底面与垫铁和划线平板的接触面要擦干净，避免因夹有异物而使划线尺寸不准确。

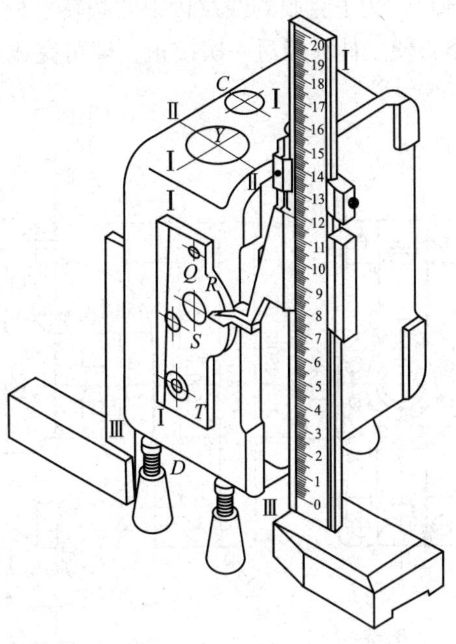

图 1—1—8　箱体再翻转 90°支承在平板上

（2）用游标高度卡尺从箱体的上平面 *A* 下移 120 mm，划出主轴孔 *Y* 的水平位置线Ⅰ－Ⅰ。

（3）再分别以上平面 *A* 和Ⅰ－Ⅰ线为尺寸基准，按图样的尺寸要求划出其他孔的水平位置线。

（4）将箱体翻转 90°，如图 1—1—7 所示的位置，平面 *G* 直接放在划线平板上。

（5）以划线平板为基准上移 142 mm，用游标高度卡尺划出孔 *Y* 的垂直位置线（以主轴箱工作时的安放位置为基准）Ⅱ－Ⅱ。

（6）然后按图样的尺寸要求分别找出各孔的垂直线位置。

（7）将箱体翻转 90°，如图 1—1—8 所示位置，平面 *D* 直接放在划线平板上。

（8）以划线平板为基准分别上移 180 mm、348 mm、421 mm、550 mm，划出孔 *T*、*S*、*R*、*Q* 的垂直位置线（以主轴箱工作时的安放位置为基准）。

（9）检查各平面内各孔的水平位置与垂直位置的尺寸是否准确，孔中心距是否有较大的误差，若发现有较大误差，应找出原因，及时纠正。

（10）分别以各孔的水平线与垂直线的交点为圆心，按各孔的加工尺寸用划规划圆，并冲出样冲孔，按工艺进行孔加工。

3. 第三次划线

在各孔加工合格后，将箱体平稳地置于划线平板上，在需划线的部位涂色，然后以已加工平面和孔为基准划出各有关的螺纹孔和油孔的加工线。

三、大型轧钢机机架的划线

图 1—1—9 所示为轧钢机机架，其外形尺寸为 9 250 mm×4 500 mm×1 800 mm，重达

130 t。为了克服划线过程中的翻转、校正困难，采用拉线与吊线法，再配合一般的划线操作，使工件只经过一次校正，即可完成全部划线任务。其具体划线过程如下：

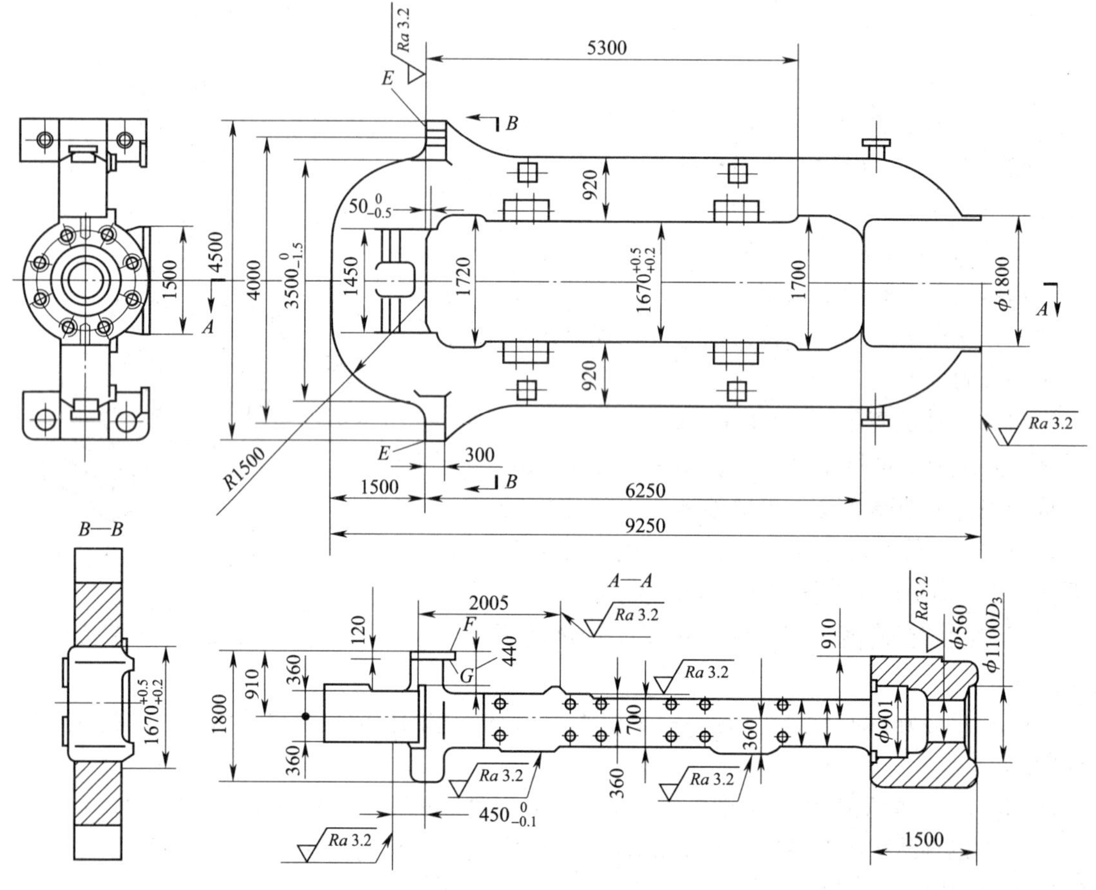

图 1—1—9　大型轧钢机机架

1. 划校正大件位置的线段时，先在 ϕ560 毛坯孔内装好中心垫块，然后依据 ϕ1 800 凸台外缘找正定出中心点，并检查 ϕ560 孔是否有加工余量，用钢直尺分别从两个 G 面量至大件毛坯中心 790 mm（910－120＝790）；各出一条线段；在 700 mm 厚的毛坯上，相隔一定距离，划出它的对分线段。这三方面的点、线即为校正大件位置的依据。

2. 校正大件位置时，将机架置于大平台上的三个千斤顶上，而且使机架与平台保证一定距离，以便下道划线。接着调整千斤顶，用划线盘校对已划出的中点、线段等高，校正时可以 ϕ1 800 mm 毛坯外缘中心点到 790 mm 线段为主要依据（700 mm 对分线段作参考，适当考虑）。然后用 90°角尺检查两个 G 面，看是否垂直于平台面，如果相差较大，应做相应校正。

3. 划水平位置中心线Ⅰ－Ⅰ和与它平行的加工线时，按 ϕ1 800 mm 毛坯外缘中心点，790 mm 线段、700 mm 对分段，划出水平中心线Ⅰ－Ⅰ（机架外与窗口内都必须划一整圈线）。由Ⅰ－Ⅰ分别上移 360 mm 和下移 360 mm、910 mm 划出其他各面加工线，如图 1—1—10a 所示。

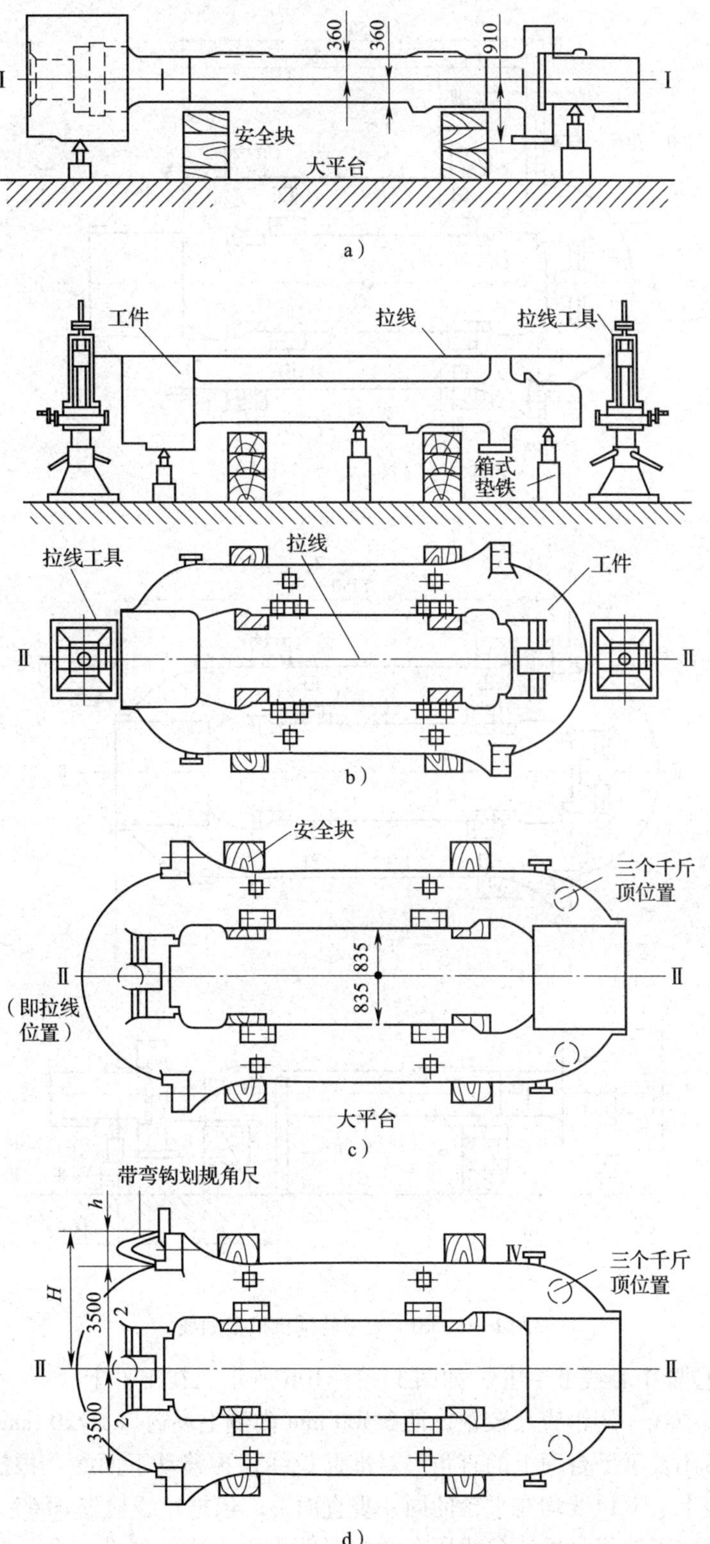
360
360
910
I
I
安全块
大平台
a）
工件
拉线
拉线工具
箱式
垫铁
拉线工具
拉线
工件
Ⅱ
Ⅱ
b）
安全块
三个千斤
顶位置
835
835
Ⅱ
Ⅱ
（即拉线
位置）
大平台
c）
带弯钩划规角尺
h
H
3500
2
Ⅳ
三个千斤
顶位置
Ⅱ
Ⅱ
3500
2
d）

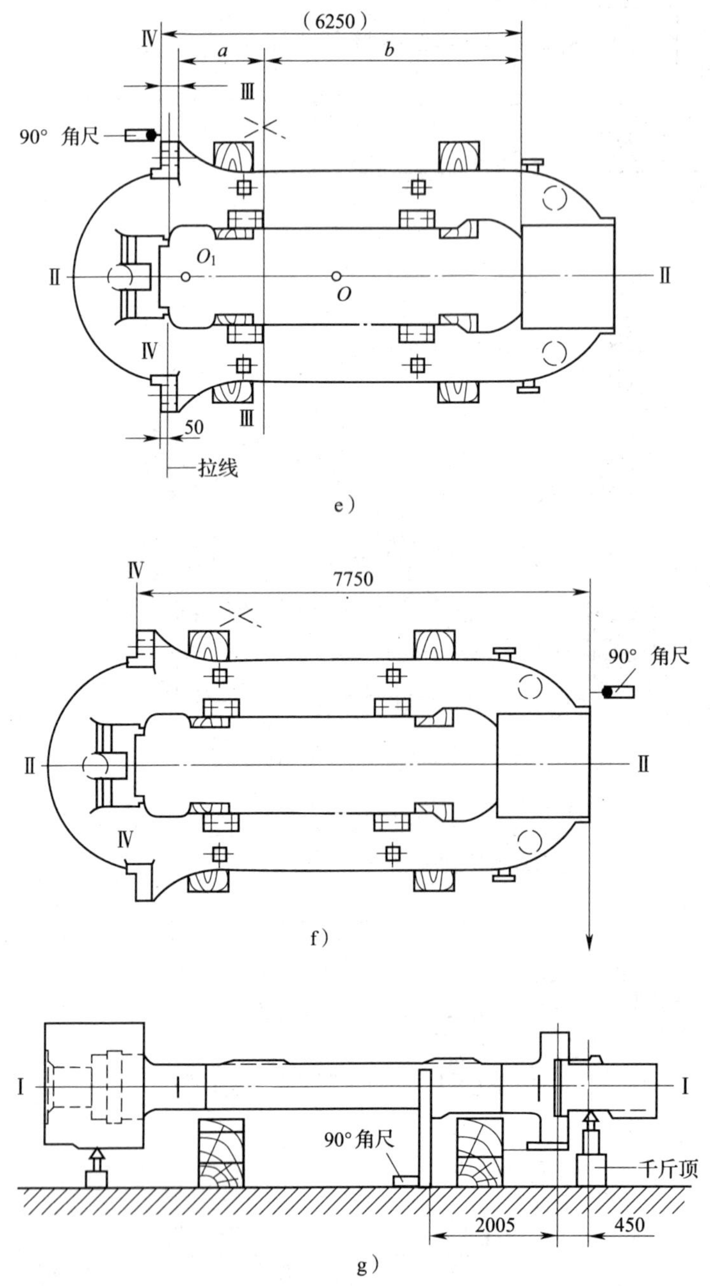

图 1—1—10　大型轧钢机机架划线

4. 划垂直位置中心线Ⅱ－Ⅱ，如图 1—1—10b 所示。在工件上、下平面各拉一根线，并移动上面一根拉线，用钢直尺校正，使 3 500 mm 内侧毛坯窗口 1 720 mm 和 1 700 mm 被拉线均分。然后用置于平台面上的直角尺对准此拉线，再移动下面的一根拉线，也使其对准直角尺面，使上、下拉线均在平台的同一垂直面上。依据拉线检查 ϕ560 mm 孔须留有加工余量，否则应校正拉线位置，拉线所在的位置即为垂直中心线Ⅱ－Ⅱ，Ⅱ－Ⅱ与Ⅰ－Ⅰ线的交点即为 ϕ560 mm 孔的中心，打上样冲眼，并将拉线的位置划到平台面上（注意应从拉线的同侧引出)。

5. 划 1 670 mm 窗口的加工线，以拉线为分段线，用钢直尺在窗口上、下面的左右端量取 1 670/2 = 835 mm 并划出线段，然后用钢直尺将上、下面左右端的线段连接起来即为窗口加工线（见图 1—1—10c)。

6. 划 3 500 mm 的加工线（见图 1—1—10 d)，在 3 500 mm 两侧相近位置分别放置一 90°角尺测量面的垂直距离 H，然后用一单脚划规量取尺寸 h（$h = H - 3\ 500/2$)，将弯钩紧贴 90°角尺测量面，在垂直面的机架两边分别划出 3 500 mm 加工线。

7. 划 E 面和 50 mm 的加工线（见图 1—1—10e)。在平台面上所划的拉线位置Ⅱ－Ⅱ上，任取两点 O、O_1，作Ⅱ－Ⅱ的垂直线Ⅲ－Ⅲ，从Ⅲ－Ⅲ线量至距 E 面 300 mm 的平面和距 E 面 6 520 mm 的平面，得一定尺寸。在保证 E 面经加工后其 300 mm 厚度基本准确的条件下，决定从Ⅲ－Ⅲ面至 E 面的加工线尺寸，然后依据这个尺寸，在平台面上作一与Ⅲ－Ⅲ线相距这个尺寸的平行线Ⅳ－Ⅳ，再用 90°角尺对准Ⅳ－Ⅳ线引划线至机架两边即为 E 面加工线。

在距 E 面 50 mm 处作一拉线，用钢直尺量取拉线至 E 面加工线 50 mm，然后依据拉线即可划出 50 mm 加工线。

8. 划 50 mm 孔端面和 450 mm、2 005 mm 加工线。在平台面上，依据Ⅳ－Ⅳ线分别作距Ⅳ－Ⅳ线为 7 750 mm（即 9 250 - 1 500 = 7 750)、2 005 mm、450 mm 的平行线，用相同的方法引到机架上（见图 1—1—10 f、1—1—10 g)。

9. 用划规划出 ϕ560 mm、ϕ1 100 mm 的加工线校准。

10. 待机加工完毕，依据已加工面，按图样尺寸要求，划出所有螺纹孔、螺栓孔，至此该工件的划线全部完成。

四、畸形工件的划线

1. 畸形工件划线时基准的选择

畸形工件由于形状奇特，如果划线基准选择不当，会使划线工作不能顺利进行。但在一般情况下，还是可以找出其设计时的中心线或主要表面，作为划线时的基准。

2. 畸形工件划线时的安放位置

由于畸形工件表面不规则也不平整，故直接支持或安放在平台面上一般都不太方便。此时可利用一些辅助工具来解决，例如将带孔的工件穿在心轴上，带圆弧的工件支持在 V 形架上，以及把工件支持在角铁、方箱或三爪卡盘等工具上。

3. 畸形工件传动机架的划线实例

图 1—1—11 为传动机架，其形状比较奇特，其中 ϕ40 mm 孔的中心线与 ϕ75 mm 孔的中心线成 45°夹角，而且其交点在空间，不在工件本体上。因此，划线时要采用辅助基准和辅助工具。

其划线方法如下：

(1) 按图 1—1—12a 所示，将工件先预紧在角铁上，用划线盘找出 A、B、C 三个中心点（应在一条直线上)，并用角铁检查上、下两个凸台，使其与平面垂直。然后把工件和角铁一起转 90°，使角铁大平面与平台面平行。以 ϕ150 mm 凸台下的不加工平面为依据，

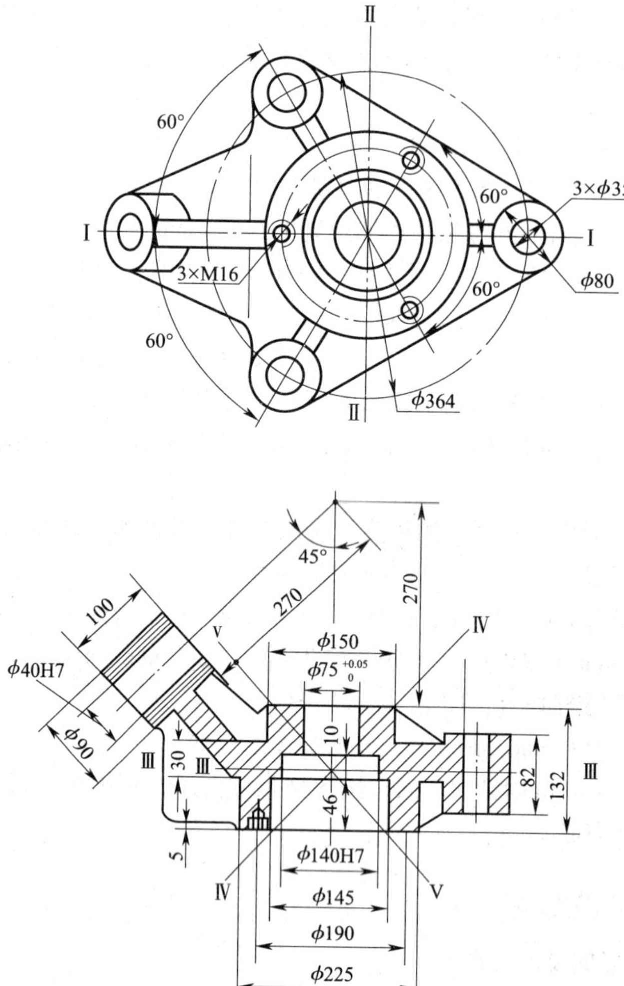

图 1—1—11　传动机架

用划线盘找正，使其与平台面平行，如不平行，可用楔铁垫在 ϕ225 mm 凸台与角铁大平面之间进行调整。经以上找正后将工件与角铁紧固。

（2）图 1—1—12a 所示为第一划线位置。经 A、B、C 三点划出中心线 Ⅰ－Ⅰ（基准），然后按尺寸 $a+(364/2)\cos30°$ 和 $a-(364/2)\cos30°$ 分别划出上、下两 ϕ35 mm 孔的中心线。

（3）图 1—1—12b 所示为第二划线位置。根据各凸台外圆找正后划出 ϕ75 mm 孔的中心线 Ⅱ－Ⅱ（基准），再按尺寸 $b+(364/2)\sin30°$ 和 $b-364/2$ 分别找出上、下共三个 ϕ35 mm 孔的中心线。

（4）图 1—1—12c 所示为第三划线位置。根据工件中部厚度 30 mm 和各凸台两端的加工余量找正后划出中心线 Ⅲ－Ⅲ（基准），再按尺寸 $c+132/2$ 和 $c-132/2$，分别划出中部 ϕ150 mm 凸台的两端面加工线；按尺寸 $c+132/2-30-82$ 分别划出三个 ϕ80 mm 凸台的两端面加工线。基准 Ⅱ－Ⅱ 与 Ⅲ－Ⅲ 相交得交点 A。

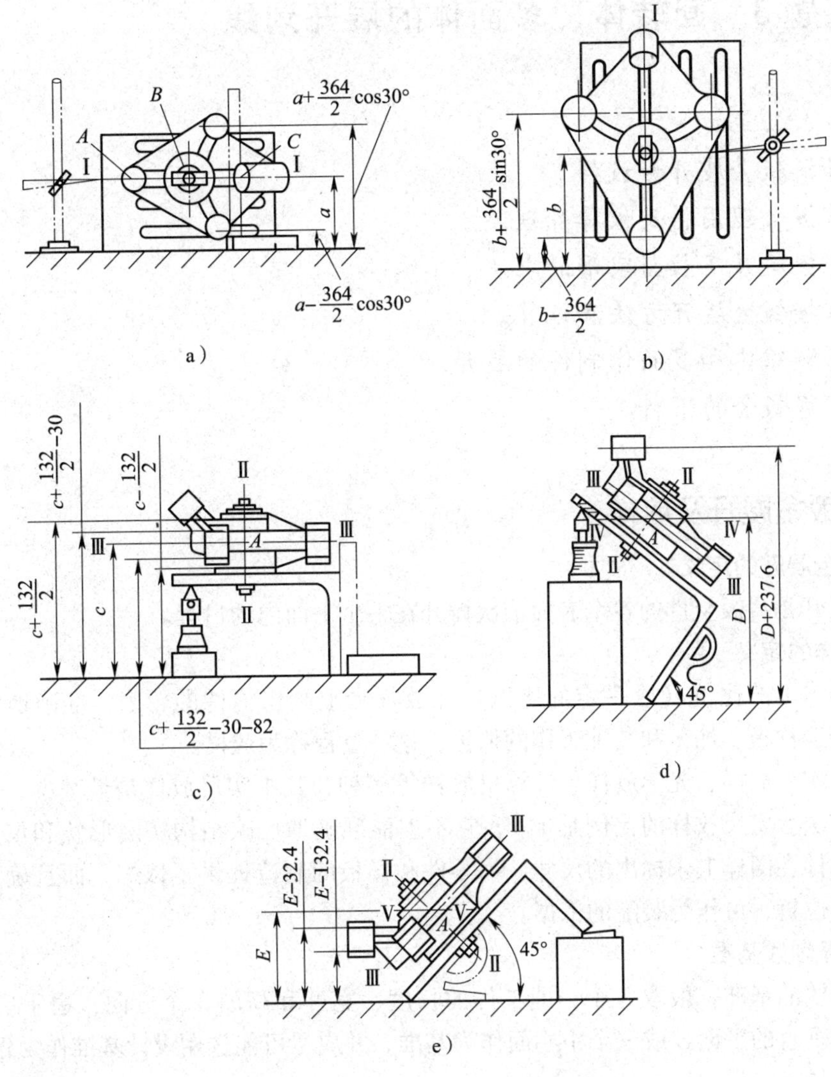

图 1—1—12　传动机架的划线

（5）将角铁斜放，用脚度规或万能角度尺测量，使角铁与平台面成 45°倾角，图 1—1—12d所示即为第四划线位置。通过交点 A 画出辅助基准Ⅳ－Ⅳ，再按尺寸（270＋132/2）sin45°≈237.6 mm 划出 $\phi40$ mm 孔的圆心。

（6）将角铁向另一方向成 45°斜放，如图 1—1—12e 所示，即为第五划线位置。通过交点 A，划出第二基准线Ⅴ－Ⅴ，再按尺寸 E－［270－（270＋132/2）sin45°］≈E－32.4 划出 $\phi40$ mm 孔上端的加工线；按尺寸 E－［270－（270＋132/2）sin45°］－100≈E－132.4 划出 $\phi40$ mm 孔下端面的加工线。

（7）从角铁上卸下工件，在 $\phi75$ mm 孔和 $\phi145$ mm 孔内装入中心塞块，用直尺将已划的中心线连接后，便可在中心塞块上得到相交的圆心。用圆规划出各孔的圆周加工线。

子课题 3　回转体、多面体的展开划线

学习目标

1. 了解钣金展开和放样。
2. 掌握合理用料及板厚处理。
3. 掌握展开实长与实形的求法。
4. 掌握钣金展开方法和计算。
5. 了解锥体和多面体制件的展开。
6. 掌握钣金的下料。

一、钣金展开及放样

1. 钣金展开的定义

钣金展开是将钣金件的各个表面依次摊开在一个平面内的过程。

2. 放样的定义

按图样 1:1 的比例（或一定的比例）在放样台上画出构件的轮廓，准确地定出其尺寸，作为制造样板、加工和装配工作的依据，这一过程称为放样。

放样有实尺放样、光学放样、计算机放样等多种，其中实尺放样是最基本、应用最广泛的放样方法。实尺放样的比例是 1:1，它不但能准确地反映结构实际形状和尺寸，帮助确定一些构件在图样上未标出的尺寸，为零件和样板的制造提供了依据，而且确定了零件之间的相对位置，可作为装配的依据。

3. 选择划线基准

立体划线的基准一般取 3 个，即工件的长度、宽度和高度 3 个方向，通常取长、宽、高三个互相垂直的平面，或三个中心面作为基准，并应尽可能选用设计基准作为划线基准，其选取原则如下：

（1）当工件有若干个不加工表面时，应以较大而平整的不加工表面作为基准，以保证加工表面与不加工表面的均匀、对称。

（2）当工件有两个平行的不加工表面时，或为圆形工件，或有圆孔或凸台时，应以对称中心线（或平面）为基准，以保证其定位正确，以及加工后工件的尺寸对称。

（3）当工件有较多的加工平面时，应选择加工余量较小或精加工要求较高的平面作为基准，同时还要兼顾其他加工表面的加工余量。

（4）当有已加工表面时，由于它已保证了相关联的面的位置、形状等要求，应选择它作为基准。

（5）根据工件的用途、技术要求等选择重要表面作为基准。此外，选择的基准面还要有利于确定其他线的位置，便于划线。

在划线操作中，应根据工件的实际情况，按图样的技术要求，把设计要求、加工工艺

及允许误差等进行综合分析，以“保证重点，兼顾其他”来确定基准。

4. 放样

放样时需要仔细分析、研究图样，了解产品的结构特点、技术要求、加工流程以及有关的结构处理，然后选定放样基准，从划基准线开始，确定其他点、线、面的位置，用基本几何图法划出零件和结构的位置、轮廓等，从而确定零件和构件的基本形状尺寸。在放样过程中，零件尺寸应综合各种加工因素放出相应的加工余量，否则将影响产品的质量，甚至报废。

（1）加工余量的确定。加工余量分为切削加工余量、气割余量、焊接收缩余量、成形余量、夹持余量等。

1）切削加工余量。冷作钣金加工后，要进行切削加工时，就必须在放样时留出其切削加工的余量，否则将无法加工，例如，放样切割后，要进行刨边或铣边加工，应在原尺寸的基础上加放 3 ~ 5 mm 的余量。

2）气割余量。若用气割方法打孔，间隙应取 5 ~ 10 mm。

3）焊接收缩余量。连续焊缝的纵向收缩量为 0.2 ~ 0.4 mm/m；横向收缩量为 1 ~ 1.5 mm/条。

4）成形余量。由于材料的成形、加热等原因会造成材料的厚度减薄和其他尺寸的变化，应根据不同的成形方法适当增加余量。如热压压制容器封头时，材料由于加热氧化的损耗，成形时其底部也由于受拉力影响会产生较大的减薄量，这就会影响到使用的安全性，因此要加放余量，使成形后封头的最薄处也符合技术要求的尺寸。

5）夹持余量。夹持余量是毛坯在成形时，供设备定位、夹紧，或在成形中提供转矩、弯矩所加放出来的多余材料，待工件成形后再通过切割去除，否则工件难以加工成形。

（2）样板和样杆的种类。样板和样杆是常用的自制量具，它可以有效地提高工作效率，如使用样板和样杆进行号料可大大提高划线效率和质量，若用于检验，则直观、方便、迅速。样板（样杆）根据使用场合不同可分为多种。

样板（样杆）按用途划分有号料样板（样杆）和测量样板（样杆）两大类。

1）号料样板（样杆）。号料样板（样杆）用于在原材料上划出零件的加工界线，按其工作性质不同有号孔样板（样杆）、切口样板（样杆）、展开样板（样杆）等。

2）测量样板（样杆）。测量样板（样杆）用于测量或检验构件的尺寸、形状的正确性。测量样板（样杆）有成形样板（样杆）、装配样板（样杆）、检验样板（样杆）等。

（3）样板（样杆）的制作实例。样板和样杆是通过放样，按零件的形状和尺寸加工而成的。放样时，可采用直接划样法，即直接在样板原材料上放出零件的实样；也可在已放出构件实样的基础上，采用过渡放样法（过渡划样）划出样板的加工界线。图 1—1—13 所示为屋架连接板的过渡划样法。

其步骤如下：

1）如图 1—1—13a 所示，将连接板边缘线延长适当长度，且不能被样板原料遮住。

2）覆盖样板原材料，让样板四周都有连接板的延长线。

3）用直尺或粉线连接各对应延长线，划出连接板的各加工分线。

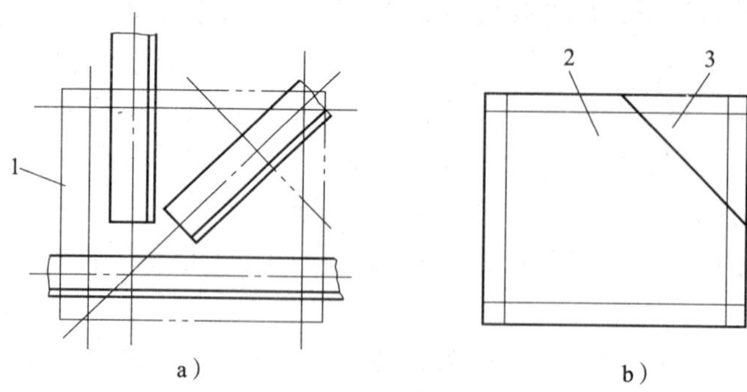

图 1—1—13　屋架连接板的过渡划样法示意图

a）延长各过渡放样线　b）样板划线

1—样板材料轮廓　2—连接板　3—样板料

样板（样杆）划样后，经剪切（气割、锯、冲）、机械加工（钻削、车削、铣削、刨削）及修整等工序，制成样板（样杆）。样板（样杆）作为号料或测量的工具，其加工的精度比零件要求高，应严格按要求进行加工，保证样板的形状和尺寸精度，从而保证产品加工达到预定要求。

样板、样杆制成后，应在其上面标出零件的名称、编号以及材料的规格、数量等重要内容，以便保存和随时取用。

二、合理用料和板厚处理

合理用料是指在保证产品质量、符合技术要求和加工精度的前提下，充分、合理地利用原材料（提高材料利用率），加工出更多的合格产品。合理用料对降低生产成本、提高经济效益有着重要的意义。

1. 材料利用率的计算

材料利用率是指材料上零件的总面积与材料总面积之比，常用百分数表示，即：

$$K=\frac{a_1+a_2+a_3+\cdots+a_n}{A}\times 100\%=\frac{\sum a}{A}\times 100\%$$

式中　K——材料利用率，%；

n——板料上的零、部件数；

a——每一个零、部件的面积，mm^2；

A——板料的总面积，mm^2。

2. 合理排料

合理排料是指在放样、号料时，合理安排零件在原材料上的位置，以提高材料利用率。一般单个零件放样、号料时，总将零件靠近钢板的边缘，留出一定的加工余量，让余下的原材料面积最大，以便加工其他零件。如果零件数量较多，则应根据零件的形状、规格、数量、加工工艺等因素，合理安排各零件的位置，充分利用原材料。常用的排料方法如下：

（1）集中排料法。集中排料法是将各类产品中相同材料、相同厚度的零件集中在一起进行排料，其示意图如图 1—1—14 所示。这样可以统筹安排，大小搭配，充分利用原材料。

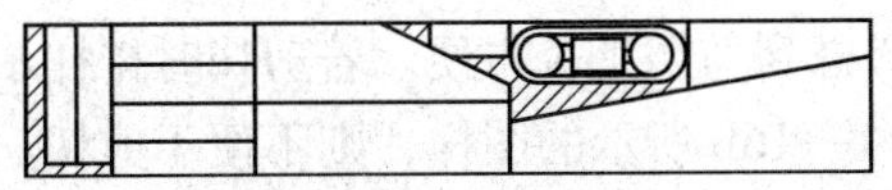

图 1—1—14　集中排料法

（2）长短搭配法。长短搭配法适用于型钢的排料，它是将规格相同、长度不同的型钢进行集中排料的方法。排料时，一般按“先长后短”的原则，先安排较长的，然后根据余料再安排较短的，这样长短搭配，使余料最小。

（3）零料拼装法。零料拼装法是在设计要求和工艺要求许可的情况下，采用较小的材料拼焊成整体结构的方法，它可以有效地提高材料利用率，采用这种方法下料的示意图如图 1—1—15 所示。如图 1—1—15a 所示为圆环零件，如果在钢板上整体割制，材料的利用率很低；如果设计要求和工艺要求许可，将圆环分成 1/2 或 1/4，再拼焊而成，则材料的利用率可大大提高（尤其是 1/4 拼焊）。

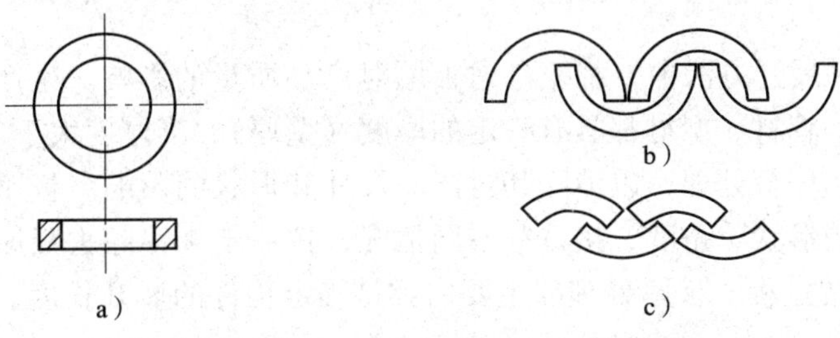

图 1—1—15　采用零料拼装法下料的示意图

a）整体割制　b）1/2 拼焊　c）1/4 拼焊

（4）排料套料法。当零件的形状单一而数量很多时（如冲裁），应采用排料套料法，精心安排零件在原材料上的位置（套料），以提高材料的利用率。

排样时，要仔细分析零件的特点，不同形状的零件应采用不同的方式排列，常用的排样方式见表 1—1—5。

表 1—1—5　　**常用的排样方式**

序号	排样类型	排样简图	序号	排样类型	排样简图
1	直排		4	斜排	
2	单行排列		5	对头直排	
3	多行排列		6	对头斜排	

排料时除了考虑提高材料的利用率外，还应注意切割等加工工艺，例如，采用龙门剪床进行剪切加工时，就应考虑到剪切是否方便。若剪切时排样示意图如图 1—1—16a 所示，则便于剪切；而采用图 1—1—16b 所示的图样，则不便于剪切。

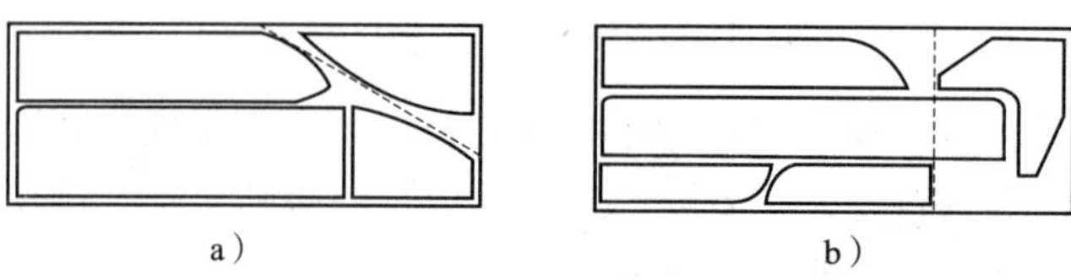

图 1—1—16　剪切工艺的排样（使用龙门剪床）示意图
a）便于剪切的图样　b）不便于剪切的图样

借助 CAD/CAM（计算机辅助设计/计算机辅助制造）技术进行钣金排样可以大大提高效率，并降低排样成本。在目前出现的众多 CAD/CAM 软件中，大都含有钣金设计和制造的模块。

3. 板厚处理

在介绍结构件展开方法中，都要考虑板厚对产品质量的影响。生产中，制造各类构件时所用的板材、管材、型材都具有一定的厚度（壁厚），当厚度大于 1.5 mm 时，展开放样时就必须对其进行处理，以消除其对产品尺寸和形状的影响。板厚处理是指展开放样中，根据构件的形状、角度、接口等不同情况，按一定规律除去板厚，作出构件的单线图（放样图）的过程。板厚处理的主要内容是确定构件的展开长度、高度及相贯构件的接口等。

（1）板厚处理的一般原则

1）中性层。圆弧弯板的中性层示意图如图 1—1—17 所示。

板料弯曲时，弯曲部分的内侧受压，外侧受拉，导致内侧缩短，外侧拉长。但在板厚之间有一层材料既不伸长也不缩短，这一层材料称为中性层。板料弯曲时中性层的位置与其相对弯曲半径$\frac{r}{t}$有关。

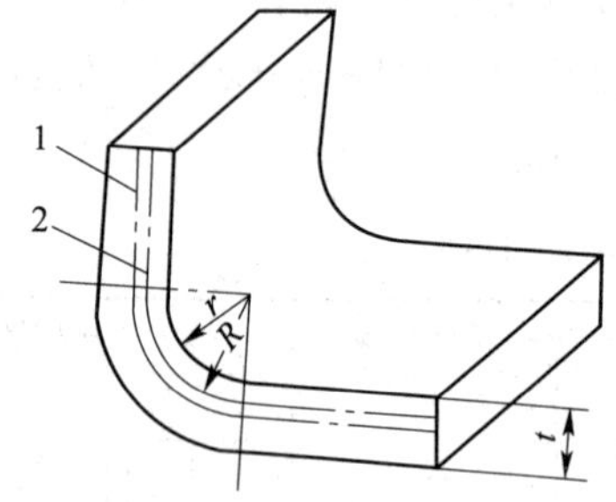

图 1—1—17　圆弧弯板的中性层示意图
1—中心层　2—中性层

当$\frac{r}{t}>5$时，中性层与中心层重合；

当$\frac{r}{t}\leqslant 5$时，中性层位置将向弯曲中心侧移动，其具体位置可由下式计算：

$$R=r+Kt$$

式中　R——中性层半径，mm；

r——弯板内圆弧半径，mm；

t——材料的厚度，mm；

K——中性层位置系数，见表 1—1—6。

表 1—1—6　　中性层位置系数 K、K_1

$\frac{r}{t}$	≤0.1	0.2	0.25	0.3	0.4	0.5	0.8	1.0	1.5	2.0	3.0	4.0	5.0	≥6.5
K	0.23	0.28	0.3	0.31	0.32	0.33	0.34	0.35	0.37	0.40	0.43	0.45	0.48	0.5
K_1	0.3	0.33	0.35			0.36	0.38	0.40	0.42	0.44	0.47	0.475	0.48	0.5

注：K——适于有压料装置情况的 V 形或 U 形压弯；
　　K_1——适于无压料装置情况的 V 形压弯。

2）折角弯板与圆弧弯板。折角弯板的折角处半径很小，接近于零；圆弧弯板的弯曲处半径大，断面为曲线形状。折角弯板里皮（内侧表面）长度变化不大，而中心层和外皮（外侧表面）都发生了较大伸长，因此折角件的展开长度应以里皮展开长度为准，而圆弧弯曲件的展开长度应以中性层为准。

（2）单件的板厚处理。单件的板厚处理应遵循以下原则：

1）回转体类构件。即断面为曲线状的结构件，其展开长度应以中性层作为展开放样和计算的基准。

2）柱体、棱锥体类构件。即断面为折线状的结构件，其展开长度应以里皮作为展开放样和计算的基准。

3）断面为曲线状和折线状的构件。应分别按曲线状和折线状的处理原则综合进行展开放样。

4）倾斜的侧表面高度。应以投影高度作为放样和计算基准。

常见的结构件的板厚处理方法见表 1—1—7。

表 1—1—7　　常见的结构件的板厚处理方法

类型名称	图形		处理办法
	零件图	放样图	
圆管类	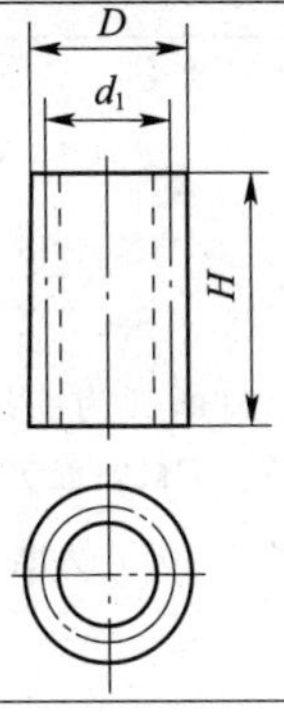 D, d_1, H	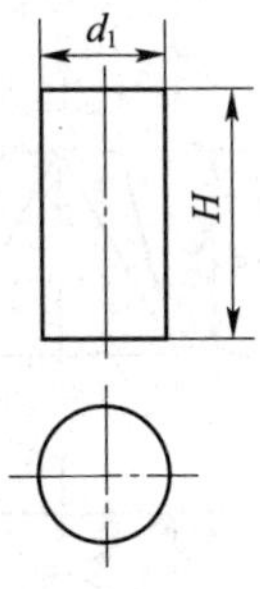 d_1, H	1. 断面为曲线形状，其展开长度应以中径（d_1）为准计算（$R/t<4$ 除外）。放样图只画出中径即可 2. 其高度 H 不变 3. 展开长度 $L=\pi d_1$
矩形管类	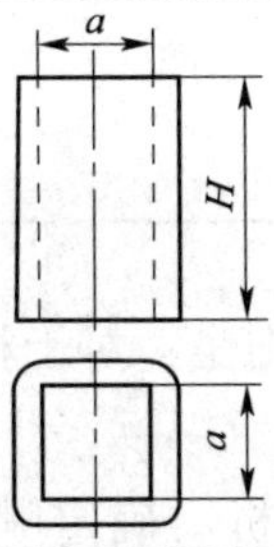 a, H, a	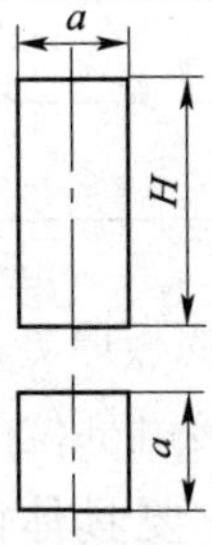 a, H, a	1. 断面为折线形状，其展开长度以里皮（a）为准计算。放样图只画出里皮即可 2. 其高度 H 不变

续表

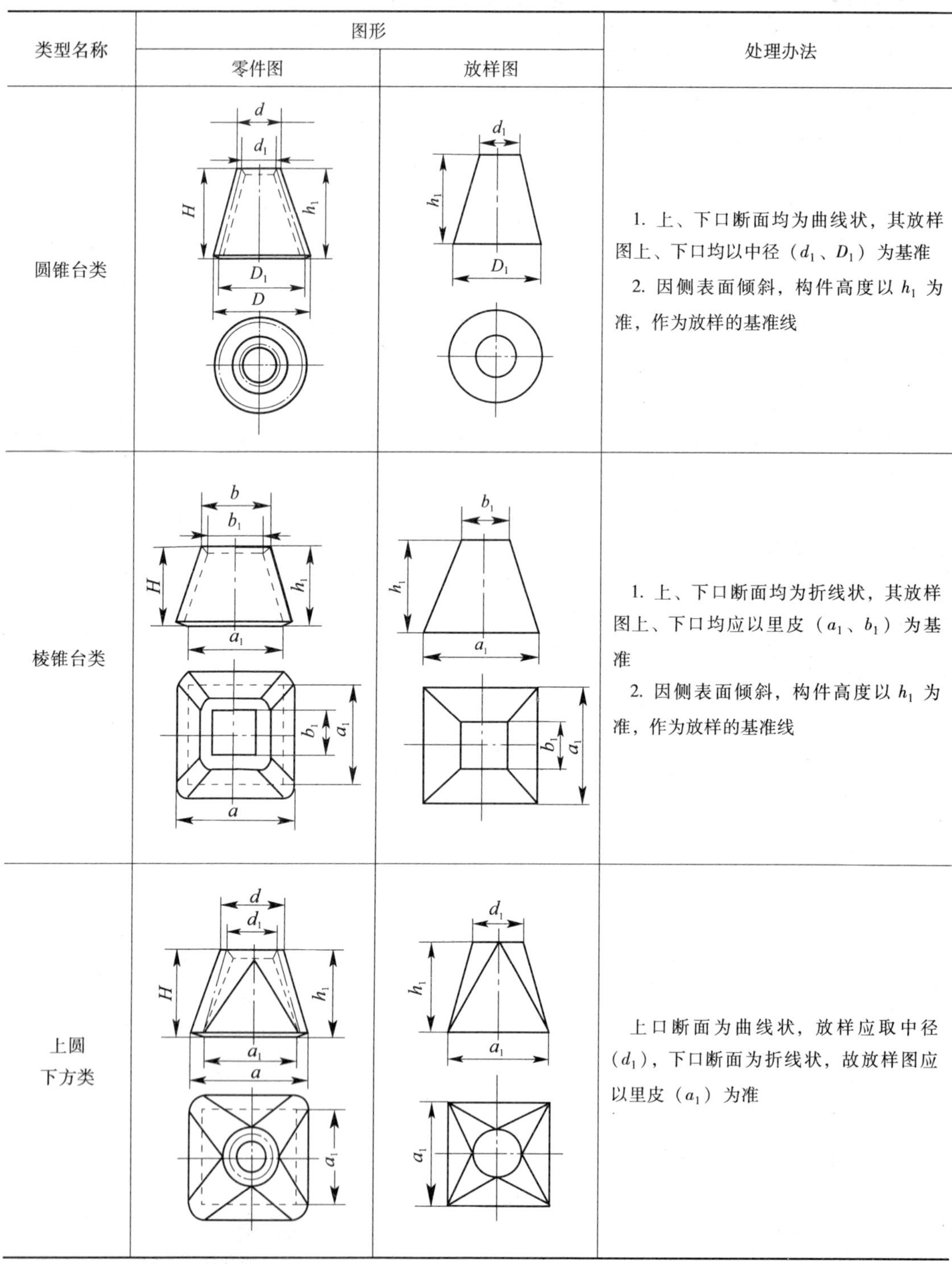

类型名称	图形		处理办法
	零件图	放样图	
圆锥台类			1. 上、下口断面均为曲线状，其放样图上、下口均以中径（d_1、D_1）为基准 2. 因侧表面倾斜，构件高度以 h_1 为准，作为放样的基准线
棱锥台类			1. 上、下口断面均为折线状，其放样图上、下口均应以里皮（a_1、b_1）为基准 2. 因侧表面倾斜，构件高度以 h_1 为准，作为放样的基准线
上圆下方类			上口断面为曲线状，放样应取中径（d_1），下口断面为折线状，故放样图应以里皮（a_1）为准

（3）相贯件的板厚处理。相贯构件的板厚处理的一般原则是：对于相贯体的放样高度和展开高度，不论是否开坡口，都应以接触部位的尺寸为准。

在相贯件接口处进行板厚处理时，要具体问题具体分析，确定哪些部位是里皮接触，哪些部位是外皮接触和中性层接触，这样才能求出正确的相贯线，以便正确地展开放样。

等径直角弯头板厚处理的情况如图 1—1—18 所示。

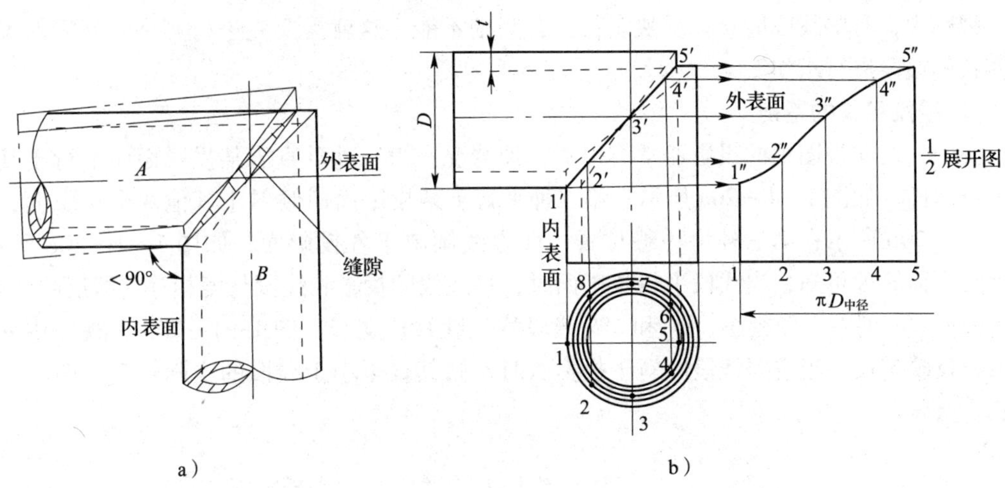

图 1—1—18　等径直角弯头板厚处理的情况
a）未经板厚处理的弯头　b）经板厚处理的弯头

如图 1—1—18a 所示，在弯头内侧，两管外皮接触，在弯头外侧，两管里皮接触。接缝的中部（图中阴影部分）有缝隙，弯头的夹角小于 90°。由此可见，板厚处理是非常必要的。板厚处理方法是：在保证弯头接口处为平面的前提下，确定两管的实际接口线。

图 1—1—18b 所示的板厚处理的具体方法是：

1）由已知尺寸画出弯头的主视图及实际接口线。从主视图中看出点 1′是两管外皮的交点，点 5′是两管内皮的交点，点 3 和 7 位于中性层上，接口线上的其他点自然过渡。

2）将断面图中板厚 4 等分，并画 5 个同心圆，如图 1—1—18b 所示。点 2 和 8 及点 4 和 6 分别在第二个和第四个同心的（由外向内数）1/4 圆的中点。由点 1、2（8）、3（7）、4（6）、5 向上引垂线，得到与接口线的交点 1′、2′、3′、4′、5′。

3）在主视图底口延长线上截取一线段，其长度为中性层周长，即 π（$D-t$），并等分成 8 等份。由 1′、2′、3′、4′、5′向右引水平线，得交点 1″、2″、3″、4″、5″，用光滑曲线连接各交点，即得到展开图。

为了简化起见，一般将 1/4 圆周的等分点 1、2、8 定在外表面上（外皮），等分点 4、5、6 定在内表面上（里皮），从而得到如图 1—1—19 所示的板厚处理示意图。

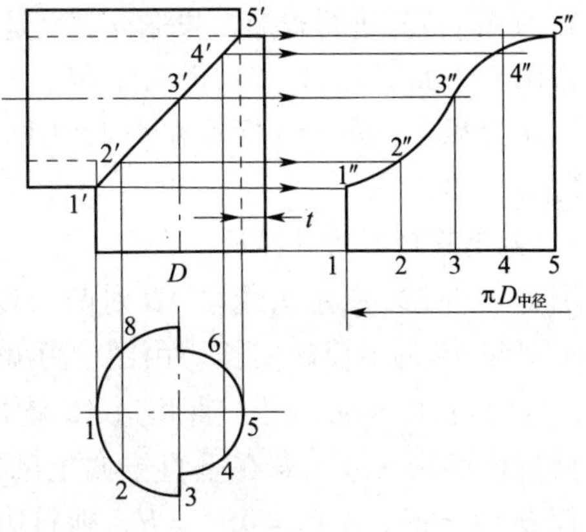

图 1—1—19　等径直角弯头的板厚处理示意图

三、展开实长与实形的求法

求作线段实长是作展开图的首要环节，能否准确地求得形体表面各线段的实长，直接影响到展开图的正确与否。

视图中，有些线段能直接反映实长，有些则不能，这就需要先进行判别，而后对不反映实长的线段进行求作。

1. 线段实长的鉴别

空间直线在视图中的投影通常有以下三种情况：第一种垂直于某投影面而平行于其他两个投影面，如图 1—1—20a 所示；第二种平行于某投影面而倾斜于其他两个投影面，如图 1—1—20b 所示；第三种为一般位置，即直线倾斜于各投影面，如图 1—1—20c 所示。根据投影面原理可知，当线段平行投影面时，该线段的投影和线段长度相等，即反映实长。图 1—1—20a 的左、俯视图，ab 和 $a''b''$线段均反映线段实长；图 1—1—20b 主视图中 $a'b'$ 线段也反映实长。当空间线段倾斜于投影面时，则其投影小于线段的实际长度，即不反映实长。

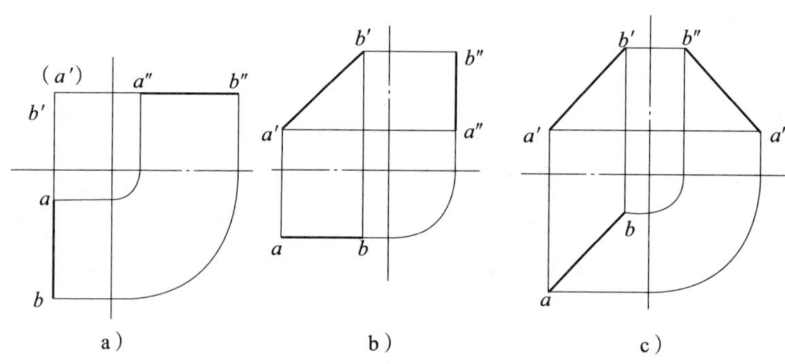

图 1—1—20　直线投影

2. 旋转法求实长

旋转法求实长就是把空间一般位置的直线，绕一定轴旋转到平行于某投影面进行投影，该投影即为线段的实长，如图 1—1—21a 所示，图中将空间线段 AB 绕 AO 轴旋转至与正投影平行的 AB_1 位置进行投影，投影 $a'b''$就是实长。

作图方法如图 1—1—21b 所示，ab、$a'b'$ 为线段 AB 的两投影，分别过 a、b' 点作水平线，以 a 为圆心、ab 为半径作弧交水平线于 b_1，然后作垂线交 b' 点水平线于 b''点，连接 $a'b''$得线段 AB 的实长。

3. 直角三角形法求实长

图 1—1—22a 所示为线段 AB 对两个投影面的投影，由于 AB 倾斜于两投影面，所以投影 $a'b'$ 和 ab 都不反映实长。由图中可知，如果过 B 点作 BC 垂直于 Aa，得直角三角形 ABC，直角边 $BC = ba$，另一直角边 AC 就是 AB 两点的高度差 $H =$（$Aa - Bb$），恰等于 AB 在正面投影的两端 a'、b'在垂直方向上的距离 $a'c'$ 由此可知，只要作出互相垂直的两直角边使 $B_1C_1 = ab$，$A_1C_1 = a'c' = H$，则斜边 A_1B_1 即为线段 AB 的实长，如图 1—1—22b 所示。

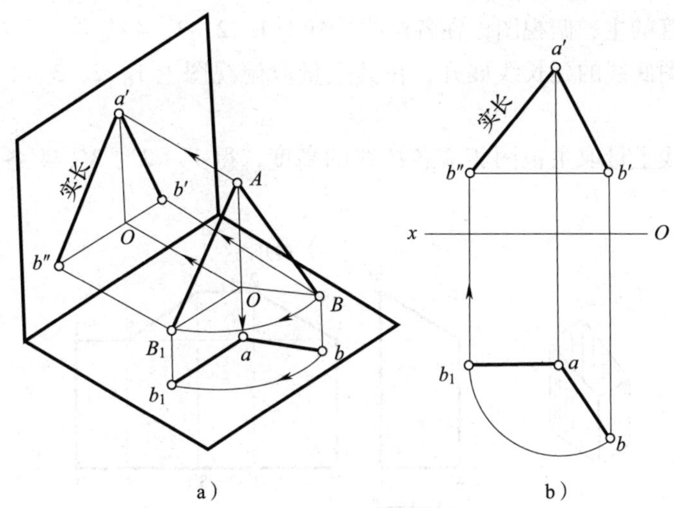

a） b）

图 1—1—21 旋转法求实长

a）原理图 b）旋转成正平线

作图方法如图 1—1—22c 所示，$a'b'$和 ab 为线段 AB 的两投影，先作一直角，在直角的一边上量取投影图中 ab（或 $a'b'$）之长，另一直角边上量取另一视图的投影差，则直角三角形的斜边即为线段 AB 的实长。

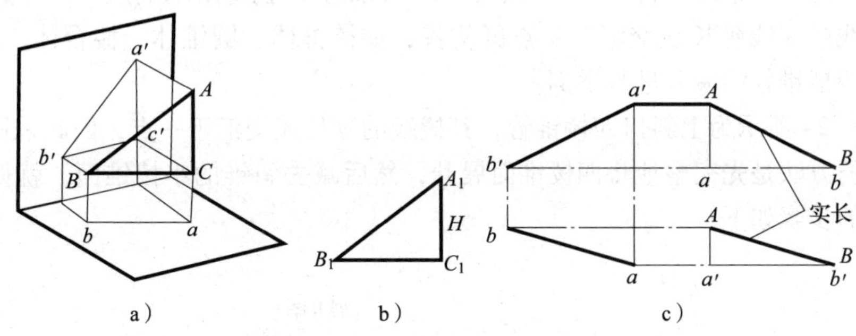

a） b） c）

图 1—1—22 直角三角形法求实长

a）原理图 b）实长图 c）简化图

四、钣金展开方法及计算

冷作钣金构件的形状各种各样，无论何种形状的表面，一般将其分成若干基本几何体，然后再展开，展开放样的方法有平行线展开法、放射线展开法、三角形展开法三种。

1. 平行线展开法

平行线展开法的原理是将构件的表面看作由无数条相互平行的素线组成，取两条相邻素线及其两端线所围成的小面积作为平面，只要将每个小平面的真实大小依次画在平面上，即得构件表面的展开图。平行线展开法适用于素线相互平行的构件展开，如各种棱柱体、圆柱体和圆柱面等。现以上斜口四棱管的展开进行举例。

图 1—1—23 所示为上斜口四棱管，各棱线相互平行，它由四个面组成，只要画出四个面的实际大小，即得展开图，作图步骤如下：

（1）作棱柱管的主、俯视图，在各棱线处标上 1、2、3、4 代号。

（2）沿主视图底线的延长线展开，在其上量取俯视图上 1、2、3、4 各点，并过各点作垂线。

（3）在各垂线上量取主视图相应各棱线的高度，得 1′、2′、3′、4′各点，用直线连接各点得展开图。

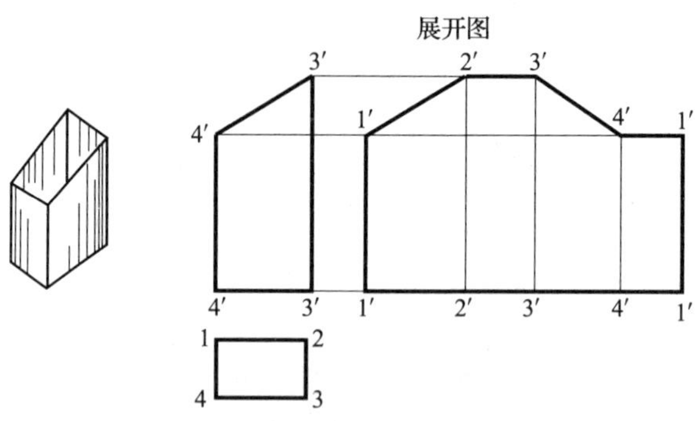

图 1—1—23　上斜口四棱管的展开

2. 放射线展开法

放射线展开原理是将构件的表面由锥顶起作一系列放射线，把锥面分成若干小三角形，每个三角形作为一个平面，将各三角形依次画在平面上，就得所求的展开图。放射线展开法适用于素线或素线延长线交汇于一点的构件，如棱锥体、圆锥体、棱台体、圆台体等。现以上斜口四棱锥管的展开进行举例。

图 1—1—24 所示为上斜口四棱锥管，其棱线的延长线交汇于一点，因此采用放射线法展开。展开的方法是先完整地将四棱锥面展开，然后减去斜锥的小棱锥面，就得所求的展开图。展开的步骤如下：

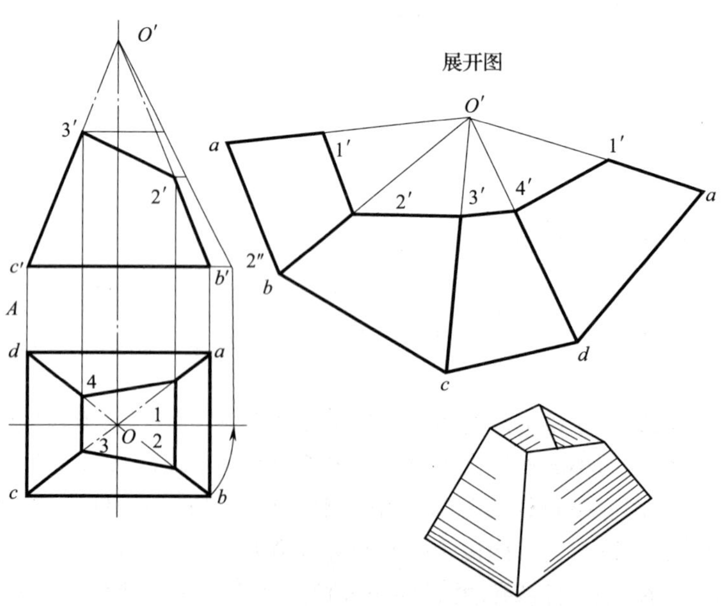

图 1—1—24　上斜口四棱锥管的展开

（1）作上斜口四棱锥管的主、俯视图，延长线得锥顶，由图可见完整四棱锥的四根棱线的长度相等，只要求出其中一根棱线的实长即可。

（2）用旋转法求实长，在俯视图上以 o 点为圆心，ob 为半径作弧交中心线，过交点向主视图投影交主视图底边延长线于 2″点，连接 $o'2''$得实长。由于各棱线的长度相等，只要过 2′、3′点作水平线，交 $o'2''$实长线，即可求得上斜截口各棱线的实长。

（3）以 $o'2''$为半径，o'为圆心作弧，在圆弧上量取俯视图的底边长，得 a、b、c、d 各点，连接各点得完整的四棱锥展开图。

（4）将主视图上斜口与棱线交点的实长移到展开图对应的棱线上，得 1′、2′、3′、4′各点，连接各点得展开图。

3. 三角形展开法

三角形展开法的原理是将构件的表面分成一组或多组三角形，然后求出各组三角形每边实长，并把它的实形依次画在平面上，得到展开图。三角形展开法划分的三角形与放射线展开法不同，放射线法划分的三角形，其顶点是围绕锥顶的，而三角形展开法划分的三角形是根据构件形状特征进行的，因此三角形展开法适用的场合比平行线展开法、放射线展开法要广泛。下面以斜口矩形接管的展开为例进行说明。

图 1—1—25 所示为斜口矩形接管，从图中可以看出其棱线的延长线不汇交于一点，所以不能用放射方法展开，只能用三角形展开法。展开时将其表面分成若干三角形，求出各个三角形的边长，依次画出各个三角形的实形，即可求得展开图。作图方法如下：

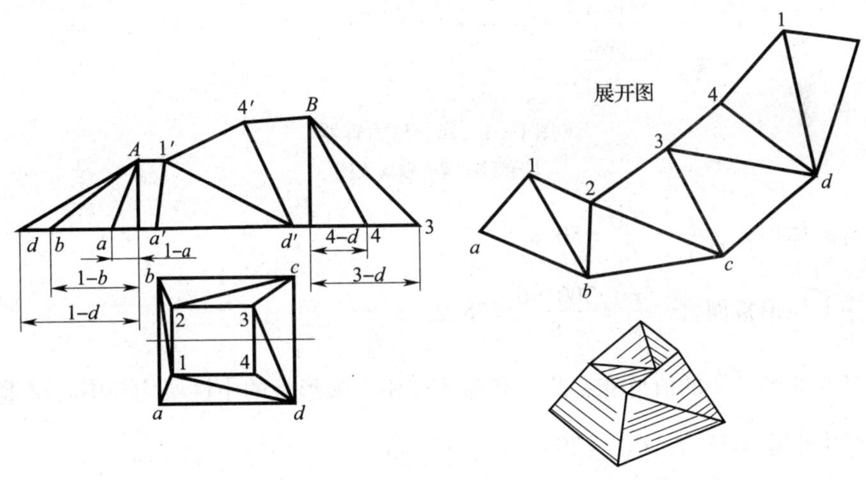

图 1—1—25　斜口矩形接管的展开

（1）作斜口矩形接管的主、俯视图，将其表面分成若干三角形。

（2）采用直角三角形法求实长，在俯视图上延长底边线作两个直角，分别在两个直角边的高度方向，量取主视图上投影的高度差得 A、B 点，在水平直角边上分别量取俯视图中的投影长 1a、1b 等，得 a、b、d、4、3 等各点，则斜边为各线段的实长。

（3）作一长度为 ab 的直线，以 a 点为圆心，实长 aA 为半径作弧，再以 b 点为圆心，实长 bA 为半径作弧交于 1 点，连接 1a、1b 得三角形 ab1，以此类推得 2、c、3 等各点，用直线连接各点得展开图。

4. 钣金展开的计算

掌握并灵活应用板材、型材展开料长的计算方法，型钢弯曲切口料长与切口形状等内容，可以更好地做好成形加工，节约原材料。

在弯曲过程中，板材及型材只有中性层的长度不发生变化，因此把中性层作为计算展开长度的依据。在计算时，先要确定中性层的位置，计算出中性层的半径，然后才能进行展开计算。

计算展开的步骤为：将构件的曲线部分和直线部分在切点处分段→分别确定每段的中性层位置，并计算各段的展开长度→求各段的总和得整个构件的展开长度→根据加工要求和技术要求加放余量。

（1）板材展开料长的计算。图 1—1—26 所示为一个压力容器。试计算筒体展开料长及鞍式支座上弧形板的展开料长。

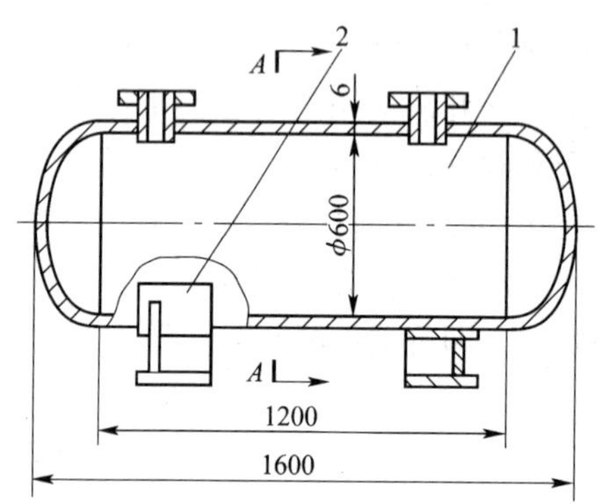

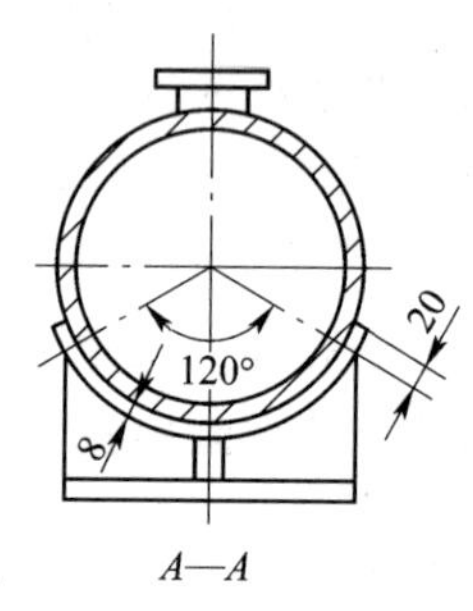

图 1—1—26　压力容器

1—筒体　2—鞍式支座

解：对筒体而言，$\frac{r}{t}=\frac{300}{6}=50>5$

对支座上弧形板而言，$\frac{r}{t}=\frac{300+6}{8}=38.25>5$

由相对弯曲半径$\frac{r}{t}$的值可知，筒体和鞍式支座上弧形板的中性层均与中心层重合，即：

筒体的中性层半径为：$R_{1中}=300+3=303$ mm

支座弧形板的中性层半径为：$R_{2中}=300+6+4=310$ mm

筒体的展开料长为：$L=2\pi R_{1中}$

$$\approx 2\times 3.14\times 303$$

$$\approx 1\ 902.8\text{ mm}$$

支座弧形板的展开料长为：$L'=\frac{\pi R_{2中}\alpha}{180°}+2\times 20$

$$\approx\frac{3.14\times 310\times 120°}{180°}+40$$

$$\approx 688.9\text{ mm}$$

（2）圆钢展开材料的计算。圆钢弯曲时的中性层一般总与中心层重合，所以可用圆钢的中心层来计算料长。图 1—1—27 所示为一圆钢双弯 90°的工件。已知 $l_1 = l_2 = 100$ mm，$R_1 = 100$ mm，$R_2 = 120$ mm，$d = 12$ mm，求料长 l。

图 1—1—27　圆钢双弯 90°的工件

解：双弯工件的中性层半径为：

$$R_{1中} = R_1 + \frac{d}{2}$$

$$R_{2中} = R_2 + \frac{d}{2}$$

$$l = l_1 + l_2 + \frac{\pi\alpha R_{1中}}{180°} + \frac{\pi\alpha R_{2中}}{180°}$$

$$\approx 100 + 100 + \frac{3.14 \times 90° \times \left(100 + \frac{12}{2}\right)}{180°} + \frac{3.14 \times 90° \times \left(120 + \frac{12}{2}\right)}{180°}$$

$$\approx 564.2 \text{ mm}$$

（3）角钢展开料长的计算。因为角钢的断面是不对称的，所以中性层的位置不在断面的中心，而位于偏向角钢根部的重心处，且与重心重合。各种角钢的重心距可从有关资料或手册中查得，角钢弯曲时展开料长的计算以重心距为准。

角钢弯曲按角钢的种类不同可分为等边角钢弯曲和不等边角钢弯曲。不等边角钢弯曲又分长边弯曲和短边弯曲两种，按弯曲形式又可分为内弯和外弯两种。

1）等边角钢弯曲料长的计算方法见表 1—1—8。

表 1—1—8　　**等边角钢弯曲料长的计算方法**

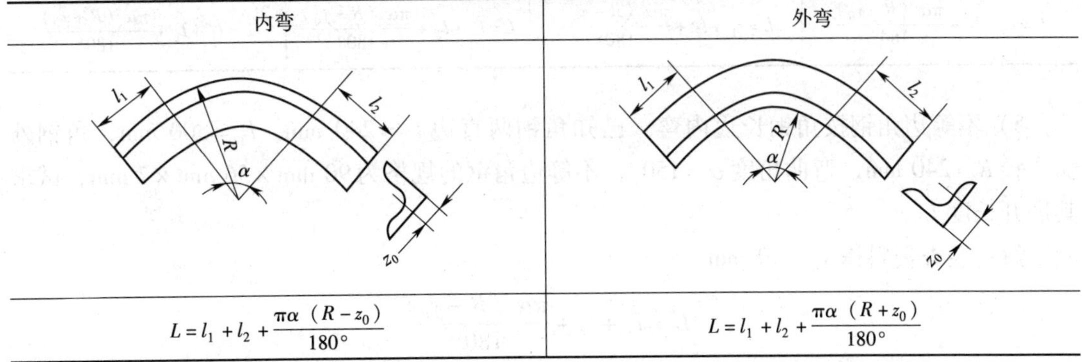

内弯	外弯
$L = l_1 + l_2 + \frac{\pi\alpha\ (R - z_0)}{180°}$	$L = l_1 + l_2 + \frac{\pi\alpha\ (R + z_0)}{180°}$

注：l_1、l_2——角钢直边长度，mm；

R——角钢外（内）弧半径，mm；

α——弯曲角度；

z_0——角钢重心距，mm。

2）等边角钢的内弯。已知等边角钢的两直边 $l_1 = l_2 = 100$ mm，角钢外弧半径 $R = 120$ mm，弯曲角度 $\alpha = 120°$，等边角钢的规格为 70 mm × 70 mm × 7 mm，试求其展开长度 L。

解：经查资料得 $z_0 = 19.9$ mm

$$L=l_1+l_2+\frac{\pi\alpha\ (R-z_0)}{180°}$$

$$\approx 100+100+\frac{3.14\times\ (120-19.9)\ \times 120°}{180°}$$

$$\approx 409.5\ \text{mm}$$

3）等边角钢的外弯。已知等边角钢两直边 $l_1=l_2=200$ mm，角钢内弧半径 $R=80$ mm，弯曲角度 $\alpha=120°$，等边角钢的规格为 63 mm×63 mm×6 mm，试求其展开长度 L。

解： 经查资料得 $z_0=17.8$ mm

$$L=l_1+l_2+\frac{\pi\alpha\ (R+z_0)}{180°}$$

$$\approx 200+200+\frac{3.14\times 120°\times\ (80+17.8)}{180°}$$

$$\approx 604.7\ \text{mm}$$

4）不等边角钢弯曲料长的计算方法见表 1—1—9。

表 1—1—9　　不等边角钢弯曲料长的计算方法

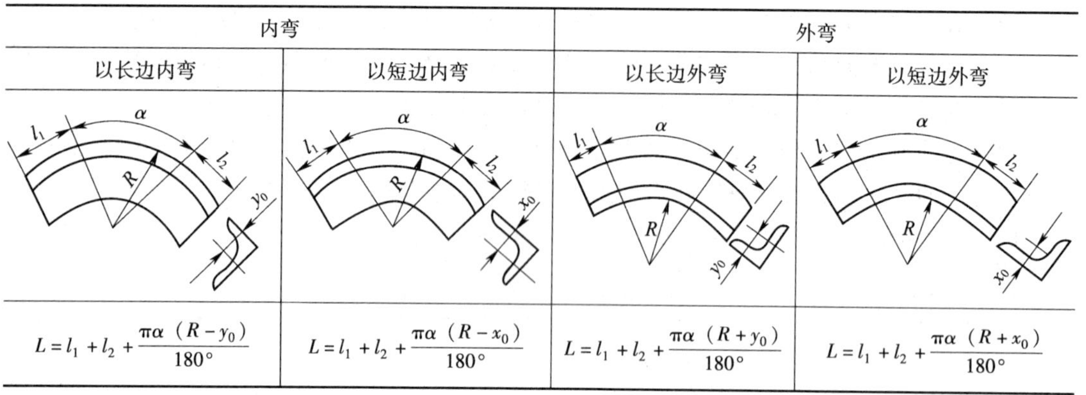

内弯		外弯	
以长边内弯	以短边内弯	以长边外弯	以短边外弯
$L=l_1+l_2+\frac{\pi\alpha\ (R-y_0)}{180°}$	$L=l_1+l_2+\frac{\pi\alpha\ (R-x_0)}{180°}$	$L=l_1+l_2+\frac{\pi\alpha\ (R+y_0)}{180°}$	$L=l_1+l_2+\frac{\pi\alpha\ (R+x_0)}{180°}$

5）不等边角钢按角钢长边内弯。已知角钢两直边 $l_1=240$ mm，$l_2=300$ mm，角钢外弧半径 $R=240$ mm，弯曲角度 $\alpha=150°$，不等边角钢的规格为 90 mm×56 mm×7 mm，试求其展开长度 L。

解： 经查资料得 $y_0=30$ mm

$$L=l_1+l_2+\frac{\pi\alpha\ (R-y_0)}{180°}$$

$$\approx 240+300+\frac{3.14\times 150°\times\ (240-30)}{180°}$$

$$=1\ 089.5\ \text{mm}$$

6）不等边角钢按角钢短边外弯。已知不等边角钢两直边 $l_1=l_2=200$ mm，角钢内弧半径 $R=200$ mm，弯曲角度 $\alpha=60°$，不等边角钢的规格为 70 mm×45 mm×6 mm，试求其展开长度 L。

解： 经查资料得 $x_0=10.9$ mm

$$L=l_1+l_2+\frac{\pi\alpha\ (R+x_0)}{180°}$$

$$\approx 200+200+\frac{3.14\times 60°\times\ (200+10.9)}{180°}$$

$$\approx 620.7\ \text{mm}$$

7）角钢混合弯曲展开料长的计算。角钢框架展开计算示意图如图1—1—28所示，其中角钢框架如图1—1—28a所示。

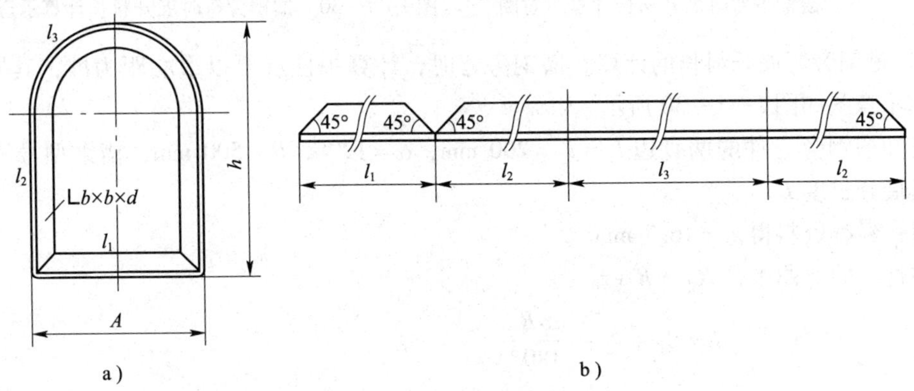

图1—1—28　角钢框架展开料长计算示意图

a）角钢框架　b）号料图

已知 A，h，$\llcorner b\times b\times d$，其展开长度的计算步骤如下：

①将角钢框架分段得 l_1，l_2和 l_3。

②直线段料长 $l_1=A-2d$，$l_2=h-A/2-d$；曲线段料长 $l_3=\pi\ (A/2-z_0)$（其中简化算法 $z_0=0.3b$）。

③总长 $L=l_1+2l_2+l_3$。

如果角钢框架以左下角作为接缝连接处，则号料图如图1—1—28b所示。

（4）槽钢展开料长的计算。槽钢弯曲分两种形式：一种是平弯，另一种是立弯（旁弯）。

1）槽钢平弯展开料长的计算。槽钢平弯时，其中性层与槽钢断面中心层重合，所以展开料长应以中性层计算，其示意图如图1—1—29所示。已知槽钢平弯90°，两直边 $l_1=l_2=600$ mm，$R=400$ mm 槽钢型号为14a，试求其展开长度 L。

解：经查资料得 $h=140$ mm

中性层的弯曲半径 $R_{中}=R+\dfrac{h}{2}$

$$L=l_1+l_2+\frac{\pi\alpha R_{中}}{180°}$$

$$\approx 600+600+\frac{3.14\times 90°\times\left(400+\frac{140}{2}\right)}{180°}$$

$$=1\ 937.9\ \text{mm}$$

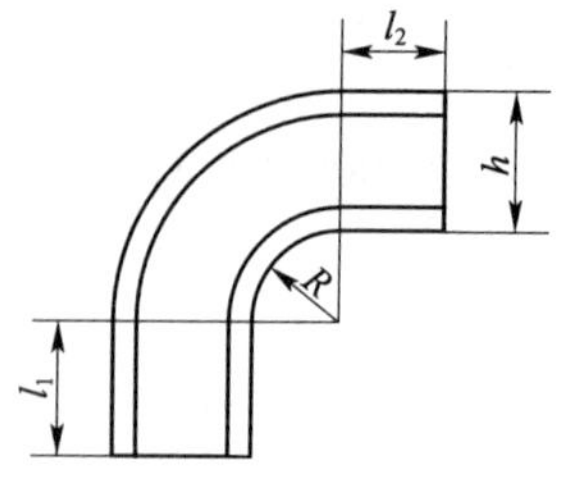

图 1—1—29　槽钢平弯时展开料长计算示意图

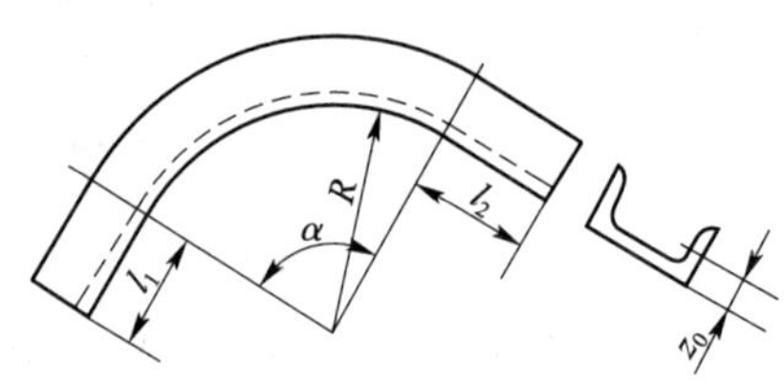

图 1—1—30　槽钢旁弯时展开料长计算示意图

2）槽钢旁弯展开料长的计算。槽钢旁弯时，计算中性层要以重心距为准，其展开料长计算示意图如图 1—1—30 所示。

已知槽钢旁弯件的两直边 $l_1 = l_2 = 200$ mm，$\alpha = 120°$，$R = 500$ mm，槽钢型号为 14a，试求其展开长度 L。

解： 经查资料得 $z_0 = 16.7$ mm

中性层的弯曲半径 $R_{中} = R + z_0$

$$L = l_1 + l_2 + \frac{\pi\alpha R_{中}}{180°}$$

$$\approx 200 + 200 + \frac{3.14 \times 120° \times (500 + 16.7)}{180°}$$

$$\approx 1\ 481.6 \text{ mm}$$

在各类型钢弯曲成圆筒及圆环时，其展开料长的计算方法和以上所介绍的相应弯曲变形形式的计算方法相同，只不过是要计算整个中性层圆周的长度。

（5）两端的处理。对弯曲较小直径的圆筒及圆环，在下料时两端要预先切成斜口以使弯曲后接缝能够对齐，斜口的作法可采用图解法，其示意图如图 1—1—31 所示。

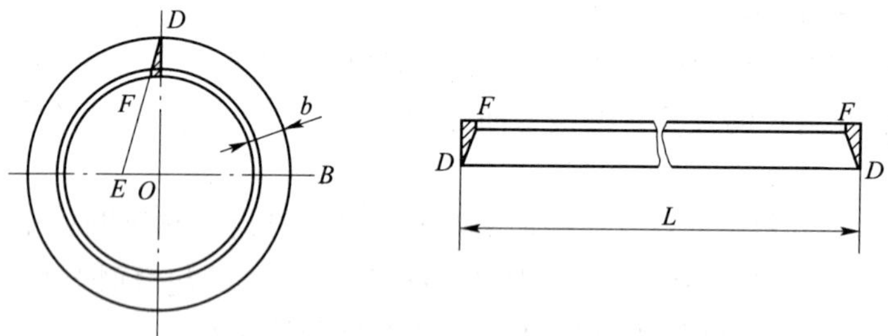

图 1—1—31　斜口作法示意图

具体作法如下：

1）按图的大小放出实样。

2）取 $OE = b$（宽度）。

3）连接 DE 与立边交于 F 点，得阴影三角形，切去这一部分即可得到所需要的斜口。

在实际施工中，无论采用热弯还是冷弯，由于加热温度、所用工具、操作者的技能等方面的原因，很难求出绝对准确的展开料长，因此，在弯曲前下料时，一般都留 100 ~ 250 mm的加工及成形余量，成形后再切掉多余部分。另外，实际操作中，型钢的重心距一

般近似地按边宽 b 的 1/4 的位置确定，以解决查阅资料、手册不方便的问题，图 1—1—32 所示为其近似确定方法。

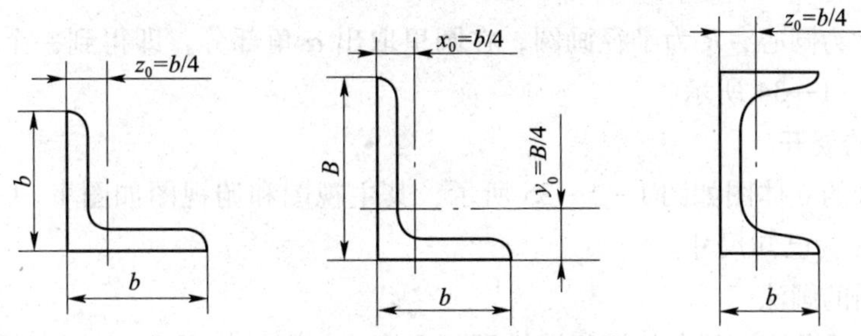

图 1—1—32　重心距位置的近似确定方法

b—角钢短边宽度　B—角钢长边宽度　z_0—重心距　y_0—角钢长边重心距　x_0—角钢短边重心距

五、锥体的展开

1. 正圆锥的展开

（1）正圆锥的立体图如图 1—1—33 所示，其主视图、俯视图如图 1—1—34 所示，其中 h、d、R 为已知尺寸。

（2）展开图通常有两种画法：

1）圆周长法

①以点 O 为圆心，R 为半径画圆弧，用钢卷尺在弧上量取俯视图圆周长，得其点为 1、2，如图 1—1—34 所示。

②连接点 O 和点 1、点 O 和点 2 得到一个扇形图，即为展开图，如图 1—1—34 所示。

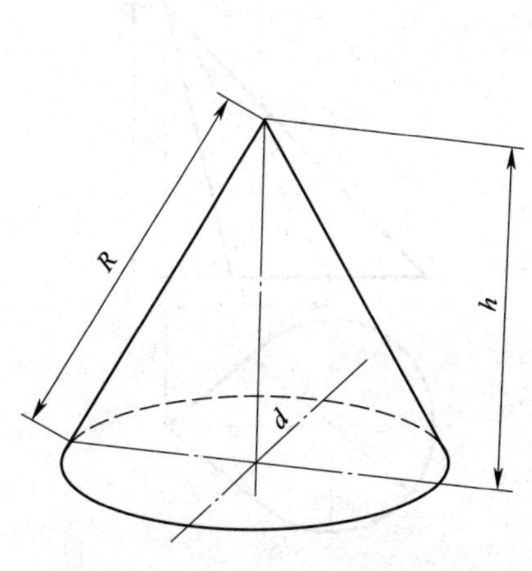

图 1—1—33　正圆锥的立体图

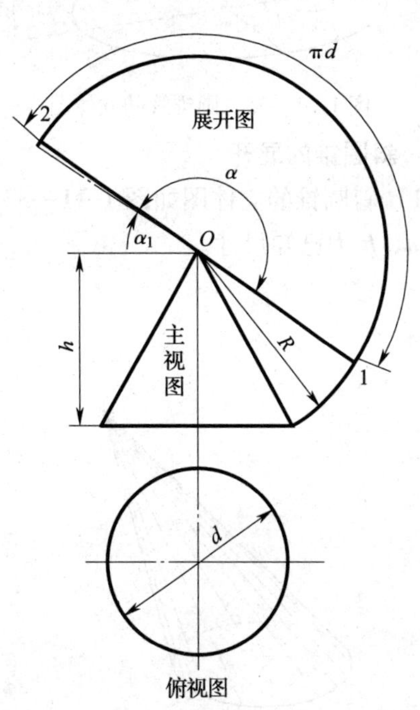

图 1—1—34　正圆锥的主视图、俯视图

2）圆心角法

①先求出展开图的角度 α，其计算方法为 $\alpha = 180° \times \frac{\alpha}{R}$

②再以点 O 为圆心，R 为半径画圆，在圆里取出 α 角部分，即得到一个扇形图，即为展开图，如图 1—1—34 所示。

2. 圆锥管的展开

（1）圆锥管的立体图如图 1—1—35 所示，其主视图和俯视图如图 1—1—36 所示，其中 d_1、d_2、h、α 为已知尺寸。

（2）展开图的画法

除增加一条弧线外，其余与正规圆锥展开图画法相同，如图 1—1—36 所示。

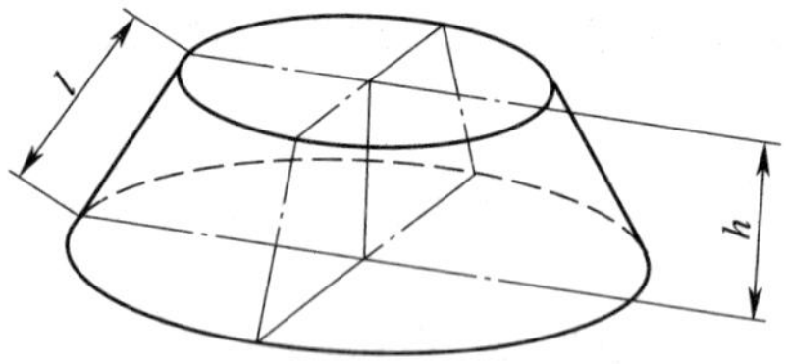

图 1—1—35　圆锥管的立体图

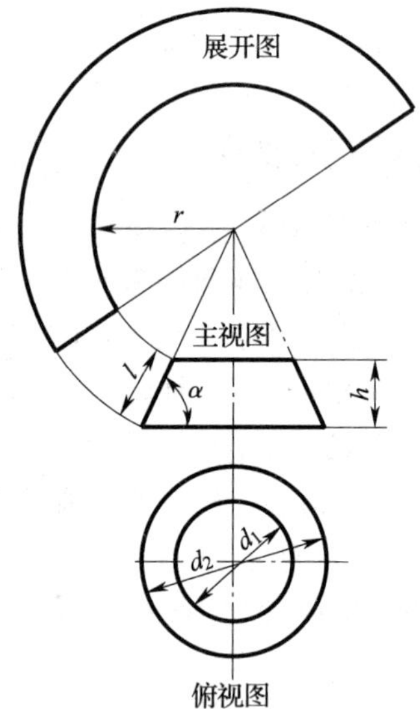

图 1—1—36　圆锥管的主视图和俯视图

3. 斜圆锥的展开

（1）斜圆锥的立体图如图 1—1—37 所示，其主视图和俯视图如图 1—1—38 所示，其中 a、d、h 为已知尺寸。

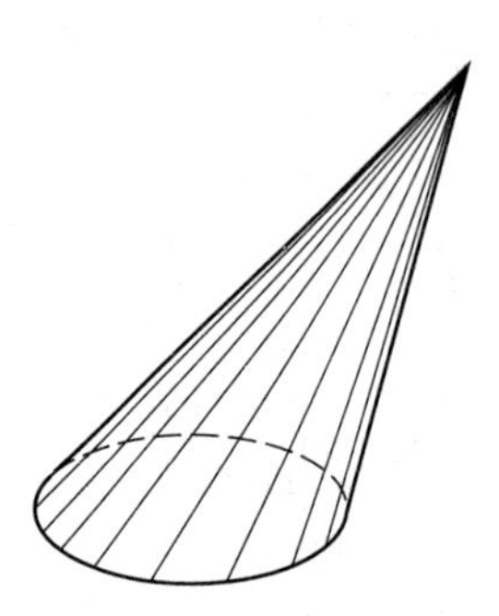

图 1—1—37　斜圆锥的立体图

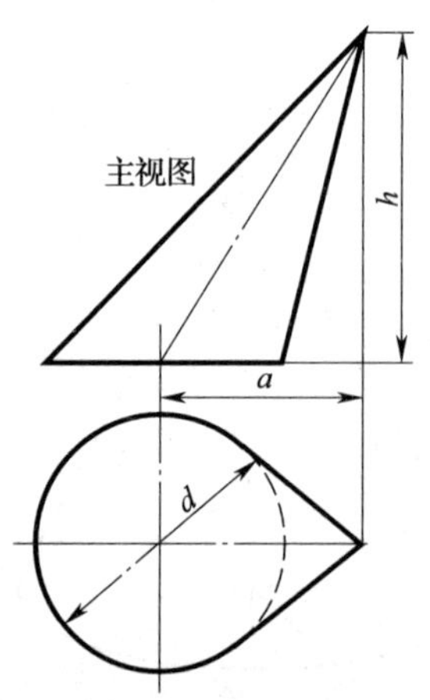

图 1—1—38　斜圆锥的主视图和俯视图

（2）展开图的画法

1）求锥面实长线

①利用已知尺寸 a、d、h 画出俯视图和主视图，如图1—1—39所示。

②将俯视图的半圆周分成若干等份（现图中为6等份），再分别将各等分点即1、2、3、4、5、6、7与 O_1 连成直线。

③以 O_1 为圆心，以 O_16、O_15、O_4、O_13、O_12、O_11 分别为半径画同心圆弧，与水平中心线 O_11 相交，其交点依次为6′、5′、4′、3′、2′、1′，如图1—1—39所示。

④再由点7、6′、5′、4′、3′、2′、1分别引上垂线，与主视图中的水平线相交，交点依次为7、6′、5′、4′、3′、2′、1。

⑤将 O 与各点依次连接，即得到锥面各实长线，即 $O7$、$O6'$、$O5'$、$O4'$、$O3'$、$O2'$、$O1'$，如图1—1—39所示。

2）画展开图

①在主视图上，以点 O 为圆心，以各实长线分别为半径画同心圆弧。

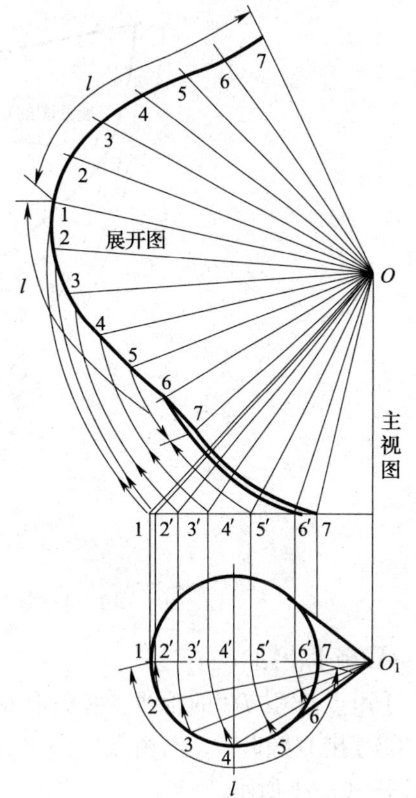

图1—1—39 斜圆锥的俯视图和主视图

②在圆弧上任取一点7，以7为圆心，以俯视图中各等分弧长作半径，顺次画圆弧，其交点分别为1、2、…、7。

③通过1、2、…、7将各点连成曲线，即为斜圆锥的展开图，如图1—1—39所示。

4. 斜圆锥管的展开

（1）斜圆锥管的立体图如图1—1—40所示，其主视图和展开图如图1—1—41所示，其中 d、d'、a（上、下底面圆心距）、h 为已知尺寸。

（2）展开图的画法

1）求圆锥顶点

$$x=\frac{h\ (d+\delta)}{d'-d}\quad y=\frac{ax}{h}$$

其中，δ 为壁厚。

2）画底断面的1/2

①在水平线上取 TO' 等于 $a+y$，并以 T 为中心，以板中心为圆心，以 $d'+\delta$ 的一半为半径画出半圆周1－4－7。

②将半圆周1－4－7分成6等份，其分点为1、2、3、…、7，以直线连接各等分点与 O' 点，即为 $O'1$、$O'2$、$O'3$、$O'4$、$O'5$、$O'6$、$O'7$，底断面1/2绘画完毕，如图1—1—41所示。

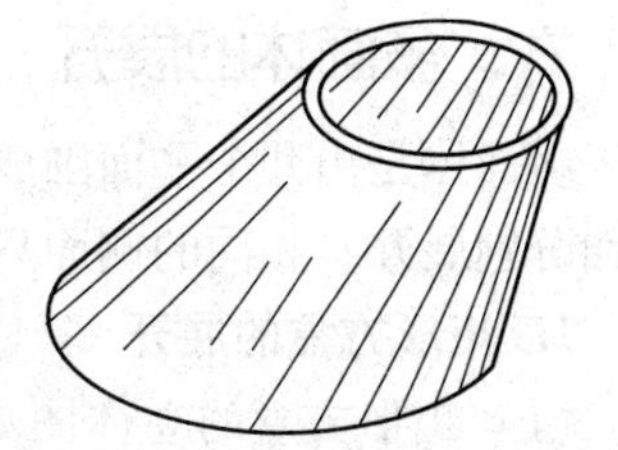
图1—1—40 斜圆锥管的立体图

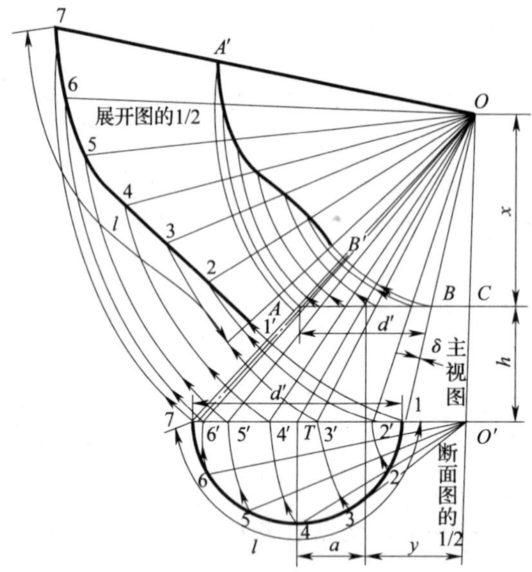

图 1—1—41　斜圆锥管的主视图和展开图

3）画主视图

①由点 O' 引 TO' 的垂线，并截取 $O'C$、CO 分别等于 h、x。

②连接 $1O$ 和 $7O$，与由点 C 向左引 TO' 的平行线分别相交于 B、A，主视图绘画完毕，如图 1—1—41 所示。

4）求各线实长

①以 O' 为圆心，$O'2$、$O'3$、…、$O'6$ 分别为半径画同心圆弧，与 TO' 分别相交于点 $2'$、$3'$、…、$6'$。

②连接各点与 O，即得出各线（斜圆锥面素线）实长，如图 1—1—41 所示。

5）画展开图的 1/2

①以点 O 为圆心，$O1$ 为半径画一圆弧，并在其上任取一点为 $1'$。

②以点 O 为圆心，以 $O'2$、$O'3$、…、$O'7$ 分别为半径画同心圆弧，再以点 $1'$ 为中心，以 1—2 为半径顺次画圆弧得交点 2、3、4、…、7。

③将点 2、3、4、…、7 连成曲线。

④将点 2、3、4、…、7 分别与 O 连接，并以 O 为圆心，AB 线上各交点（即 $O'2$、$O'3$、$O'4$、…、$O'7$ 与 AB 的交点）到 O 的距离为半径画同心圆弧，将对应交点连成曲线 $A'B'$。这样 $7-A'-B'-1'$ 即为斜圆锥管展开图的 1/2，如图 1—1—41 所示。

六、多面体的展开

多面体是由几个平面围成的形体。其作展开图的步骤如下：分析各侧面的形状；把各侧面分别展开，相同的侧面只作一个展开图；将各侧面板展开图合起来。

1. 矩形方盒的展开

（1）矩形方盒的立体图如图 1—1—42 所示，其主视图和俯视图如图 1—1—43 所示，其中尺寸 a、b 已知。

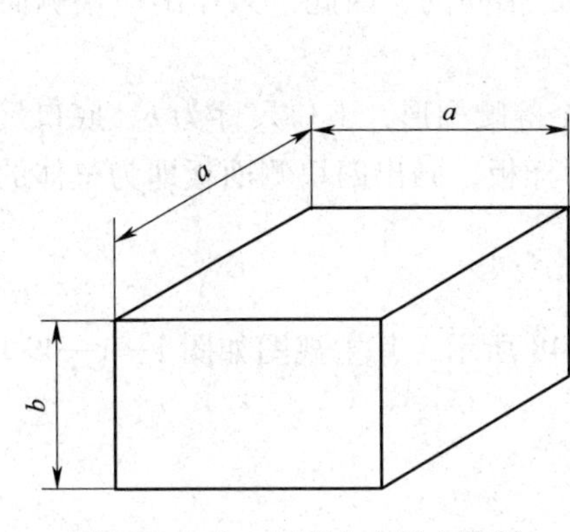

图 1—1—42　矩形方盒的立体图

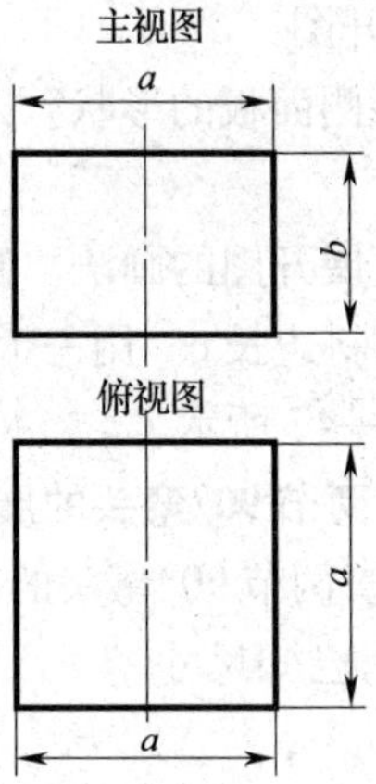

主视图
a
b
俯视图
a
a

图 1—1—43　矩形方盒的主视图和俯视图

（2）作展开图

1）四块侧面板形状是相同的。

2）上、下两块底板的形状也是相同的。因此作出一块侧面板和一块底板的展开图即可。

3）侧面板的展开图与主视图相同，画出四块侧面板就是侧面板的展开图，如图1—1—44所示。

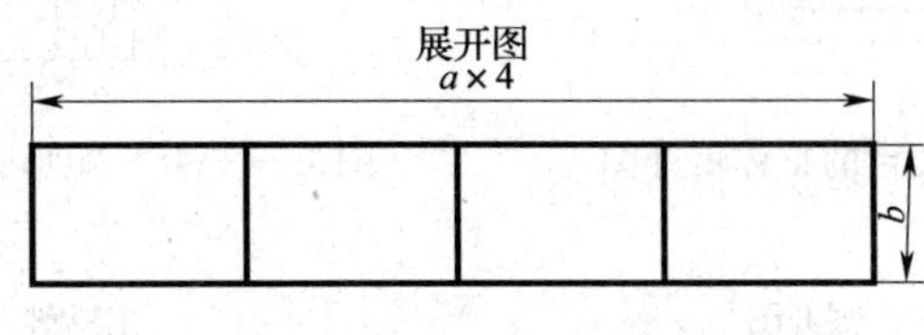

图 1—1—44　矩形方盒的侧面展开图

4）上、下底板的展开图与俯视图相同，画出两块底板就是上、下底板的展开图，如图 1—1—43 中的俯视图。

2. 正四棱台的展开

（1）正四棱台的立体图如图 1—1—45 所示，其主视图和俯视图如图 1—1—46 所示，其中 a、b、c、h 为已知尺寸。

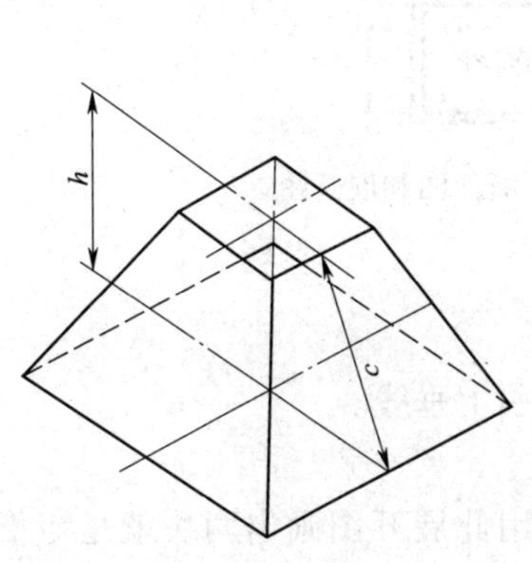

图 1—1—45　正四棱台的立体图

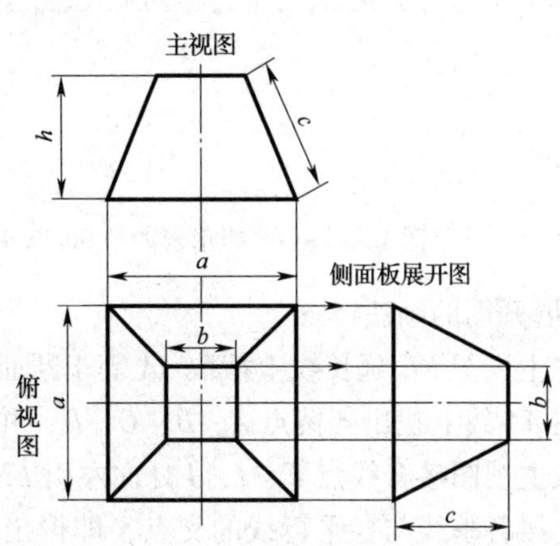

图 1—1—46　正四棱台的主视图、俯视图和侧面板展开图

（2）作展开图

1）分析各侧面板的形状。四块侧面板的形状是相同的，因此，只作出一块侧面板的展开图即可。

2）侧面板展开图的画法。侧面板的展开图是个等腰梯形，上口尺寸为 b，底口尺寸为 a，高为主视图斜边长 c。用一个侧面板展开图作为样板，画出四块侧面板即为整体的展开图，如图 1—1—47 所示。

3. 矩形管两节 90°弯头的展开

（1）矩形管两节 90°弯头的立体图如图 1—1—48 所示，其主视图如图 1—1—49 所示，其中 a、b、c 为已知尺寸。

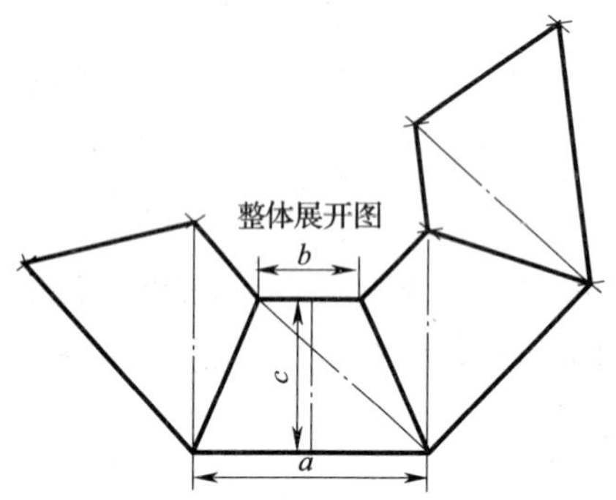

图 1—1—47　正四棱台的整体展开图

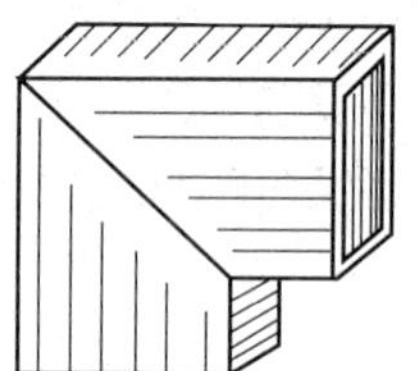

图 1—1—48　矩形管两节 90°弯头的立体图

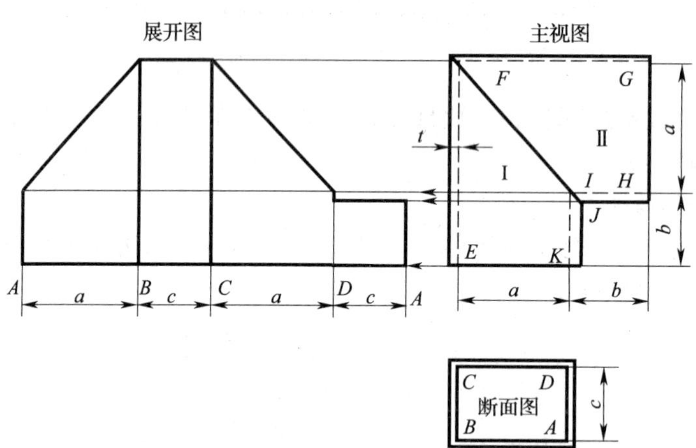

图 1—1—49　矩形管两节 90°弯头的主视图、断面图和展开图

（2）展开图的画法

1）在主视图 *KE* 延长线上截取 *AA* 等于断面图周长。

2）在 *AA* 线上找出各棱点 *A*、*B*、*C*、*D*，并从此四点引上垂线。

3）从主视图接合线点 *F*、*I*、*J* 处向左引 *EK* 的平行线。

4）连接各垂线与各平行线的交点，即得出展开图。用此展开图画出两块就是矩形管两节 90°弯头的整体展开图，如图 1—1—49 所示。

4. 方管两节90°弯头的展开

方管两节90°弯头立体图如图1—1—50所示，其主视图和断面图如图1—1—51所示，其中a、b、d为已知尺寸。

（1）依据主视图画出前后板的展开图Ⅱ。

（2）根据主视图和断面图画出上侧板展开图Ⅲ。

（3）根据主视图和断面图画出下侧板展开图Ⅰ。

（4）Ⅱ、Ⅲ、Ⅰ合在一起即为方管两节90°弯头的整体展开图。

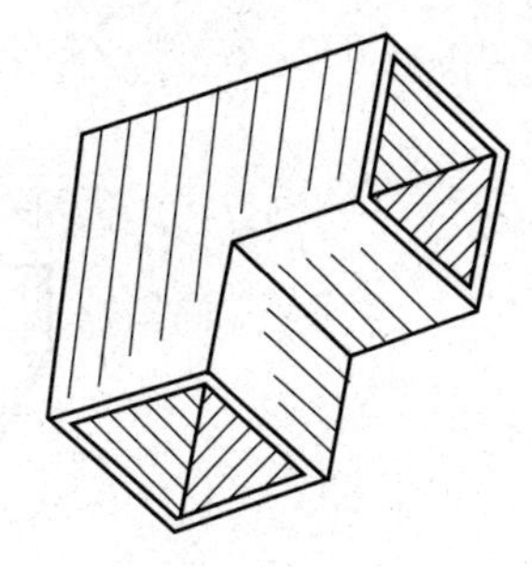

图1—1—50　方管两节90°弯头的立体图

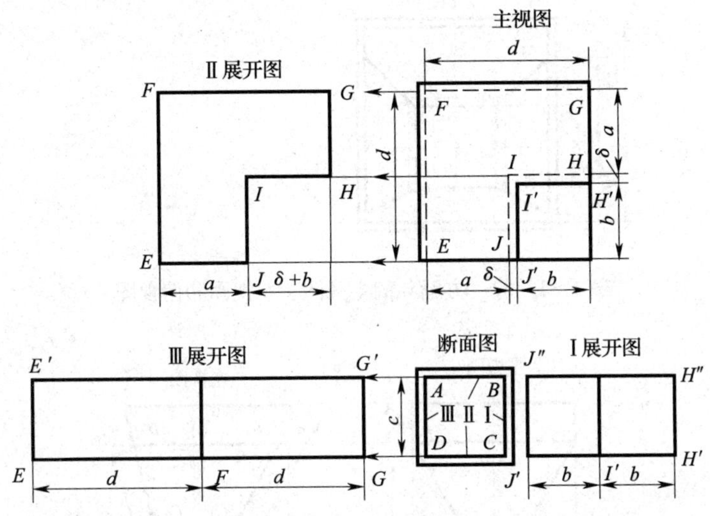

图1—1—51　方管两节90°弯头的主视图、断面图和展开图

5. 方漏斗的展开

（1）方漏斗的立体图如图1—1—52所示，其主视图、左视图和俯视图如图1—1—53所示，其中a、b_1、b_2、c_1、c_2、e、h_1、h_2、h_3为已知尺寸。

（2）展开图的画法

1）前侧板

①将主视图中心线向下延长，在其上截取等于左视图中g、f、h的线段，从而得点A_2、B_2、C_2、D_2。

②从点A_2、B_2、C_2、D_2分别引出水平线。

③从主视图的A、B、C、D各点分别引出下垂线。

④将水平线与下垂线的对应交点连成直线，即得出前侧板展开图，如图1—1—54所示。

2）后侧板

①将主视图中心线向下延长，在其上截取等于左视图中g_1、f_1、h的线段，从而得点A、B、C、D。

②从点A、B、C、D分别引出水平线。

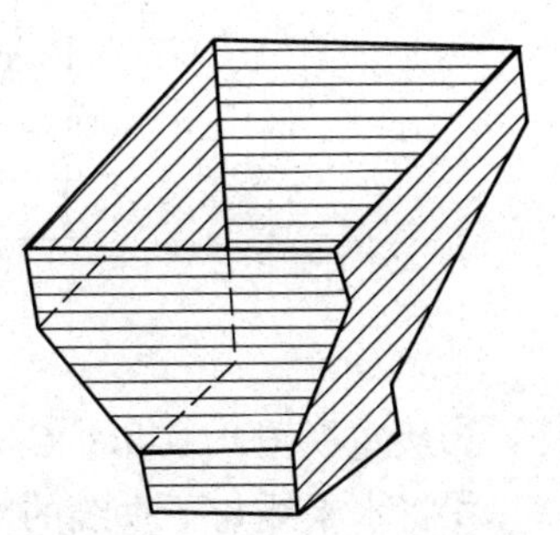

图1—1—52　方漏斗的立体图

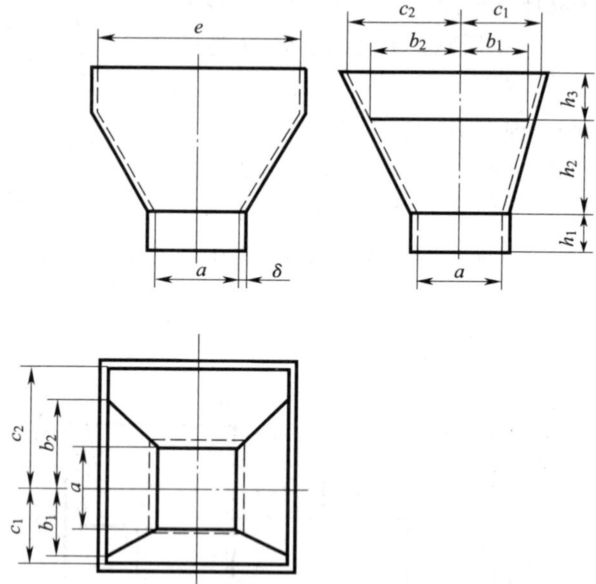

图 1—1—53　方漏斗的主视图、左视图和俯视图

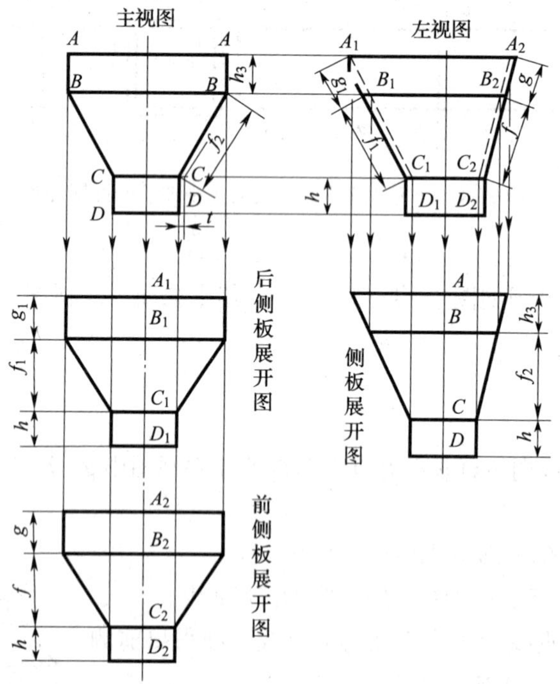

图 1—1—54　方漏斗的展开图

③从左视图 A_1、B_1、C_1（D_1）、C_2（D_2）、A_2、B_2各点分别引出下垂线。

④将水平线与下垂线的对应交点连成直线，即得出后侧板展开图，如图 1—1—54 所示。

3）侧板

①将左视图中心线向下延长，在其上截取等于主视图中 h_3、f_2、h 的线段，从而得到点 A、B、C、D。

②从点 A、B、C、D 分别引出水平线。

③从左视图 A_1、B_1、C_1（D_1）、C_2（D_2）、A_2、B_2 各点分别引出下垂线。

④将水平线与下垂线的对应交点连成直线，即得出侧板展开图，如图 1—1—54 所示。

4）将前侧板展开图、后侧板展开图和侧板展开图合在一起即为方漏斗的整体展开图。

6. 凸五角星的展开

（1）凸五角星的立体图如图 1—1—55 所示，其主视图、俯视图如图 1—1—56 所示，其中半径 R 和高度 h 为已知尺寸。

（2）展开图的画法。

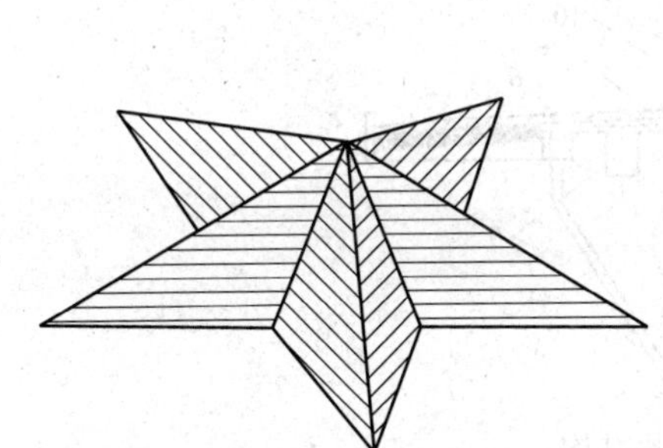

图 1—1—55　凸五角星的立体图

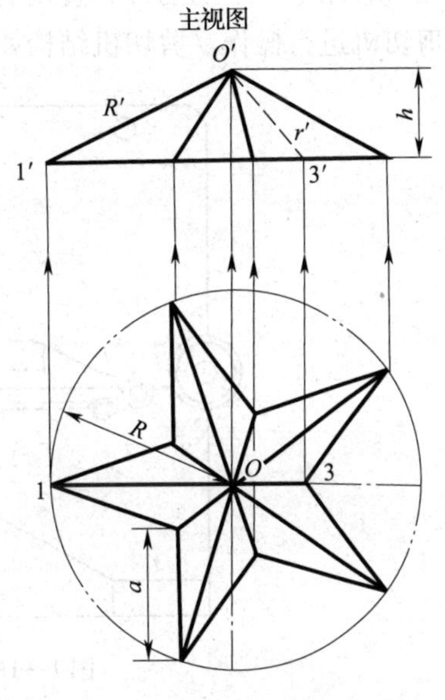

图 1—1—56　凸五角星的主视图和俯视图

1）求出画展开图的半径 R'、r'。

①由俯视图点 1、3 引上垂线，与主视图相交于 1′点、3′点。

②连接 $O'1'$、$O'3'$ 即为半径 R'、r'，如图 1—1—56 所示。

2）在水平线上任取一点为 O'，以 O' 为圆心，R'、r' 分别为半径画两个同心圆，如图 1—1—57 所示。

3）在外圆上任取一点为中心，以图 1—1—56 中俯视图中的 a 作半径画圆弧与内圆相交得交点为 1′、5′，如图 1—1—57 所示。

4）以点 1′为圆心 a 作半径画圆弧与外圆相交得交

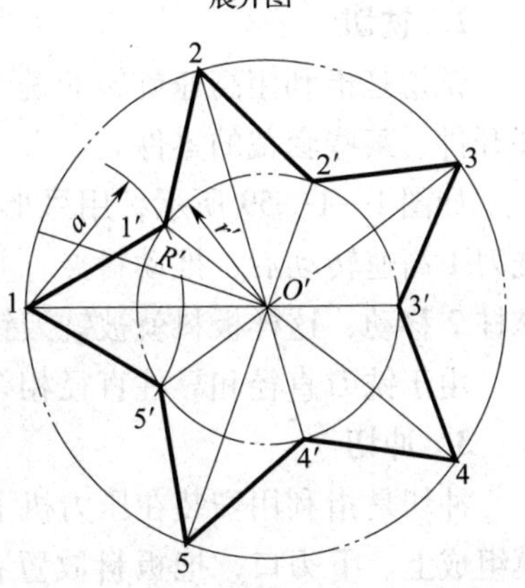

图 1—1—57　凸五角星的展开图

点 2，如图 1—1—57 所示。

5）以点 2 为圆心、a 作半径画圆弧与内圆相交得交点 2′，如图 1—1—57 所示。

6）用上述同样的方法顺次画圆弧求出点 3、3′、4、4′、5，如图 1—1—57 所示。

7）以直线连接各点与 O'点，再用直线连接内、外圆 1－1′、1′－2、2－2′、…、5′－5′、5′－1，即得出凸五角星的展开图，如图 1—1—57 所示。

七、钣金下料

钣金下料就是将原材料按需要切成毛坯。钣金下料的方法很多，按机床的类型和工作原理，可分为剪切、铣切、冲切、氧气切割及激光切割等。在生产中可根据零件形状、尺寸、精度要求、材料类型、生产数量以及现场设备条件情况来选择下料方法。

1. 剪切

剪切是指利用上、下切削刃为直线的刀片或旋转刀片的剪切运动来剪裁板料毛坯。剪切主要用剪切机进行操作。剪切机结构如图 1—1—58 所示。

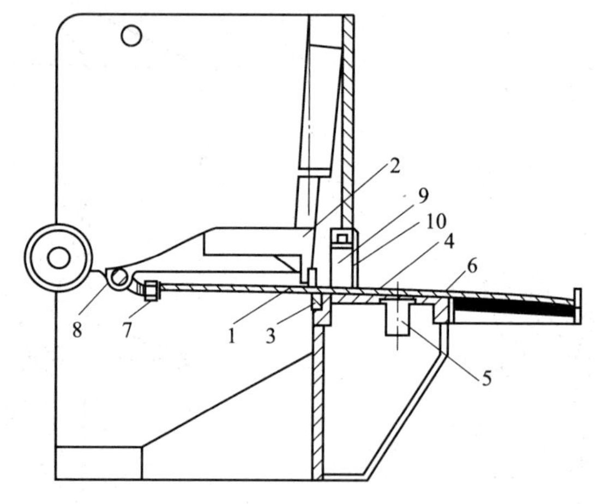

图 1—1—58 剪切机结构

1—上刀片 2—刀架 3—下刀片 4—下床面 5—托球 6—板料 7—后挡板料 8—调位销 9—压料筒 10—棚板

2. 铣切

铣切是指利用高速旋转的铣刀对成叠的板料进行铣切，主要用来铣切中型结构零件的展开件、某些套裁的零件。

如图 1—1—59 所示，用弓形夹 3 将板料 5 和铣切样板 4 夹紧，形成一个“料夹”，当铣刀 1 高速转动后，推动料夹，并通过弓形夹底座在台面 6 上移动，从而使铣切样板紧靠靠柱 2 移动，这样板料就被铣刀铣切。

由于铣刀直径和靠柱直径相等，故铣出的零件外形与铣切样板相同。

3. 冲切

冲切是指利用安装在压力机上的冲模对板料实现塑性变形加工。冲切是利用凸模和凹模组成上、下刃口，把板料放置在凹模上，凸模向下运动，与凹模相合，致使材料变形，直到全部分离成形。落料模如图 1—1—60 所示。

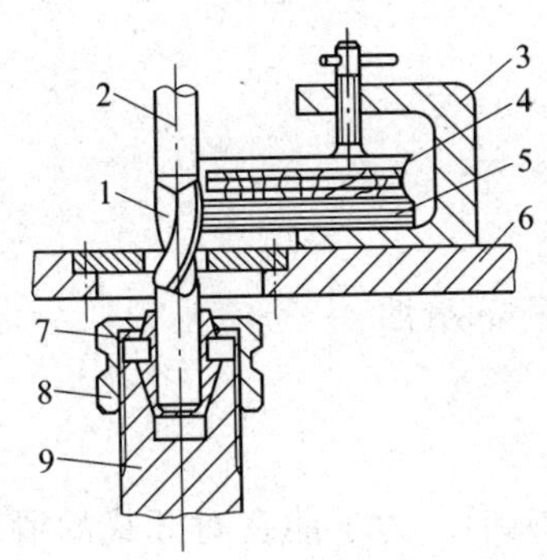

图 1—1—59　铣切过程

1—铣刀　2—靠柱　3—弓形夹　4—铣切样板　5—板料　6—台面　7—夹头　8—紧固螺母　9—主轴

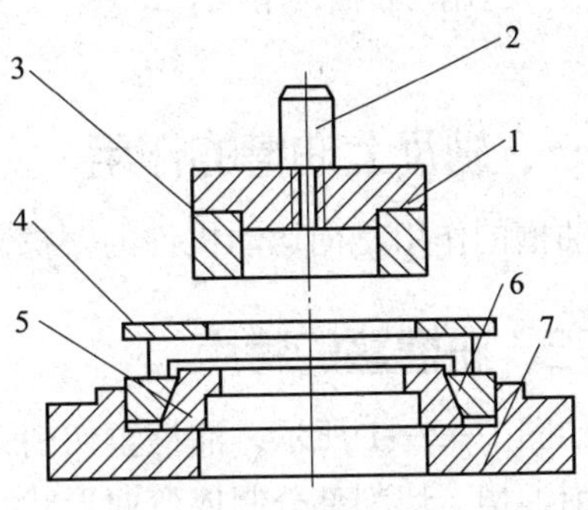

图 1—1—60　落料模

1—上模板　2—模柄　3—凸模　4—卸料板　5—凹模　6—套圈　7—底板

4. 氧气自动切割

氧气自动切割是指利用氧乙炔气体火焰通过手工割炬切割厚度大、形状复杂的零件。利用氧乙炔气体火焰将被切割的金属预热到燃点后，再向预热处喷射高压氧气流，促使达到燃点的金属在高压氧气流中燃烧，进而形成熔渣，同时借助高压氧气的吹力将熔渣吹掉，同时所放出的热量又进一步加热切口边的金属，使其达到燃点。这样移动割嘴即又重复了预热—燃烧—吹渣的过程，将其沿着划线方向均匀地移动，从而形成了一条切口，如图 1—1—61 所示。

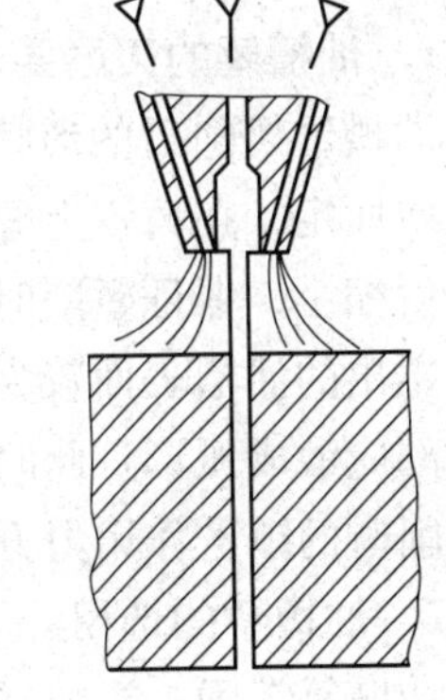

图 1—1—61　氧气切割示意图

5. 激光自动切割

激光自动切割是指用专门技术对光的分子或原子进行激励，再将激励所产生的光通过透镜或反射镜高度聚焦在切割头上，形成具有高能量密度的激光束（即热源），对板料进行切割。通常使用的激光切割机是激光—步冲联合机。

课题 2　錾削、锯削、锉削加工

子课题 1　轴瓦上油槽的錾削

学习目标

1. 了解轴瓦上油槽的作用。
2. 了解油槽錾削的特点。
3. 了解油槽錾的刃磨要求及选用。

4. 掌握油槽錾的刃磨方法。
5. 了解油槽錾削的工艺。

一、轴瓦上油槽的作用

油槽的作用是向运动机件的摩擦部位输送和储存润滑油。

二、油槽錾的特点

如图 1—2—1 所示，油槽錾切削刃很短且呈半圆形，为了能在对开式的滑动轴承孔壁上錾削油槽，切削部分制成弯曲形状。油槽錾常用来錾削润滑油槽。

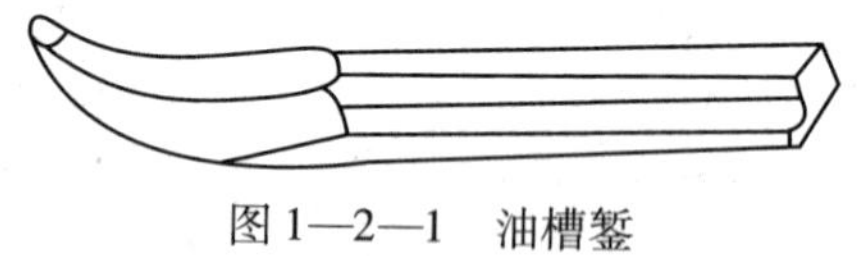

图 1—2—1　油槽錾

三、油槽錾的刃磨要求及选用

1. 油槽錾的刃磨要求

油槽錾切削刃的形状应和图样上油槽断面形状刃磨一致。其楔角大小要根据被錾材料的性质而定，在铸铁上錾油槽，楔角可取 60°～70°。錾子的后面（圆弧面），其两侧应逐步向后缩小，保证錾削时切削刃各点都能形成一定的后角，并且后面应用油石进行修光，以使錾出的油槽表面较为光洁。在曲面錾油槽的錾子，为保证錾削过程中的后角保持一致，其前部应锻成弧形。此时，錾子圆弧刃刃口的中心点仍应在錾子整体中心线的延长线上，使錾削时的锤击作用力方向能朝向刃口的錾削方向。

2. 油槽錾的选用

油槽錾常用来錾削平面或曲面上的油槽。錾削油槽时，应选用与油槽等宽的油槽錾。如在曲面上錾削油槽，錾子的倾斜角度要随曲面的变化而变化，以保持錾削时的后角不变，从而保证油槽尺寸、深浅和表面粗糙度的要求。錾削完，要用砂布或刮刀除去槽边毛刺，使槽表面光滑。

四、掌握油槽錾的刃磨方法

油槽錾在刃磨时，錾子头部在下，切削刃略高于砂轮中心，磨削时錾口要在砂轮边缘左右移动，防止砂轮片局部磨损。磨削注意楔角准确的同时，要注意前面、后面对称，还要防止錾子烧伤。最后要在油石或砂轮侧边上修磨前面、后面，使之光滑。

五、油槽錾削的工艺

根据油槽的位置尺寸划线，可按油槽的宽度划两条线，也可只划一条中心线。在平面上錾油槽，起錾时，錾子要慢慢地加深至尺寸要求，錾到尽头时刃口必须慢慢翘起，保证槽底圆弧过渡。在轴瓦上錾油槽即是在曲面上錾油槽，其要点是：錾子倾斜情况应随着曲面而变动，使錾削时的后角保持不变，从而保证錾削顺利进行，如图 1—2—2 所示。

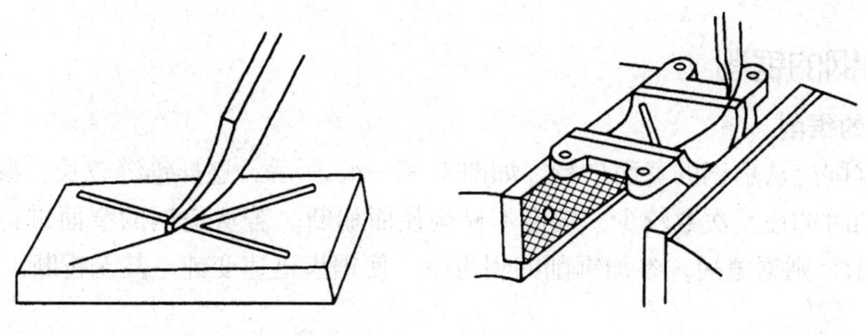

图 1—2—2　錾削油槽

子课题 2　各种型材的锯削

学习目标

1. 掌握棒料、管料和型钢的锯削。
2. 熟悉常见锯削质量问题原因分析。
3. 熟悉锯削时的安全注意事项。

锯削是指用手锯对材料或工件进行分割或锯槽的加工方法，其主要工作范围包括分割各种材料或半成品，锯掉工件上的多余部分及在工件上锯槽。

一、棒料的锯削

如果棒料的断面要求平整，应从一个方向起锯直到结束。如果锯削的断面要求不高，可不断改变锯削的方向，当锯到一定深度后再将棒料转过一个角度重新起锯，以减小切削阻力，提高锯削效率。

二、管料的锯削

锯削薄壁管子和精加工的管子时，如图 1—2—3 所示，为了防止夹扁或夹坏管子表面，管子的装夹必须正确，一般管子应夹在有 V 形或弧形槽的木块之间。锯削时，锯条应选用细齿锯条，不能在一个方向从开始一直到结束，否则，锯齿容易被管壁勾住而崩裂。正确的锯削方法是从锯削处起锯到管子内壁处，再顺着推锯方向转动一个角度，仍旧锯到管子内壁处，如此不断改变方向，直到锯断管子为止。

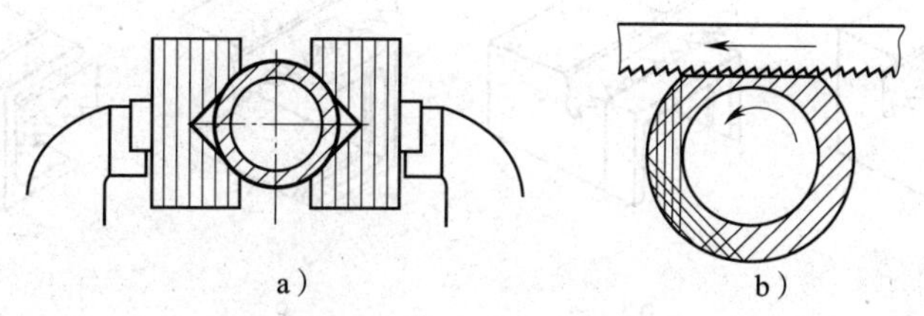

图 1—2—3　管子的装夹和锯削
a）管子的装夹　b）管子的锯削

三、型钢的锯削

1. 扁钢的锯削

扁钢的锯削应从扁钢的宽面进行，如图 1—2—4a 所示，这样锯缝较长，参加锯削的锯齿也多，锯削时的往复次数较少，锯齿不易钩住而崩断。若从扁钢的窄面进行锯削，如图 1—2—4b 所示，则锯缝短，参加锯削的锯齿少，使锯齿迅速变钝，甚至折断。

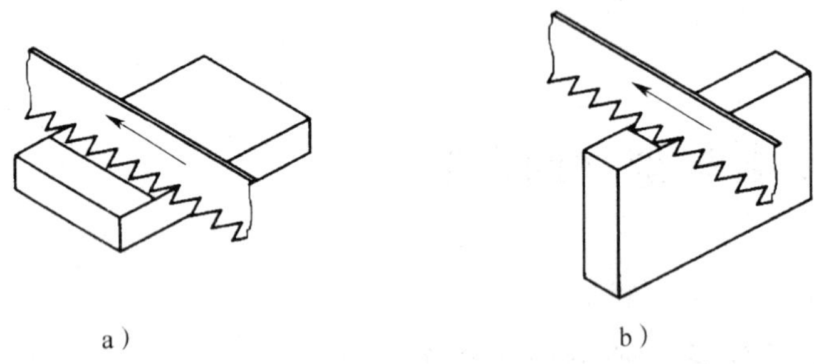

图 1—2—4　扁钢锯削

2. 角铁的锯削

角铁的锯削应从宽面进行，锯好角铁的一面后，将角铁转过一个方向再锯，如图 1—2—5a、b 所示，这样才能得到较平整的断面，锯齿也不易被钩住。若以角铁从一个方向一直锯到底，这样锯缝深而不平整，锯齿也易折断，如图 1—2—5c 所示。

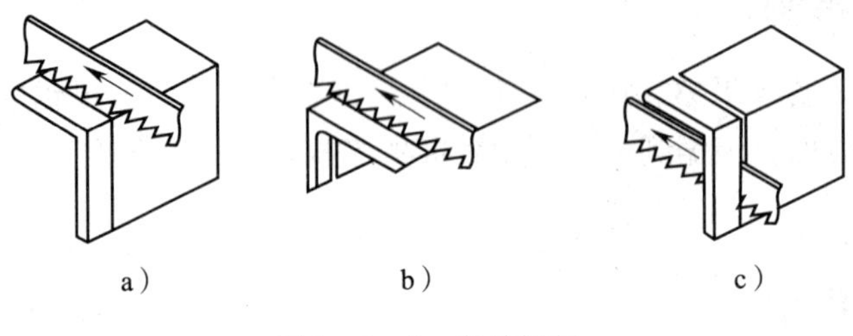

图 1—2—5　角铁锯削

3. 槽钢的锯削

槽钢的锯削也应从宽面进行，将槽钢从三个方向锯削，锯削方法与锯削角铁相似，如图 1—2—6a、b、c 所示。图 1－2－d 错误。

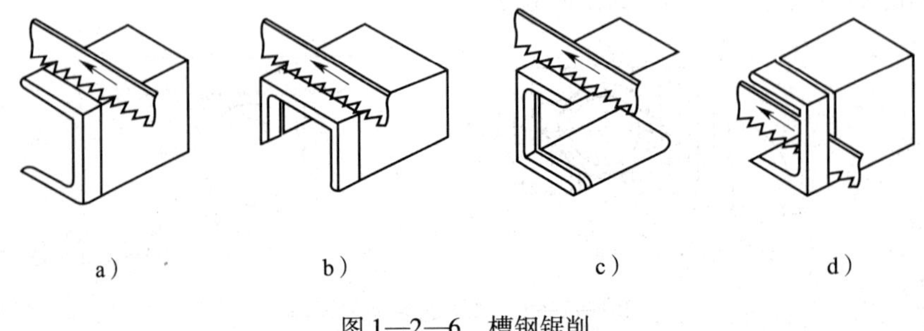

图 1—2—6　槽钢锯削

四、锯削时常见的质量问题及产生原因

在实际锯削时，常见的质量问题及产生的原因见表1—2—1。

表1—2—1　　锯削质量问题及产生原因

锯齿损坏及质量问题	产生原因
锯齿折断	1. 锯条装得过紧或过松 2. 锯削时压力太大或锯削用力偏离锯缝方向 3. 工件未夹紧，锯削时有松动 4. 锯缝歪斜后强行纠正 5. 新锯条在旧锯缝中卡住而折断 6. 工件锯断时，用力过猛使手锯与台虎钳等物相撞而折断 7. 中途停止使用时，手锯未从工件中取出而碰断
锯齿崩裂	1. 锯齿的粗细选择不当，如锯管子、薄板时使用粗齿锯条 2. 起锯角度太大，锯齿被卡住后仍用力推锯 3. 锯削速度过快或锯削摆动突然过大，使锯齿受到猛烈撞击
锯齿过早磨损	1. 锯削速度过快，使锯条发热过度而加剧锯齿磨损 2. 锯削硬材料时，未加冷却润滑液 3. 锯削过硬材料
锯缝歪斜	1. 工件装夹时，锯缝线未与铅垂线方向一致 2. 锯条安装太松或与锯弓平面产生扭曲 3. 使用两面磨损不均匀的锯条 4. 锯削时压力太大而使锯条左右偏摆 5. 锯弓未扶正或用力歪斜，使锯条偏离锯缝中心平面
尺寸超差	1. 划线不正确 2. 锯缝歪斜过多，偏离划线范围
工件表面拉毛	起锯方法不对，把工件表面锯坏

五、锯削时的安全注意事项

1. 安装锯条时松紧要适当，锯削时不要突然用力过猛，防止工作中锯条折断从锯弓中崩出伤人。

2. 工件将要锯断时，用力要小，避免压力过大使工件突然断开，手向前冲出而造成事故。工件将锯断时，要左手扶住工件断开部分，避免掉下砸伤脚。

子课题3　六角形体的锉削

学习目标

1. 了解六角形体的加工质量要求。
2. 掌握六角形体的划线。
3. 掌握六角形体的锉削方法。
4. 掌握六角形体几何公差的检测。

现以圆料加工六角形为例，讲述六角形体的加工，如图1—2—7所示。

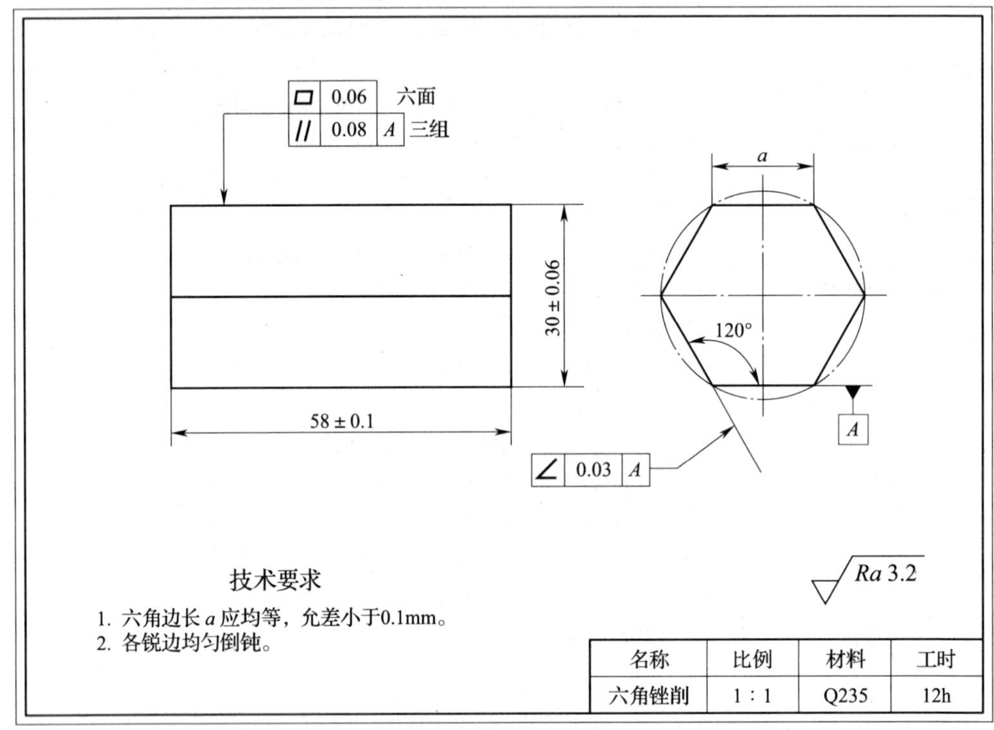

图1—2—7　六角形体锉削图样

一、六角形体的加工质量要求

六角形体的加工质量要求见表1—2—2。

表1—2—2　　六角形体评分标准

序号	技术要求	配分	评分标准	检测记录	得分
1	58 ±0. 1	5	超差全扣		
2	30 ±0. 06　（3组）	3×7	每超一处扣7分		

续表

序号	技术要求	配分	评分标准	检测记录	得分
3	⏥ 0.06（6面）	6×3	每超一处扣3分		
4	∠ 0.03 A（6组）	6×3	每超一处扣3分		
5	// 0.08 A（3组）	3×4	每超一处扣4分		
6	边长均等允差0.1	8	超差全扣		
7	Ra3.2 μm（6面）	6×2	每超一处扣2分		
8	锉纹整齐（6面）	6×1	每超一处扣1分		
9	安全文明生产	扣分	违者每次扣2分，严重者扣5~10分		

二、六角形体的划线

六角形体加工方法，原则上先加工基准面，再加工平行面、角度面，但为了保证正六边形要求（即对边尺寸、120°角度及边长相等等要求），加工中还要根据来料的情况而定。

圆料加工六角形体时，先测量圆柱的实际直径，以外圆母线为基准，控制 M 尺寸来保证，加工划线步骤如图1—2—8所示。

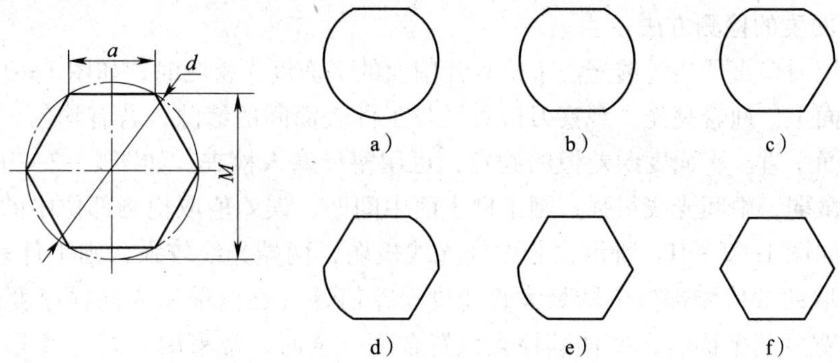

图1—2—8　六角形体划线步骤

三、六角形体的锉削方法

六角形体的加工步骤（用圆料加工）：

1. 检查来料尺寸，测量圆柱的实际直径。
2. 锉削圆柱断面，达到（58±0.1）mm尺寸、平面度、表面粗糙度等要求。
3. 粗、精锉六角形体第一面（基准面），达到平面度0.05 mm、粗糙度 Ra3.2 μm 等要求，同时保证圆柱母线至锉削面的尺寸 M，即［（30＋（d－30）/2）±0.06］mm。

4．粗、精锉六角形体第一面的对面。以第一面为基准，划出 30 mm 加工线，然后再锉削，达到图样要求。

5．粗、精锉第三面，同时保证 M 尺寸、平面度、120°倾斜度及粗糙度等要求。

6．粗、精锉第三面的对面。以第三面为基准，划出 30 mm 加工线，然后再锉削，达到图样要求。

7．粗、精锉第五面，同时保证 M 尺寸、平面度、平行度、120°倾斜度及粗糙度等要求。

8．粗、精锉第五面的对面。以第五面为基准，划出 30 mm 加工线，然后锉削，达到图样要求。

9．全部精度复检，并作必要的修整，去毛刺，倒钝锐边。

四、六角形体形位公差的检测

1．刀口直尺及平面度的检测

（1）刀口直尺的结构

刀口直尺是用光隙法检测平面零件直线度和平面度的常用量具，其结构如图 1—2—9 所示。刀口直尺有 0 级和 1 级两种精度，常用的规格有 75 mm、125 mm、175 mm 等。

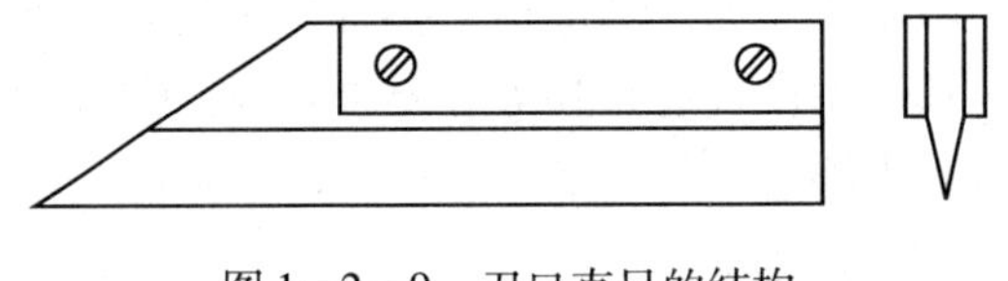

图 1—2—9　刀口直尺的结构

（2）平面度的检测方法

通常采用刀口直尺通过透光法来检查锉削面的平面度，检测时，如图 1—2—10a 所示，在工件检测面上，迎着亮光，观察刀口直尺与工件表面间的缝隙，若有均匀、微弱的光线通过，则平面平直。平面度误差值的确定，可用塞尺塞入检查。如图 1—2—10b 所示，若两端光线极微弱，中间光线很强，则工件表面中间凹，误差值取检测部位中的最大直线度误差值计。如图 1—2—10c 所示，若中间光线极弱，两端光线较强，则工件表面中间凸，其误差值应取两端检测部位中的最大直线度误差值计（在两端塞入同样厚度的塞尺时）。检测有一定宽度的平面时，要使其检查位置合理、全面，常采用“米”字形逐一检测整个平面，如图 1—2—10d 所示。另外，也可采用在标准平板上用塞尺检查的方法，如图 1—2—10e 所示。

2．塞尺及其使用方法

塞尺又称厚薄规，是用来检验两个结合面之间间隙大小的片状量规。塞尺有两个平行的测量平面，其长度制成 50 mm、100 mm 和 200 mm，由若干片叠合在夹板里，如图 1—2—11 所示。使用时，根据间隙的大小，可用一片或数片重叠在一起插入间隙内。塞尺片有的很薄，容易弯曲和折断，测量时用力不能太大。不能测量温度较高的工件。用完后要擦拭干净，及时合到夹板中去。

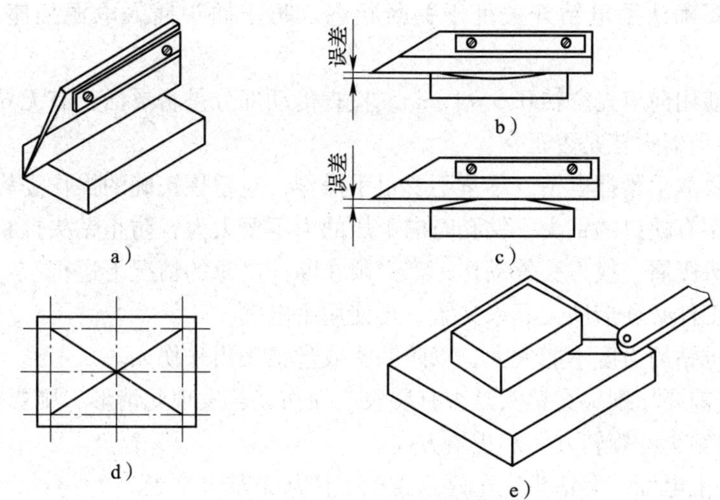

图 1—2—10　平面度检测的方法

3. 倾斜度的检测

可采用万能角度尺，利用透光法进行检测。

4. 平行度的检测

可采用游标卡尺进行检测。通过检测两平行面之间的距离，读出相应的数据，通过比较三组平行面的数据，用其中的最大值与最小值相减，得出的数据即为平行度误差值。

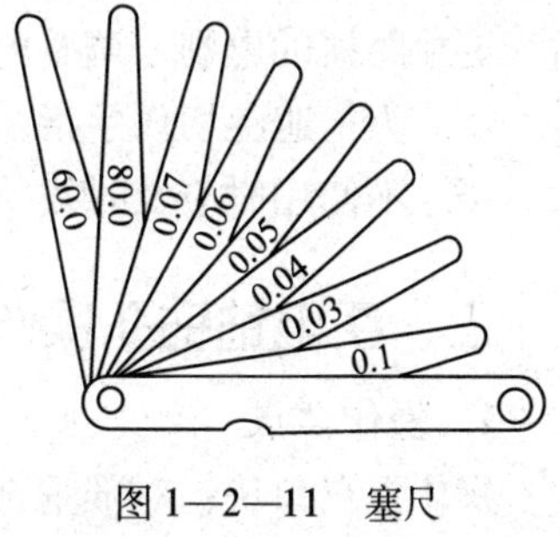

图 1—2—11　塞尺

课题 3　孔加工和螺纹加工

子课题 1　手电钻的使用

掌握手电钻的使用注意事项、操作要点及操作步骤。

手电钻是用来对金属或其他材料制品进行钻孔的电动工具。它具有体积小、质量轻、使用灵活和操作简单等特点。手电钻主要由电动机、变速箱、开关、电源线及插头组成。

一、手电钻使用时的注意事项

1. 用前检查电源线有无破损。若有，必须包缠好绝缘胶带，使用中切勿受水浸及乱拖乱踏，也不能触及热源和腐蚀性介质。

2. 对于金属外壳的手电钻必须采取保护接地（接零）措施。

3. 使用前要确认手电钻开关处于关断状态，防止插头插入电源插座时手电钻突然转动。

4. 电钻在使用前应先空转0.5 ~1 min，检查传动部分是否灵活，有无异常杂音，螺钉等有无松动，换向器火花是否正常。

5. 打孔时要双手紧握电钻，尽量不要单手操作，应掌握正确的操作姿势。

6. 不能使用有缺口的钻头，钻孔时向下压的力不要太大，防止钻头打断。

7. 清理刀头废屑、换刀头等动作，都必须在断开电源的情况下进行。

8. 对于小工件必须借助夹具来夹紧，再使用手电钻。

9. 操作时进钻的力度不能太大，以防钻头或丝锥飞出来伤人。

10. 在操作前要仔细检查钻头是否有裂纹或损伤，若发现此情形，则要立即更换。

11. 要注意钻头的旋转方向和进给方向。

12. 要先关上电源，等钻头完全停止再把工件从工具上拿走。

13. 在加工工件后不要马上接触钻头，以免钻头可能过热而灼伤皮肤。

14. 使用中若发现整流子上火花大，电钻过热，必须停止使用，进行检查，如清除污垢、更换磨损的电刷、调整电刷架弹簧压力等。

15. 为了避免切伤手指，在操作时要确保所有手指远离工件或钻头（丝锥）。

16. 不使用时应及时拔掉电源插头。电钻应存放在干燥、清洁的环境中。

二、手电钻钻孔操作

1. 操作要点

操作要点口诀：对准垂直站好位，双手用力照直推；钻头钻孔成一线，钻到末尾要轻推。

2. 操作步骤

（1）加工对象。钻孔直径为 ϕ8.5 mm，孔深为 25 mm，工件材料为 45 钢。

（2）准备工具。选取带钻夹头钥匙且功率足够的电钻、游标卡尺、样冲、锤子及 ϕ8.5 mm 钻头等各一件，钻头应无损伤且锋利，顶角可磨成 100°左右，后角略大，并将横刃修窄。

（3）检查毛坯。用样冲、锤子在基体零件钻孔处冲出钻孔的中心。

（4）钻孔

1）请电工正确接线，戴好绝缘手套。

2）将钻头插入钻夹头，再用钻夹头钥匙按顺时针方向将其拧紧，然后退出钥匙。

3）依据孔位站好，其正确姿势如图 1—3—1 所示，即身体稍下蹲，两腿微呈弓步，右手握电钻，左手扶电钻柄部，将钻头抵在样冲眼凹坑内，并保持钻头与被加工平面垂直。

4）以钻较低位置的孔为例，启动电钻，用膝盖顶住左手，靠腿部力量朝钻孔方向均匀用力，使钻头进给，要防止钻头摆动、摇晃，注意时常移出钻头，清除铁屑，钻至孔深。

5）自检：用游标卡尺检查孔径、孔深是否合格。

6）工作结束，清理现场。

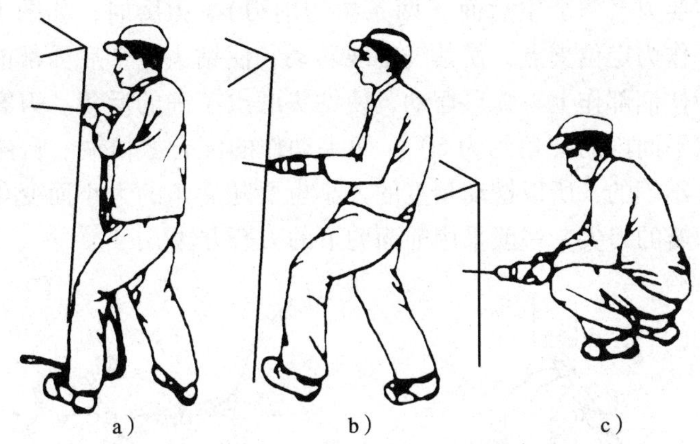

图 1—3—1 用电钻钻孔时的正确姿势
a）钻较高位置的孔 b）钻位于腰部高度的孔 c）钻较低位置的孔

子课题 2 标准麻花钻的修磨

1. 了解标准麻花钻的切削特点。
2. 掌握标准麻花钻的刃磨。
3. 掌握标准麻花钻的修磨。

一、标准麻花钻的切削缺点

标准麻花钻是钻孔常用的工具，一般用高速钢制成。标准麻花钻在切削过程中存在着以下主要缺点：

1. 横刃较长，横刃上各点前角为负值，在切削过程中处于挤刮状态，使轴向抗力增大，并且定心不好，钻头容易产生抖动。

2. 主切削刃上各点的前角大小不同，近心处 $d/3$ 范围内为负值，对切削不利。

3. 棱边较宽，又没有副后角。所以与孔壁的摩擦严重，又因该处速度最高，容易发热磨损。

4. 刀尖角（主、副切削刃的交角）处的前角较大，故刀齿薄弱。该处在切削过程中的速度又最高，所以极易磨损。

5. 主切削刃全宽进行切削，切屑较宽，造成排屑不畅和切削液流入困难。

二、标准麻花钻的刃磨

标准麻花钻的刃磨是指在砂轮上修磨钻头的切削部分，以得到所需的几何形状及角度。

钻头的刃磨直接关系到钻头切削能力的优劣、钻头精度的高低、表面粗糙度值的大小等。因此，当钻头磨钝或在不同材料上钻孔要改变切削角度时，必须进行刃磨。一般钻头采用手工刃磨，主要刃磨两个主后面（两条主切削刃）。刃磨时，如图 1—3—2 所示，右手握住钻头的头部作为定位支点，使其绕轴线转动，使钻头整个后面都能磨到，并对砂轮施加压力；左手握住柄部作上下弧形摆动，使钻头磨出正确的后角。刃磨时钻头轴心线与砂轮圆柱母线在水平面内的夹角约为 60°，两手动作的配合要协调、自然。由于钻头的后角在不同半径处是不等的，所以摆动角度的大小也要随后角的大小而变化。为防止在刃磨时可能碰坏另一刀瓣的刀尖，一般采用前面向下的刃磨方法。

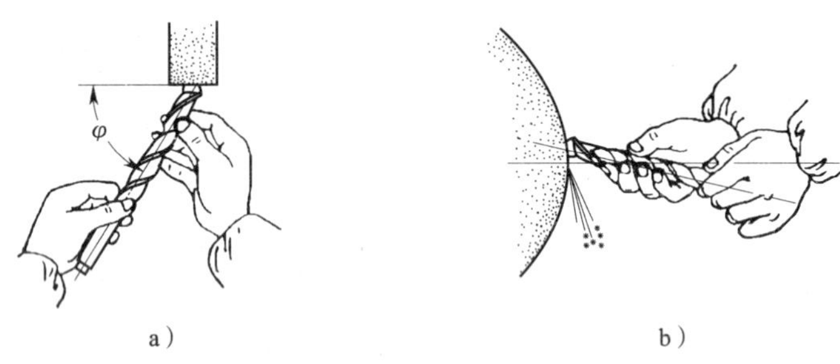

图 1—3—2　钻头的刃磨

在刃磨过程中，要随时检查角度的正确性和对称性。刃磨刃口时磨削量要小，随时将钻头浸入水中冷却，以防切削部分过热而退火。

主切削刃刃磨后，一般采用目测的方法进行检查，主要作以下几方面的检查：

1. 检查顶角 2φ 的大小是否正确，两主切削刃是否对称、长度是否一致。检查时，将钻头竖直向上，两眼平视主切削刃。为避免视差，应将钻头旋转 180°后反复观察几次，若结果一样，说明对称了。

2. 检查主切削刃外缘处的后角 α_o 是否达到要求的数值。

3. 检查主切削刃近钻芯处的后角是否达到要求的数值。可以通过检查横刃斜角 φ 是否正确来确定。

三、标准麻花钻的修磨

标准麻花钻的修磨是针对标准麻花钻存在的一些缺点，为适应不同的钻削状态，达到不同的钻削目的，在砂轮上对麻花钻原有的切削刃、边、面进行修改磨制，以得到所需的几何形状。

针对标准麻花钻存在的一些缺点，为适应钻削不同的材料、满足不同的钻削要求，通常针对钻头的切削部分进行修磨，改善其切削性能。

1. 修改横刃

如图 1—3—3a 所示，修磨横刃主要是把横刃磨短，增大横刃处的前角。修磨后的横刃长度为原来长度的 1/3 ~ 1/5，以减少轴向阻力和挤刮现象，提高钻头的定心作用和切削稳定性，一般 5 mm 以上的钻头都要修磨横刃。钻头修磨后形成内刃，内刃斜角 $\tau = 20° \sim 30°$，内刃处前角 $\gamma_{o\tau} = 0° \sim 15°$。

2. 修磨主切削刃

如图 1—3—3b 所示，修磨主切削刃主要是磨出第二顶角 $2\varphi_o$，即在外缘处磨出过渡刃以增加主削刃的总长度，增大刀尖角 ε_r，从而增加刀齿强度，改善散热条件，提高切削刃与棱边交角处的抗磨性，延长钻头使用寿命，减小孔壁表面粗糙度值。一般 $2\varphi_o = 70° \sim 75°$，$f_o = 0.2D$。

3. 修磨棱边

如图 1—3—3c 所示，在靠近主切削刃的一段棱边上，磨出副后角 $\alpha_{o1} = 6° \sim 8°$，棱边宽度为原来的 1/3 ~ 1/2，以减少棱边对孔壁的摩擦，提高钻头的使用寿命。

4. 修磨前面

如图 1—3—3d 所示，将主切削刃和副切削刃的夹角处的前面磨去一块，以减小此处的前角，在钻削硬材料时，可提高刀齿强度，钻削黄铜时，还可避免切削刃过分锋利而引起扎刀现象。

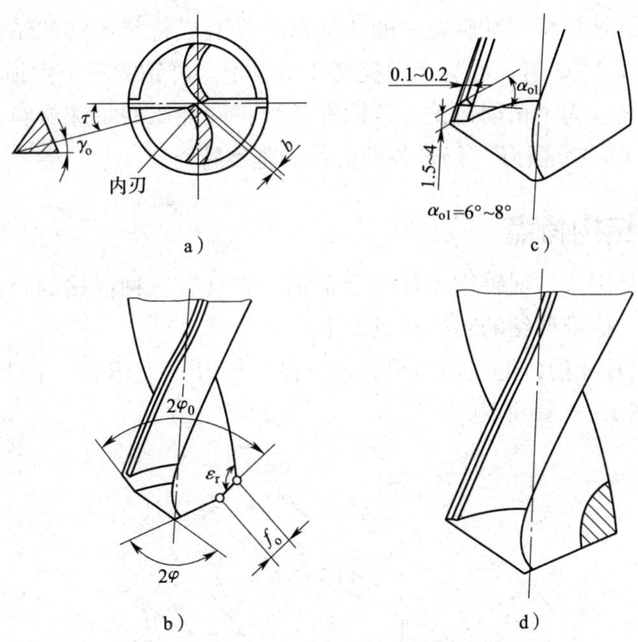

图 1—3—3　麻花钻的修磨

a）修磨横刃　b）修磨主切削刃　c）修磨棱边　d）修磨前面

5. 磨出分屑槽

直径大于 15 mm 的钻头都可磨出分屑槽。如图 1—3—4 所示，在两个后刀面上磨出几条相互错开的分屑槽，使原来的宽切屑变窄，有利于排屑，尤其适用于钻削钢料。

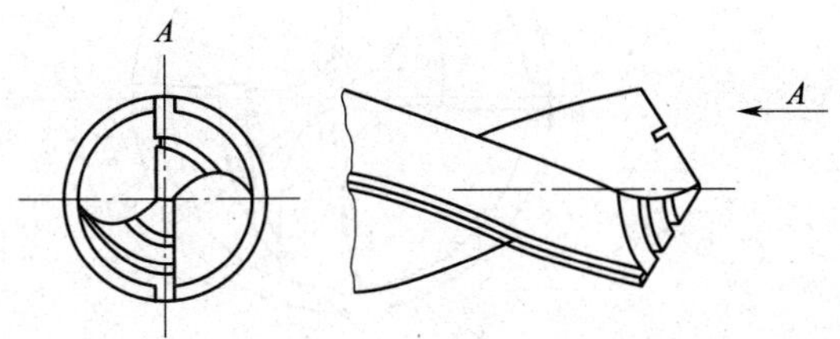

图 1—3—4　分屑槽的刃磨

子课题 3　特殊材料的钻削

学习目标

1. 了解群钻的结构特点。
2. 了解群钻的切削特点。
3. 掌握铸铁的钻削。
4. 掌握黄铜或青铜的钻削。

特殊材料一般是指铸铁、紫铜、黄铜、不锈钢、铝合金和钛合金等材料，这类材料的钻削一般用群钻。群钻是将标准麻花钻的切削部分修磨成特殊形状的钻头。群钻刀具寿命可比标准麻花钻提高 2 ~3 倍，或生产率提高 2 倍以上。群钻的三个尖顶可改善钻削时的定心性，提高钻孔精度。为了钻削铸铁、紫铜等各种不同性质的特殊材料，群钻又有多种变型，但“月牙槽”和“窄横刃”仍是各种群钻的基本特点。

一、群钻的结构特点

标准群钻主要是用来钻削碳钢和各种合金钢。它具有各种群钻的特点，同时，又是其他群钻产生的基础。标准群钻的结构特点如下：

1. 群钻上磨出月牙槽，把主切削刃分成三段：外刃——*AB* 段，圆弧刃——*BC* 段，内刃——*CD* 段，如图 1—3—5 所示。

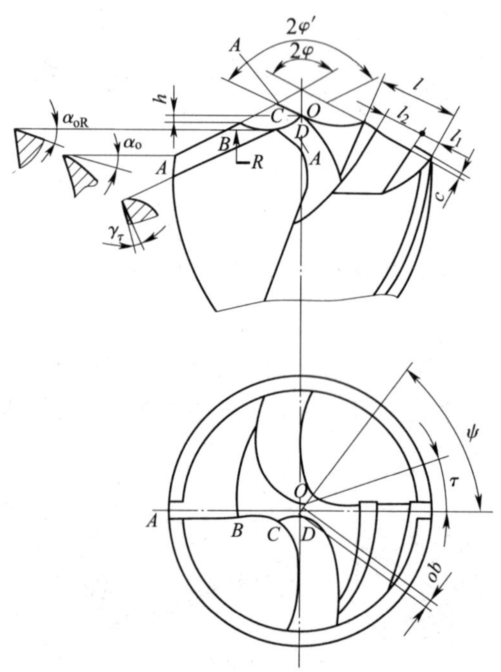

图 1—3—5　标准群钻

2. 修磨横刃，使横刃缩短为原来的1/7～1/5，同时使新形成的内刃上前角也大大增加。

3. 磨出单边分屑槽。即在一条外刃上磨出凹形分屑槽。

综上所述，标准群钻的特点是：三尖、七刃、两种槽。三尖是指磨出月牙槽时，主切削刃上形成的三个尖，七刃是指两条外刃、两条内刃、两条圆弧刃和一条横刃，两种槽是指月牙槽和单边分屑槽。

二、群钻的切削特点

1. 群钻上形成凹形圆弧刃，降低了钻尖高度，使切削省力，也形成了群钻的最大特色。

2. 钻孔时，圆弧刃在孔底切出一道环筋，能限制钻头的摆动，加强了定心作用。由于降低了钻头的高度，提高了钻头尖处的强度，创造了把横刃磨得更锋利的条件。

3. 横刃缩短，钻削时的轴向抗力大为减小，改善了定心作用。

4. 有利于分屑、断屑和排屑。

三、铸铁的钻削

由于铸铁较脆，切削过程中形成的碎块和粉末，残留在钻头与所形成孔之间的空间里。随着转动的推动，钻头与孔壁和孔底面产生摩擦，产生大量的热而不易散发，造成了钻头的快速磨损，尤其是钻头刀尖部分的磨损更大。

根据铸铁的性能，铸铁群钻需具备以下结构特点。

1. 为了增大刀尖处的面积，以利于散热，磨出了第二锋角，对直径较大的钻头可磨出第三锋角，从而提高钻头的寿命。

2. 将后角磨得更大，比钻钢材的钻头大3°～5°，并可将后面磨去一块（见图1—3—6），即磨出第二重后角而不会影响刀刃强度，但可增大后面与孔底间的容屑空间，有利于切削。

3. 在刀尖处磨出$R0.5$ mm左右的圆角，有利于提高加工精度。

铸铁群钻（见图1—3—7）是铸铁钻和标准群钻的结合，它保留了铸铁钻和标准群钻

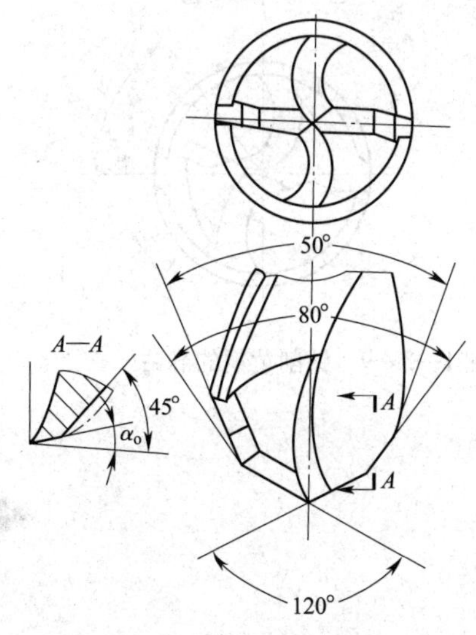

图1—3—6　铸铁钻

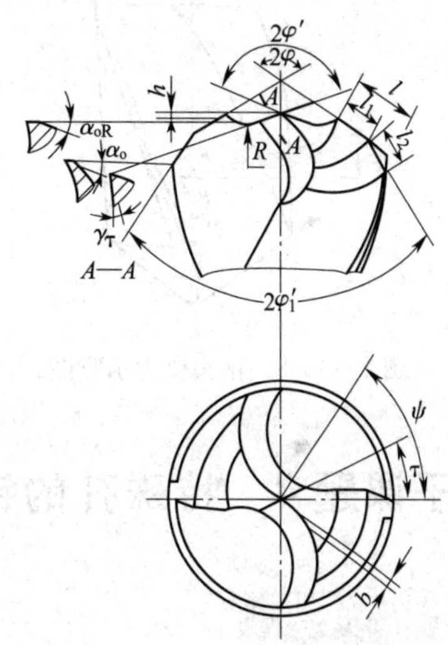

图1—3—7　钻铸铁的群钻

各自的特点。由于铸铁群钻的刀尖高度 h 比标准群钻更小，所以横刃可磨得更短，为标准麻花钻的1/7 ~1/5。

四、黄铜或青铜的钻削

在钻削黄铜或青铜的过程中，当主切削刃全部进行切削后，会产生钻头突然快速切入工件材料内的现象，这就是“扎刀”现象。

“扎刀”现象会造成不良的后果，轻者使工件报废或钻头折断，严重的可能造成对操作者的伤害。

钻头在钻削过程中，都会产生一个向下的拉力，如图1—3—8所示。图中 P 为工件材料作用于钻头前面上的正压力，F 为切屑与前面之间的摩擦力，R 为 P 与 F 的合力，Q 为 R 的分力，即钻头钻削时所产生的拉力。由图可知，钻头的前角 γ_o 越大，则合力 R 越向下倾斜，其分力 Q 就越大，即钻削时向下的拉力也越大。

由于黄铜或青铜的强度和硬度较低，结构较疏松，所以切削阻力较小。当拉力大于切削阻力时，不需要施加任何外力，钻头就会自动切入材料而造成“扎刀”现象。

综上所述，“扎刀”现象的产生是由于钻头前角过大而造成的。钻头近心处 $d/3$ 范围内前角为负值，不会造成“扎刀”现象。因此只要将钻头外缘处的前面磨去一块，即减小该处的前角，就可避免“扎刀”。

由于黄铜和青铜的强度和硬度较小，钻头的横刃可磨得更短，以利于提高生产效率。钻削黄铜的群钻如图1—3—9所示。

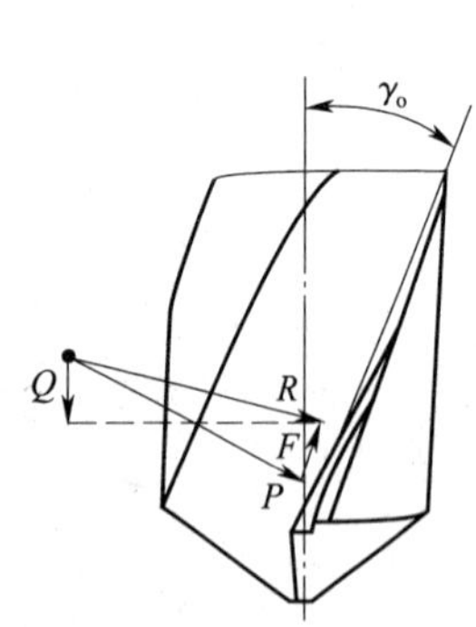

图1—3—8　钻头受力示意图

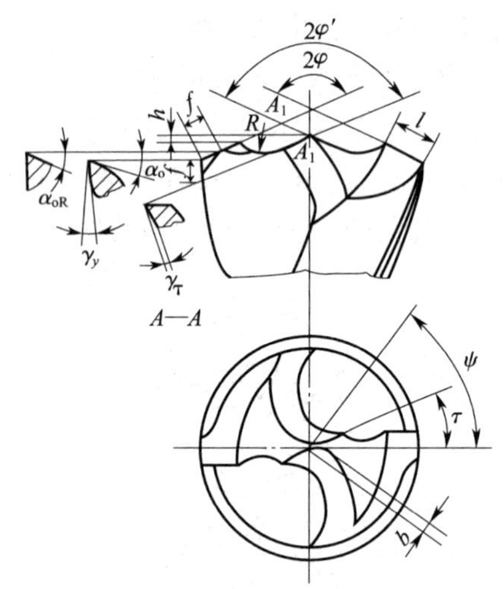

图1—3—9　钻削黄铜的群钻

子课题4　特殊孔的钻削

掌握小孔、深孔、斜孔、盲孔、相交孔及孔系的钻削。

特殊孔的钻削主要是指小孔、深孔、斜孔、盲孔、相交孔、孔系的钻削。

一、小孔的钻削

在钻削加工中，一般将加工直径在 $\phi3$ mm 以下的孔称为小孔。钻小孔时，由于使用的钻头直径小，因此强度较差，定心性能差，容易滑偏，钻头的螺旋槽也比较狭窄，不易排屑。此外，钻孔时选用的转速又较高，所产生的切削热量较大，又不易散发，加剧了钻头的磨损，因此给钻孔带来了不少困难。

针对上述情况，在钻削小孔时，必须注意以下几点：

1. 开始钻削时，进给力要小，防止钻头弯曲和滑移，也可采用直径相同或略小的中心钻定位和导向，以保证钻孔的初始位置和钻削方向。

2. 要手动进给，不可使用机动进给，以避免钻头折断飞出，造成伤害事故。

3. 切削速度选择要适当，不宜过大，因一般钻床精度不高，高速转动容易产生振动，影响加工精度，通常钻头直径为 2 ~ 3 mm 时，切削速度可达 14 ~ 19 m/min；钻头直径在 1 mm 以下时，切削速度可达 6 ~ 9 m/min。

4. 在钻削过程中，应注意及时进行排屑，并及时补充切削液。

5. 钻头装夹不紧时，不可采用砂皮、纸片等来加粗钻柄进行装夹，应采用相应的小型钻夹头进行装夹。

6. 钻较深的小孔时，如超过钻头的有效长度，且又是通孔，可采用从相对两面同时钻孔的方法（工件形状不允许除外），如图 1—3—10 所示。具体操作如下：

按要求先在工件的一面钻孔，深度约为工件厚度的 1/2 左右。再将一块平行垫板压装在钻床工作台面上，在垫板上精钻一个与导向销大端为过盈配合的孔（导向销大端的长径比应大于 1，此时钻床主轴与工作台面的相对位置不可再移动）。把导向销大端压入垫板孔内，然后将工件上已加工过的小孔插入到导向销大端（导向销小端的长径比应小于 1）。将工件固定在垫板上，将孔钻透，基本上可保证工件从两面钻孔的同轴度要求。该方法适用于批量生产的较深小孔加工。

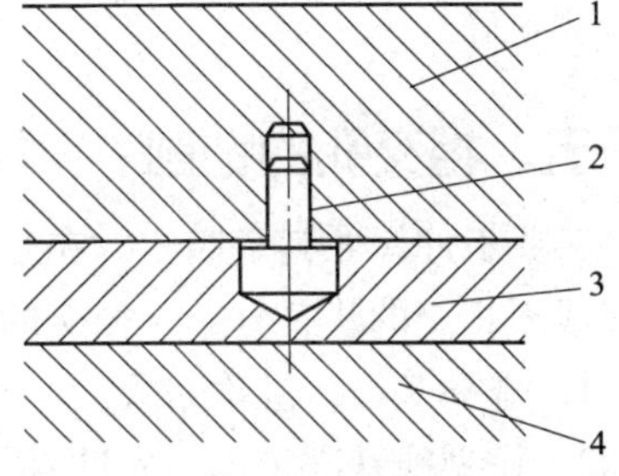

图 1—3—10　从工件两面钻透较深小孔
1—工件　2—导向销
3—垫板　4—钻床工作台

二、深孔的钻削

深孔一般是指长径比 L/d 大于 5 的孔。加工这类孔，用一般的麻花钻长度不够，所以需要用接长的钻头来加工。

钻削深孔时，由于采用接长钻加工，钻头较细长，因此强度和刚度都比较差，加工时容易引起振动和孔的歪斜。当钻头螺旋槽全部进入工件后，切削液的进入和切屑的排出不易，使热量聚集不易散发，造成钻头加速磨损，影响加工质量。

针对上述情况，钻削深孔时应注意如下几点：

1. 要保证钻头本体与接长部分的同轴度要求，以免影响孔的加工精度。

2. 钻头每送进一段不长的距离（当钻头螺旋槽全部进入工件后，该距离应更短），即应从孔内退出，进行排屑和输送切削液的操作。

三、斜孔的钻削

斜孔有三种情况：在斜面上钻孔、在平面上钻斜孔和在曲面上钻孔。它们有一共同的特点，即孔中心线与孔端面不垂直。

用一般方法钻斜孔时，钻头刚接触工件先是单面受力，作用在钻头切削刃上的径向分力会使钻头偏斜、滑移，使钻孔中心容易偏位，钻出的孔很难保证正直。如钻头刚度不足时会造成钻头因偏斜而钻不进工件，使钻头崩刃或折断。因此，可采用以下几种方法：

1. 先用与孔径相等的立铣刀在斜面上铣出一个平面，然后再钻孔。

2. 用錾子在斜面上錾出一个小平面后，然后用中心钻钻出一个较大的锥坑或用小钻头钻出一个浅孔，再用所需孔径的钻头钻孔。

四、盲孔的钻削

在钻削加工中，经常会碰到钻不通孔的情况，如气、液压传动中的集成油路块、大型设备上用的双头螺柱和螺纹孔等。钻削不通孔的方法与钻通孔的方法相同，但需利用钻床上的深度尺来控制钻孔的深度，或在钻头上套定位环或用粉笔作标记。由于钻头前端有锋角 2φ，所以定位环或粉笔标记的高度等于钻孔深度加上（0.3～0.5）d，d 为钻头直径，有互相相交的不通孔时，平面上必须在 x、y 方向有定位挡块，以保证加工尺寸和相交交点的位置正确。

五、相交孔的钻削

某些工件，尤其是阀体，在互成角度的各个面上，都有一些大小相等或不等的孔，呈相交或不相交的状态分布，相交的孔有正交、斜交、偏交等情况。相交孔的钻削方法如下：

1. 选择基准，准确划线。

2. 按划线基准定位，先钻直径较大孔再钻直径较小孔。

3. 对于精度要求不高的孔，分 2～3 次扩孔加工的方法来达到要求；对于精度要求较高的孔，钻孔后应留有铰削或研磨的余量。

4. 两孔即将钻穿时，应采用手动方式以较小的进给量进给，以免在偏切的情况下造成钻头折断或孔的歪斜。

5. 斜交孔可采用在斜面上钻孔的方法加工。

六、孔系的钻削

1. 某些工件，在同一加工面上有较多轴线互相平行的孔，有的孔距也有一定的要求。这种孔在钻床上用钻、扩、镗或钻、扩、铰的方法进行加工，适宜深度不大的孔。加工时应掌握以下几点：

（1）钻孔前做好基准，划线要划得非常准确，划线误差不超过 0.1 mm。直径较大的孔须划出扩孔前的孔圆周线。

（2）用0.5倍孔径的钻头按划线钻孔。

（3）先对基准（可以是待加工的孔，也可以是已加工好的孔），然后边扩、镗，边测量，直至符合要求为止。

2. 对于孔径和中心距要求较高的孔，可在精度较高的钻床上，采用镗铰的方法进行加工，具体方法如下：

（1）划线。

（2）分别在工件各孔的中心位置上钻、攻小螺纹孔（M5或M6）。

（3）制作与孔数相同的、外径磨至同一尺寸的若干个带孔（孔径为ϕ6 mm或ϕ7 mm）。

（4）把若干个圆柱用螺钉装于工件各孔中心位置，并用量具校正各圆柱的中心距尺寸与图样要求的各孔中心距一致，然后紧固各校正好的圆柱。

（5）工件加工前，在钻床主轴上装上杠杆百分表并校正其中任意一个圆柱，使之与钻床主轴同轴，然后固定工件与机床主轴的相对位置并拆去该圆柱。

（6）在拆去校正圆柱的工件位置上钻、扩、镗孔并铰削余量，最后铰削至符合图样要求。

（7）照上述方法依次逐个加工其他各孔至符合图样要求。

七、技能操作——钻孔径ϕ0.95 mm、深2 mm的小孔

1. 技术要求

孔径ϕ0.95 mm、深2 mm，要求与已加工大孔ϕD同心，表面粗糙度Ra3.2 μm，如图1—3—11所示。

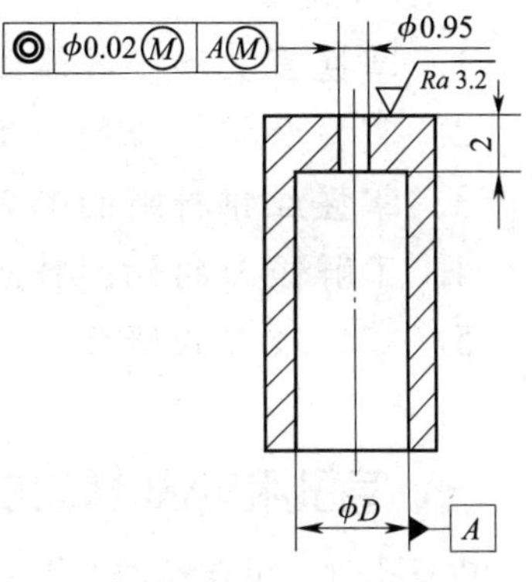

图1—3—11　工件图

2. 操作步骤

（1）将工件装在心轴上，如图1—3—12所示，既要使心轴与工件加工孔ϕD配合严密，又要确保在工件传动机构的带动下转动。

（2）工件传动机构安装在工作台上，微型电动机为40 W、2 850 r/min，通过三级带轮减速。

（3）当摆杆处于图1—3—12所示位置时，由传动带摩擦带动工件以36 r/min的速度与钻头做相反方向的转动，钻床主轴转速为11 000 r/min。

（4）进给时用手指轻轻地压下进给手柄，2～3 s即可钻透一个孔。

3. 注意事项

（1）因转速高，几乎看不清钻头，如钻头伸出长度超过钻孔深度，则无法识别钻孔深度，加之钻头细，强度差，容易弯曲，所以在装夹时，钻头伸出的长度比钻孔深度略长一些即可。

（2）因工件与钻头的转向相反，当钻头的卡爪端部触到工件时，工件就会停一下或减速，即证明已钻透，这时应立即提起钻头，将摆杆移开，取出工件。

（3）因钻头的转速高，且空转的时间比实际工作时间长，钻头在空气中冷却得很快，所以可不用切削液。

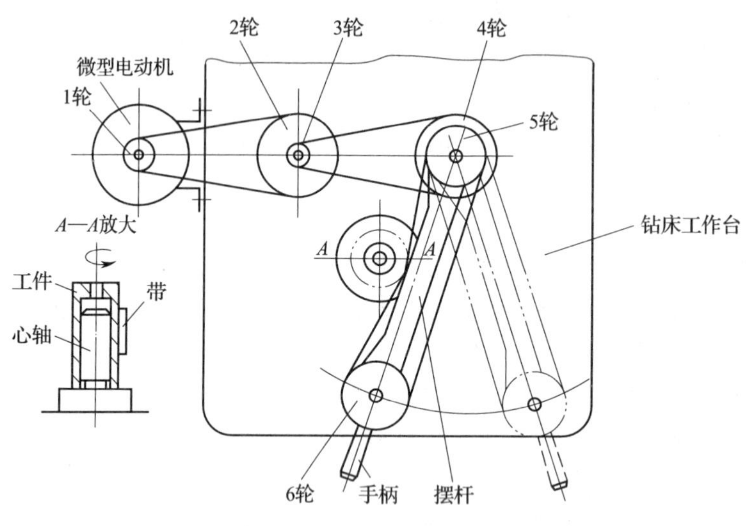

图 1—3—12　工件传动机构

子课题 5　盲孔和小孔螺纹的攻制

1. 掌握盲孔和小孔螺纹的攻制方法。
2. 掌握磨损丝锥的修磨。
3. 掌握丝锥折断的处理方法。
4. 了解铰刀的切削特点。
5. 掌握铰刀的研磨。

一、盲孔和小孔螺纹的攻制方法

攻盲孔时，可在丝锥上作好深度标记，并经常退出丝锥，排除孔中切屑，防止切屑堵塞使丝锥折断或达不到深度要求。当工件不便倒向时，可用弯曲的管子吹去切屑或用磁铁吸出。

小孔螺纹加工一般采用丝锥攻制，但在某些超高强度钢上进行小孔螺纹加工时，采用丝锥几乎无法完成加工。因为丝锥攻制螺纹时，必须有足够的扭力，在某些超高强度钢上攻制螺纹时，丝锥是无法承受要完成螺纹加工所施加的扭力的。尤其是在材料硬度也极高的情况下，丝锥也极易磨损。一旦丝锥稍有磨损，攻制时的扭力也急剧增大，这也更加快了丝锥的磨损，如此恶性循环，最终将导致丝锥的折断。遇此情况，可采用螺纹铣削的方法进行加工。

二、磨损丝锥的修磨

当丝锥的切削部分磨损时，可刃磨其后面，如图 1—3—13 所示。刃磨时注意保持

各刃瓣的半锥角 φ，以及切削部分长度的准确性和一致性。转动丝锥时要留心，不要使另一刃瓣的刀齿碰擦磨坏。当丝锥校准部分磨损时，可刃磨其前面，磨损较少时，可用油石研磨其前面；磨损较严重时，可用棱角修圆的片状砂轮刃磨，并控制好一定的前角 γ_o。

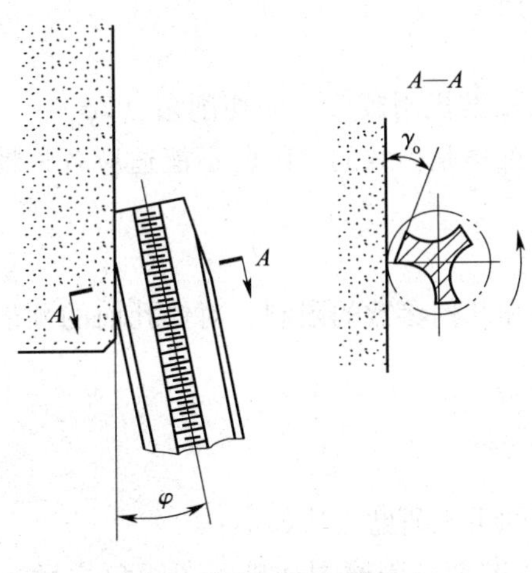

图 1—3—13　丝锥的刃磨

三、丝锥折断的处理方法

1. 折断的部分露在螺纹孔外，可用钳子拧出或用尖錾和锤子轻轻剔出。

2. 折断的部分在螺孔内，如图 1—3—14 所示，可用自制的旋取器将丝锥取出。

3. 对于断在螺纹孔内且难以取出的丝锥，可用气焊或电焊的方法在折断的丝锥上焊一弯杆或螺母，以便将丝锥拧出。

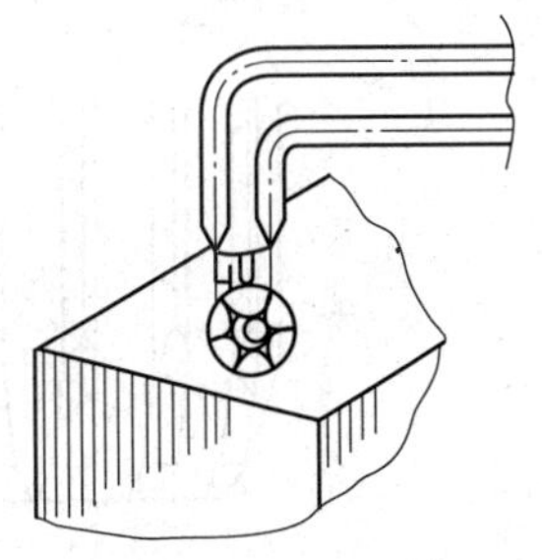
图 1—3—14　用旋取器取断丝锥

四、铰刀的切削特点

1. 从齿数上看

铰刀的齿数越多，铰孔的精度越高、孔的表面粗糙度值越低，分布在每个切削刃上的负荷就越小，有利于减少铰刀的磨损；但齿数增多后，却相应降低了刀齿的强度，容屑槽也减小了，会出现切屑不易排出、刀齿刃口挤崩、刮伤表面等问题。

2. 从刃带上看

标准铰刀的齿数多，刃带的积累宽度也大，故有利于降低孔壁表面粗糙度值，铰刀直径也不容易变小；但当刃带较宽或积累宽度过大时，易增加摩擦力矩和切削热，致使孔壁的挤压比较严重、孔径易胀大等。

3. 从倒锥量上看

磨出倒锥量，是为了避免铰刀校准部分后面擦伤孔壁；但实际中，具有倒锥量的标准铰刀，也有擦伤已加工表面的现象，特别是铰削铸铁孔时，这种现象更为严重。

4. 从后角上看

标准铰刀切削部分的后角较大，可以提高切削刃的锐利程度；但却降低了刀齿强度，在切削过程中，容易产生振动和磨损，铰刀直径也随之减小，致使铰孔直接达不到要求。

5. 从主偏角上看

适当减小铰刀（主要指标准机用铰刀）的切削角（2φ），是降低孔表面粗糙度值的重要条件，但标准铰刀的切削锥角是一致的，因此不能适应各种情况的需要，甚至影响到加工质量。

6. 从铰孔的工艺上看

由于标准铰刀受到结构和几何参数的限制，对铰孔前的预加工要求较高，这就增加了铰孔的工艺步骤和难度。

五、铰刀的研磨

铰刀在各种使用情况下的手工研磨方法如下：

1. 铰刀的切削部分与校准部分因磨损而破坏了刃口之后，就应在工具磨床上进行研磨，如图 1—3—15 所示，后面磨损高度规定如下：高速钢铰刀 $h=0.6\sim0.8$ mm；硬质合金铰刀 $h=0.3\sim0.7$ mm；加工淬火工件的铰刀 $h=0.3\sim0.35$ mm。

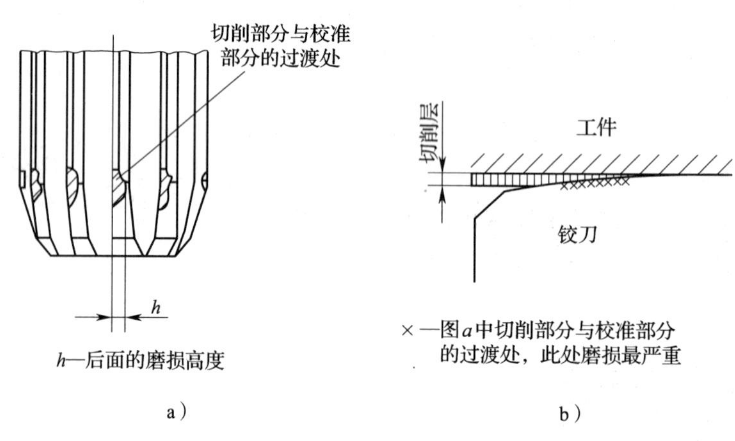

图 1—3—15　铰刀磨损情况

2. 研磨或修磨后的铰刀需用磨石仔细地将过渡处的尖角修成小圆弧，以使切削刃顺利地过渡到校准部分。操作时，各齿大小一致。

3. 铰刀刃口有毛刺或粘结切屑时，要用磨石细心地磨掉。

4. 切削刃后面磨损不严重时，可用磨石沿切削刃的垂直方向轻轻推动，加以修光，如图 1—3—16 所示。

5. 当铰刀刃带过宽，欲将刃带宽度磨窄时，可用上述方法（即“4”）将刃带研出 1°左右的斜面，如图 1—3—17 所示，以保持所需的刃带宽度。但在研磨后面时，务必不能将磨石沿切削刃方向推动，如图 1—3—17 所示。

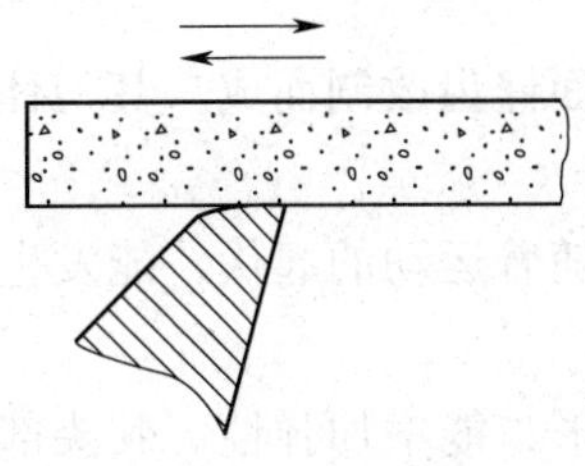

图 1—3—16　铰刀后面磨损后的研磨

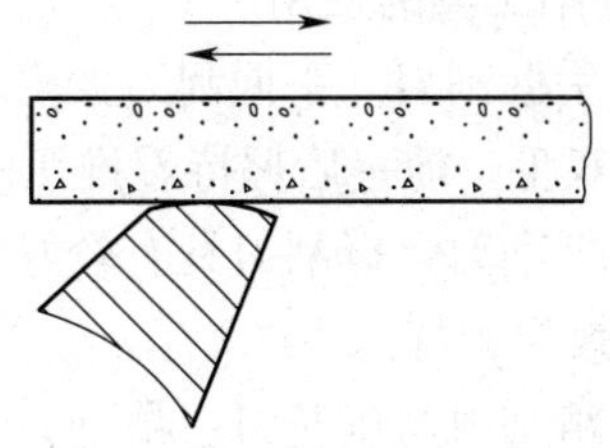

图 1—3—17　铰刀刃带过宽时的研磨

6. 当刀齿前面需要研磨时，应将磨石紧贴在前面上，并沿齿槽方向轻轻推动。

7. 在研磨铰刀时，千万不要将刃口研凹下去，务必保持铰刀原有的几何形状。研磨高速钢铰刀时，用白色氧化铝磨石；研磨硬质合金铰刀时，可用碳化硅磨石。

8. 当铰刀直径小于允许的磨损极限尺寸而不能继续使用时，可用挤压刀齿的方法恢复铰刀直径尺寸，以延长铰刀的使用寿命，其方法如图 1—3—18 所示，用此方法修复铰刀，可使铰刀直径增大 0.005 ~ 0.01 mm，一把铰刀可挤压 2 ~ 3 次。

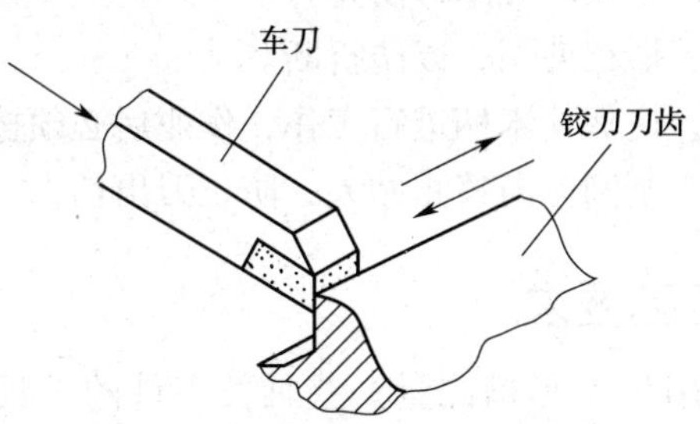

图 1—3—18　用硬质合金车刀挤压铰刀前面

课题 4　刮削和研磨

子课题 1　方箱的刮削

学习目标

1. 掌握刮研工具的使用和维护。
2. 熟悉方箱的刮削工艺要求。
3. 掌握平行面、垂直面的刮削。
4. 了解方箱刮削质量的检查。

一、刮削工具的使用和维护

刮刀是刮削的主要工具。根据不同的刮削表面，刮刀可分为平面刮刀和曲面刮刀两大类。

1. 刮削工具的使用

(1) 手握刮刀。手握刮刀大多利用废旧锉刀磨光两面锉齿改制而成。其刀体较短。刮削时，由双手一前一后握持着推压前进。

(2) 挺刮刀。挺刮刀具有较好的弹性，在刮削时，随着运动的起伏，能发生跳跃，因此，切削效果很好。

(3) 精刮刀与压花刀。精刮刀与压花刀的刀体呈曲形，能增加弹性。其头部小，角度大，刚度较强。刮削出来的表面粗糙度值小，刮削点平整美观，最适合于刮削精密的铸铁导轨，刮削花纹较浅，并有压光作用。

(4) 钩头刮刀。钩头刮刀的操作方法与其他刮刀相反，是左手紧握钩头部分用力往下压，右手抓住刀柄用力往后拉。这种拉刮方法在提高精度和降低劳动强度等方面都优于推刮。

2. 刮削工具的维护

(1) 禁止使用没有手柄或手柄松动的刮刀。

(2) 刮刀上有油污时，要及时擦净，防止打滑。

(3) 刮刀不能当手锤、撬杠使用，以防折断。

(4) 使用三角刮刀时，应握住木柄进行工作，作业后必须擦净后装入套内。

(5) 使用半圆刮刀时，刮削方向禁止站人，防止刀出伤人。

二、方箱的刮削工艺要求

方箱是用来划线或利用其 V 形槽测量一些轴类零件的工具，其组成面之间必须具有良好的形位精度、尺寸精度、耐磨和润滑性能。所以，方箱的各工作面应由刮削加工完成。

方箱刮削的技术要求。图 1—4—1 所示为一个 400 mm 的方箱，要求各平面接触点在任意 25 mm×25 mm 范围内不少 20 点，即平面度的允差为 0.003 mm；垂直度允差为 0.01 mm；面与面之间平行度允差为 0.006 mm；V 形槽在垂直方向和水平方向的平行度为 0.01 mm。

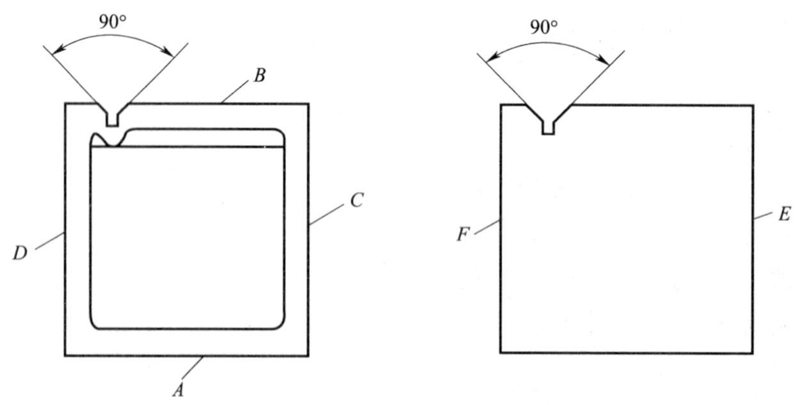

图 1—4—1　方箱刮削的方法

三、方箱的刮削方法和步骤

1. 先刮削基准面 *A*。按刮削工艺粗、细、精刮，将 *A* 面刮好，达到平面度及接触研点的要求，平面度最好不超过 0.003 mm。

2. 以 *A* 面为基准刮平行面 *B*，除达到上述要求外，还要达到平行度要求。

3. 以 *A* 面为基准刮侧面 *C*，除达到平面度要求外，还应保证对 *A* 面的垂直度要求。因为 *C* 面是方箱的第二基准面，因此其各项精度要适当提高。

4. 以 *C* 面为基准刮削其平行面 *D*，保证上述要求后，复检 *D* 面相对于 *A*、*B* 面的垂直度是否也达到要求。

5. 以 *A*、*C* 面为基准，刮侧面 *E*，保证平面度及垂直度和接触研点的要求。

6. 刮 *E* 面的平行面 *F*，保证上述各项要求。

7. 刮 V 形槽。刮削前先用合适的心轴和千分表测量出 V 形槽对底面 *A* 及侧面 *C* 的平行度、垂直度误差及大小方向，再进行刮削。刮削时，应先消除 V 形面的位置误差，在此基础上，再用 V 形量具（角度平尺）显点刮削，达到各项技术要求。

8. 刮削另一 V 形槽，方法同上。

9. 注意事项

（1）刮削过程中，要注意清洁。

（2）按粗、细、精刮削工艺进行刮削。

（3）刮刀一定要刃磨好，特别是精刮刀一定要精磨。

（4）每刮完一个面，检验时一定要细心、精准。

四、方箱刮削质量的检查

1. 平面度的检测

方箱平面度误差应小于等于 0.003 mm，可用 1 级精度平板着色研磨，检查 25 mm × 25 mm 范围内的显点数不少于 20 点，或用千分表测量，如图 1—4—2 所示。

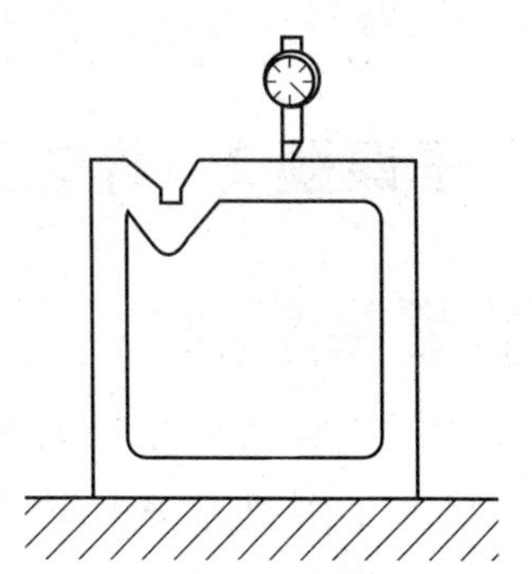

图 1—4—2　方箱平面度的检测

2. 平行度的检测

方箱面与面之间平行度允差应小于等于 0.006 mm，可采用千分表测量，方法与平面度检测相同。

3. 垂直度的检测

垂直度误差的检查如图 1—4—3 所示，在测量平板上，压一标准平尺，方箱 *A* 面接触平板，推动方箱 *C* 面靠在平尺垂直面上滑动，在 *C* 面上方，固定放置一个千分表，表头触及 *C* 面，方箱沿平尺滑动时，将表指针对零，检查 *C* 面的歪扭情况，并刮削修正。然后将方箱上下翻转 180°，使 *B* 面接触平板，仍使 *C* 面沿平尺滑行，可从表中读出两次测量的差值，这个值的一半即是 *C* 面对 *A* 和 *B* 面的垂直度误差（这个误差最好控制在 0.008 mm 以内）。另外，垂直度的检测也可以直接采用 90°角尺加塞尺光隙法，或者采用量块加塞尺光隙法。

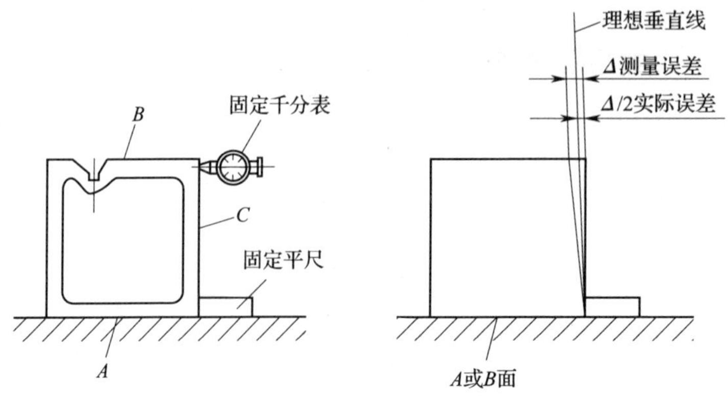

图 1—4—3　方箱垂直度的检测

4. V 形槽的检测

V 形槽的检测主要检查其对 *A* 面的平行度和对 *C* 面的平行度，采用心轴 4 加百分表 3 的方法进行检测，如图 1—4—4 所示。

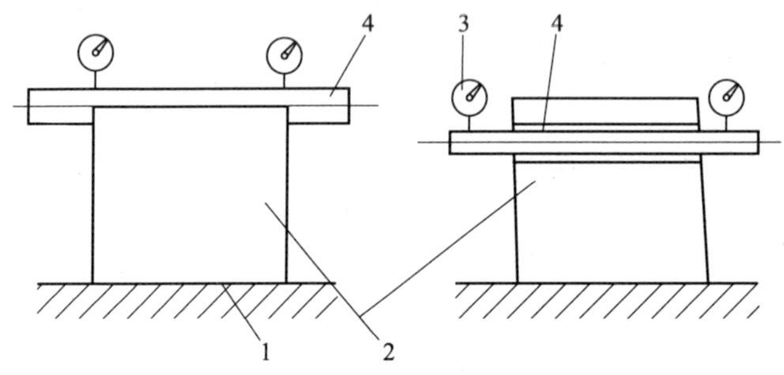

图 1—4—4　方箱中 V 形槽的检测

1—平板　2—方箱　3—百分表　4—心轴

子课题 2　导轨面的刮削

学习目标

1. 了解机床导轨的技术要求、类型及特点。
2. 了解机床导轨的截面形状和组合形式。
3. 掌握机床导轨的精度及检验。
4. 掌握燕尾形导轨的刮削。

一、机床导轨的技术要求

机床导轨是用来承载和起导向作用的，是机床各运动部件作相对运动的导向面，是保证刀具和工件相对运动精度的关键。因此，对导轨有如下几点要求：

1. 保证运动的正确性：应具有良好的导向精度。

2．保证精度的持久性和稳定性：应具有足够的刚度和达到一定的耐磨要求。

3．保证有良好的结构工艺性：修复应简便，磨损后容易调整。

二、机床导轨的类型、特点及截面形状

1．导轨的类型

导轨的类型，按运动的性质不同可分为直线运动的导轨和旋转运动的导轨；按摩擦状态不同可分为滑动导轨、滚动导轨和静压导轨。

2．导轨的截面形状及特点

滑动导轨的截面形状有三角形、矩形、燕尾形和圆柱形四种。

为了保证机床导轨具有导向性、稳定性和承载能力，通常都由两条导轨组成，其截面形状可以相同或不同。

（1）三角形（对称）

1）形式：凸形和凹形，分别如图1—4—5a、b所示。

2）特点：导向性好，磨损后靠自重下沉而自动补偿间隙。

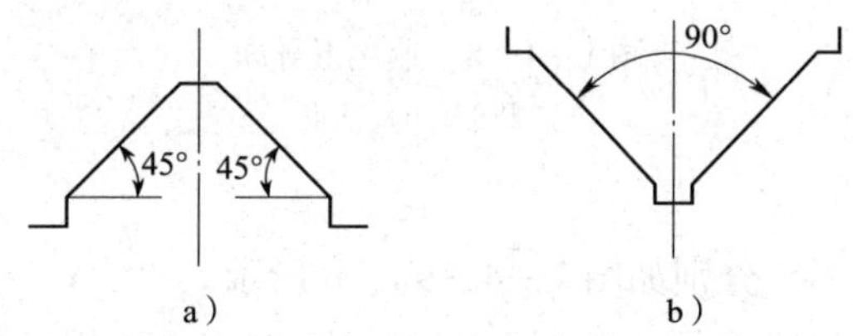

图1—4—5　三角形导轨（对称）

a）凸形　b）凹形

（2）三角形（不对称）

1）形式：凸形和凹形，分别如图1—4—6a、b所示。

2）特点：可改善导轨的受力情况，使作用力方向接近垂直导轨面，从而减小压强。角度大小可依据受力情况确定。

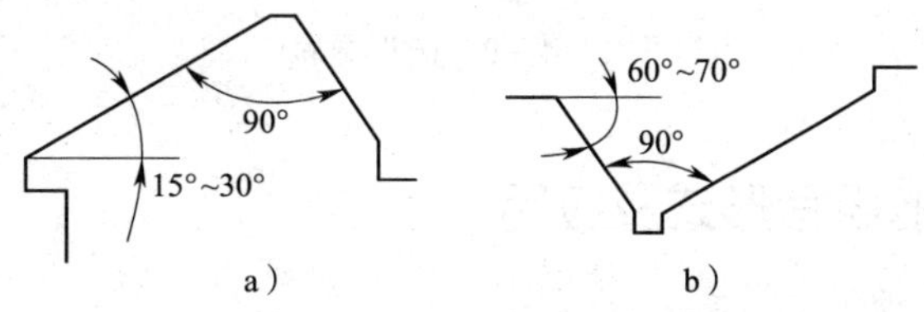

图1—4—6　三角形导轨（不对称）

a）凸形　b）凹形

（3）矩形

1）形式：凸形和凹形，分别如图1—4—7a、b所示。

2）特点：加工和维修方便，刚度好，工艺性好，故重型机床导轨可采用三根、四根平行导轨或增加导轨面宽度来提高其承载能力。但导向精度不高，且表面磨损后不能补偿，需用镶条调整。

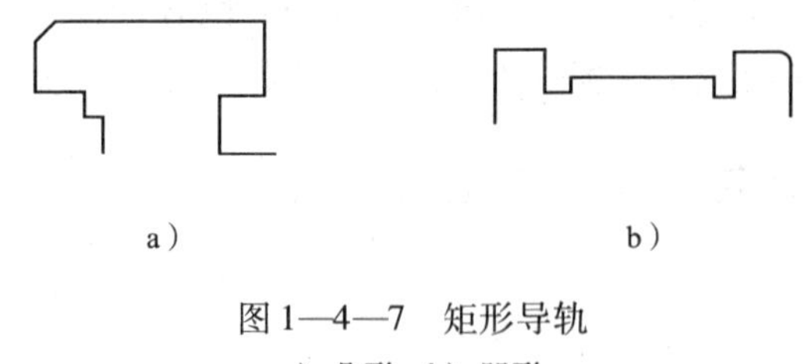

图 1—4—7 矩形导轨
a）凸形 b）凹形

（4）燕尾形

1）形式：凸形和凹形，分别如图 1—4—8a、b 所示。

2）特点：导轨高度较小，可承受一定的交变载荷。加工、检验都不方便。刚度差，摩擦力大。故燕尾形导轨只用于受力小而速度较低的运动导向，如牛头刨床、车床刀架等。

图 1—4—8 燕尾形导轨
a）凸形 b）凹形

（5）圆形

1）形式：凸形和凹形，分别如图 1—4—9a、b 所示。

2）特点：刚度好，制造方便。磨损后调整间隙较难。故用于载荷大、导向性要求高的场合，如摇臂钻床的立柱、插齿机工作台让刀运动导轨等。

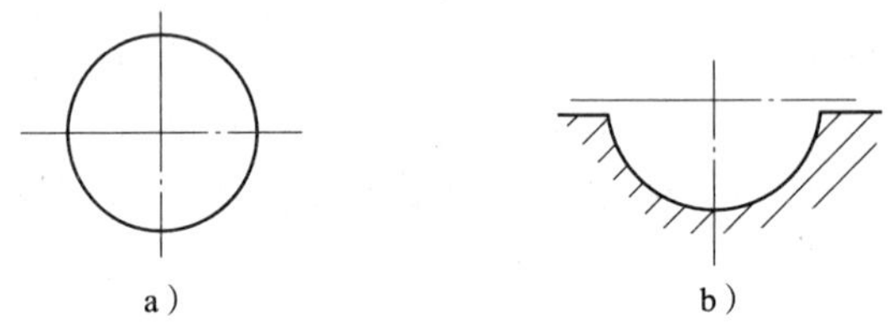

图 1—4—9 圆形导轨

三、机床导轨的组合形式及应用

机床导轨通常有 8 种组合形式。

1. 双山形组合（见图 1—4—10）

导轨的双山形组合导向精度高，磨损后不易改变水平方向位置，切屑不易积聚在导轨上面，可承受倾斜方向上的载荷。但制造难度大，成本高。适用于高精度机床，如精密车床和滚齿机等。

2. 双 V 形组合（见图 1—4—11）

导轨的双 V 形组合导向精度高，磨损后不易改变水平方向位置，易于润滑。但是切屑易积聚于导轨上面，制造困难。适用于高精度机床，如精度高的龙门刨床。

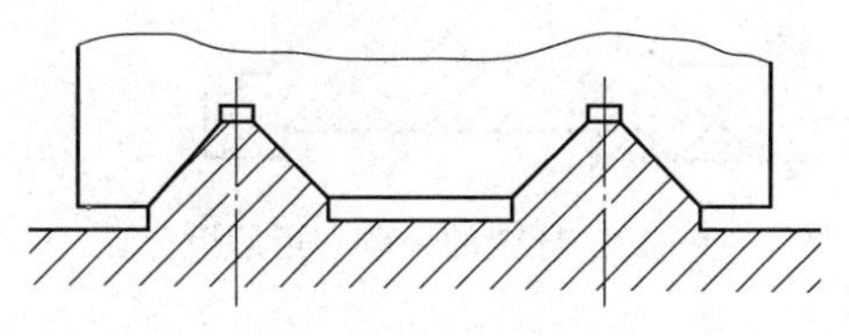
图 1—4—10　导轨的双山形组合

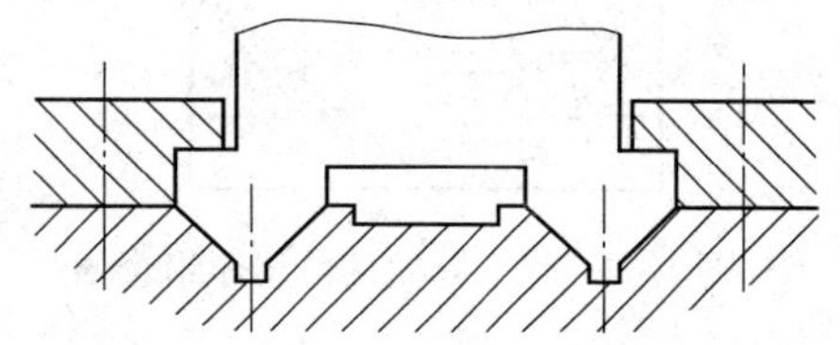
图 1—4—11　导轨的双 V 形组合

3. 一矩一山形组合（见图 1—4—12）

导轨的一矩一山形组合导向精度中等，易于制造。适用于一般机床，如普通精度车床导轨。

4. 一矩一 V 形组合（见图 1—4—13）

导轨的一矩一 V 形组合导向精度中等，易于制造。适用于一般机床，如龙门刨床和龙门铣床。

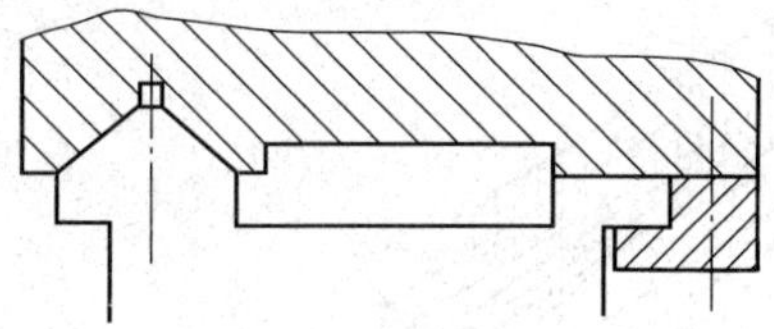
图 1—4—12　导轨的一矩一山形组合

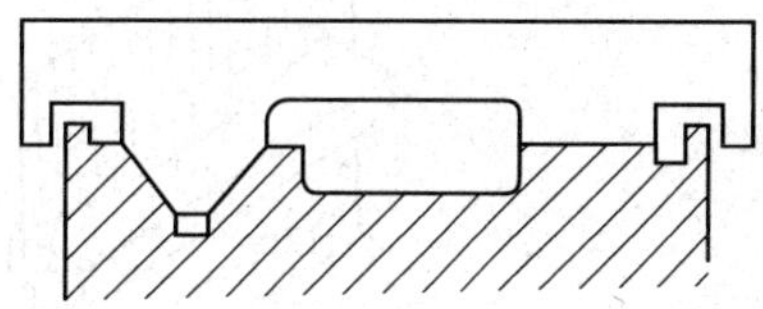
图 1—4—13　导轨的一矩一 V 形组合

5. 双矩形组合（见图 1—4—14）

导轨的双矩形组合刚度好，易于制造，可承受载荷大，但导向精度较低。适用于重型机床。

6. 双圆形组合（见图 1—4—15）

导轨的双圆形组合刚度好，易于制造。但是磨损后很难调整和补偿。适用于小型机床。

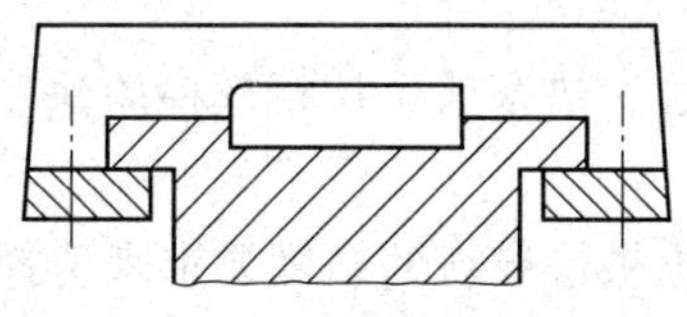
图 1—4—14　导轨的双矩形组合

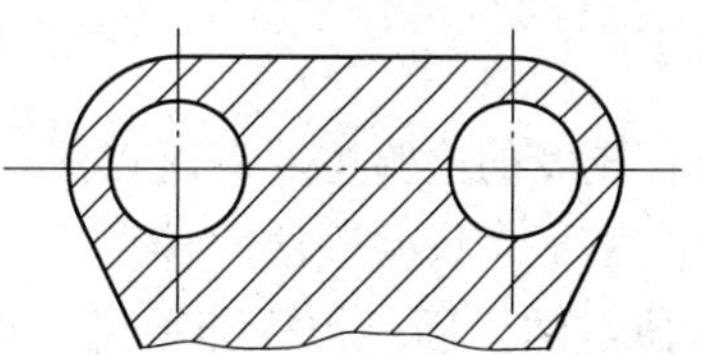
图 1—4—15　导轨的双圆形组合

7. 燕尾组合（见图 1—4—16）

导轨的燕尾形组合可承受一定的颠覆力矩，高度尺寸小，调整方便。但刚度低。适用于车床小刀架、插齿刀架、铣床立柱等。

8. 一燕一矩形组合（见图 1—4—17）

导轨的一燕一矩形组合可承受单向的颠覆力矩，高度尺寸小，调整方便。但刚度低。适用于插齿机、摇臂钻床的横梁导轨。

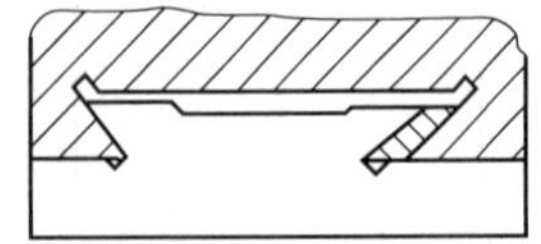

图 1—4—16　导轨的燕尾形组合

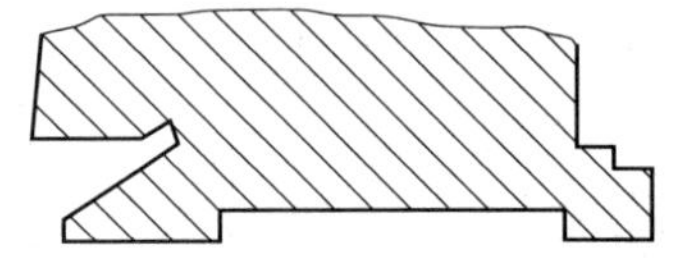

图 1—4—17　导轨的一燕一矩形组合

四、机床导轨的精度及检验

1. 导轨直线度的检验

矩形导轨的水平表面控制导轨在垂直平面内的直线度（见图 1—4—18a）。矩形导轨的两侧控制导轨在水平面内的直线度（见图 1—4—18b）。

对 V 形导轨，因为组成导轨的是两个斜面，所以两个斜面既控制垂直平面内的直线度（见图 1—4—18c），同时也控制水平面内的直线度（见图 1—4—18d）。

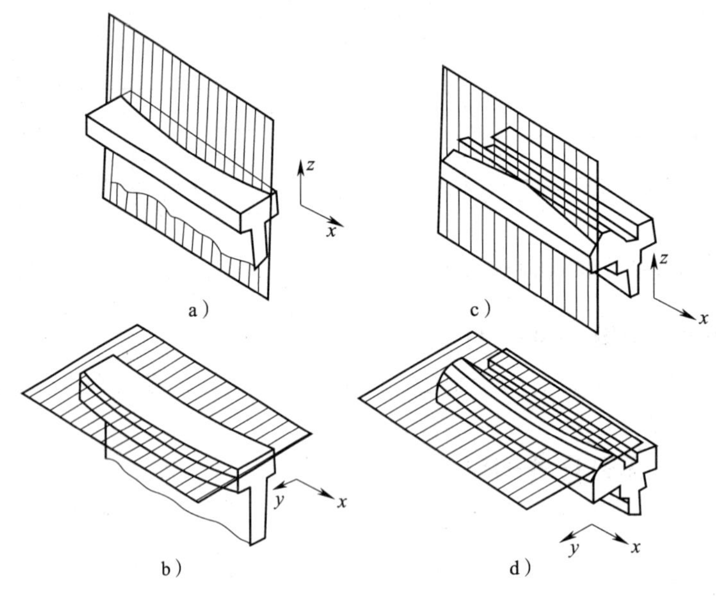

图 1—4—18　导轨的直线度

导轨直线度的检验主要有研点法、平尺拉表比较法、垫塞法、拉钢丝检验法、水平仪检验法、光学平直仪检验法六种。

（1）研点法。用一根标准平尺，其精度等级则根据被检导轨的精度要求来选择（见图 1—4—19）。长度应不短于被检导轨的长度（在精度要求较低的情况下，平尺长度可比导轨短 1/4）。研点法常用于较短导轨的检验，采用刮研法修整导轨的直线度时，大都采用此法。可根据机床的精度要求和导轨在本机床所处地位的性质及重要程度，规定一定面积内的研点数目。

用研点法检查导轨直线度时，不能测量出导轨直线度的误差值。

（2）平尺拉表比较法。平尺拉表比较法通常用来检查短导轨在垂直平面内和水平面内的直线度。在被检导轨上移动的垫铁长度一般不应短于 200 mm，垫铁与导轨的接触面应与被检导轨进行配刮，使其接触良好。

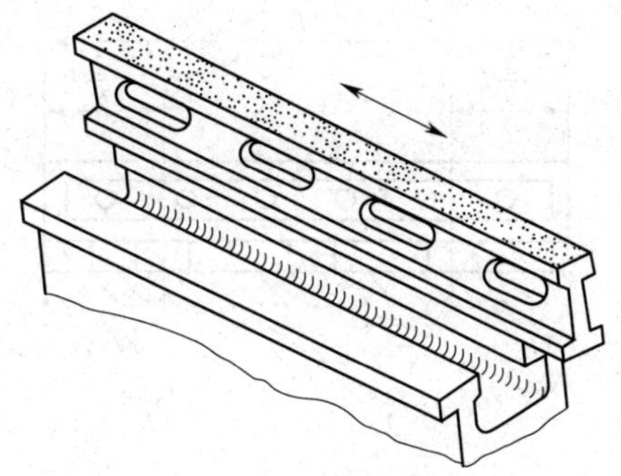

图 1—4—19　平尺研点检查导轨直线度

1）垂直平面内直线度的检验方法如图 1—4—20 所示，在导轨上放一个与导轨刮配好的垫铁，将指示表架固定于垫铁上，使指示表触头先后顶在平尺两端表面，调整平尺，使指示表在平尺两端表面的读数相等，然后移动垫铁，每隔 200 mm 读指示表数值一次，指示表各读数的最大差值即为导轨全长内直线度的误差。

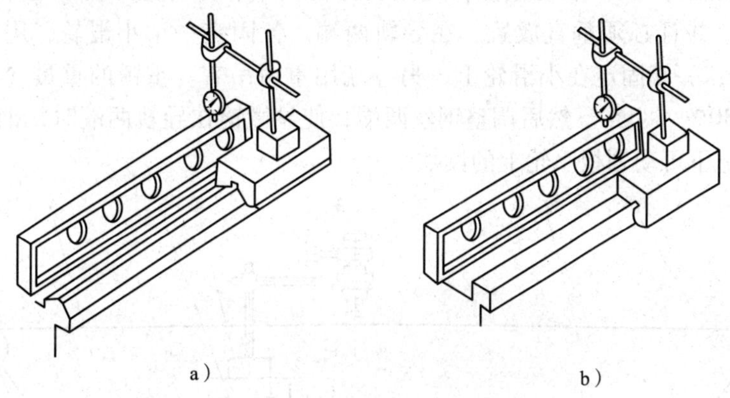

图 1—4—20　测量导轨在垂直平面内的直线度

2）水平面内直线度的检验方法如图 1—4—21 所示，将平尺的工作面侧放在被检导轨旁边，调整平尺，使指示表在平尺两端表面的读数相同，其测量和计算误差方法同“1”。

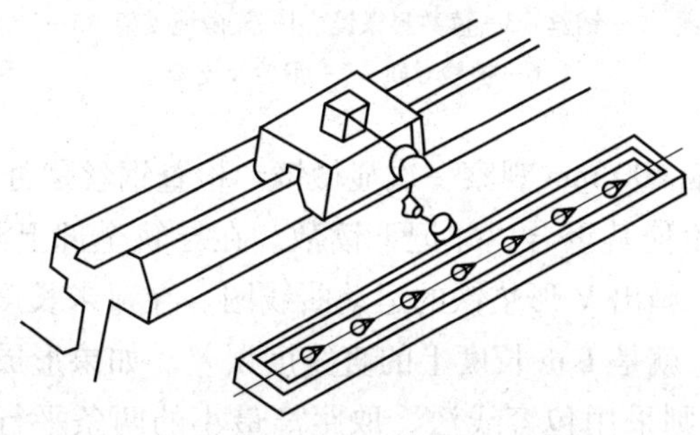

图 1—4—21　测量导轨在水平面内的直线度

（3）垫塞法。垫塞法适用于检查经过研磨的和表面粗糙度值较低的平面导轨。如图 1—4—22 所示，在被检平面导轨上，安放一标准平尺，在离平尺两端各为 2/9*L* 距离处，用两个等高垫块支承在平尺下面，用量块或塞尺检查平尺工作面和被测导轨面间的间隙。

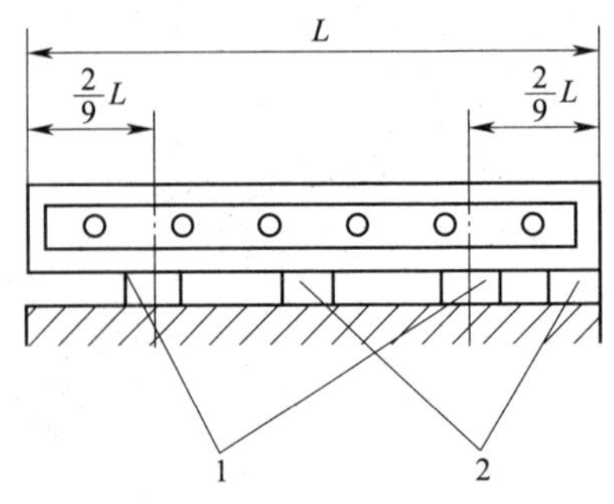

图 1—4—22　利用垫塞法测量导轨的直线度

1—等高垫铁　2—塞尺或量块

（4）拉钢丝检验法。拉钢丝检验法是利用拉紧后的钢丝作为理想的直线，测量导轨上各段组成面的直线误差限值，是一种限值测量法。

这种方法只可以检查导轨在水平面内的直线度。测量方法如图 1—4—23 所示。在床身导轨上放一个长度为 500 mm 的垫铁，垫铁上安装一个带有刻度的读数显微镜，显微镜的镜头应对准钢丝并且必须垂直放置。在导轨两端，各固定一个小滑轮，用一根直径小于 0. 3 mm 的钢丝，一端固定在小滑轮上，另一端用重锤吊着。重锤的重量（拉紧力）应为钢丝拉断力的 30% ~80%。然后调整钢丝两端，使显微镜在导轨两端时，钢丝与镜头上的刻线相重合。记下可动划板手轮上的读数。

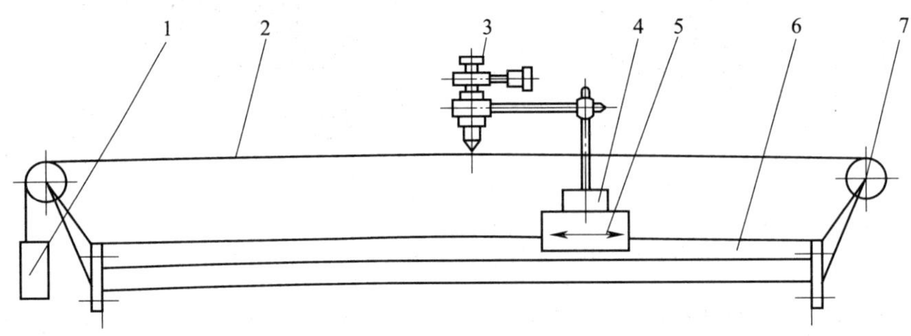

图 1—4—23　拉钢丝法测量导轨直线度

1—重锤　2—钢丝　3—读数显微镜　4—显微镜支架　5—V 形垫铁

6—被检导轨　7—滑轮及支架

移动 V 形垫铁，每隔 500 mm 观察一次显微镜。检查钢丝是否与刻线重合，不重合时，调整读数显微镜上的手轮使其重合，并记下读数。在导轨全部上测量，依顺序记录读数。把读数排列在坐标纸上，画出 V 形垫铁的运动曲线图。在每米长度上的运动曲线和两端点连线间的最大坐标差值，就是 1 m 长度上的直线度误差。如果形成的是波折线（即在横坐标轴两侧出现显示点），则采用包容线法，取距离最小的两条平行线间的坐标差值，为导轨全长上的直线度误差。如果形成的曲线是中凸或中凹线，最凸或最凹点至两端点连接的坐标差值即导轨全长上的直线度误差。

（5）水平仪检验法。水平仪的读数方法：一种是绝对读数法，另一种是相对读数法。

1）绝对读数法是按水准器气泡的绝对位置读数。水平仪起端测量位置，唯有气泡在中间时，才读作“0”，偏向起端时读“-”，偏离起端时读“+”，或用箭头表示气泡的偏移方向。

2）采用相对读数法时，水平仪在起端测量位置总是读作零位，不管气泡位置是在中间或偏在一边。然后，依次移动水平仪垫铁，记下每一位置的气泡与前一位置的移动变化方向和刻度的格数。根据气泡移动方向来评定被检导轨的倾斜方向，如气泡移动方向与水平仪移动方向一致，一般读为正值，表示导轨向上倾斜，可用符号“+1”表示；如方向相反，则读作负值，用符号“-1”表示。

读完数后，可用作图法和计算法得出导轨直线度误差值。这里主要介绍一下计算法。计算法的步骤如下：

①求读数代数和的平均值。

②求相对值：即在原每一读数上减去代数平均值。

③求逐项累积值：每一测量位置上的累积值等于该位置的相对值与位置前所有相对值的代数和。

④求导轨直线度误差：最大累积值与最小累积值的代数差。

⑤换算出直线度误差值。

（6）光学平直仪检验法。光学平直仪由平行光管和读数望远镜组成的仪器本体，及配置在定长底板上的平面反射镜组合而成，如图1—4—24、图1—4—25所示。

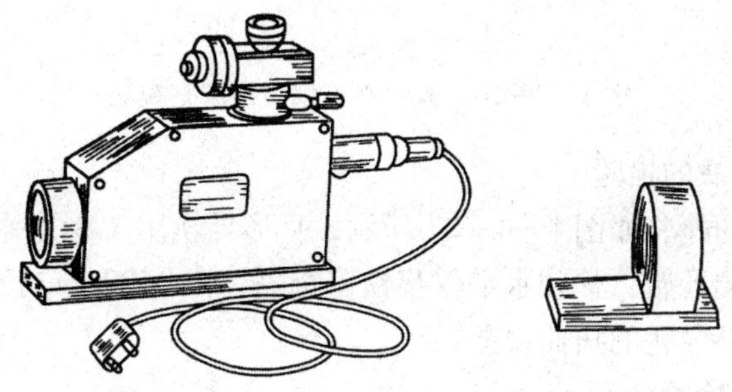

图1—4—24　光学平直仪外观图

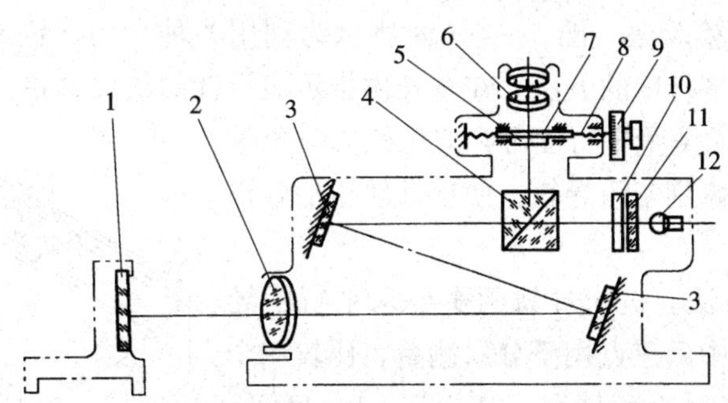

图1—4—25　光学平直仪光路系统

1—平面反射镜　2—物镜　3—平面镜　4—立方棱镜　5—活动分划板
6—放大目镜组　7—固定分划板　8—测微螺杆　9—目镜手轮
10—指示分划板　11—绿色滤光片　12—光源

光线由光源 12 发出，经绿色滤光片 11 照亮指示分划板 10 上的十字目标物像，该分划板正好位于物镜焦平面上。由分划板发出的亮十字目标物像，经立方棱镜 4、二平面镜 3 及物镜 2 后，形成平行光射出，然后经平面反射镜 1 反射后，经物镜、平面镜、立方棱镜向上聚焦在固定分划板 7 上（其上有粗读数刻度标尺）。若平面反射镜有倾斜变化，则经反射后聚焦在固定分划板上的亮十字目标物像亦随之有位移的变化。转动测微目镜手轮 9，通过测微螺杆机构 8，借助活动分划板 5（其上刻有单一长线瞄准线）瞄准，由测微刻度盘直接读出此位移量。

目镜观察视场的情况如图 1—4—26 所示。图 1—4—26a 是平直仪测量调整时作为起始位置的视场；图 1—4—26b 是平面反射镜移动时，出现相对倾斜角的视场；图 1—4—26c 是转动测微目镜手轮，借助活动分划板瞄准，将长单刻线对准亮十字指示标的中间时进行读数的视场；图 1—4—26d 是将整个读数机构转动 90°，进行水平面测量时的读数视场。

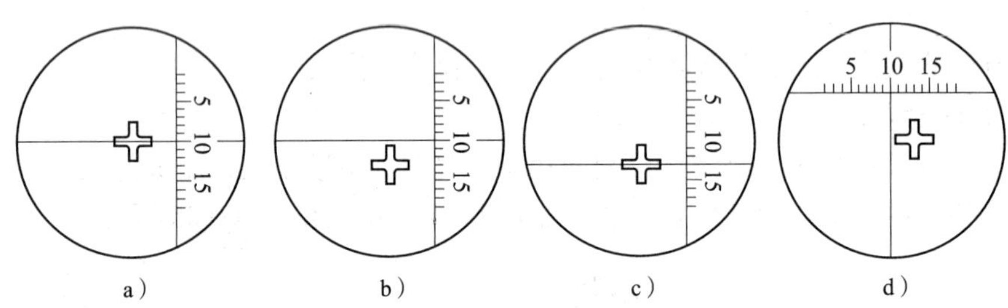

图 1—4—26　光学平直仪目镜观察视场

2. 单导轨表面扭曲的检验

单导轨表面扭曲的检验如图 1—4—27 所示，V 形导轨用 V 形水平仪垫铁，平导轨用平垫铁，从导轨的任一端开始，移动水平仪垫铁，每隔 200 ~ 500 mm 读数一次，水平仪读数的最大代数差值，就是导轨的扭曲误差。

3. 导轨平行度的检验

导轨平行度的检验主要有指示表拉表检验法、千分尺测量法、桥板水平仪检验法三种。

（1）指示表拉表检验法。图 1—4—28 所示为利用各种专用垫铁或桥板结合指示表检验导轨与导轨表面的平行度的方法。在全长内指示表指针的最大偏差，即为平行度的误差。用图 1—4—28g 的方法测量平行度时，应先检查三角导轨的单导轨扭曲，先修刮三角导轨，使单导轨扭曲合格后再测量。

（2）千分尺测量法。机床导轨两个要求平行的导轨表面，在导轨的前中后三点用千分尺测量，比较三个读数的大小，以了解平行度情况，如图 1—4—29a 所示。图 1—4—29b 所示为下接触式的燕尾导轨，利用两根直径相等的圆柱棒紧靠导轨表面，用千分尺在导轨两端进行测量，千分尺读数的变化值就是导轨的平行度误差。

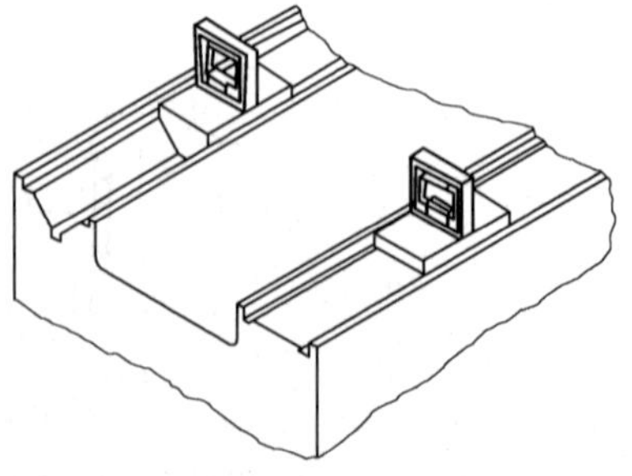

图 1—4—27　单导轨表面扭曲的检验方法

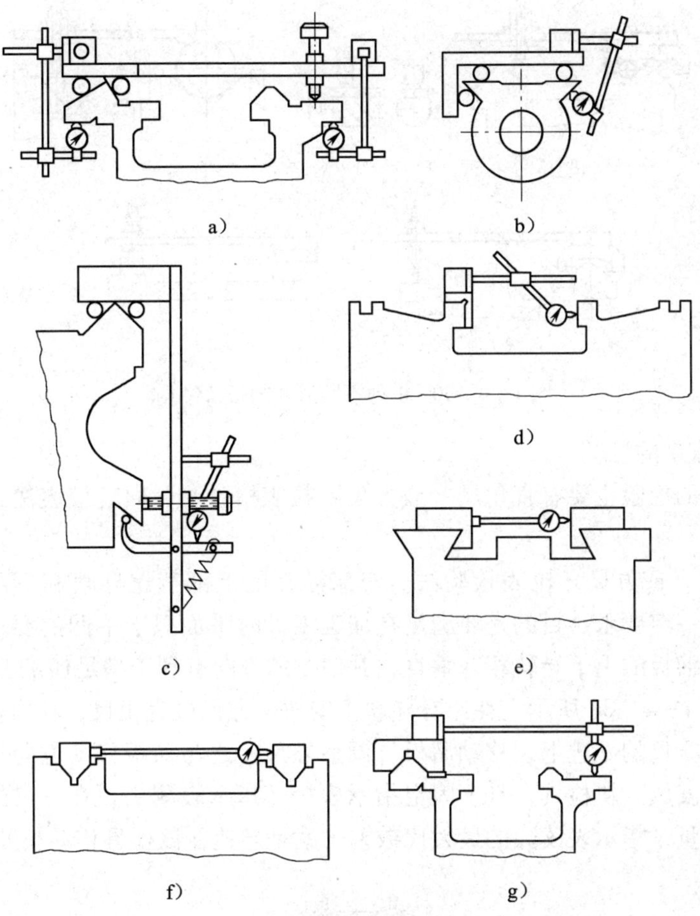

图 1—4—28　各种导轨用指示表测量平行度
a)、g) 车床床身导轨　b) 牛头刨床滑枕　c) 横梁
d) 矩形导轨　e) 燕尾导轨　f) 龙门刨床床身导轨

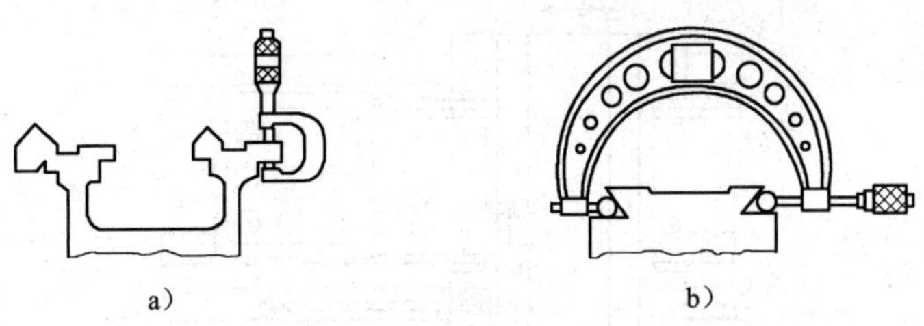

图 1—4—29　用千分尺测量导轨平行度

(3) 桥板水平仪检验法。两条导轨在垂直平面内的平行度，采用水平仪及检验桥板进行测量，其误差的计算一律采用偏差值表示，当桥板在导轨上移动时，每隔250 mm（小机床短导轨）或500 mm（长床身）记录一次水平仪读数，水平仪在每1 m行程上和全部行程上读数的最大代数差，就是导轨平行度误差，图 1—4—30 所示为4 种不同形式的桥板结构。

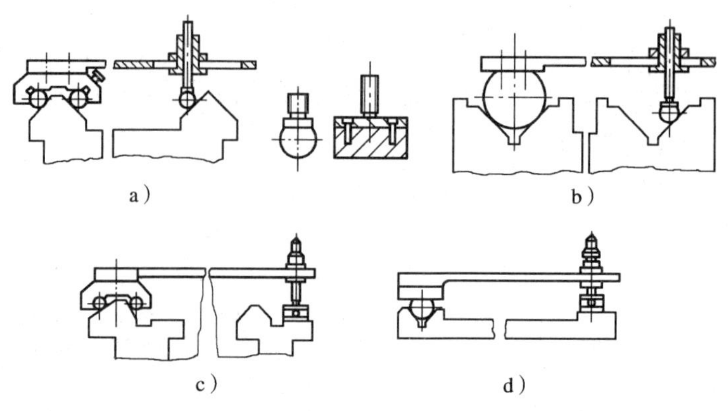

图 1—4—30　4 种不同形式的板桥结构

4. 导轨垂直度的检验

导轨垂直度的检验主要有直角尺（或方尺）拉表检验法、回转校表法、框式水平仪检验法三种。

（1）直角尺（或方尺）拉表检验法。车床溜板的上部燕尾导轨和下部的 V—矩形导轨，其垂直度有一定要求，目的是要满足在加工工件时平面只准中凹的要求。要保证这项精度，主要是使溜板的上下导轨相互垂直，其偏差的方向有利于满足加工工件的精度要求，其检测方法如图 1—4—31 所示。在床身导轨上安放一方尺或直角尺，在溜板上固定一指示表，其测头顶在方尺的 a 边上，移动溜板，调整方尺使之与溜板移动方向平行。然后在溜板的燕尾导轨上安放一块检具，其上固定指示表杆，指示表测头顶在方尺的 b 边上，移动角形垫铁进行测量，指示表读数的最大代数差，就是导轨在该检具移动长度内的误差。

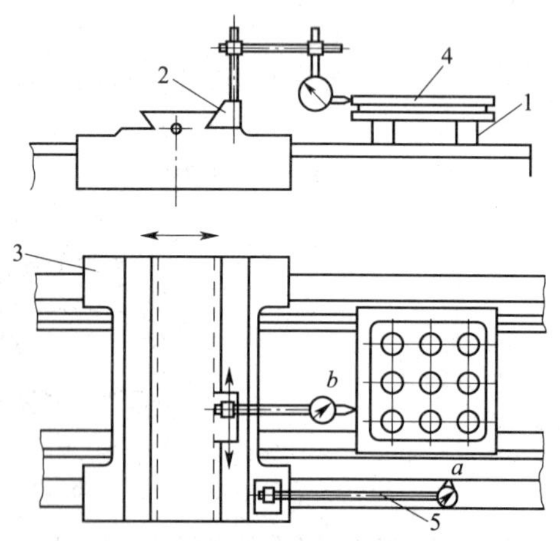

图 1—4—31　车床溜板导轨垂直度的检查

1—等高垫铁　2—V 形角度规　3—溜板　4—方尺　5—磁力表架

（2）回转校表法。上下导轨要求相互垂直的溜板类零件，有的可用回转校表法检查导轨之间的垂直度。图 1—4—32 是利用圆柱棒及指示表等工具，用回转校表测量导轨侧面 A、B 两点，指示表在 A、B 两点读数的差值即为该回转半径内的垂直度误差，但这种检查方法的先决条件是导轨的直线度必须满足要求。

有些拼接的长床身是由多段单节床身拼接的，其拼接表面要求与导轨垂直，其垂直度误差可用图 1—4—33 的方法检查。

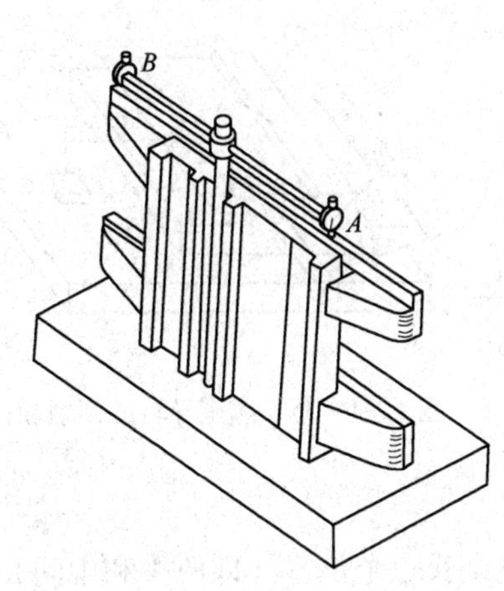

图 1—4—32　用指示表回转校表法检验导轨垂直度

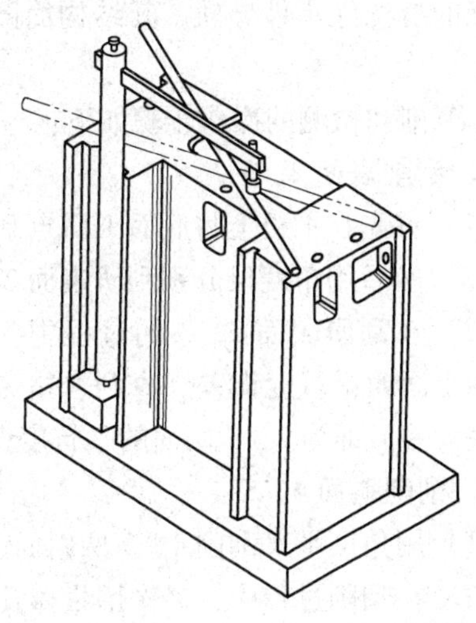

图 1—4—33　床身结合面与导轨垂直度的检验

（3）框式水平仪检验法。这种检验方法是利用框式水平仪两边互成直角的特点，既可以检查水平表面的直线度，也能检查垂直表面的垂直度。如果这两个被检表面要求互成直角，则利用水平仪两直角边测量表面贴在该两被检表面上测量，此时，水准泡中的气泡应在同一位置。水平仪两次读数的最大代数差，就是被测表面的垂直度误差。读出的数值是角度值，再通过计算，可知 300 mm 内或全长内的垂直度误差。

图 1—4—34 所示为利用框形水平仪检查牛头刨床床身的垂直度。当检查床身的上下导轨表面 1、2 与表面 5、6 以及表面 1、2 与表面 3、4 的垂直度时，可用水平仪按图 1—4—34 所示的方法进行测量。

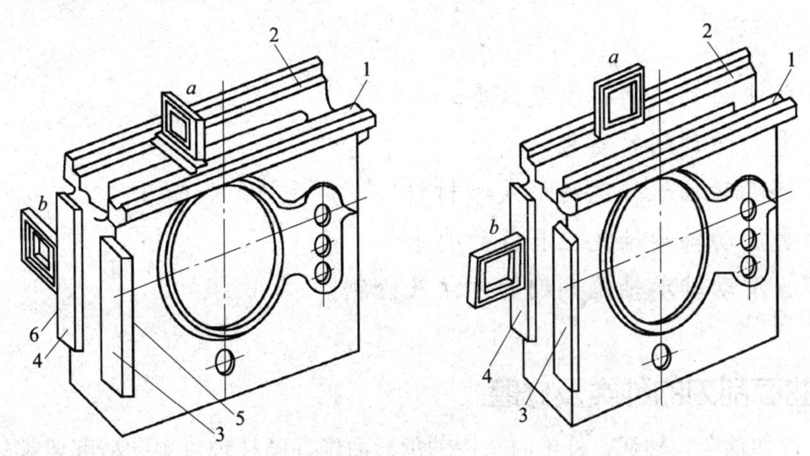

图 1—4—34　用框式水平仪检查牛头刨床床身导轨垂直度

五、燕尾形导轨的刮削

燕尾形导轨多用于车床刀架溜板、铣床工作台、牛头刨床的滑枕等小件导轨。其结构简图如图 1—4—35 所示。

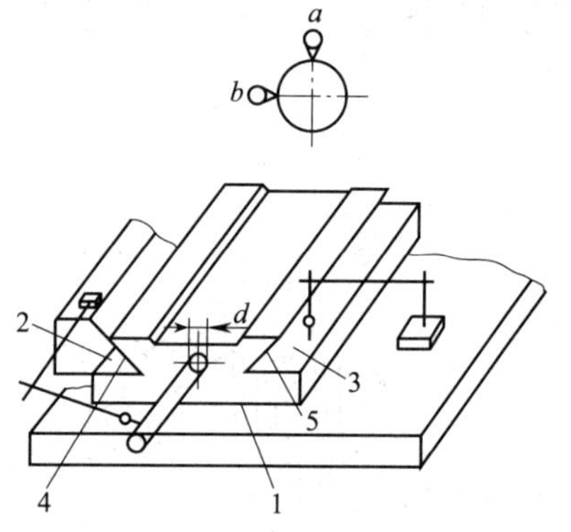

图 1—4—35　燕尾导轨的刮削和检测

其刮削和检测的操作步骤如下：

1. 刮削表面 2、3

（1）首先在平板上将底面 1 研点刮平。

（2）然后用角度尺分别刮研表面 2、3。

（3）在刮研表面 2、3 的过程中，多次用指示表检验两个面的平行度误差，直到合格为止（注：指示表的最大差值即为 2、3 两面的平行度误差）。

2. 刮削斜面 4、5

（1）用角度平尺刮削 4、5 两斜面。

（2）在刮削过程中，多次用量棒及千分尺在导轨全长三个位置（即两头和中间）进行平行度误差的检测，直到合格为止（注：千分尺的最大读数差即为两燕尾斜面的平行度误差）。

（3）在刮削表面 1、2、3、4 时始终保持与 d 孔中心线的平行度要求。其检测方法如下：

1）在 d 孔内紧密地插入一根检验棒。

2）在角度平尺上安置一块指示表，将表测头顶在圆柱量棒的上母线和侧母线上。

3）沿燕尾导轨全长移动，表读数的最大差值即为 d 孔中心线与燕尾导轨的平行度误差。

子课题 3　滑动轴承轴瓦的刮削

学习目标

1. 了解曲面刮刀的种类及修磨。
2. 熟悉曲面刮削的姿势。
3. 了解滑动轴承轴瓦的形式和材料。
4. 熟悉滑动轴承轴瓦应具备的要求。
5. 掌握滑动轴承轴瓦刮削的方法及检测。

一、曲面刮刀的种类及修磨

曲面工件如轴套、轴瓦、外锥内圆柱轴承、内锥外圆柱轴承等，精度要求较高，它们的加工除了车、镗、铰、磨、研以外，也常采用刮削作为提高表面精度的手段。

曲面刮削的原理和平面刮削一样，只是曲面刮削使用的刀具和掌握刀具的方法与平面刮削有所不同。

1. 曲面刮刀的种类

曲面刮刀常见的形状如图 1—4—36 所示。

（1）三角刮刀。如图 1—4—36a 所示，三角刮刀常用三角锉改制，或用碳素工具钢锻制。三角刮刀的断面呈三角形，它的三条尖棱就是三个呈弧形的切削刃，在三个面上有三条凹槽，刃磨时既能含油又可以减小刃磨面积，它是刮削曲面的主要工具，用途较为广泛。

（2）蛇头刮刀。如图 1—4—36b 所示，这种刮刀制造简单，刃磨方便。与三角刮刀相比，其刀身和刀头的断面都是矩形，因此，刮刀头部有四个带圆弧的切削刃，在两个平面上也磨有凹槽，可以利用两个圆弧切削刃，交替刮削内曲面。蛇头刮刀圆弧的大小，可根据粗、精刮而定。粗刮刀圆弧的曲率半径大，这样接触面积大，刮去的金属面积也较宽大，使工件能很快达到所需形状和尺寸要求。精刮刀圆弧的曲率半径小，因而接触面积小，这样便于修刮接触点，而且凹坑刮得较深，可形成理想的存油空隙，使传动件得到充分的润滑。

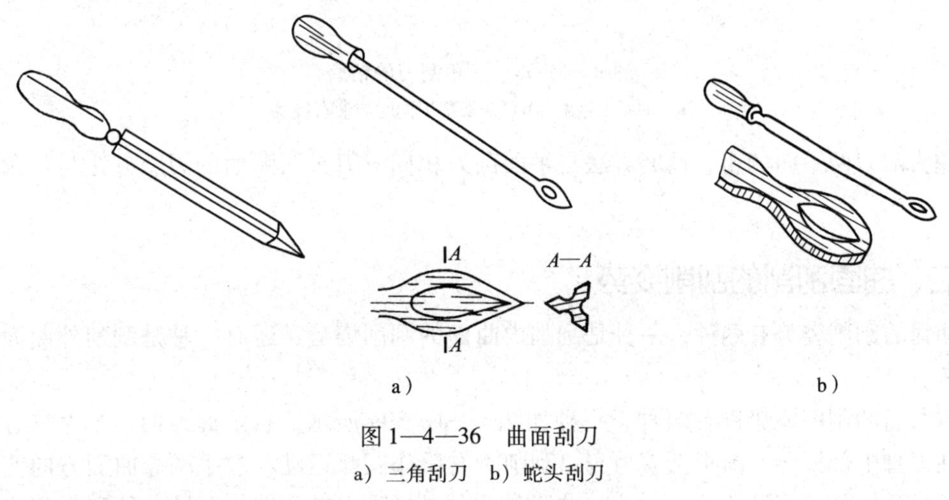

图 1—4—36　曲面刮刀

a）三角刮刀　b）蛇头刮刀

2. 曲面刮刀的修磨

曲面刮刀的种类有多种，但实际使用三角刮刀较多，下面以三角刮刀为例，介绍曲面刮刀的修磨方法。

三角刮刀的刃磨分为粗磨、开槽、精磨三个步骤。粗磨方法如图 1—4—37a 所示，右手握刀柄，左手将三角刮刀切削刃轻压在砂轮圆周表面，使它按切削刃弧形摆动，并沿砂轮表面来回移动，避免砂轮产生凹槽。然后将刮刀转 90°，顺砂轮旋转方向进行修整。粗磨完刮刀后，再将三角刮刀的三个圆弧面在砂轮上开槽，开槽的方法如图 1—4—37b 所示，槽应磨在两刃的中间，刃磨时刮刀应稍作上下和左右移动，使切削刃边上只留有 2 ~ 3 mm 的棱边。

三角刮刀淬火后，在油石上进行精磨，如图 1—4—38a 所示。用右手握柄，左手轻压刀刃，使两切削刃同时与油石接触，如图 1—4—38b 所示，沿着油石长度方向来回移动，并按切削刃弧形作上下摆动，要求将三个弧形面全部刃磨光洁，刃口锋利。

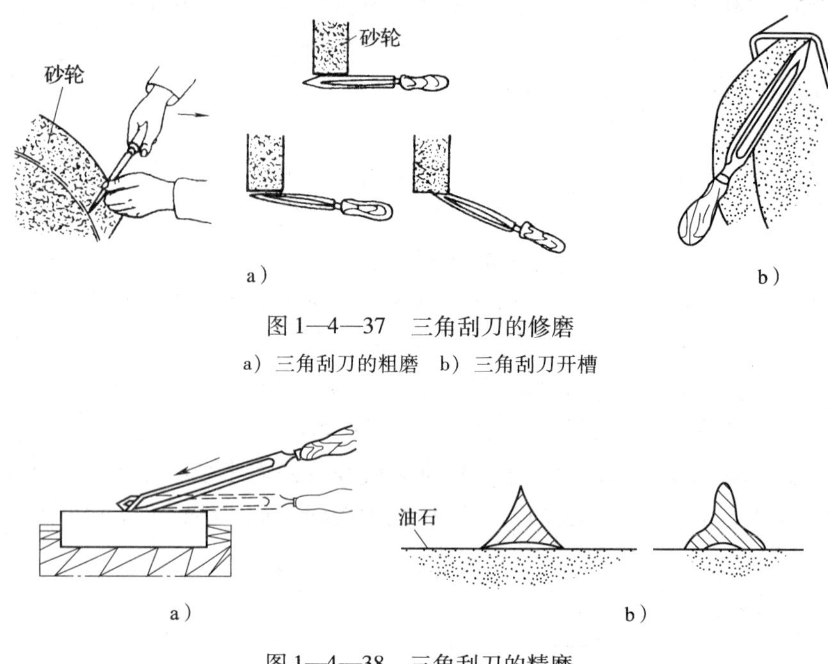

图 1—4—37　三角刮刀的修磨

a）三角刮刀的粗磨　b）三角刮刀开槽

图 1—4—38　三角刮刀的精磨

a）油石上精磨　b）两切削刃同时与油石接触

蛇头刮刀两平面的粗、精磨方法与平面刮刀相同，刀头两弧面的刃磨方法与三角刮刀相似。

二、曲面刮削的刮削姿势

曲面的刮削姿势有两种，一种是刮削内曲面的刮削姿势，还有一种是刮削外曲面的刮削姿势。

内曲面的刮削姿势也有两种，一种如图 1—4—39a 所示，右手握刀柄，左手掌心向下四指在刀身中部横握，拇指抵着刀身，刮削时右手作圆弧运动，左手顺着曲面方向使刮刀作前推或后拉的螺旋形运动，刀迹与曲面轴心线成 45°角交叉进行；另一种刮削姿势如图 1—4—39b 所示，刮刀柄搁在右手臂上，右手掌心向下握在刀身前端，左手掌心向上握在刀身后端，刮削时左、右手的动作和刮刀的运动方向与上一种姿势一样。

外曲面的刮削姿势如图 1—4—39c 所示，左手在前右手在后，双手握住平面刮刀的刀身，刮刀柄夹在腋下，用右手来掌握刮削方向，左手加压或提起刮刀。刮削时，刮刀与外曲面倾斜约 30°，也应交叉刮削。

三、滑动轴承轴瓦的形式和材料

滑动轴承是以轴瓦直接支撑轴的轴颈部分来承受轴的载荷，并保持轴的正常工作位置。滑动轴承的应用虽不如滚动轴承广泛，但在某些场合，由于滑动轴承具有结构简单、制造方便、径向尺寸较小、承载油膜有较好的吸振能力等优点，在保证液体润滑的前提下，可长时期高速运转，因此应用也很多。

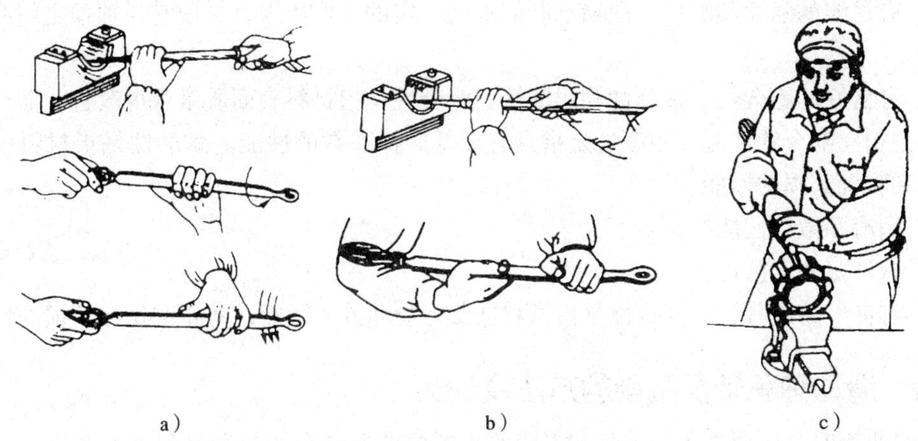

图 1—4—39　曲面刮削姿势

a）内曲面刮削姿势一　b）内曲面刮削姿势二　c）外曲面刮削姿势

1. 形式

滑动轴承按其油膜形式可分为液体动压轴承、液体静压轴承和液体动静压轴承；按其受力方向可分为径向滑动轴承和推力滑动轴承；按结构可分为整体式、剖分式和多片式滑动轴承。

2. 材料

（1）灰铸铁。在低速、轻载和无冲击载荷的情况下，可用 HT150、HT200 做轴瓦。

（2）铜基合金轴承。主要成分是铜，常用的有磷锡青铜（ZQSn10－1）和铝青铜（ZQA19－4）。磷锡青铜是一种很好的减摩材料，强度也很高，适用于做中速、重载、高温及有冲击条件下工作的轴承。铝青铜有良好的抗胶合性，但强度较磷锡青铜低。

（3）粉末合金轴承。采用青铜、铸铁粉末，加以适量的石墨粉压制成形后，经高温烧结形成多孔性材料。在 120℃时浸透润滑油，冷却至常温，油就储存在轴承孔隙中。当轴颈在轴承中旋转时，产生轴吸作用和摩擦热，油就膨胀而挤入摩擦表面进行润滑，轴停止运转后，油也因冷却而缩回轴承孔隙中去。因此，这类轴承也称含油轴承。

（4）轴承塑料。我国制成了多种尼龙轴瓦，如尼龙 6、尼龙 1010 等，已应用于机床、汽车等机械中。塑料轴承具有跑合性好、磨损后屑粒较软，不易伤轴颈，抗腐蚀性好，可用水或其他液体润滑等优点，但导热性差，吸水后膨胀。

（5）轴承合金（巴氏合金、乌金）。它是锡、铅、铜、锑等元素组成的合金。对于高速、重载的滑动轴承，为了节省合金材料并满足轴承的要求，可在轴瓦表面上浇铸一层巴氏合金。轴承合金具有良好的减摩性和耐磨性，但强度较低，不能单独做轴瓦，通常将它浇铸在青铜、铸铁、钢材等基体上使用。常用的锡基轴承（ZChSnSb11－6）主要成分是锡；铅基轴承合金（ZChPbSb16－2、ZChPbSb15－5）主要成分是铅。前者的力学性能和抗腐蚀性比后者好，但价格贵，因此常用于重载、高速和温度低于 110℃的重要轴承，如汽轮机、内燃机和高速机床主轴的轴承。

四、滑动轴承轴瓦应具备的要求

滑动轴承的轴瓦与轴颈直接接触，为了保证具有良好的工作性能，必须满足以下要求：

1. 有足够的强度和塑性，使轴承既能承受一定的工作压力，又使它与轴颈之间载荷分布均匀。

2. 有良好的跑合性、减摩性和耐磨性。跑合性是指材料表面质量获得改善，而与另一表面达到相互吻合的性能。减摩性是指具有较低摩擦系数的性能。耐磨性是指材料抵抗磨料磨损和胶合磨损的性能。

3. 润滑和散热性能好。

4. 有良好的工艺性。

5. 有良好的嵌藏性。嵌藏性是指材料嵌藏污物和外来微粒，防止刮伤和磨损的性能。

五、滑动轴承轴瓦刮削的方法及检测

刮削曲面时，应根据不同形状和不同的刮削要求选择合适的刮刀和显点方法，一般是以标准轴（也称工艺轴）或与内曲面相配合的轴作为内曲面研点的校准工具。

在选择显示剂时根据不同材料选择不同的显示剂，刮削有色金属时，显示剂可选用蓝油，精刮可用蓝油或黑色油墨代替，使显点色泽分明。

研点时将显示剂涂在轴的圆柱面上，用轴在内曲面中旋转显示研点，同时工艺轴应沿曲面作来回转动，精刮时转动弧长应小于 25 mm，切忌沿轴线方向作直线研点。

1. 滑动轴承轴瓦刮削的方法

曲面刮削与平面刮削一样，也有粗刮、细刮和精刮。滑动轴承轴瓦刮削即为曲面刮削。粗刮时应把刮刀放在正前角位置，使得在刮削过程中前角较大，刮出的切屑较厚，刮削速度较快。细刮时刮刀的位置应具有较小的负前角，刮出的切屑较薄，通过细刮，能获得均匀分布的研点。精刮时，刮刀的位置应具有较大的负前角，刮出的切屑很薄，可获得较高的表面质量。

刮削内曲面比刮削平面困难得多，应经常刃磨刮刀，使其保持锋利，避免因刮伤表面而造成返工，点子要刮准，刀迹应比刮平面时短小。对内曲面的尺寸精度更应严格控制，不可因留过多的刮削余量而增加刮削工作量，也不能因余量过少，造成已刮削到尺寸要求，但点子数太少，工件因不符合要求而报废。

2. 滑动轴承轴瓦刮削的检测

内曲面刮削后的精度要求以单位面积内的接触点数来表示，但也应考虑到接触点的合理分布，以取得较好的工作效果。以滑动轴承为例，轴承两端的研点数应多于中间部分，使两端支承轴颈平稳旋转，中间接触点稍少些，有利于润滑和减少发热。在轴承圆周方向上，受力大的部位，应刮成较密的贴合点，以减小磨损，使轴承在负荷作用下，能较长时期保持几何精度。

子课题 4　轴孔的研磨

1. 掌握常用研具的使用。

2. 熟悉外圆柱面和内圆柱面的研磨工艺。
3. 了解轴孔研磨时的注意事项。

一、常用研具的使用

平面研磨通常都采用标准平板。粗研磨时，平板表面上可开槽，以避免过多的研磨剂浮在平板上影响研磨效果。精研磨时，则使用精密无槽平板。

图 1—4—40 所示研磨环为外圆柱面研磨时采用的主要研具。研磨环的内径应比工件的外径略大 0. 025 ~0. 05 mm，当研磨一段时间后，若研磨环内孔磨大，则拧紧调节螺钉，可使孔径缩小，以达到所需的间隙。

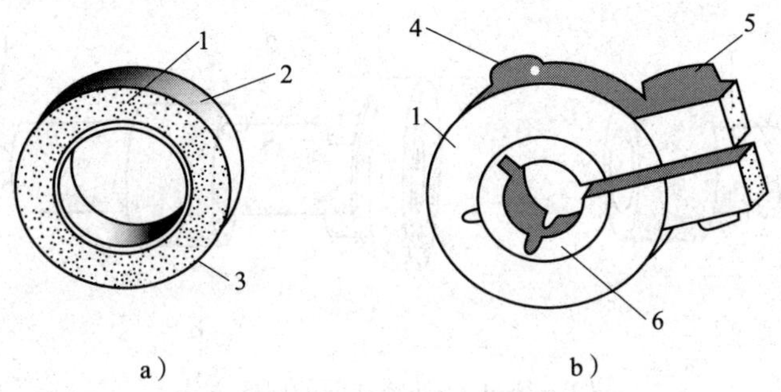

图 1—4—40　研磨环

1—外圈　2—调节螺钉　3—光滑开口调节环　4—紧固螺钉
5—调节螺钉　6—带槽开口调节环

内圆柱面研磨时采用的研具主要是研磨棒，根据其结构的不同，常采用的研磨棒主要分成固定式和可调式，如图 1—4—41 所示。

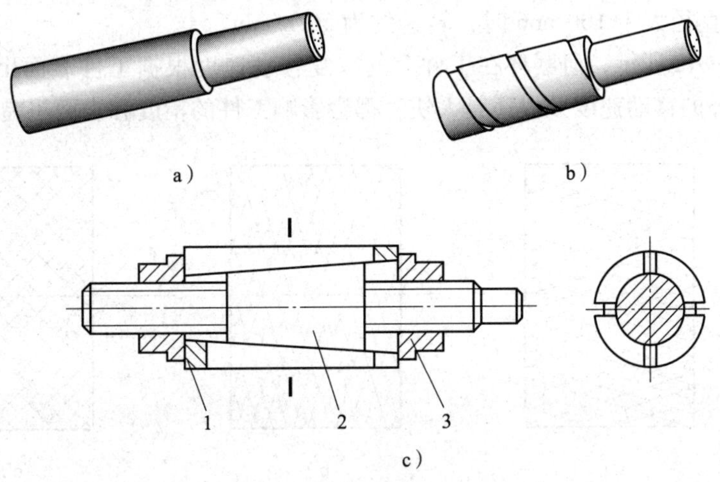

图 1—4—41　研磨棒

a）固定式光滑研磨棒　b）固定式带槽研磨棒　c）可调式研磨棒
1—开槽研磨棒　2—锥度心轴　3—调整螺母

固定式研磨棒制造容易，但磨损后无法补偿，多用于单件研磨或机修中。对工件上某一尺寸孔径的研磨，需要两三个预先做好的粗、半精、精加工研磨棒来完成。带槽的研磨棒用于粗研磨，光滑的研磨棒用于精研磨。可调试研磨棒因为能在一定的尺寸范围内进行调节，适用于成批生产，其使用寿命较长，应用较广泛。

二、外圆柱面的研磨工艺

外圆柱面的研磨方法如图 1—4—42 所示，工件较短时，用三爪自定心卡盘夹持；工件较长时，可在后端用顶尖支撑。研磨时，先在工件表面上均匀地涂上研磨剂，套上研磨环并调整好间隙（其松紧程度应以用力能转动为宜），然后开动机床带动工件旋转。用手推动研磨环，使研磨环在工件转动的同时沿轴线方向作往复运动。

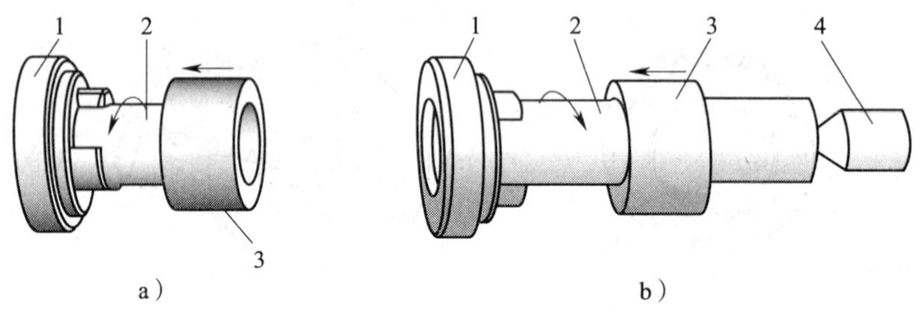

图 1—4—42　外圆柱面的研磨方法
a）工件较短时　b）工件较长时
1—三爪自定心卡盘　2—工件　3—研磨环　4—顶尖

研磨时应注意研磨环不得在某一段上停留，而且需要经常作断续的转动，用以消除因重力作用可能造成的椭圆。

工件的旋转速度应以工件的直径来控制，当直径小于 80 mm 时，机床转速约为 100 r/min；当直径大于 100 mm 时，转速约为 50 r/min。

如图 1—4—43 所示，研磨环在工件上的往复移动速度根据工件表面出现的网纹来控制。不管研磨环的移动速度太慢还是太快，都会影响工件的精度和表面粗糙度。

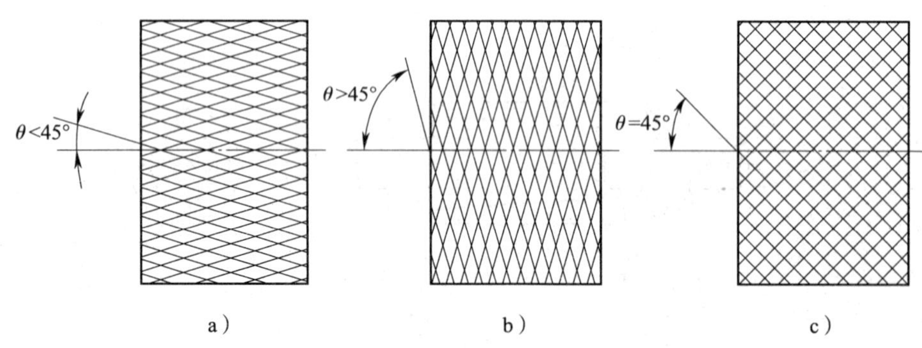

图 1—4—43　外圆柱面研磨时的网纹
a）太快　b）太慢　c）适当

三、内圆柱面的研磨工艺

研磨内圆柱面与研磨外圆柱面的方法基本相同，只是将研磨棒夹持在三爪自定心卡盘上，然后将工件的圆柱孔套在研磨棒上进行研磨，如图 1—4—44 所示。

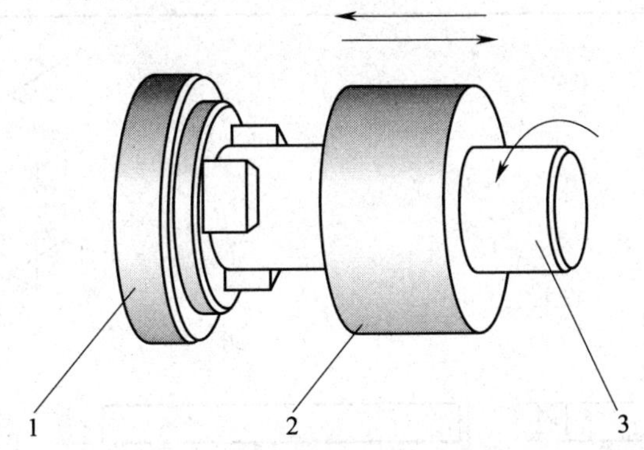

图 1—4—44　研磨内圆柱面的方法

1—三爪自定心卡盘　2—工件　3—研磨棒

研磨时，研磨棒的外径与工件内孔配合应适当。配合太紧，容易将孔表面拉毛；配合太松，孔会被研磨成椭圆形。采用固定式研磨棒时，研磨棒外径应比工件内孔直径小 0. 01 ~ 0. 025 mm；采用可调式研磨棒时，配合松紧程度一般以手推研磨棒时不十分费力为宜。

研磨时，如工件两端孔口有过多的研磨剂被挤出，应及时擦去，否则会使孔口扩大，研成喇叭口形状。研磨棒的工作长度应大于工件内孔的长度，一般是工件内孔长度的 1. 5 ~ 2 倍，太长会影响研磨精度。

四、轴孔研磨时的注意事项

1. 研磨工作的场地应清洁、无灰尘。

2. 使用的毛刷、研磨剂容器要干净。

3. 研磨过程中，添加研磨剂要均匀，添加位置要正确，孔端挤出、渗出的过量研磨剂应及时擦掉，否则将影响孔径尺寸。

课题 5　综合技能训练（一）

子课题 1　拼块

根据图样加工 L 形拼块。

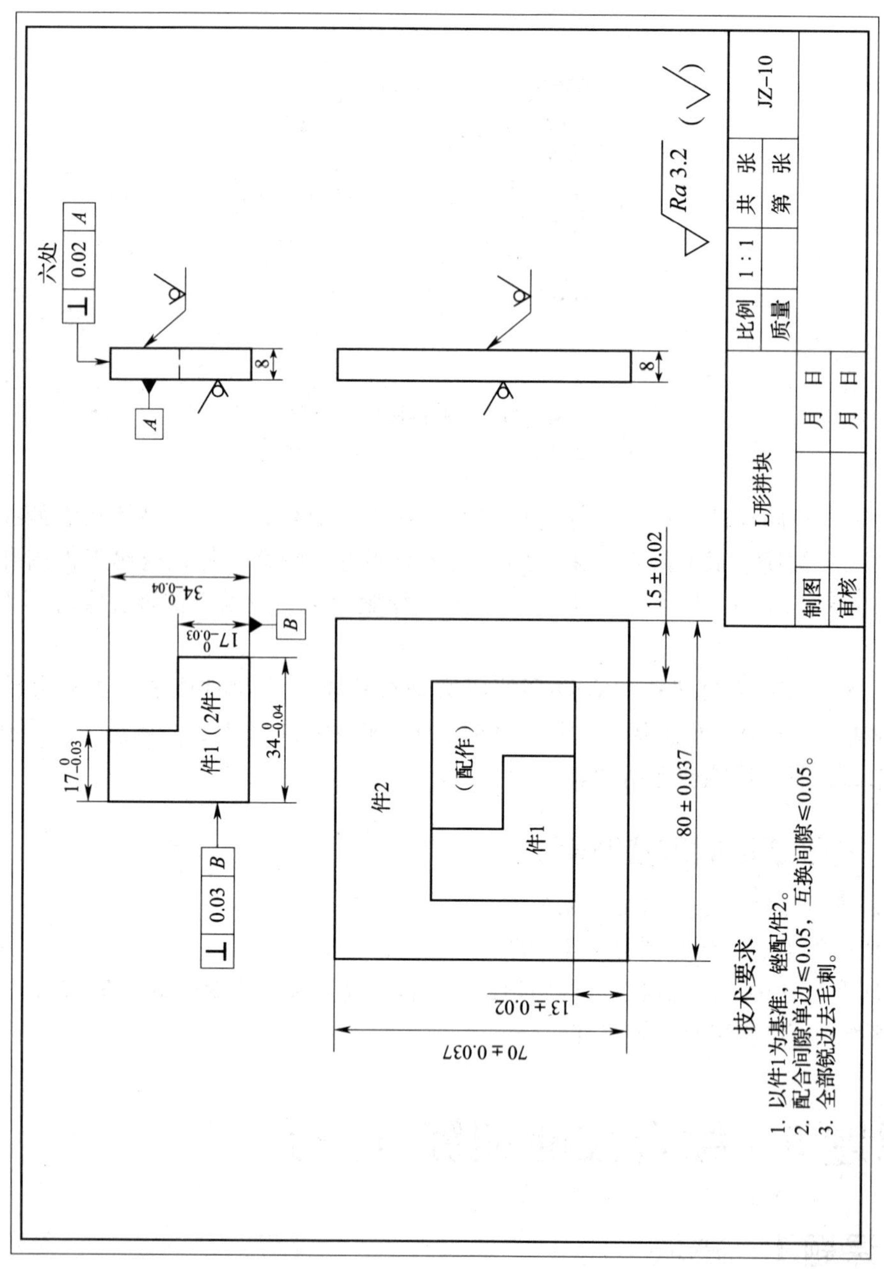
件1（2件）
$17^{\ 0}_{-0.03}$
$34^{\ 0}_{-0.04}$
$17^{\ 0}_{-0.03}$
$34^{\ 0}_{-0.04}$
⊥ 0.03 B
B
六处
⊥ 0.02 A
A
8
8
件2
件1
（配件）
15±0.02
80±0.037
13±0.02
70±0.037
Ra 3.2
技术要求
1. 以件1为基准，锉配件2。
2. 配合间隙单边≤0.05，互换间隙≤0.05。
3. 全部锐边去毛刺。
L形拼块
比例 1∶1
质量
共 张
第 张
JZ-10
制图
审核
月 日
月 日

L 形拼块评分标准

编号：　　　　　　　　　　　　　　　　　　　　　　得分：

项目	序号	技术要求	配分	评分要求	检测记录	得分
件 1	1	$17_{-0.03}^{0}$ mm	4×4	超差不得分		
	2	$34_{-0.04}^{0}$ mm	4×4	超差不得分		
	3	⊥ 0.03 B	2	超差不得分		
	4	⊥ 0.02 A	12	超差不得分		
	5	√Ra 3.2	12×0.5	不合格不得分		
件 2	6	(80±0.037) mm	4	超差不得分		
	7	(70±0.037) mm	4	超差不得分		
	8	(15±0.02) mm	4	超差不得分		
	9	(13±0.02) mm	4	超差不得分		
	10	√Ra 3.2	8×0.5	不合格不得分		
配合	11	配合间隙≤0.05 mm	7×4	超差不得分		
其他	12	安全文明生产	倒扣	违者酌情扣 1～10 分		
	13	毛刺、缺陷	倒扣	每处扣 1～5 分，严重者每处扣 5 分		

子课题 2　整体式测量镶配

根据图样加工整体式测量镶配。

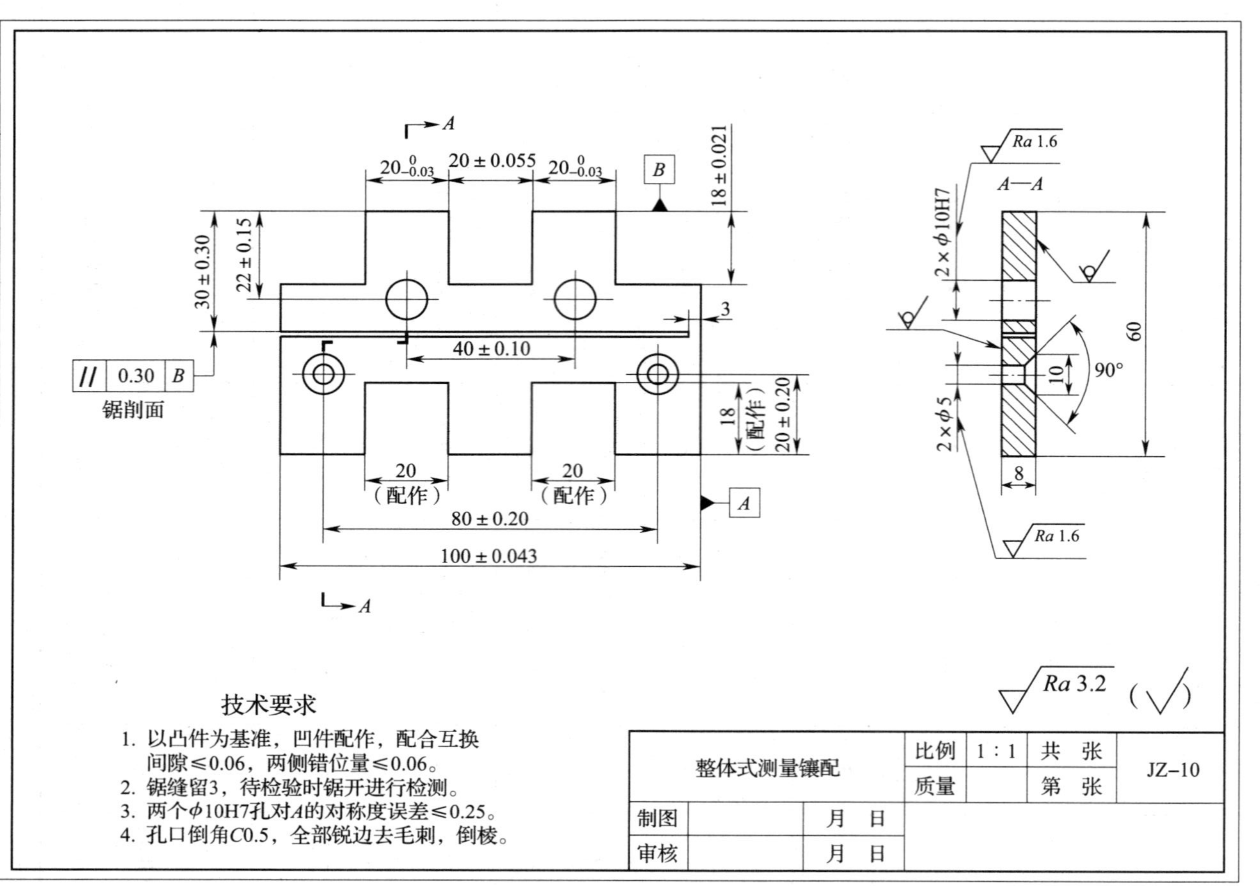

整体式测量镶配评分标准

编号：　　　　　　　　　　　　　　　　　　　　　　　　　　　　　　得分：

项目	序号	技术要求	配分	评分要求	检测记录	得分
凸件	1	(100 ±0.043) mm	4	超差不得分		
	2	$20_{-0.03}^{0}$ mm	2×3	超差不得分		
	3	(20 ±0.055) mm	4	超差不得分		
	4	(18 ±0.021) mm	3×2	超差不得分		
	5	$\sqrt{Ra\,3.2}$	0.5×20	不合格不得分		
	6	2×ϕ10H7	2×1	不合格不得分		
	7	(22 ±0.15) mm	2	超差不得分		
钻铰	8	(40 ±0.10) mm	5	超差不得分		
	9	$\sqrt{Ra\,1.6}$	2×1	超差不得分		
	10	⌯ 0.25 A	5	超差不得分		
	11	(80 ±0.20) mm	2	超差不得分		
配合	12	(20 ±0.20) mm	2×2	超差不得分		
	13	$\sqrt{Ra\,3.2}$	2×2	不合格不得分		
	14	(30 ±0.30) mm	8	超差不得分		
	15	// 0.30 B	4	超差不得分		
	16	间隙≤0.06 mm	9×3	超差不得分		
	17	错位量≤0.06 mm	5	超差不得分		
其他	18	安全文明生产	倒扣	违者酌情扣1~10分		
	19	毛刺、缺陷	倒扣	每处扣1~5分，严重者每处扣5分		

子课题 3　定位件模

根据图样加工定位件模。

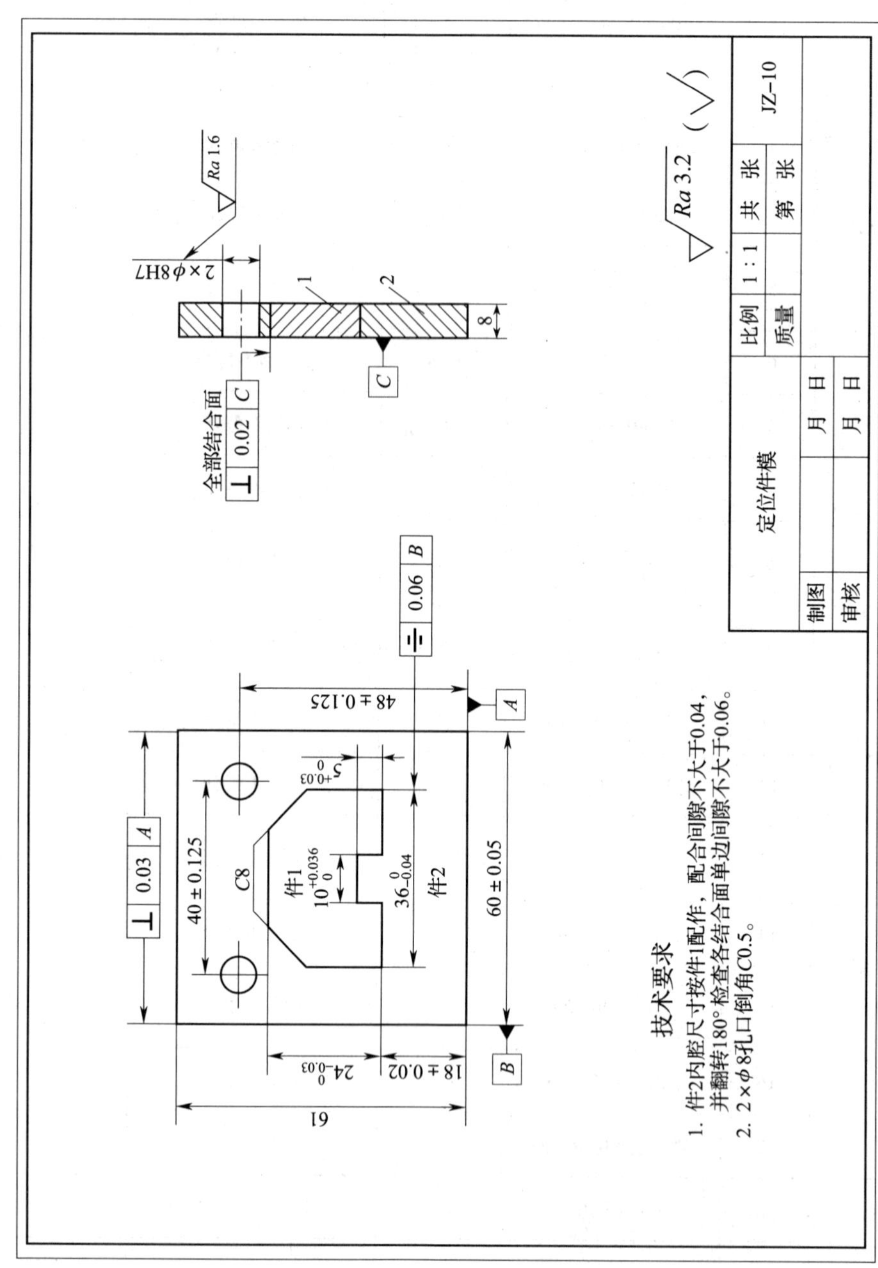

定位件模评分标准

编号： 得分：

项目	序号	技术要求	配分	评分要求	检测记录	得分
件1	1	$24_{-0.03}^{0}$ mm	2×3	超差不得分		
	2	$36_{-0.04}^{0}$ mm	3	超差不得分		
	3	$5_{0}^{+0.03}$ mm	3	超差不得分		
	4	$10_{0}^{+0.036}$ mm	3	超差不得分		
	5	C8	2×2	超差不得分		
	6	$\sqrt{Ra\,3.2}$	10×1	不合格不得分		
件2	7	(60±0.05) mm	2	超差不得分		
	8	(18±0.02) mm	2×2	超差不得分		
	9	$\sqrt{Ra\,3.2}$	1×2	不合格不得分		
孔加工	10	(40±0.125) mm	2	超差不得分		
	11	(48±0.125) mm	2×2	超差不得分		
	12	2×ϕ8H7	2×2	超差不得分		
	13	$\sqrt{Ra\,1.6}$	2×2	不合格不得分		
形位公差	14	⊥ 0.30 A	3	超差不得分		
	15	≑ 0.06 B	3	超差不得分		
	16	⊥ 0.02 C	3	超差不得分		
配合	17	配合间隙≤0.04 mm	10×2	超差不得分		
	18	换位间隙≤0.06 mm	10×2	超差不得分		
其他	19	安全文明生产	倒扣	违者酌情扣1~10分		
	20	毛刺、缺陷	倒扣	每处扣1~5分， 严重者每处扣5分		

子课题 4　V 形开口配

根据图样加工 V 形开口配。

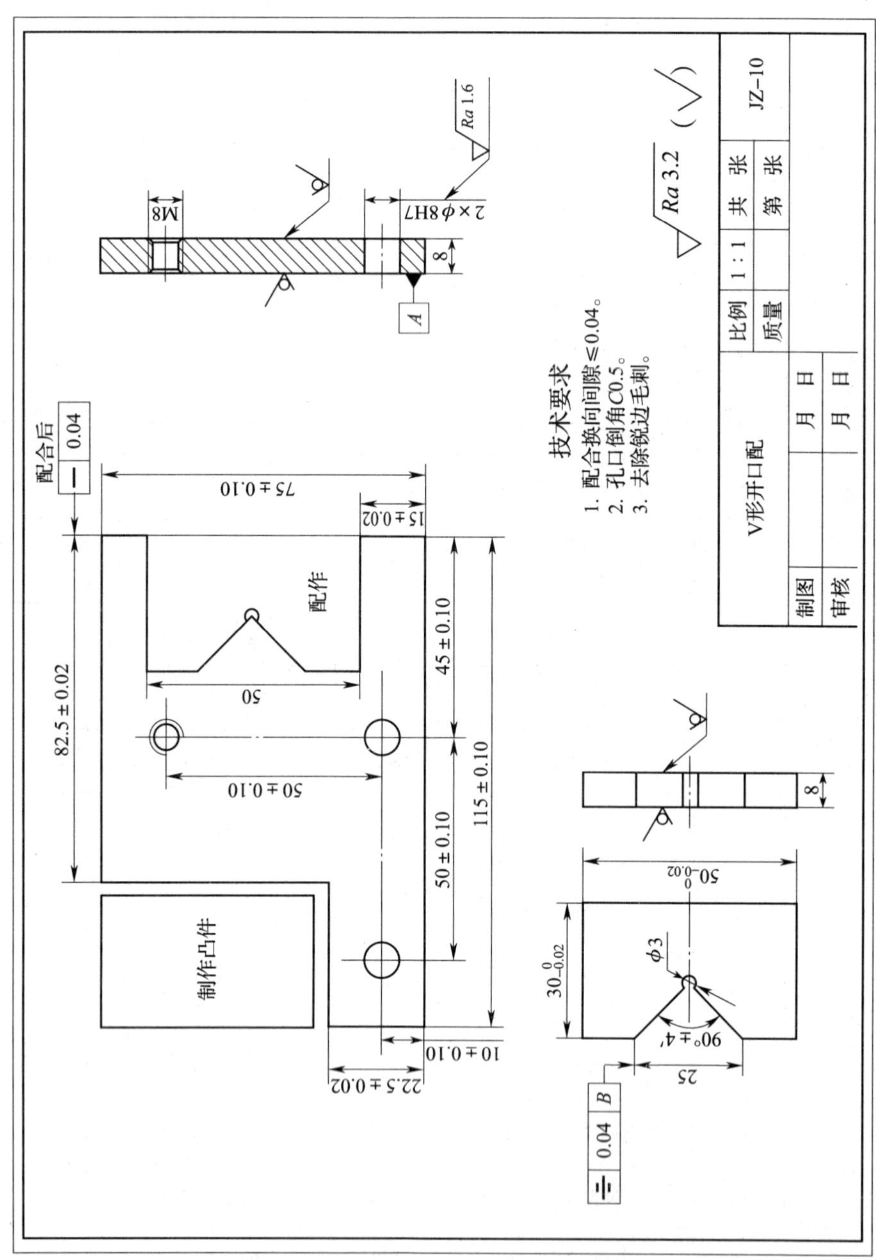

V形开口配评分标准

编号：　　　　　　　　　　　　　　　　　　　　　　　　得分：

项目	序号	技术要求	配分	评分要求	检测记录	得分
凸件	1	$50_{-0.02}^{0}$ mm	4	超差不得分		
	2	$30_{-0.02}^{0}$ mm	4	超差不得分		
	3	90°±4′	4	超差不得分		
	4	⌯ 0.04 B	4	超差不得分		
	5	ϕ3 mm	3	超差不得分		
	6	$\sqrt{Ra\ 3.2}$	7×1	不合格不得分		
凹件	7	(22.5±0.02) mm	4	超差不得分		
	8	(82.5±0.02) mm	4	超差不得分		
	9	(15±0.02) mm	4	超差不得分		
	10	2×ϕ8H7	2×2	超差不得分		
	11	$\sqrt{Ra\ 1.6}$	2×2	超差不得分		
	12	孔口倒角 C0.5	4×1	超差不得分		
	13	M8	4	不合格不得分		
	14	(50±0.10) mm	2×2	超差不得分		
	15	(10±0.10) mm	2×2	超差不得分		
	16	(45±0.10) mm	4	超差不得分		
	17	$\sqrt{Ra\ 3.2}$	12×0.5	不合格不得分		
配合	18	配合间隙≤0.04 mm	6×2	超差不得分		
	19	换位间隙≤0.04 mm	6×2	超差不得分		
	20	配合后	4	超差不得分		
其他	21	安全文明生产	倒扣	违者酌情扣1~10分		
	22	毛刺、缺陷	倒扣	每处扣1~5分， 严重者每处扣5分		

子课题 5　T 形三件配

根据图样加工 T 形三件配。

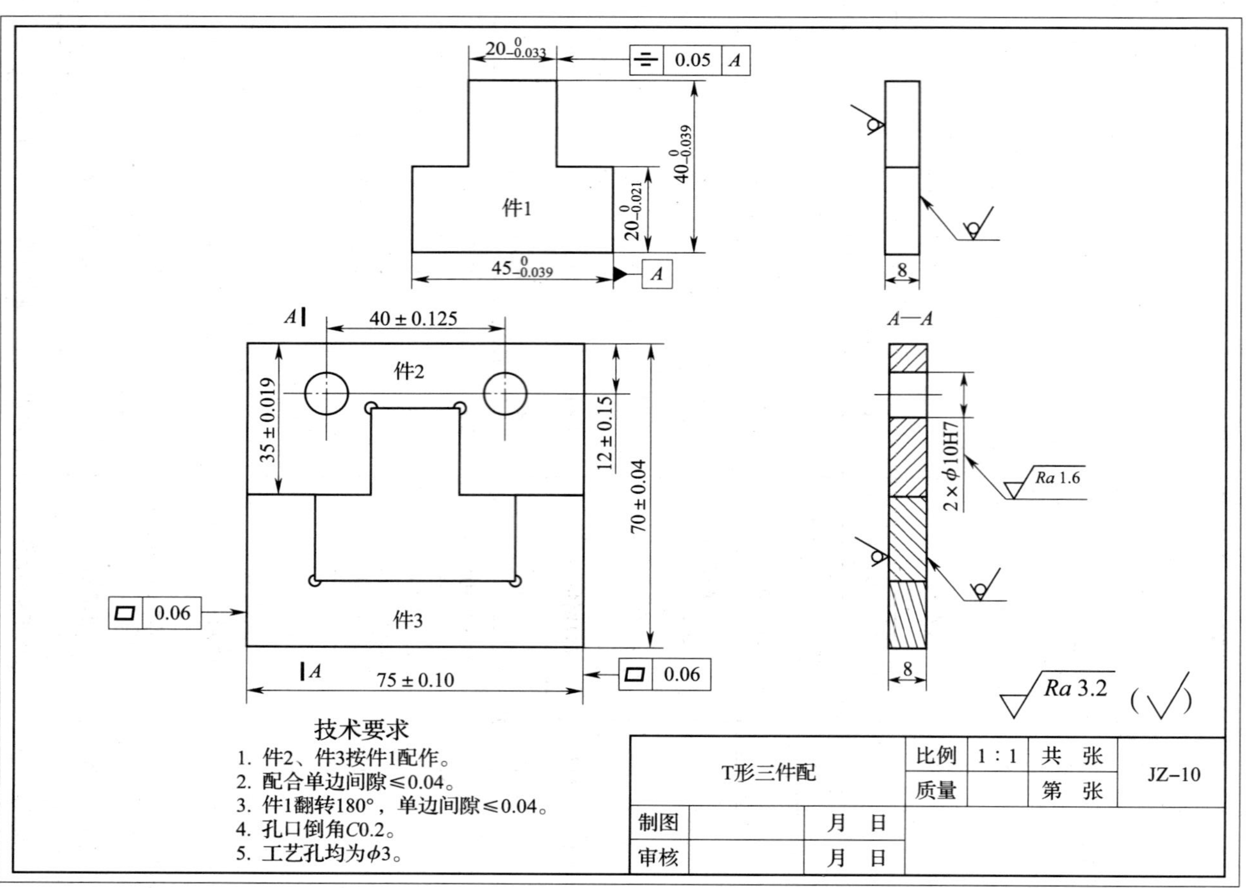

T 形三件配评分标准

编号：　　　　　　　　　　　　　　　　　　　　　　　　得分：

项目	序号	技术要求	配分	评分要求	检测记录	得分
凸件	1	$20_{-0.033}^{0}$ mm	5	超差不得分		
	2	$20_{-0.021}^{0}$ mm	2×4	超差不得分		
	3	$40_{-0.039}^{0}$ mm	5	超差不得分		
	4	$45_{-0.039}^{0}$ mm	5	超差不得分		
	5	⌯ 0.05 A	4	超差不得分		
	6	√Ra 3.2	8×0.5	超差不得分		
凹件	7	(35±0.019) mm	3	超差不得分		
	8	(40±0.125) mm	4	超差不得分		
	9	(12±0.15) mm	2×3	超差不得分		
	10	2×ϕ10H7	2×2	超差不得分		
	11	√Ra 1.6	2×2	不合格不得分		
	12	√Ra 3.2	14×0.5	超差不得分		
配合	13	(70±0.04) mm	5	超差不得分		
	14	▱ 0.06	2×2	超差不得分		
	15	配合间隙 $\delta \leq 0.04$ mm	8×2	超差不得分		
	16	换位间隙 $\delta \leq 0.04$ mm	8×2	不合格不得分		
其他	17	安全文明生产	倒扣	违者酌情扣1~10分		
	18	毛刺、缺陷	倒扣	每处扣1~5分，严重者每处扣5分		

模块二
机械设备安装与调试

课题 1　设备安装

子课题 1　通用设备的定位

1. 了解机床安装基础的制作。
2. 掌握安装基础的检查。
3. 熟悉中型通用设备（车床、铣床、刨床）的工作环境与安装要求。
4. 掌握中型通用设备（车床、铣床、刨床）的定位。

一、金属切削机床安装基础的制作

机床的自重、工件的质量、切削力等，都将通过机床的支撑部件而最后传给基础。所以，基础的质量直接关系到机床的加工精度、运动平稳性，机床的变形、磨损以及机床的使用寿命。因此，机床在安装之前，首要的工作是做好安装的基础。

1. 普通结构基础的制作

普通结构基础如图 2—1—1 所示，它适用于一般中、小型金属切削机床的安装。

2. 防振基础的制作

防振基础的结构如图 2—1—2 所示。它主要用在以下两个方面：一是主要用于高精度机床，以防外界振源对机床加工精度的影响；二是用于在切削过程中会产生振动的机床，以防止其自身的振动对其他机床加工精度造成影响。

二、安装基础的检查

根据对设备安装基础的要求，将设备安装在混凝土地面上或单独的基础上，要求应符合以下规定：

1. 大型机床应安装在单独的基础上或局部加厚的混凝土地面上。
2. 重型机床、精密机床应安装在单独的基础上。

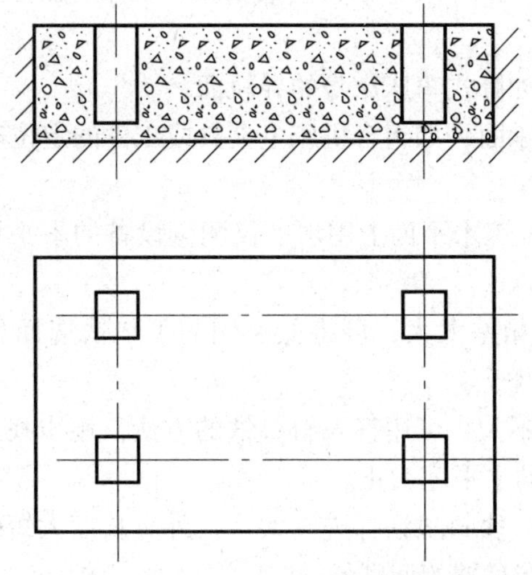

图 2—1—1　普通结构基础

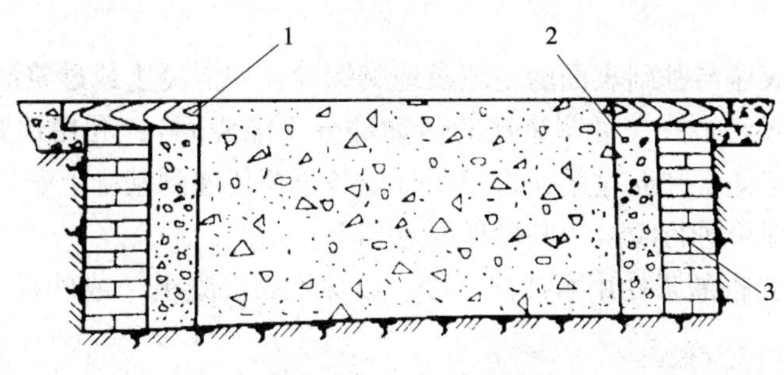

图 2—1—2　防振基础

1—板　2—防振材料　3—隔墙

3. 机床安装在单独的基础上时，基础平面尺寸应比机床底座的轮廓尺寸大一些。基础的深度则决定于车间土壤的性质。

三、中型通用设备（车床、铣床、刨床）的工作环境与安装要求

1. 初平

初平是指设备就位、找正后（不再水平移动）的第一次找平，即初步找平。

初平前的准备工作包括以下几项：

(1) 穿好地脚螺栓，垫上垫圈，套上螺母，放好垫铁。

(2) 垫铁的中心线要垂直于设备底座的边缘，垫铁外露的长度要符合要求。

(3) 垫铁放好后还要检查有无松动，如有松动应换上一块较厚的平垫铁。

(4) 对设备的被测表面进行局部擦洗，以便于放置水平仪。

2. 初平设备的被测基准的选择

主要包括下列一些表面：

(1) 设备底座的上平面，如摇臂钻床底座的工作面。

（2）设备的工作台面，如立式车床、立式钻床、铣床、刨床、插齿机、滚齿机、螺纹磨床的工作台面。

（3）设备的导轨面，如卧式车床床身的导轨面。

（4）夹具或工件的支承面，如组合机床上夹具或工件的定位基准面。

3. 设备初平的要点

初平是根据在设备精加工水平面上用水平仪测量设备的不平情况，通过调整垫铁进行的。其要点如下：

（1）如果设备水平度相差太大，可将低一侧的平垫铁选择一块较厚的；若是可调垫铁，可在垫铁底部加一块钢板。

（2）如果水平度相差不大，可用打入斜垫铁的方法，逐步找平，哪一边低，打哪一边的斜垫铁，直至接近要求的水平度为止。

（3）初平中，如果某一块斜垫铁打进去太多，外露长度太短时，应换掉，其目的是确保斜垫铁在后面的精平时有足够的调整量。

（4）初平中，打垫铁时，一定要提起水平仪，以免振坏。

4. 灌浆

灌浆即将设备底座与基础表面的空隙及地脚螺栓孔用混凝土或砂浆灌满。

灌浆的作用：固定垫铁（可调垫铁的活动部分不能浇固）；利用地脚螺栓使设备、垫铁和基础形成一个整体，并通过垫铁将一部分设备负荷传递到基础上。

设备初平后，即可进行灌浆，其操作要点如下：

（1）灌浆前，要把灌浆处用水冲洗干净，以保证新混凝土（或砂浆）与原混凝土结合牢固。

（2）灌浆一般采用细石混凝土（或水泥砂浆），其标号至少应比基础混凝土标号高一级。一般采用425号、525号水泥，5～15 mm粒径的石子，按1∶2∶3（水泥∶砂子∶石子）的混合比（质量比）拌制；一些重型设备，由于地脚螺栓孔灌浆层的强度要求高，可按1∶2.5∶(0.8～1)的混合比（质量比）拌制。

（3）灌浆时，应放一圈外模板，其边缘距设备底座的边缘一般不小于60 mm；如果设备底座下的整个面积不必全部灌浆，而且灌浆层需要受设备负荷时，还要放内模板，以保证灌浆层的质量。内模板到设备底座外缘的距离应大于100 mm，同时也不能小于底座底边宽。灌浆层的高度，在底座外面应高于底座的地面。灌浆层的上表面应略有坡度（坡度向外），以防油、水流入设备底座。

（4）灌浆工作要连续进行，一次灌完。混凝土或砂浆要分层捣实，并且要在地脚螺栓的周围捣，不要集中在一处捣，否则会使地脚螺栓产生倾斜现象。捣实时，必须保持螺栓垂直，如果倾斜过大，会使其位置发生变化，造成安装困难，甚至无法安装，同时由于地脚螺栓不垂直，会使地脚螺栓能负担的外力减少。

（5）灌浆后，要洒水养护，养护日期一般不少于7天，洒水次数以能保持混凝土具有足够的湿润状态为宜。待混凝土养护到其强度的70%以上时，才允许拧紧地脚螺栓。

5. 精平

精平就是在初平的基础上对设备的水平度作进一步的调整，使之完全达到合适的程度。

通常是在二次灌浆后进行。种类设备不同，其精平的操作要点及注意事项有差异。

（1）卧式车床和卧式镗床的精平。这两种机床结构的特点都具有一个较长的导轨和较短的工作台（或溜板）。其操作要点及注意事项如下：

1）水平仪放置在床身导轨上，在导轨两端（或几个位置上）进行纵横方向安装水平的调整测量。

2）同时还要检验工作台（或溜板）的运动精度。

3）也可将水平仪放在工作台上或溜板上，在床身导轨的不同位置上测量其水平度。

4）在进行上述调整时，应注意工作台（或溜板）移动对主轴回转中心线的平行度要求，也必须符合精度标准的规定。

（2）立式车床的精平。此种机床结构特点是具有圆形的导轨。其操作要点及注意事项如下：

1）在工作台面上跨越工作台中心放置一铸铁平尺，铸铁平尺用等高垫铁支撑（等高垫铁的跨距要不小于工作台半径），在铸铁平尺上放置水平仪分别测量纵向、横向水平度。

2）然后将工作台回转180°，再测量一次。

3）以两次测量结果的代数和的一半作为安装水平度差误。

4）测量时，还应对立柱与工作台的垂直度进行检验与调整。

（3）龙门刨床、龙门铣床、导轨磨床的精平。这几种机床结构的特点是都具有很长的床身导轨。其操作要点及注意事项如下：

1）将水平仪直接放在床身导轨上，在导轨两端（或在几个位置上）检验和调整机床的水平度。

2）也可在床身导轨连接立柱处放置水平仪进行检验和调整。

3）无论使用哪种方法，在调整纵、横向安装水平度的同时，都要相应检验和调整床身导轨的其他精度。

6. 检验和调整

检验和调整的目的在于检查部件装配工艺是否正确，检查安装的设备是否符合设计图样的规定。

凡检查出不符合规定的地方都要进行调整，为试运转创造条件，确保安装的设备达到规定的技术要求和生产能力。

（1）检验设备安装精度的要求

1）温度要求：①普通精度设备进行安装精度检验时没有严格温度要求；②有恒温要求的设备应在恒温建立后才能进行检验；③大型和重型设备应选一天中温差变化较小的时间进行检验；④无论何种设备，检验时都要避免阳光直射、热辐射及空气流动的影响。

2）运动部件的位置与状态。运动部件在设备上所处的位置与状态（夹紧或松开）对检验结果有着明显的影响，必须严格按照精度检验标准进行检验。包括：①运动部件处在不同位置时，其支撑部件将会因载荷位置的变化而产生不同的变形；②运动部件处于夹紧或松开状态时，其本身将会因配合间隙的变化与接触刚度的改变而产生微量的位移；③不同的设备根据不同结构特点和使用条件，对安装精度检验时运动部件所处位置与状态给予了明确的规定。

3）设备拆装与调整。进行设备安装检验时，一般把不影响设备精度的零件、部件进行拆装与调整。包括：①必须拆卸才能进行检验的零部件，应按有关规定拆卸检验；②必须重新调整的零部件，应在调整后重新验收调整影响精度的项目。

（2）检验和调整的内容。通常有四个方面，即转动机构的检验和调整、传动机构的检验和调整、运动变换机构的检验和调整、密封性能的试验。

1）转动机构的检验和调整：①滚动轴承游隙的检验和调整；②滑动轴承的检验和调整。

2）传动机构的检验与调整：①齿轮传动的检验与调整；②联轴器传动的检验与调整。

3）运动变换机构的检验与调整。利用丝杠副、齿轮和齿条、液压传动等机构均能将旋转运动变换为直线运动，实现零件或部件沿导轨移动。包括：①螺旋机构的检验；②液压传动系统的检验和调整。

4）密封性能的试验。

7. 试运转

试运转是设备安装中最后一道工序，是设备安装中很重要、很细致的一项工作。

（1）试运转的准备工作

1）熟悉设备及其附属系统的说明书和技术文件，了解设备的构造和性能，掌握操作程序、操作方法及安全操作规程。

2）运转所需要的各种工具、材料（特别是润滑剂）、安全防护设施和防护用品、水、电、照明、压缩空气等都应确保供应。

3）试运转前的各道工序，如清洗、装配、精平、灌浆等都应全部完工，并检验合格。

4）对于大型和复杂设备要制定试运转方案，包括：①试运转的程序、进行和应达到的技术要求；②需要复查哪些工序和材料的质量等；③操作规程、安全设施和注意事项；④记录表格试样；⑤试运转机构和人员组织；⑥其他有关事项（如环境条件、与其他设备之间的关联等）。

5）试运转前，应根据有关规定对设备及其附属装置等进行全面检查，如发现不良情况可能影响试运转的运行的，都应设法消除。

（2）试运转的步骤。试运转应本着先试辅助系统后试主机、先试单机后联动试运转、先空载试运转后带负荷试运转的原则。其具体步骤为：

1）辅助系统试运转。辅助系统包括机组或单机的润滑系统、水冷及风冷系统。只有在辅助系统运转正常的条件下才允许对主机或机组进行试运转。辅助系统运转时，也必须先空载试运转后带负荷试运转。

2）单机及机组动力设备空载试运转。单机及机组的电动机必须首先单独进行空试。液压传动设备的液压系统的空载试运转，必须先对管路系统试压合格后才能进行空载试运转。

3）单机空载试运转。其目的是初步考察每台设备的设置、制造及安装质量有无问题和隐患，以便及时处理。

其试运转步骤为：清理现场，检查地脚螺栓是否紧固，检查非压力循环润滑的润滑点、油池是否加足了规定牌号的润滑油和润滑脂，电气系统的仪表、过载保护装置及其他保护装置是否灵敏可靠，接着进行人工盘车（即用人力扳动机械的回转部分转动一至数周），当确信无机械卡阻和异常响声后，先瞬时启动一下（点动），如有问题立即停机检查，如果没有问题就可以进行空载试运转。

一般是单机空载试运转2~4 h，大型和复杂的设备空载试运转8 h。单机空载试运行合格后，就可以进行机组或整条作业线的联动空载试运转，其试运转时间为8~24 h。

4）负荷联动试运转。本着逐步加载的原则，应开始进行1/4负荷联动试运转，然后逐步加载到半负荷试运转，再进行全负荷试运转（某些设备还要进行超载实验）。负荷试运转通常要连续运转3~7天。

（3）试运转注意事项

1）在试运转中，首先应当注意的是运转的声音。以齿轮变速箱为例，如果运转正常，发出的声音应当是平稳的呼呼声；如果有毛病，就会发出各种杂音，如齿轮的噪声、敲击声、摩擦声、金属碰击声等。

2）随时注意轴承温度的变化。最大转速时，主轴滚动轴承的温度不得超过70℃，滑动轴承不得超过60℃；在其他部分，如变速箱、进给箱及溜板箱中的轴承温度，不得超过50℃。

3）传动机构的活动是否正常，动作是否合乎要求，自动开关是否灵活。

4）运转中是否有振动现象。

5）试运转时，液体静压支撑的部件（如静压导轨、静压轴承、静压丝杠等），必须先开动液压泵，待部件浮起后，才能将它启动；停止时，必须先停止部件的运动，然后再停止液压泵。

6）注意检查各密封装置的密封性，是否有漏油现象。

7）运转中，如发现不正常的现象，应立即停机，并进行检查和处理。

8）参加试运转的人员，应将身上容易被机器卷入的部分扎紧，对有害于身体健康的操作，还必须穿戴防护用品。

（4）试运转善后工作

1）断开电源和其他动力来源。

2）消除压力和负载（包括放水、放气等）。

3）检查并重新拧紧各紧固部分。

4）装好试运转前预留位安装的以及试运转中拆下的部件和附属装置。

5）清除试运转的各项记录。

6）清理现场。

7）办理设备安装验收手续。

8. 验收

验收即安装工程完毕后，设备使用部门向施工单位进行验收。也就是说，施工单位向使用部门交工后，设备才能投入生产和使用。验收资料主要包括以下几方面：

（1）设备基础设计图及有关技术资料。

（2）按实际情况进行了修改的设计图和技术资料。

（3）修改设计的有关文件。

（4）各安装工序的检验记录，如设备开箱检验记录、设备安装质量评定等级等。

（5）安装灌浆所用的混凝土的配合比和强度试验记录。

（6）主要安装材料和用于重要部位材料的检验记录。

（7）重要焊接工作的焊接试验记录。

（8）隐蔽工程记录。

（9）设备试运转检验记录。

（10）其他有关资料，如仪表校检记录、重大返工工作记录、重大质量问题处理文件、安装工程建议和意见等。

四、中型通用设备（车床、铣床、刨床）的定位

定位就是将设备搬运或吊装到已经确定的基础上。通常有四种搬运或吊装方法：利用桥式起重机吊装定位；利用铲车铲放定位；用人字架定位；采用滑移的方法定位。

无论采用上述哪种定位方法，在设备定位的同时，均应垫上垫铁，将设备底座孔套入预埋的地脚螺栓，或者将供二次灌浆用的地脚螺栓置入预留孔，并穿入底座孔，拧入螺母，防止螺栓落到预留孔底。

子课题 2　通用设备的水平安装

学习目标

1. 掌握机床设备的搬运。
2. 掌握卧式车床的水平安装。
3. 熟悉铣床、刨床的水平安装。

一、机床设备的搬运

用起重设备搬运装箱的机床，应按照包装箱上的起吊标志系钢丝绳起吊和卸放。卸放时不允许使包装箱底面或侧面受到冲击或剧烈震动，也不得过度倾斜。

用起重设备搬运已开箱的机床时，应按照使用说明书的吊运图进行，并利用床鞍保持平衡。在绳索接触部位应垫木块以免损坏表面，如图 2—1—3 所示。

开箱后应首先检查机床的外观有无损伤，并按装箱单清点附件和工具是否齐全。

当利用滚杠移动机床时，滚杠的直径不应超过 70 mm。

二、卧式车床的水平安装

安装及调试的顺序是先装配主要零部件，再试运转和检查。

1. 床身与床脚的安装

（1）去掉床身与床脚结合面的毛刺并倒角，在床身、床脚连接螺钉上放上等高垫圈，同时在结合面间加入 1～2 mm 厚的纸垫，再将各连接螺钉按一定顺序渐近地拧紧。

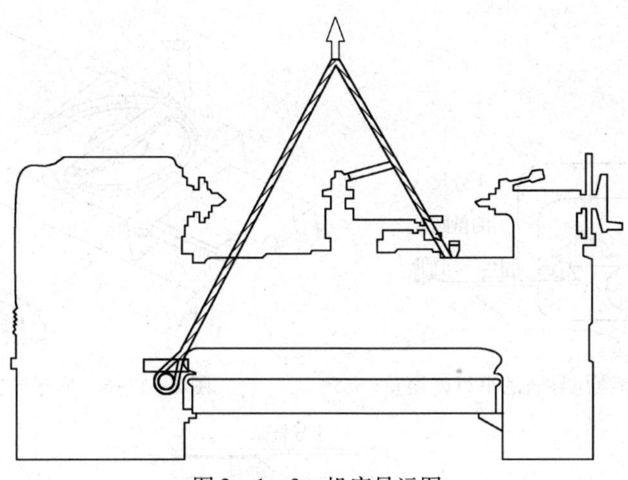

图 2—1—3　机床吊运图

（2）将可调垫铁置于床脚地脚螺钉处附近，再用水平仪调整床身，使其处于自然水平位置，待各垫铁受力均匀且床身放置稳定后，即可开始刮削。

2. 溜板与床身的装配

（1）配刮横向燕尾导轨。以刀架下滑座的表面 2、3 为基准配刮溜板横向燕尾导轨面 5、6，其技术要求为：表面 5、6 对横丝杠 *A* 孔轴线的平行度公差为 0.02 mm/全长；燕尾导轨的平行度公差为 0.02 mm/全长。刮研及测量如图 2—1—4、图 2—1—5 所示。

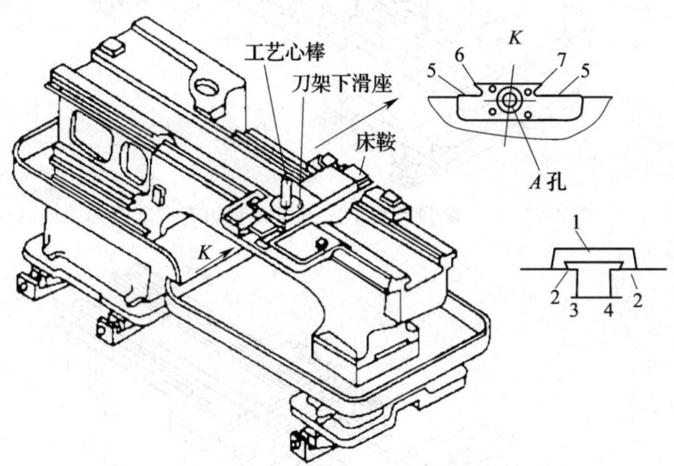

图 2—1—4　刮研溜板上导轨面

（2）配镶条。镶条（见图 2—1—6）按导轨和下滑座配刮，其技术要求为：刀架下滑座在溜板燕尾导轨全长上移动无轻重或松紧不均匀的感觉；确保镶条大端有 10 ~ 15 mm 的调整量；导轨配合面用 0.03 mm 塞尺检查，其插入深度不大于 20 mm。

（3）配刮溜板下导轨面。以床身导轨为基准配刮溜板下导轨面。其技术要求为：接触点为 10 ~ 12 点/（25 mm × 25 mm）；溜板上、下导轨面的垂直度公差为 0.02 mm/300 mm，只许偏向主轴箱；溜板箱安装面与进给箱安装面的垂直度公差为 0.03 mm/100 mm；溜板箱安装面与床身导轨的平行度公差为 0.06 mm/溜板箱安装面全长。刮研检测如图 2—1—7、图 2—1—8、图 2—1—9 所示。

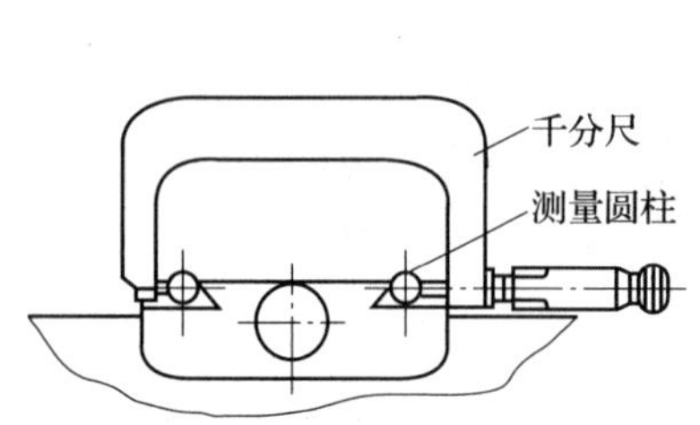

图 2—1—5　测量燕尾导轨的平行度误差

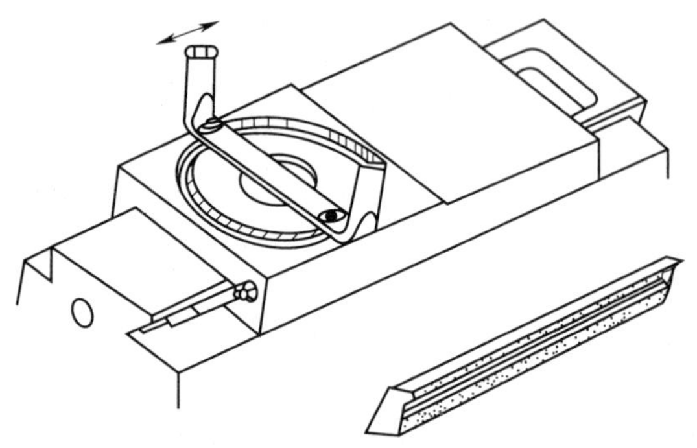

图 2—1—6　燕尾导轨的镶条

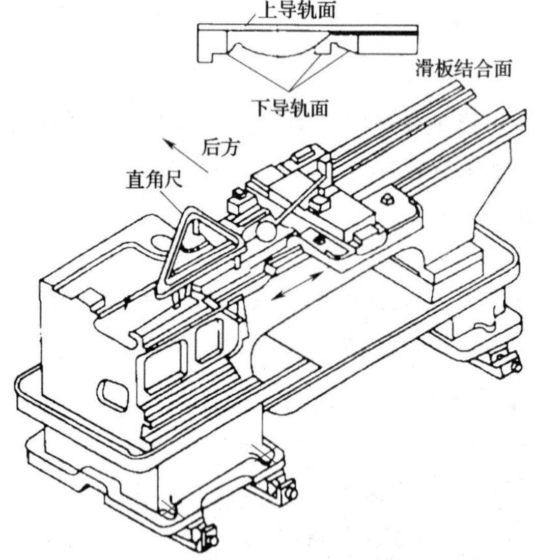

图 2—1—7　测量溜板上、下导轨面的垂直度误差

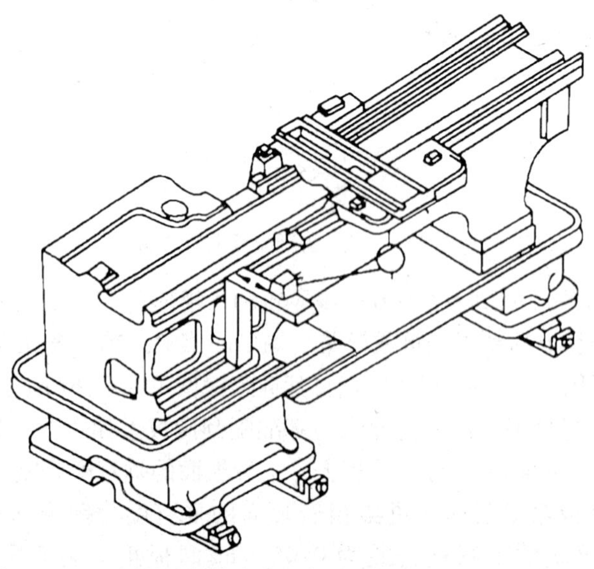

图 2—1—8　测量溜板箱安装面与进给箱安装面的垂直度误差

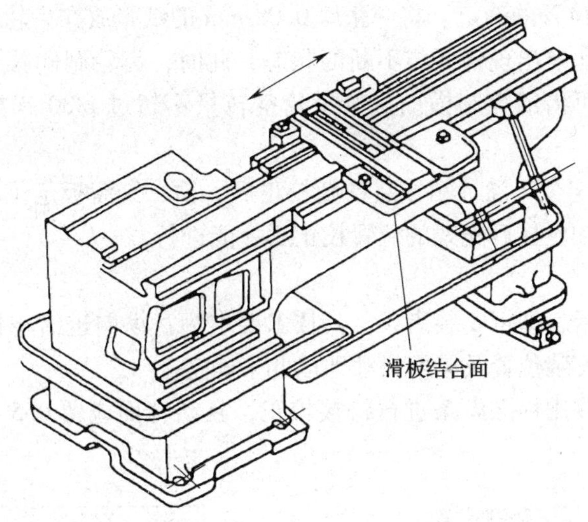

图 2—1—9　测量溜板箱安装面与床身导轨的平行度误差

（4）装配。溜板与床身的装配，主要是刮研床身的下导轨面及配刮溜板两侧压板。其方法是：装上两侧压板并调整到适当的配合间隙，再推研溜板，依据接触情况刮研两侧压板，其技术要求为：接触点为 6 ~ 8 点/（25 mm × 25 mm）；紧固全部螺钉后，用 200 ~ 300 N 的力推动溜板移动，在全长上应无阻滞现象，0. 03 mm 塞尺插入深度不大于 20 mm。床身与溜板的装配如图 2—1—10 所示。

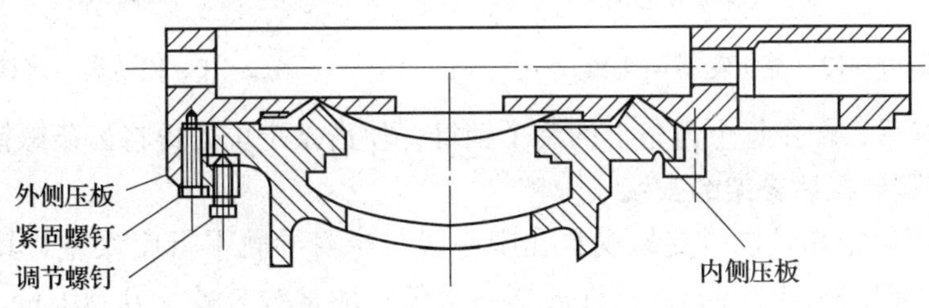

图 2—1—10　床身与溜板的装配

3. 溜板箱的安装

（1）校正开合螺母中心线与床身导轨的平行度误差。将一个检验心轴卡紧在溜板箱的开合螺母体内，再把丝杠中心测量工具紧固在床身的检验桥板上。其技术要求为：心轴上素线与床身的平行度公差为 0. 15 mm。校正检测溜板箱如图 2—1—11 所示。

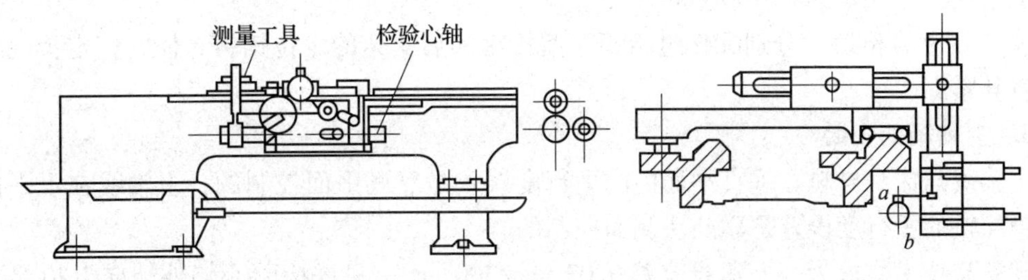

图 2—1—11　校正检测溜板箱

（2）溜板箱左右位置的确定。将一张厚 0.08 mm 的纸张放在齿轮啮合处，再右移溜板箱，转动齿轮使纸的印痕出现将断与不断的状态，此时，齿轮副侧隙正常，溜板箱左右位置已确定。另外，也可借助控制横向进给手轮空转量不超过 r/30 来检测间隙，具体如图 2—1—12 所示。

（3）溜板箱最后定位。溜板箱预装精度校正后，钻、铰溜板定位小孔，配作锥销。最后定位，应在进给箱和丝杠后支架的位置校正后才能进行。

4. 齿条的安装

溜板箱位置校正后，即可安装齿条。其技术要求为：纵向进给小齿轮与齿条的啮合间隙为 0.08 mm，齿条安装位置及厚度尺寸即以此来确定。

几根齿条拼接应该用标准齿条进行跨接校正，且结合面应留 0.5 mm 左右的间隙，如图 2—1—13 所示。

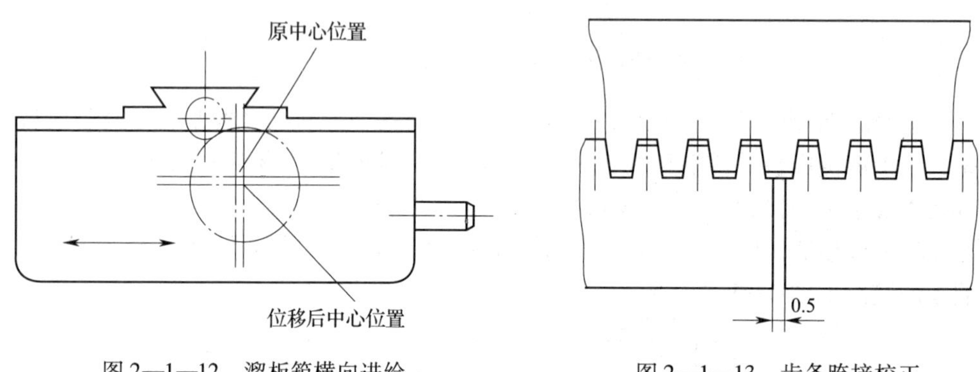

图 2—1—12　溜板箱横向进给　　图 2—1—13　齿条跨接校正

齿条调整好后，配作每个齿条上的两个销钉，使齿条定位，再将齿条螺钉紧固。

5. 进给箱和丝杠后支架的安装

（1）调整进给箱和丝杠后支架安装孔中心线与床身导轨平行度误差。其技术要求为：上素线公差为 0.02 mm/100 mm，只许前端向上偏；侧素线公差为 0.001 mm/100 mm，只许向床身方向偏。

若超差，则刮削进给箱和后支架与床身结合面，直至达到要求。

（2）调整进给箱、溜板箱和后支架三者丝杠安装孔的同轴度误差。其方法为：以开合螺母孔中心线为基准，借助抬高或降低进给箱和丝杠后支架支承孔的中心线，实现丝杠三处支承孔同轴。三处被测量的支承点分别为Ⅰ、Ⅱ、Ⅲ，如图 2—1—14 所示。其技术要求为：上素线公差 0.01 mm/100 mm。

（3）调整合格后，分别配作进给箱、溜板箱和后支架的定位销钉，使它们定位，再用螺钉将其紧固。

6. 主轴箱的安装

主轴线与床身导轨在垂直平面内的平行度误差是靠底平面控制的；主轴线在水平面内与床身导轨的平行度误差是靠凸块侧面控制的。

其安装技术要求为：上素线公差 0.03 mm/300 mm，只许检验心轴外端向上抬起（即抬头），若超差，则靠刮削结合面修正；侧素线公差 0.015 mm/300 mm，只许检验心轴偏向

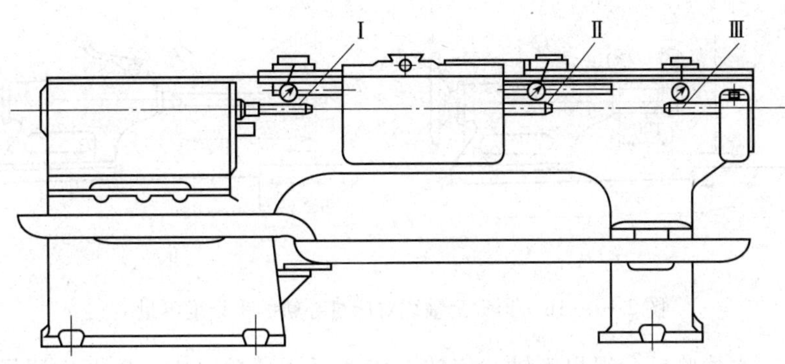

图 2—1—14　丝杠三点同轴度误差测量

操作者方向（即里勾），若超差，则刮削凸块侧面修正。测量时旋转主轴 180°，测量两次取其算数平均值作为测量结果。

具体测量安装如图 2—1—15 所示。

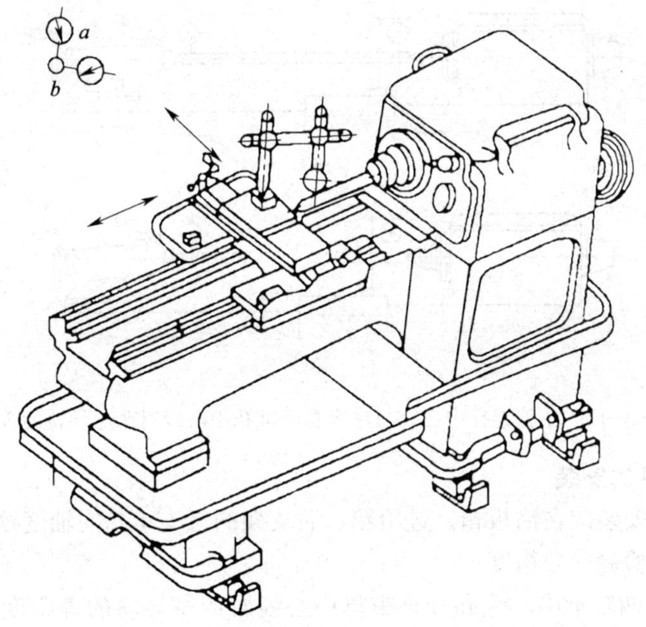

图 2—1—15　主轴轴线与床身导轨平行度误差测量

7. 尾座的安装

（1）调整尾座的安装位置。以床身上尾座导轨为基准，配刮尾座底板至满足要求。将尾座部件装在床身上，依据图 2—1—16 所示测量尾座两项精度：

1）溜板移动对尾座套筒伸出长度的平行度误差。其技术要求为：上素线公差为 0. 01 mm/100 mm，只许“抬头”；侧素线公差为 0. 03 mm/100 mm，只许“里勾”，具体测量方法如图 2—1—16a 所示。

2）溜板移动对尾座套筒锥孔中心线的平行度误差，其技术要求为：上素线公差为 0. 03 mm/300 mm；侧素线公差为 0. 03 mm/300 mm。具体测量方法如图 2—1—16b 所示。

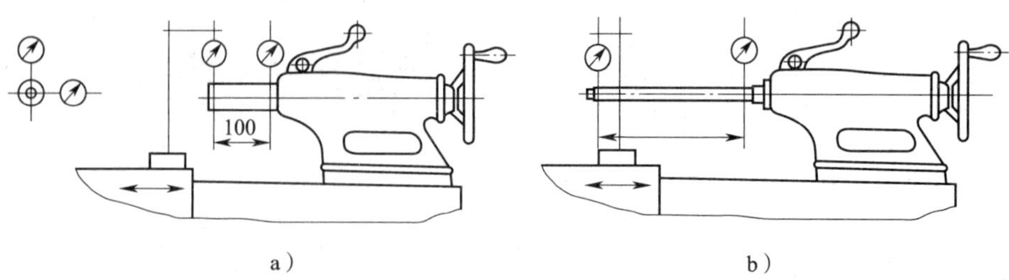

图 2—1—16　顶尖套轴线对床身导轨的平行度测量

测量时，一次检验后，退出心轴、旋转 180°再插入检验一次，取两次测量读数的平均值作为测量结果。

（2）调整主轴锥孔中心线和尾座套筒锥孔中心线对床身导轨的等距度。其技术要求为：上素线公差为 0.06 mm（只许尾座高），若超差靠刮削尾座底板修正。具体测量方法有两种，如图 2—1—17 所示。

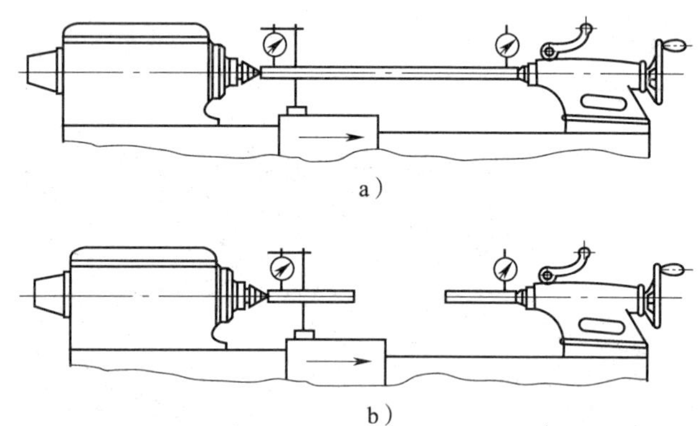

图 2—1—17　主轴锥孔中心线与尾座套筒锥孔中心线对床身导轨的等距度

8. 丝杠、光杠的安装

丝杠、光杠的安装应在溜板箱、进给箱、后支架的三支承孔同轴度校正之后进行。

丝杠装入后应检验两项精度：

（1）测量丝杠两轴承中心线和开合螺母中心线对床身导轨的等距度，其技术要求为：上素线公差为 0. 15 mm；侧素线公差为 0. 15 mm。其具体测量如图 2—1—18 所示。

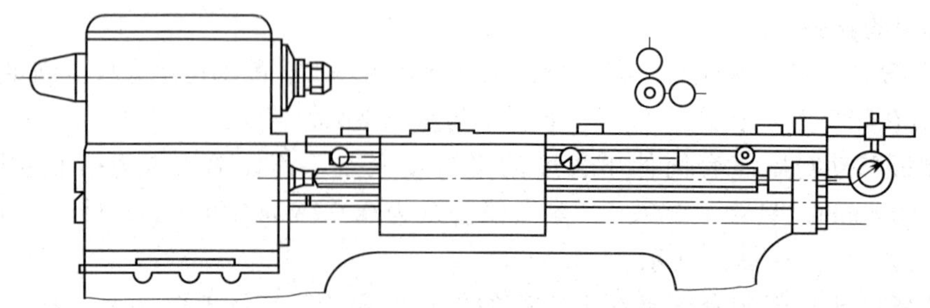

图 2—1—18　丝杠与导轨等距度及轴向窜动的测量

注意：测量时，开合螺母应是闭合状态；溜板箱应处在床身中间。

(2）丝杠的轴向窜动。其技术要求为：轴向窜动最大不应超过0.015 mm。其具体测量如图2—1—18所示。

9. 刀架的安装

其技术要求为：小刀架移动对主轴中心线的平行度公差为0.03 mm/100 mm。若超差靠刮削小刀架滑板与刀架下滑座的结合面修正。其具体测量如图2—1—19所示。

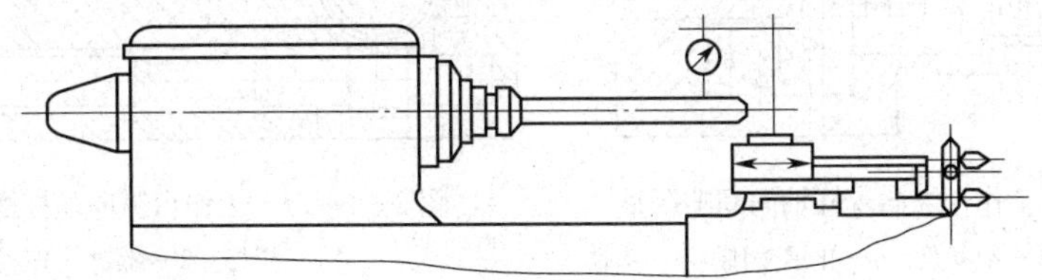

图2—1—19　小刀架移动对主轴中心线的平行度误差测量

三、铣床的水平安装

1. 安装及调试的顺序

主要部件的安装→机床的调整→机床的空运转试验。

2. 安装及调试的步骤及方法

(1）主要部件的安装顺序。床身→主轴→横梁→升降台→工作台。

(2）机床的调整

1）工作台的回转角度的调整。工作台在水平面内可各回转45°。调整时，先用相应尺寸的扳手将前后两个调节螺钉松开，即可转动工作台，其回转角度从刻度盘读出，调整到所需角度后，再将调节螺钉拧紧。

2）工作台纵向丝杠传动间隙的调整。纵向丝杆的空程量公差为刻度盘的1/24圈。若因丝杠螺母的松动致使纵向丝杠反空程量过大，可按如下两方面调整：

①工作台纵向丝杠轴向间隙的调整如图2—1—20所示。拆卸调整顺序：a. 取下手轮→b. 拧下螺母1→c. 拆下刻度盘2→d. 用螺母5进行间隙调整，其松紧程度以垫铁6用手能转动为准。调整完毕后，锁紧螺母3，止退垫圈4，再将拆下的零件即刻度盘2、螺母1、手轮依次装上。

②工作台纵向丝杠转动间隙的调整。拆卸调整顺序：打开盖板3→拧松螺钉2（见图2—1—21）→按图2—1—22中的箭头方向拧动螺杆1，减小传动间隙，直至达到标准为止(1～24圈)。同时用手柄摇动工作台，看看是否有卡住的现象（在全行程范围内)，若正常，即可拧紧螺钉2，装上盖板3。

3）卧式主轴承的调整（见图2—1—23)。拆卸调整顺序：移开悬梁2→拆下盖板6→松开螺钉4→用专用勾扳手勾住锁紧螺母5。锁紧螺母的松紧程度依据使用精度和工作性质而定。调整合适后，拧紧螺钉4。

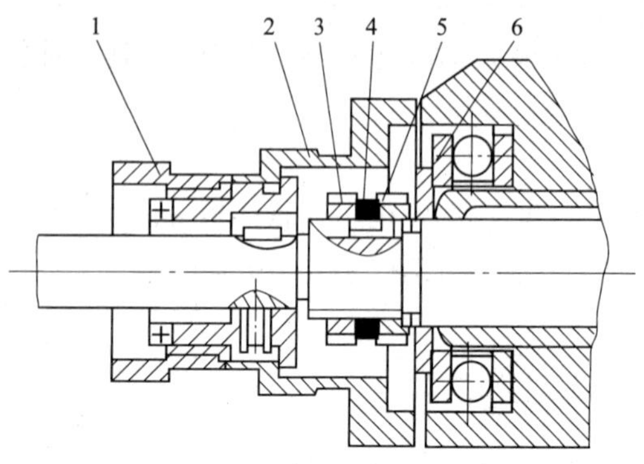

图 2—1—20　工作台纵向丝杠轴向间隙调整

1、3、5—螺母　2—刻度盘　4—止退垫圈　6—垫铁

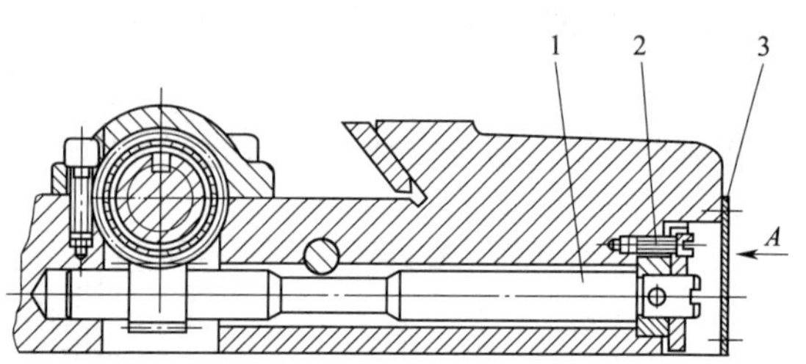

图 2—1—21　工作台纵向丝杠螺母杆装配图

1—螺杆　2—螺钉　3—盖板

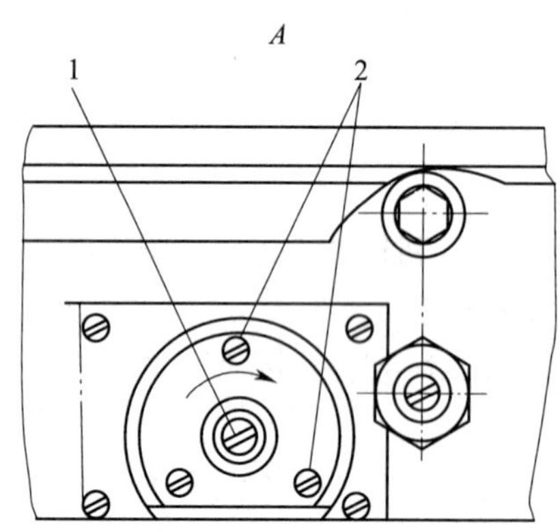

图 2—1—22　螺母杆调整示意图

1—蜗杆　2—螺钉

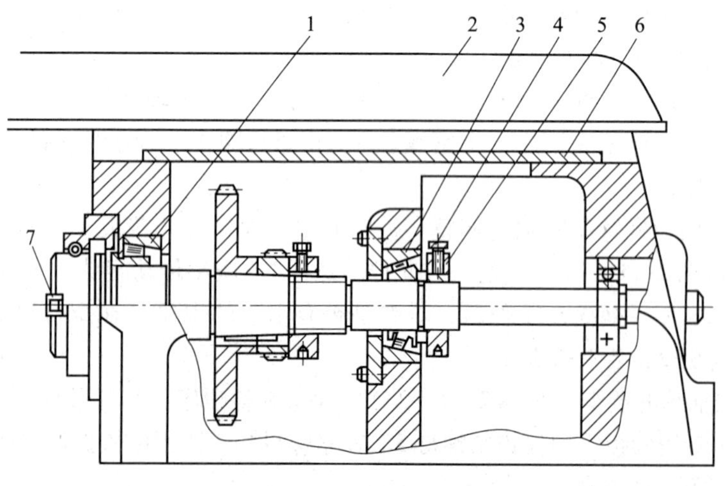

图 2—1—23　卧式主轴装配示意图

1、3—轴承　2—悬梁　4—螺钉　5—螺母　6—盖板　7—拨块

然后进行主轴旋转试验；从最低一级开始，向上逐级运转，每一级运转时间都不得少于2 min，在最高1 500 r/min 运转 1 h 后，主轴前轴承温度不得超过70℃；当室温高于38℃时，主轴前轴承温升不能超过80℃。

4）主轴冲动开关的调整。冲动开关接通时间长短由螺钉1的行程大小决定，如图2—1—24 所示。

调整顺序：断开机床电源→打开按钮箱的盖板（图2—1—24 中未装）→扳动变速手柄3，查看冲动开关2的接触状况→按需要拧动螺钉1→再扳动变速手柄3 查看冲动开关2接头接通的可靠与否→调整合适后，装上按钮箱的盖板。

注意：①冲动开关2和螺钉1的触头相互接通的时间越短，所得到的效果越好；②变速时，手柄从Ⅰ到Ⅱ时应快些，在Ⅱ处停顿一下，再将变速手柄慢慢推回原处，即Ⅲ的位置，如图2—1—24 所示。

5）快速电磁铁的调整。移动速度取决于弹簧3（见图2—1—25）的弹性，与摩擦片间隙无关。摩擦片间隙不小于1.5 mm。

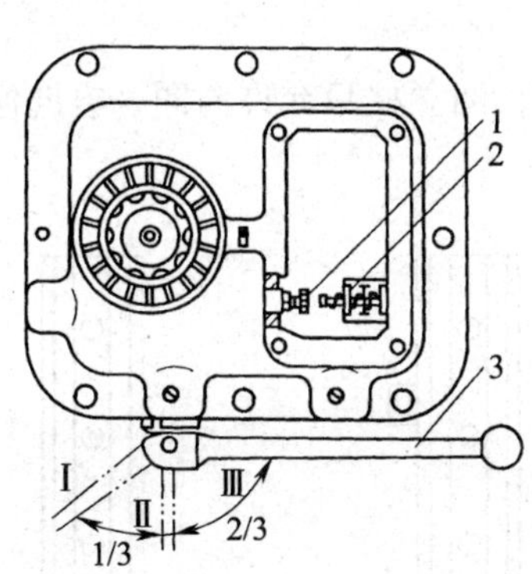

图2—1—24　主轴冲动开关装配示意图

1—螺钉　2—冲动开关　3—变速手柄

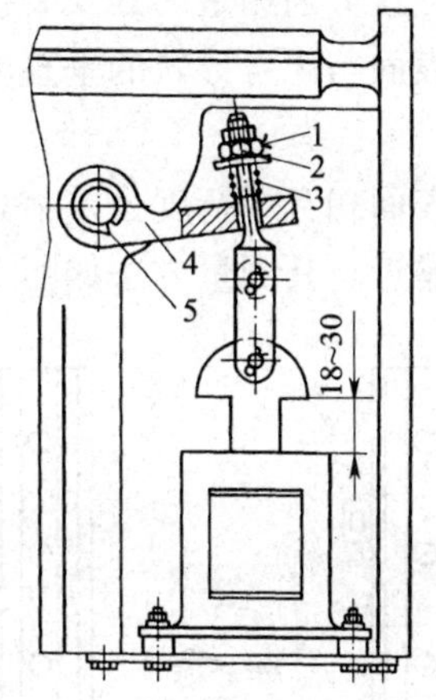

图2—1—25　快速电磁铁装配示意图

1—开口销　2—螺母　3—弹簧
4—杠板　5—弹簧圈

调整顺序：打开升降台右侧盖板→取下螺母2上的开口销1→拧动螺母2，调整电磁铁的行程，直到有正常的快速移动为止→插上并扣好开口销1→装上右侧盖板。

四、刨床的水平安装

1. 安装及调试的顺序

龙门刨床一般都是现场解体安装的，其安装调试顺序如下：床身→立柱和侧刀架→连接梁及龙门顶→横梁部件→工作台→润滑系统→电力设备→试运转。

2. 安装及调试的步骤及方法

（1）床身的安装。按说明书要求摆好调整垫，再将床身安装就位。若床身由几段组成，其安装方法是：先将各段床身一次安放在调整垫铁上，然后将连接螺栓穿入床身连接孔内，并通过调整垫铁使床身结合面的定位销孔正确重合，推入定位销，拧紧连接螺栓，最后以着色法检查定位销与孔的接触情况。

其安装技术要求为：

1）床身导轨在连接立柱的水平度公差为0.04 mm/1 000 mm。

2）床身导轨在垂直平面内的直线度公差为0.2 mm/1 000 mm，0.03～0.26 mm/全长（4～46 m）。

3）床身在导轨水平面内的直线度公差为0.02 mm/1 000 mm，0.03～0.26 mm/全长（4～46 m）。

4）床身导轨的平行度公差为0.02 mm/1 000 mm，0.04～0.14 mm/全长（4～46 m）。

注意：若机床有三根导轨，两侧导轨均应相对中间导轨分别检验。

（2）立柱和侧刀架的安装

1）左、右立柱的安装。先将右立柱安装在车身侧面，并检查其与床身的垂直度差误。以右立柱为基准安装左立柱，并检查其与床身的垂直度误差，其垂直度误差方向应与立柱与床身的垂直度误差方向一致，且两立柱上端间距离应较其下端间距离小。测量时应在上、中、下三个位置分别测量。其安装技术要求为：

①立柱表面与床身导轨的垂直度公差为0.04 mm/1 000 mm，其测量方法如图2—1—26所示。

②立柱表面相互平行度公差为0.04 mm/1 000 mm，两立柱只允许向同一方向倾斜，且只允许上端靠近，其测量方法如图2—1—27所示。

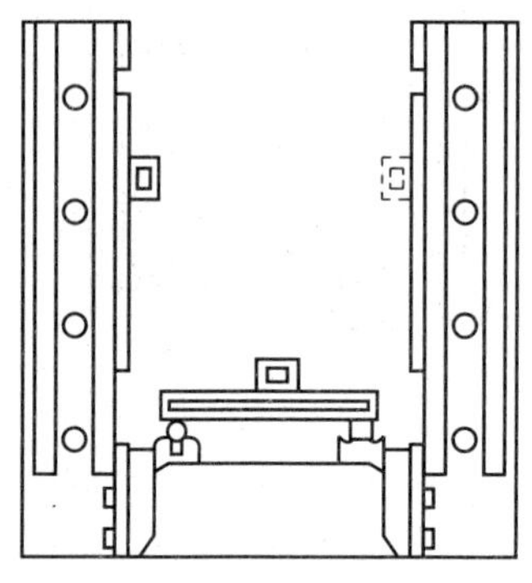

图2—1—26　测量立柱表面与床身导轨的垂直度误差

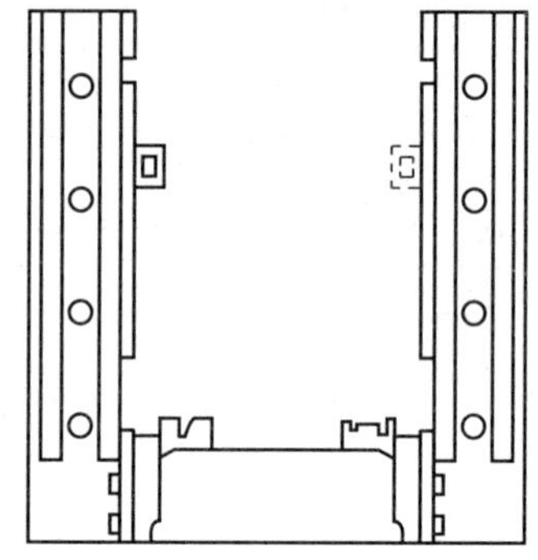

图2—1—27　测量立柱表面相互平行度误差

③两立柱导轨表面相对位移量公差为0.04 mm，塞尺不得插入，其测量方法如图2—1—28所示。

2）侧刀架的安装。安装顺序及主要技术要求如下：检查并清洗钢丝绳、轴承、滑轮及滑轮轴；将平衡垂吊入立柱孔内并加以固定；擦净立柱导轨面，并涂上润滑油，将装有侧刀架和进给箱的侧滑板装在立柱导轨上，同时在其下面放上枕木；塞入镶条上压板并与重锤相连接，装上进给丝杠，同时将丝杠两端的支座紧固到立柱上；调整升降丝杠螺母及两端丝杠支座轴孔的三孔同轴度误差。

测量侧刀架、升降丝杠与立柱导轨的平行度误差的检查方法如图2—1—29所示。

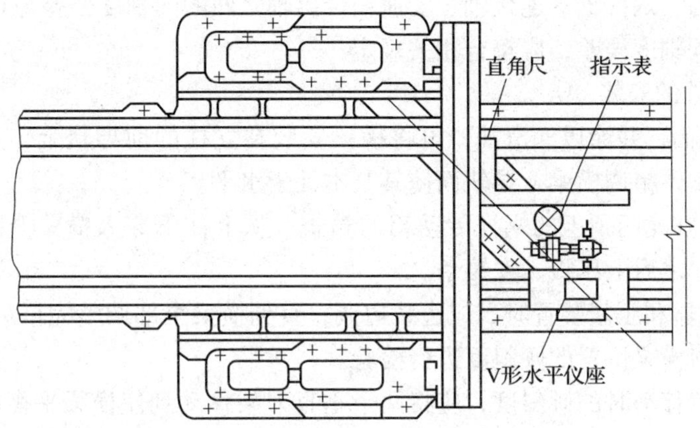

图 2—1—28　测量两立柱导轨表面相对位移

其安装技术要求为：

①检测侧刀架垂直移动时对工作台面的垂直度误差。此项安装精度检查应在工作台安装后进行。届时，应将工作台移到床身中间位置。其垂直度公差为 0. 02 mm/500 mm，其检测方法如图 2—1—30 所示。

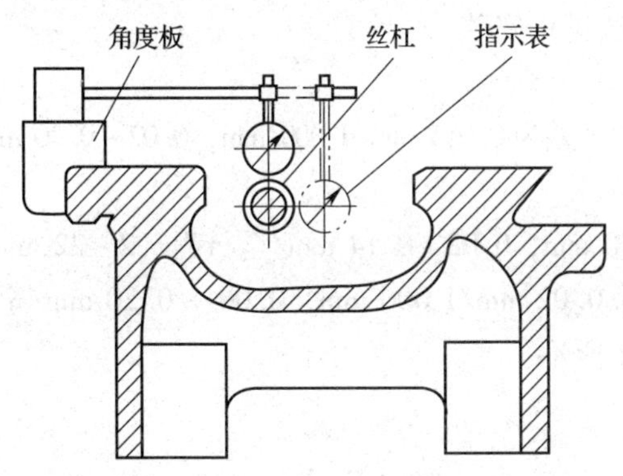

图 2—1—29　测量侧刀架、升降丝杠与立柱导轨的平行度误差

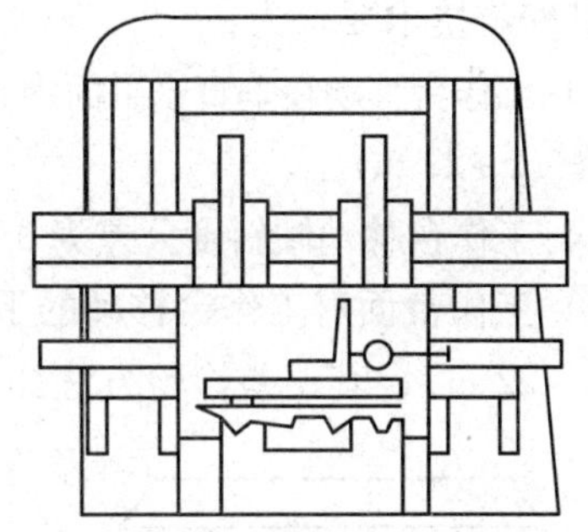

图 2—1—30　检验侧刀架垂直移动时对工作台的垂直度误差

②侧刀架镶条与滑动面的贴合程度为 0. 03 mm 的塞尺不得插入 25 mm。

（3）连接梁及龙门顶的安装

1）先将升降电动机及蜗轮箱等构件预装在龙门顶内。

2）依据横梁丝杠的实际位置，将龙门顶预装于立柱顶上，锥销定位，螺钉固定。

3）用螺钉将立柱与连接梁、龙门顶全部紧固好，此时，立柱仍然保持原安装的自由状态，即合格后的立柱导轨的安装精度不受影响。

其安装技术要求：连接梁与立柱结合面密合程度公差为 0. 03 mm 的塞尺不得插入，超差时刮研修正；龙门顶与立柱结合面密合程度公差为 0. 03 mm 的塞尺不得插入。

（4）主动传动装置的安装。传动轴穿过立柱借助齿轮接合器连接于蜗杆轴上，再将第二个齿轮接合器的传动轴接到主传动减速器上。装在同一平台上的主传动减速器和电动机组装的正确位置是靠底板下的螺栓调整垫铁来实现的。

其安装要求为：蜗杆轴、连接轴、变速箱传出轴之间的同轴度公差为0.2 mm；轴上两内齿型联轴器的同轴度误差，应符合相关规定。

（5）横梁部件的安装

1）擦净导轨面，并涂以润滑油，再将横梁安装在立柱的前导轨上，并在其下部顶上千斤顶或垫上枕木，粗调横梁上导轨面使其基本处于水平。

2）拆下安装在龙门顶上的蜗杆传动箱的箱盖，从上往下穿入横梁升降丝杠，并将其旋入横梁螺母中，之后上压板、安镶条。

3）装配减速器和压紧装置时，应边装边调，直到横梁全部调整完毕后，再拧紧螺母，盖上减速器，并对横梁位置的倾斜度进行检验。

检验横梁位置移动时的倾斜度，应将两个垂直刀架移动到使横梁平衡的位置，即与两立柱中心线等距。其检验方法如图2—1—31所示。

其安装技术要求：倾斜度公差，不大于2 m行程时为0.03 mm/1 000 mm；2 ~3 m（含3 m）行程时为0.04 mm/1 000 mm；3 ~4 m（含4 m）行程时为0.05 mm/1 000 mm。

（6）工作台的安装。擦净床身导轨，并涂以润滑油，再将工作台导轨扣合在床身导轨上，同时工作台的齿条应搭在蜗杆上。

注意：在把工作台安装到床身前，应先将通往导轨油孔的油塞取出，对主要传动的润滑情况进行检查，试验良好后，方可按上述方法进行安装。

其安装技术要求为：

1）工作台移动在垂直水平面内和水平面内的公差为0.015 mm/1 000 mm，0.02 ~0.20 mm/全行程（2 ~22 m）。

2）工作台移动倾斜度公差为0.02 mm/1 000 mm，0.02 ~0.14 mm/全行程（2 ~22 m）。

3）工作台面对工作台移动的平行度公差为0.02 mm/1 000 mm，0.06 ~0.20 mm/全行程（6 ~22 m），其误差检验方法如图2—1—32所示。

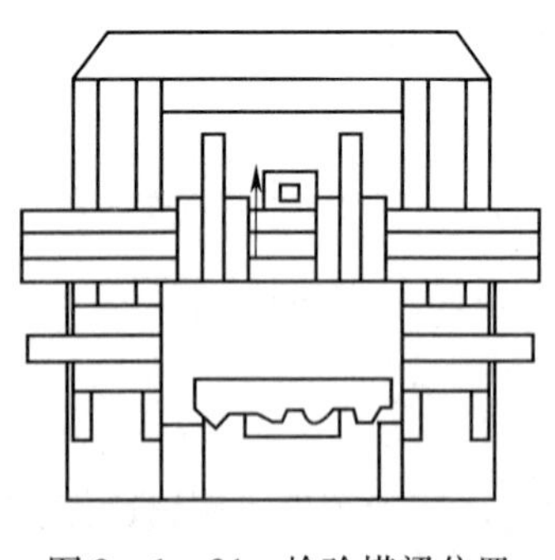

图2—1—31　检验横梁位置

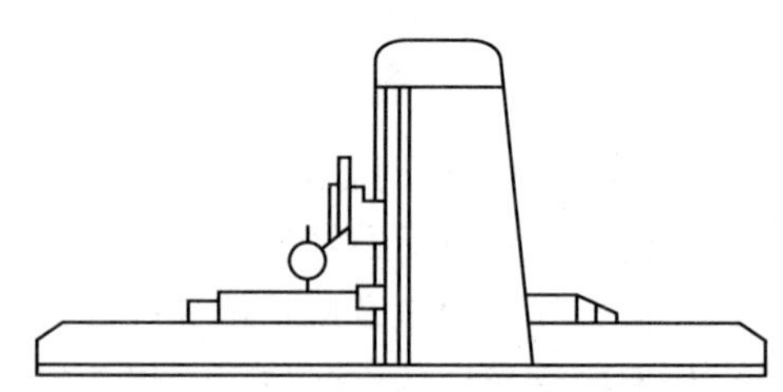

图2—1—32　检验工作台面对工作台移动的平行度误差

4）垂直刀架水平移动对工作台面的平行度公差为0.025 mm/1 000 mm，0.025 ~0.06 mm/全行程（1 ~5 m），如图2—1—33所示。

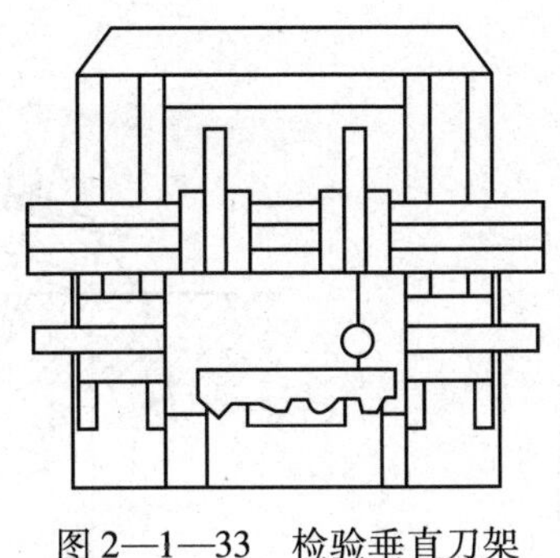

图 2—1—33 检验垂直刀架

课题 2 设备调试

子课题 1 常用检测量仪的结构及使用

1. 了解框式水平仪和正弦规的结构及用途。
2. 熟悉框式水平仪和正弦规的原理。
3. 掌握框式水平仪和正弦规的使用。

一、框式水平仪

1. 结构及用途

如图 2—2—1 所示，常用的框式水平仪由框架 1 和弧形玻璃管水准泡系统 2、调整机构 3 组成。主体用作测量基面，水准泡系统用作读数，调整机构用作调整水平仪零位。框架的测量面有平面和 V 形槽，V 形槽便于在圆柱形上面测量。弧形玻璃管的表面上有刻线，内装乙醚（或酒精）并留有一个水准泡，水准泡总是停留在玻璃管内的最高处，若水平仪倾斜一个角度，气泡就向左或向右移动，根据移动的距离（格数），直接或通过计算即可知道工件的直线度、平面度或垂直度误差。框式水平仪主要用于检验各种机床及其他类型设备导轨的直线度、平面度和设备安装的水平性、垂直性。

2. 原理

框式水平仪的弧形玻璃管内壁是一个具有一定曲率半径的曲面，当水平仪发生倾斜时，气泡就向水平仪升高的一端移动，水准泡内壁曲率半径越大，分辨率越高，曲率半径越小，分辨率越低，因此水准泡的曲率半径决定了该产品的精度。

如图 2—2—2 所示，精度为 0.02 mm/1 000 mm 的水平仪玻璃管，曲率半径 R = 103 132 mm，当平面内 1 000 mm 长度中倾斜 0.02 mm，则倾斜角 θ 为：

$$\tan\theta = 0.000\ 02$$

$$\theta \approx 4''$$

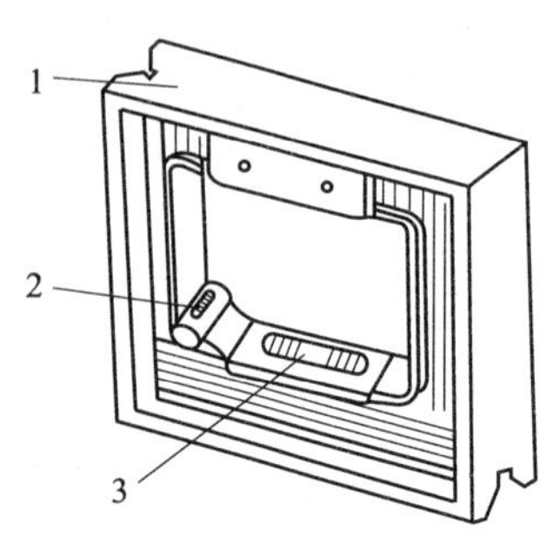

图 2—2—1　框式水平仪结构

1—框架　2—主水准器　3—调整水准

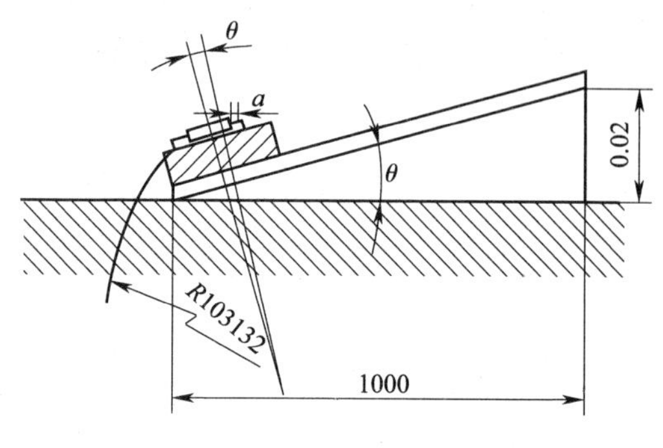

图 2—2—2　水平仪玻璃管

水准泡转过的角度应与平面转过的角度相等，则水准泡移动的距离（1 格）为：

$$a = 2\ \text{mm}$$

3. 读数

测量时使水平仪工作面紧贴被测表面，待气泡静止后方可读数。水平仪的分度值是主水准泡移动一个刻度所产生的倾斜比，以 1 m 为基准长的倾斜高与底边的比表示，如需测量长度为 L 的实际倾斜值，则可通过下式进行计算：

$$\text{实际倾斜值} = \text{标准分度值} \times L \times \text{偏差格数}$$

水平仪的读数方法有直接读数法和平均读数法两种。

（1）直接读数法。以气泡两端的长刻线作为零线。气泡相对零线移动格数作为读数，这种读数方法最常用，如图 2—2—3 所示。

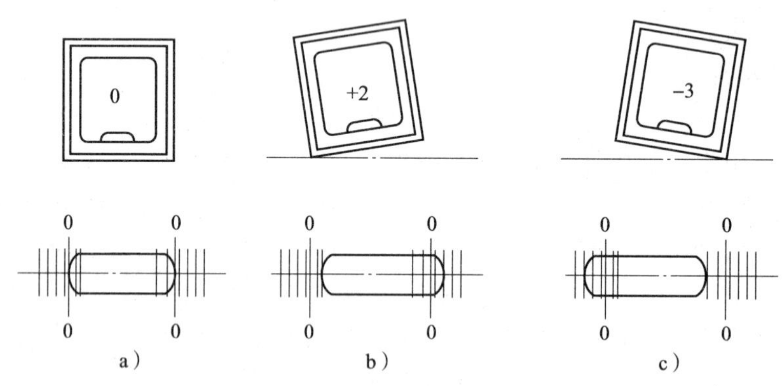

图 2—2—3　水平仪读数方法

图 2—2—3a 表示水平仪处于水平位置，气泡两端处于长线上，读数为“0”。

图 2—2—3b 表示水平仪逆时针方向倾斜，气泡向右移动，图示位置读数为“+2”。

图 2—2—3c 表示水平仪顺时针方向倾斜，气泡向左移动，图示位置读数为“-3”。

举例：标准分度值为 0.02 mm/m，$L = 200$ mm，偏差格数为 2 格，求实际倾斜值。

解：$\text{实际倾斜值} = \dfrac{0.02}{1\ 000} \times 200 \times 2 = 0.008\ \text{mm}$

（2）平均读数法。由于环境温度变化较大，使气泡变长或变短，引起读数误差而影响测量的正确性，可采用平均读数法，以消除读数误差。

4. 调整

为避免由于水平仪零位不准而引起的测量误差，在使用水平仪前必须对水平仪的零位进行检查或调整。水平仪检查和调整的方法：将被检水平仪放在已调至水平的平板（或机床导轨）上，紧靠定位块，待气泡稳定后以气泡的一端读数为 a_1；然后按水平方向调转 180°，准确地放在原位置，按照第一次读数的一边记下气泡另一端的读数为 a_2，两次读数差的一半则为零位误差 = $(a_1 - a_2)/2$ 格，如果零位误差已超过许可范围，则需调整零位机构。

5. 使用注意事项

（1）温度变化会使测量产生误差，检验或使用时必须与热源和风源隔绝，如果使用环境湿度与保存环境湿度不同，则需在使用环境中稳定 3 h 方可使用。

（2）测量时必须待气泡完全静止后方可读数。

（3）水平仪使用完毕，必须将工件表面擦拭干净，涂防锈油，存放在清洁、干燥的环境中。

二、正弦规

1. 结构

正弦规的结构如图 2—2—4 所示，由工作台、圆柱、侧挡板、后挡板等组成。

（1）工作台 1。一般由合金钢机加工后淬火到 50 HRC 左右，再经钳工研磨而成，工作面与其他平面的垂直度、平行度及自身平面度最大误差仅 0.003 ~ 0.005 mm，表面粗糙度为 *Ra*0.08 μm。

（2）圆柱 2。直径相同且其轴线相互平行的两个精密圆柱，其圆柱度误差仅为 0.002 ~ 0.003 mm，表面粗糙度为 *Ra*0.04 μm，两圆柱轴线的平行度误差在 0.003 mm 内，两圆柱与工作台用螺钉固接，不可随意拆卸。

（3）侧挡板 3。紧固在工作台的侧面。

（4）后挡板 4。紧固在工作台的后面。

（5）侧挡板、后挡板及工作台之间的垂直度应保证在 0.02 mm 内。

2. 用途

正弦规是利用三角函数的正弦关系来度量的，故称正弦规或正弦尺、正弦台。正弦规主要用于准确检验零件及量规的角度和锥度。

3. 原理

图 2—2—5 所示是正弦规测量圆锥塞规锥角的示意图。由于正弦规两圆柱直径相等且中心连线与工作台工作面平行。此时，就可应用直角三角形的正弦公式，算出零件的角度。

$$\sin 2\alpha = \frac{H}{L}$$

式中　2α——圆锥的锥角，(°)；

H——量块的高度，mm；

L——正弦规两圆柱的中心距，mm。

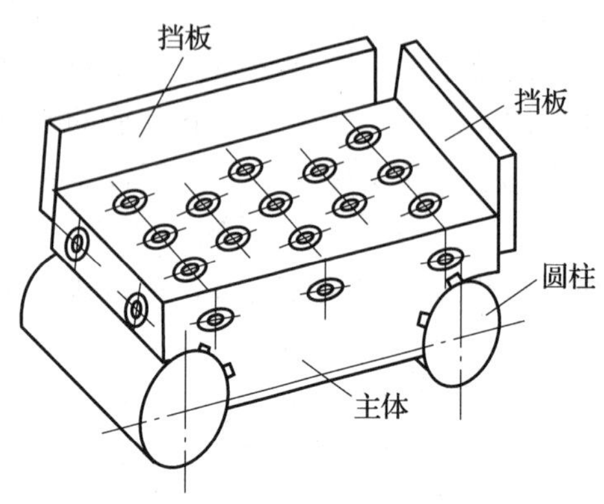

图 2—2—4　正弦规的结构

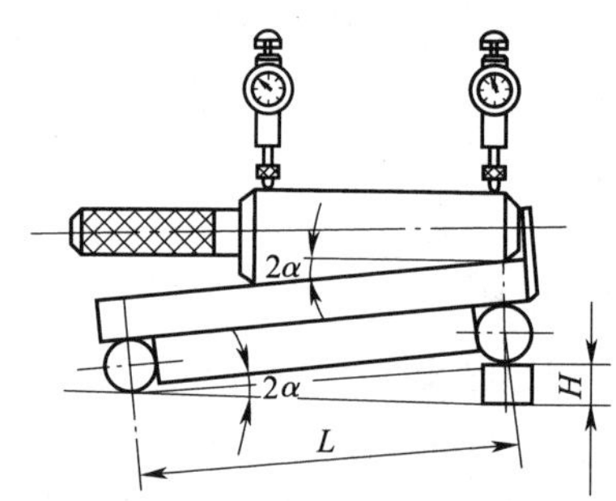

图 2—2—5　正弦规测量圆锥塞规锥角的示意图

4. 使用

应用正弦规测量零件角度时，先把正弦规放在精密平台上，被测零件（如圆锥塞规）放在正弦规的工作平面上，被测零件的定位面平靠在正弦规的挡板上（如圆锥塞规的前端面靠在正弦规的前挡板上）。在正弦规的一个圆柱下面垫入量块，用百分表检查零件全长的高度，调整量块尺寸，使百分表在零件全长上的读数相同。若两高度相等，说明工件的角度或锥度正确；若高度不等，说明工件的角度或锥度有误差。

例：测量圆锥塞规的锥角时，使用的是窄型正弦规，中心距 $L=200$ mm，在一个圆柱下垫入的量块高度 $H=10.06$ mm 时，才使百分表在圆锥塞规的全长上读数相等。此时圆锥塞规的锥角计算如下：

$$\sin 2\alpha=\frac{H}{L}=\frac{10.06}{200}\approx 0.0503$$

查正弦函数表得 $2\alpha\approx 2°53'$。即圆锥塞规的实际锥角约为 $2°53'$。

子课题 2　通用设备安装精度调整

学习目标

1. 熟悉车床安装精度检测项目与要求。
2. 熟悉铣床安装精度检测项目与要求。
3. 熟悉刨床安装精度检测项目与要求。

一、车床安装精度检测项目与要求

车床安装精度检测项目与要求见表 2—2—1。

表 2—2—1　　车床安装精度检测项目与要求

<table>
<tr><td rowspan="2">序号</td><td rowspan="2" colspan="2">检测项目</td><td colspan="2">公差</td></tr>
<tr><td>$D_a \leqslant 800$</td><td>$800 < D_a \leqslant 1\ 250$</td></tr>
<tr><td rowspan="11">1</td><td rowspan="10" colspan="2">导轨在竖直平面内的直线度</td><td colspan="2">$D_c \leqslant 500$</td></tr>
<tr><td>0.01（凸）</td><td>0.015（凸）</td></tr>
<tr><td colspan="2">$500 < D_c \leqslant 1\ 000$</td></tr>
<tr><td>0.02（凸）</td><td>0.025（凸）</td></tr>
<tr><td colspan="2">局部公差在任意测量长度上</td></tr>
<tr><td>0.0 075</td><td>0.01</td></tr>
<tr><td colspan="2">$D_c > 1\ 000$
最大工件长度每增加 1 000 公差增加量</td></tr>
<tr><td>0.01</td><td>0.015</td></tr>
<tr><td colspan="2">局部长度公差在任意 500 测量长度上</td></tr>
<tr><td>0.015</td><td>0.02</td></tr>
<tr><td colspan="2">导轨在竖直平面内的平行度</td><td colspan="2">0.04/1 000</td></tr>
<tr><td rowspan="8">2</td><td rowspan="8" colspan="2">床鞍在水平面内移动的直线度</td><td colspan="2">$D_c \leqslant 500$</td></tr>
<tr><td>0.015</td><td>0.02</td></tr>
<tr><td colspan="2">$500 < D_c \leqslant 1\ 000$</td></tr>
<tr><td>0.02</td><td>0.025</td></tr>
<tr><td colspan="2">$D_c > 1\ 000$
最大工件长度每增加 1 000 公差增加 0.005
最大公差</td></tr>
<tr><td>0.03</td><td>0.05</td></tr>
<tr><td colspan="2">$D_c \leqslant 1\ 500$
a 和 b 0.03　　a 和 b 0.04
局部公差在任意 500 测量长度上为 0.02</td></tr>
<tr><td colspan="2">$D_c > 1\ 500$
a 和 b 0.04
在任意 500 测量长度上为 0.03</td></tr>
<tr><td>3</td><td colspan="2">主轴的轴向窜动</td><td>0.01</td><td>0.015</td></tr>
<tr><td>4</td><td colspan="2">主轴轴肩支承面的圆跳动（包括轴向窜动）</td><td>0.02</td><td>0.02</td></tr>
<tr><td>5</td><td colspan="2">主轴定心轴颈的径向圆跳动</td><td>0.01</td><td>0.015</td></tr>
<tr><td rowspan="2">6</td><td rowspan="2">主轴锥孔轴线径向圆跳动</td><td>靠近主轴端面</td><td>0.01</td><td>0.015</td></tr>
<tr><td>距主轴端面 L 处</td><td>在 300 测量长度上为 0.02</td><td>在 500 测量长度上为 0.05</td></tr>
</table>

续表

序号	检测项目		公差	
			$D_a \leqslant 800$	$800 < D_a \leqslant 1\ 250$
7	主轴轴线对床鞍移动的平行度	在竖直平面内（只允许向上偏）	在 300 测量长度上为 0.02	在 500 测量长度上为 0.04
		在水平平面内（只允许向前偏）	在 300 测量长度上为 0.015	在 500 测量长度上为 0.03
8	顶尖的斜向圆跳动		0.015	0.02
9	尾座套筒轴线对床鞍移动的平行度	在竖直平面内（只允许向上偏）	在 100 测量长度上为 0.015	在 100 测量长度上为 0.02
		在水平平面内（只允许向前偏）	在 100 测量长度上为 0.01	在 100 测量长度上为 0.015
10	尾座锥孔轴线对床鞍移动的平行度	在竖直平面内（只允许向上偏）	在 300 测量长度上为 0.03	在 500 测量长度上为 0.05
		在水平平面内（只允许向前偏）	在 300 测量长度上为 0.03	在 500 测量长度上为 0.05
11	主轴和尾座两顶尖的等高度（只许尾座高）		0.04	0.06
12	小滑板移动对主轴轴线的平行度		在 300 测量长度上为 0.04	
13	中滑板横向移动对主轴轴线的垂直度		0.02/300 （偏差方向 $\alpha \geqslant 90°$）	
14	丝杠的轴向窜动		0.015	0.02
序号	检测项目		公差	
			$D_c \leqslant 2\ 000$	$D_c \geqslant 2\ 000$
15	由丝杠所产生的螺距累积误差		1. 在任意 300 测量长度内为 0.04 2. 在任意 60 测量长度内为 0.015	1. 最大工件长度每增加 1 000，公差增加 0.005，最大公差为 0.05 2. 在任意 60 测量长度内为 0.015

注：1. D_a 表示最大工件回转直径。

2. D_c 表示最大工件长度。

3. 在导轨两端 $D_c/4$ 测量长度上局部公差可以加倍。

二、铣床安装精度检测项目与要求

1. 检验主轴精度（见表2—2—2）

表2—2—2　　主轴精度检验项目与公差要求

序号	检测项目	公差	
1	主轴的轴向窜动	0.01 mm	
2	主轴轴肩支承面的圆跳动	0.02 mm	
3	主轴锥孔中心线径向圆跳动	主轴端部 a 处为0.01 mm	距离 a 处 300 mm 的 b 处为 0.02 mm
4	主轴定心轴颈的径向圆跳动	0.01 mm	
5	悬梁导轨对主轴回转中心线的平行度（卧式铣床）	a 处在 300 mm 长度内为 0.02 mm	b 处在300 mm长度内为0.02 mm
6	刀杆支架孔对主轴回转中心线的同轴度（卧式铣床）	a 处为0.03 mm	b 处为0.03 mm
7	主轴回转中心线对工作台面的平行度（卧式铣床）	0.025 mm	
8	主轴回转中心线对工作台横向移动的平行度（卧式铣床）	a 处在 300 mm 长度内为 0.025 mm	b 处在 300 mm 长度内为 0.025 mm
9	主轴回转中心线对工作台中央基准T形槽的垂直度	在300 mm长度内公差为0.02 mm	
10	主轴回转中心线对工作台面的垂直度（立式铣床）	a 向和 b 向在300 mm长度内公差均为0.03 mm（工作台外侧只许向上偏）	
11	主轴套筒移动对工作台面的垂直度（立式铣床）	在套筒移动的全部行程上，a 向和 b 向公差均为0.015 mm	

2. 检验工作台面的精度（见表2—2—3）

表2—2—3　　工作台面的检测项目和公差要求

序号	检测项目	公差
1	工作台面的平行度	在1 000 mm长度内公差为0.04 mm
2	工作台纵向移动对工作台面的平行度	在任意300 mm测量长度上公差为0.025 mm，最大公差值为0.050 mm
3	工作台横向移动对工作台面的平行度	在工作台全部行程小于或等于测量长度上公差为0.015 mm，最大公差值为0.04 mm
4	工作台中央T形槽侧面对工作台纵向移动的平行度	在任意300 mm测量长度上公差为0.015 mm，最大公差值为0.04 mm
5	升降台移动对工作台面的垂直度	在300 mm测量长度上，a 向为0.02 mm；b 向为0.03 mm（只许直角尺上端向床身偏）
6	工作台纵向和横向移动的垂直度	在任意300 mm测量长度上公差为0.02 mm

三、刨床安装精度检测项目与要求

刨床安装精度检测项目与公差要求见表 2—2—4。

表 2—2—4　　刨床安装精度检测项目与公差要求

<table>
<tr><th>序号</th><th>检测项目</th><th colspan="3">公差</th></tr>
<tr><td>1</td><td>机床调平</td><td colspan="3">在纵向平面及横向平面内为 0.04 mm/1 000 mm</td></tr>
<tr><td>2</td><td>工作台上平面的平面度</td><td colspan="3">在公差为 0.018 mm</td></tr>
<tr><td>3</td><td>工作台侧平面对工作台上平面的垂直度</td><td colspan="3">0.08 mm/1 000 mm</td></tr>
<tr><td>4</td><td>横梁和工作台移动的直线度</td><td colspan="3">在纵向平面及横向平面内为 0.06 mm/1 000 mm</td></tr>
<tr><td>5</td><td>工作台移动方向相对工作台上平面的平行度</td><td colspan="3">在纵向平面及横向平面内的任意 300 mm 测量长度上为 0.02 mm</td></tr>
<tr><td rowspan="7">6</td><td rowspan="7">滑枕移动对工作台上平面的平行度</td><td colspan="2">检验范围</td><td>公差</td></tr>
<tr><td rowspan="4">最大刨削长度</td><td rowspan="2">≤630 mm</td><td>在任意 300 mm 测量长度上为 0.02 mm</td></tr>
<tr><td>在全长上为 0.035 mm</td></tr>
<tr><td rowspan="2">>630 mm</td><td>在任意 500 mm 测量长度上为 0.03 mm</td></tr>
<tr><td>在全长上为 0.05 mm</td></tr>
<tr><td colspan="3">工作台前端只许向上</td></tr>
<tr></tr>
<tr><td>7</td><td>滑枕移动对工作台侧平面的平行度</td><td colspan="3">在任意 300 mm 测量长度上为 0.03 mm</td></tr>
<tr><td>8</td><td>横梁移动对工作台侧平面的平行度</td><td colspan="3">在任意 300 mm 测量长度上为 0.03 mm</td></tr>
<tr><td>9</td><td>滑枕移动对工作台上平面中央 T 形槽的平行度</td><td colspan="3">在任意 300 mm 测量长度上为 0.03 mm</td></tr>
</table>

子课题 3　通用设备的调试

学习目标

1. 熟悉车床的调试安全规程及调试。
2. 熟悉铣床的调试安全规程及调试。
3. 熟悉刨床的调试安全规程及调试。

一、车床的调试安全规程及调试

1. 车床的调试安全规程

（1）操作者必须熟悉本机的性能、结构、传动系统。

（2）调试前应检查各部手柄是否在规定的空位上。

（3）按机床润滑图表要求加油，检查油标，查看油路是否通畅，确保润滑系统清洁。

（4）装卸重零部件（如花盘、卡盘）、工件、夹具时，必须在床面上垫好木板。

（5）装卡工件要牢固可靠。

（6）调试工作完毕时，应将溜板箱及尾座移到床身尾端，各部手柄应放在非工作位置上。

（7）机床上各种零部件及防护装置不得随意拆除。

（8）调试时，机床发生异常现象或故障时，应立即停机排除，或通知维修人员处理。

2. 车床的调试

车床的调试主要包括检查和试运转。

（1）静态检查

1）用手转动各转动件，应运转灵活。

2）各操作手柄都应操纵灵活，定位准确、安全可靠。手轮或手柄转动力不应超过 80 N（拉力器测量）。

3）移动机构反向空行程量：直接转动的丝杠、间接转动的丝杠分别不能超过 1/30 转、1/20 转。

4）溜板、刀架等滑动导轨移动时，应轻松平稳。

5）顶尖套进出往复移动时，应灵活无阻滞。

6）开合螺母开合准确自如，无阻滞或过松的感觉。

7）安全离合器应灵活可靠，超负荷时，能及时切断运动。

8）交换齿轮的侧隙适中，紧固装置可靠。

9）各润滑加油孔的标记明显，清洁畅通；油线清洁，插入深度、松紧适当。

10）电气设备启动、停止安全可靠。

（2）空运转试验。主轴从最低转速依次提高到最高转速，各级转速的运转时间应不少于 5 min，最高转速运转时间不少于 30 min；进给机构也应进行低、中、高进给量的空运转；同时要检查液压泵输油状态。

空运转的要求是：

1）在所有的转速下，各个机构应运转正常，无明显振动；各操纵机构应轻松、平稳、可靠。

2）润滑系统工作正常，无泄漏。

3）安全防护、保险装置安全可靠。

4）主轴轴承达到热平衡状态，即稳定温度时，滑动轴承温度和温升分别不得超过 60℃、30℃；滚动轴承温度和温升分别不得超过 70℃、40℃。

（3）负荷试验。负荷试验的条件是：空运转试验合格后，将其调至最高转速的 1/2 或高于 1/2 的相邻一级转速下继续运转，等达到稳定温度时，负荷试验即可进行。

1）全负荷强度试验。

试件：100 mm × 250 mm，中碳钢。

刀具：硬质合金 45°标准右偏刀。

方法：强力切削外圆（一端用卡盘夹紧，另一端用顶尖顶住）。

试验要求：各机构工作正常，动作平稳；无振动和噪声；主轴转速比其空转时不得降低5%以上；各手柄不能有抖动和自动换位现象。

2）精车外圆试验。

试件：80 mm×250 mm，中碳钢。

刀具：高速钢车刀。

切削用量：$n=397$ r/min，$a_p=0.15$ mm，$f=0.1$ mm/r。

方法：精车外圆表面（不用尾座顶尖）。

试验要求：圆度公差为0.01 mm；圆柱度公差为0.01 mm/100 mm；表面粗糙度值不大于$Ra3.2$ μm。

3）精车端面试验。此试验应在精车外圆合格后进行。

试件：250 m圆盘，铸铁。

刀具：硬质合金45°右偏刀。

切削用量：$n=230$ r/min，$a_p=0.2$ mm，$f=0.15$ mm/r。

方法：精车端面（用夹盘夹持）。

试验要求：平面度公差为0.02 mm（只许凹）。

4）切槽试验。

试件：80 mm×150 mm，中碳钢。

刀具：硬质合金切刀，其前角$\gamma_o=8°\sim10°$，后角$\alpha_o=5°\sim6°$，宽度为5 mm。

切削用量：$v_c=40\sim70$ m/min，$f=0.1\sim0.2$ mm/r。

方法：两端用顶尖顶着车螺纹。

试验要求：螺距累计误差值应小于0.025 mm/100 mm；表面粗糙度值不大于$Ra3.2$ μm；无振动波纹。

5）精车螺纹实验。

试件：ϕ40 mm×500 mm，中碳钢。

刀具：高速钢60°标准螺纹车刀。

切削用量：$n=19$ r/min，$a_p=0.02$ mm，$f=6$ mm/r。

方法：两端用顶尖顶着车螺纹。

试验要求：螺距累积误差应小于0.025 mm/100 min；表面粗糙度值不大于$Ra3.2$ μm；无振动波纹。

二、铣床的调试安全规程及调试

1. 铣床的调试安全规程

（1）操作者必须熟悉本机床的性能、结构、传动系统。

（2）调试前应检查各部手柄是否在规定的位置上。

（3）按润滑图表要求加油，检查油标、油量是否正常，油路是否通畅，保持润滑系统清洁。

（4）安放分度头、虎钳或较重夹具时，应轻拿轻放。

（5）所用刀杆应清洁，夹紧垫圈端面要平行并与轴线垂直。

（6）工件、铣刀夹紧必须牢固。

（7）工作台移动之前，应先松开固定螺钉；工作台不移动时，应拧紧固定螺钉。

（8）快速行程应将手柄位置对准。

（9）操作者离开机床、变换速度、更换刀具、测量尺寸等，必须停车。

（10）机床发生故障或不正常现象时，应立即停机排除。

（11）机床上的零部件、安全防护装置不得随意拆除。

（12）调试完毕应将工作台移至中间位置，各手柄放在非工作部分，切断电源。

2．铣床的调试

（1）主轴从最低转速开始，然后逐级加快至最高转速，运转时间每一级都不得少于2 min。其中最高转速应不少于30 min，主轴轴承达到稳定温度时不能超过60℃。

（2）启动进给箱电动机，从纵向、横向及升降三个方向的进给进行逐级运转试验，每一级进给量的试运转时间应不少于2 min。其中在最高进给量运转至稳定温度时，各轴承温度不应超过50℃。

（3）在所有转速的试验中，机床各工作机构都应是平稳正常，无冲击振动及周期性的噪声。

（4）在试运行时各润滑点所得到的润滑油应是连续不间断的，且数量充足，各轴承盖、管接头及操纵手柄轴端都不应有泄漏现象。

（5）在试运转期间，电气设备的工作状况，如电动机启动、停止、反向，制动机调整的平稳性，磁力启动器和热继电器及终点开关工作的可靠性能等，均应正常无误。

三、刨床的调试安全规程及调试

1．刨床的调试安全规程

（1）操作者应熟悉本机床的性能、结构、传动系统。

（2）调试前应检查各部手柄是否在规定的位置上，按钮开关、限位装置是否完整、灵敏。

（3）按润滑图表规定加油，检查各部润滑情况，盖好油池、油孔盖子，保持润滑系统清洁。

（4）开机时应把牛头定位螺钉紧固，工作行程不能超过规定范围。

（5）装夹工件必须牢固。

（6）工作台升降时要松开支架的固定螺钉，工作时应将其拧紧。

（7）自动走刀时，应注意丝杠的最大行程。

（8）调试前及调试中，应注意工件、夹具的位置与刀架或刨刀的高度。

（9）严禁在机床开动中进行对刀及调整行程。

（10）装卸工件、更换刀具、变速、测量尺寸及离开机床时，都必须停车。

（11）若发现工件松动或机床其他故障时，应立即停机排除。

（12）调试完毕应将工作台移至中间位置，各手柄应放在非工作部位，切断电源。

2. 刨床的调试

（1）机床空运转试验

1）空运转前的准备：擦净裸露在外面的各导轨面，并涂以润滑油；各滑动导轨面端部用0.03 mm的塞尺插入，其插入深度应小于20 mm；各固定结合面用0.03 mm的塞尺插试，不得插入；检查各润滑油路装置正确与否，油路是否畅通；在各润滑处依据润滑图表规定的油质、品种及数量加润滑油，对主传动机构与电动机组齿轮联轴器加入足够的润滑脂；试运转前，应熟知机床的操作维护及调整的方法，并检查各操作手柄是否处于零位；检查工作台行程换向开关是否可靠，完全可靠后才能试运转。

2）空运转试验：先进行“步进”“步退”“前进”“后退”“停机”各按钮的试验，然后开动工作台连续的往复运动，并且由低速逐级提高至高速，在各级速度下进行空运转试验。

空运转试验要求：工作台运转平稳，换向无冲击。主传动蜗杆轴承温度不应超过60℃，当环境温度≥38℃时，其温度不应超过65℃；当工作台以最高速度往复运动时，所有机构动作均应协调；各齿轮箱不得漏油，各变换手柄动作准确无误；工作台空运转时，实际进给量与公称进给量的最大误差为0.4 mm，进给量的不均匀误差应小于0.3 mm；先手动操作各刀架运动，观察其是否灵活，然后机动“快速移动”各刀架，应平稳，无异常响声；检查横梁夹紧装置能否按要求自动松开和夹紧，横梁升降应平稳、无阻滞、无冲击；检查各移动部件在极限位置时触及限位开关的工作可靠性；检查各联锁装置的工作可靠性；手动移动垂直刀架和侧刀架时，所需力不得超过156.8 N；手动操作爪型离合器或滑动齿轮不能有阻滞或卡阻现象，其所需力不能超过39.2 N；刀架手轮及进给箱方向的空程量分别不应超过1/20转和1/15转。

（2）机床负荷试验

1）负荷试验的要求：工作台运行应平稳，无振动，刀具刚刚切入时无明显的停顿现象；横梁夹紧后不应与立柱发生相对移动；龙门框架不得有显著的振动；在正常的工作条件下，各刀架均不应有明显的振动；在加工中，所有机构的动作均应协调、平稳，被加工的工件应无明显的振动波纹。

2）负荷试验（略）。

模块三 机械设备维修

课题1　故障诊断

机械设备出现故障后，将使某些特性改变，产生能量、力、热、摩擦等各种物理和化学参数的变化，发出各种不同的信息。捕捉这些变化的征兆，检测变化的信号及规律，从而判定故障发生的部位、性质、大小，分析原因和异常情况，预报未来，判别损坏情况，做出决策以消除故障隐患，防止事故的发生，这就是故障诊断。

子课题1　通用设备故障诊断

1. 了解故障诊断的原理和任务。
2. 熟悉车床、铣床、刨床等中型通用设备的常见故障。
3. 掌握车床、铣床、刨床等中型通用设备故障的直观诊断。

一、故障诊断的原理和任务

在医学中，被诊断者的体温、血压、脉搏等状况可以反映其健康情况。而在机械设备中，运用诊断手段获取的各种特征信息可以反映它的技术状况，当参数超越一定范围时，就是故障的征兆。例如：某机械运转一般都有噪声，但当机械中的某些配合件因磨损等原因引起配合间隙增大时，就会出现冲击和振动，从而使噪声进一步增大。所以，噪声就是故障的征兆。技术状况参数有许多，如温度、压力、流量、电流、电压、功率、转速、噪声、振动等。机械设备故障诊断的技术原理如图3—1—1所示。

机械设备故障诊断技术必须完成以下任务：

1. 弄清引起机械设备劣化或故障的主要原因——应力状况。
2. 掌握机械设备劣化或故障的部位、程度、原因等。
3. 了解机械设备的性能、强度、效率，做出诊断决策。
4. 预测机械设备的可靠性及使用寿命。

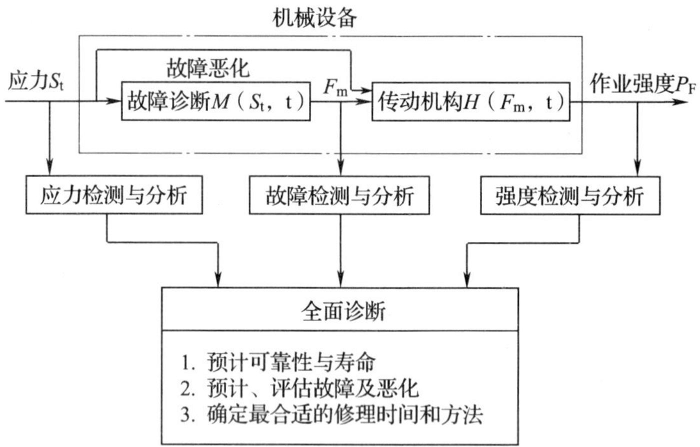

图 3—1—1　机械设备故障诊断技术原理

二、车床、铣床、刨床等中型通用设备的常见故障

1. 车床常见故障

（1）机床启动后噪声过大。

（2）溜板箱上的自动进给手柄容易脱落。

（3）车螺纹时开合螺母经常脱开。

（4）光杠、丝杠同时转动。

（5）重切削时，主轴转速降低或自行停机。

（6）纵向进给爬行。

（7）方刀架上的压紧手柄压紧后小刀架手柄转不动。

（8）车槽和车外圆重切削时，产生“颤动”现象。

（9）停车后主轴不能很快停止转动。

2. 铣床常见故障

（1）主轴变速箱变换转速时不冲动。

（2）主轴变速箱变速手柄扳动费劲或扳不动。

（3）主轴变速箱操纵手柄自动脱落。

（4）主轴轴承温升过高，主轴箱有噪声。

（5）进给箱变速无冲动，变速困难。

（6）进给变速手柄失灵或扳不动。

（7）进给变速箱出现周期性噪声和响声。

（8）启动进给时，摩擦片发热冒烟。

（9）主轴变速箱或进给变速箱中油泵不供油。

（10）工作台的升降、横向、纵向进给移动无进给动作。

（11）升降、横向、纵向进给无快速移动。

(12) 正常进给时突然变为快速进给。
(13) 工作台没有升降和横向进给。
(14) 进给电动机旋转，但工作台不能升降。
(15) 纵向工作台手柄扳到“进给”位置时，进给电动机不旋转。
(16) 升降、横向、纵向移动时摇把重。
(17) 升降、横向手柄扳不到任意位置，进给电动机不转。

3. 刨床常见故障

(1) 工件表面粗糙度不合格或有明显纹痕。
(2) 滑枕温度升高。
(3) 滑枕在长行程时有振荡声响。
(4) 加工工件时出现掉刀现象。
(5) 滑枕换向时有冲击声。
(6) 拍板卡死。
(7) 工作台横向移动时进给不均匀。

三、车床、铣床、刨床等中型通用设备常见故障原因

1. 直观诊断车床故障

(1) 机床启动后噪声过大
可能原因：
1) 齿轮啮合间隙不均匀，齿的表面粗糙度数值大。
2) 传动轴的轴承损坏，相对应的轴承不同心或传动轴弯曲。
3) 电动机轴承损坏，或装配不同心，或电动机外壳紧固面接触不良。
4) 润滑不好。
(2) 溜板箱上的自动进给手柄易脱落
可能原因：
1) 脱落蜗杆的压力弹簧过松。
2) 进给手柄的定位弹簧有松动。
3) 脱落蜗杆托架上的控制板与拉杆的倾角有磨损。
(3) 车螺纹时开合螺母经常脱开
可能原因：
1) 开合螺母燕尾槽内的平塞铁过松。
2) 开合螺母与丝杆不同轴，其偏差过大。
3) 定位销失灵。
(4) 光杆、丝杆同时传动
可能原因：
1) 溜板箱内的互锁保险机构的拨叉磨损失灵。
2) 光杆、丝杆的变换手柄定位不准。
(5) 重切削时，主轴转速降低或自行停机

可能原因：

1）主轴变速箱内的摩擦离合器摩擦片调整得过松或磨损。

2）主轴变速箱内的摩擦离合器轴上的弹簧销或锁紧螺母松动。

3）电动机传动带过松或磨损严重。

（6）纵向进给爬行

可能原因：

1）导轨变形研伤。

2）齿轮齿条啮合间隙不均匀。

3）楔铁调整不当。

4）光杠弯曲。

5）托架、溜板箱、进给箱的三个支承同轴度超差，转动起来憋劲。

6）润滑不好。

（7）方刀架上的压紧手柄压紧后小刀架手柄转不动

可能原因：

1）刀架座的底面不平。

2）方刀架与小刀架底板接触不良。

3）刀具夹紧后刀架产生变形。

（8）车槽和车外圆重切削时产生“颤动”现象

可能原因：

1）主轴轴承的径向间隙过大。

2）主轴孔的后轴承端面不垂直。

3）主轴线或与滚动轴承配合的轴颈的径向圆跳动过大。

4）主轴的滚动轴承内环与主轴锥度配合不良。

5）小刀架镶条过松，方刀架底面接触不良。

（9）停机后主轴不能很快停止转动

可能原因：

1）主轴变速箱内的摩擦离合器调整得过紧，摩擦片分不开。

2）主轴变速箱内的制动器过松，制动带磨损比较严重。

2. 直观诊断铣床故障

（1）主轴变速箱变换转速时不冲动

可能原因：

主轴电动机的冲动线路接触点失灵。

（2）主轴变速箱变速手柄扳动费劲或扳不动

可能原因：

1）竖轴与其相配合的孔被油污或研起的毛刺涩滞，致使竖轴与孔咬死。

2）拨叉移动轴弯曲或咬死。

3）扇形齿轮与齿条卡死。

（3）进给箱变速无冲动，变速困难

可能原因：

1）电动机的冲动线路出现故障。

2）冲动开关接触点调整不合适。

（4）进给变速手柄失灵或扳不动

可能原因：

1）定位弹簧失灵，无法定位。

2）定位销咬死或折断。

3）拨叉磨损。

4）齿轮轴定位螺钉松动。

（5）工作台的升降、横向、纵向进给移动无进给动作

可能原因：

1）升降或横向进给的牙嵌离合器严重磨损，造成在转矩的作用下自动脱开。

2）操纵手柄调整不当。

3）拉杆行程的方头螺杆连接销脱落。

4）用来快慢进给中的牙嵌离合器严重磨损。

5）钢球保险离合器的弹簧失灵。

6）钢球保险离合器的调整螺母松动，使弹簧压力减弱，导致钢球打滑。

（6）升降、横向、纵向进给无快速移动

可能原因：

1）快速摩擦片严重磨损。

2）牙嵌离合器行程小于规定值。

3）使用快速进给时，牙嵌离合器自动掉牙。

4）电磁开关无动作。

（7）进给电动机旋转，但工作台不能升降

可能原因：

1）使丝杆升降的锥齿轮的键脱落或滚动。

2）升降螺母的锁紧螺钉失效，致使螺母与丝杆一起旋转。

（8）升降、横向、纵向移动时摇把重

可能原因：

1）丝杆与螺母的同轴度超差。

2）导轨压板镶条调整得过紧。

3. 直观诊断刨床故障

（1）工件表面粗糙度不合格或有明显纹痕

可能原因：

1）滑枕移动方向与摇杆摆动方向不平行。

2）滑枕压板间隙过大。

3）大齿轮啮合不良。

4）刀架部分有松动或接触不好。

5）横梁、工作台溜板、工作台相互间接触刚度差。

6）拍板的锥孔与锥锁间的间隙过大。

（2）滑枕温度升高

可能原因：

1）压板压得过紧或压板与滑枕导轨面接触不良。

2）滑枕移动憋劲。

（3）滑枕换向时有冲击声

可能原因：

1）摇杆孔与上支点轴承不同心。

2）摇杆孔与方滑块的滑道面不平行。

3）摇杆孔与摇杆另一端面孔不垂直。

4）摇杆部件各轴与孔、各活动配合面的间隙过大。

（4）滑枕在长行程时有振荡声响

可能原因：

1）滑枕导轨接触不良。

2）方滑块孔与摇杆垂直度超差。

3）摇杆孔与方滑块的滑道面不平行。

4）摇杆孔与床身孔（支承摇杆摆动铰链轴的孔）不平行。

（5）加工工件时出现掉刀现象

可能原因：

1）刀架滑板固定螺钉失效。

2）刀架丝杆与开合螺母间隙过大。

子课题 2　通用设备几何精度检测

学习目标

1. 熟悉车床、铣床、刨床的结构和工作原理。
2. 掌握车床几何精度检测。
3. 掌握铣床几何精度检测。
4. 掌握刨床几何精度检测。

机床的几何精度是指机床某些基础零件工作表面的几何形状精度，决定机床加工精度的运动部件的运动精度，决定机床加工精度的零、部件之间及其运动轨迹之间的相对位置精度等。它包括床身导轨的直线度、工作台台面的平面度、主轴的旋转精度、刀架和工作台等移动的直线度、车床刀架移动方向和主轴轴线的平行度等。

机床的几何精度是保证工件加工精度最基本的条件。因此，所有机床都有一定的几何精度要求。在检测机床几何精度前，应先了解机床的结构和工作原理。

一、车床的几何精度的检测

1. 车床的结构和工作原理

CA6140 型卧式车床是生产中常见的一种典型万能通用车床，其主要由主轴箱、进给箱、溜板箱、床身、尾座、刀架等部件组成，如图 3—1—2 所示。

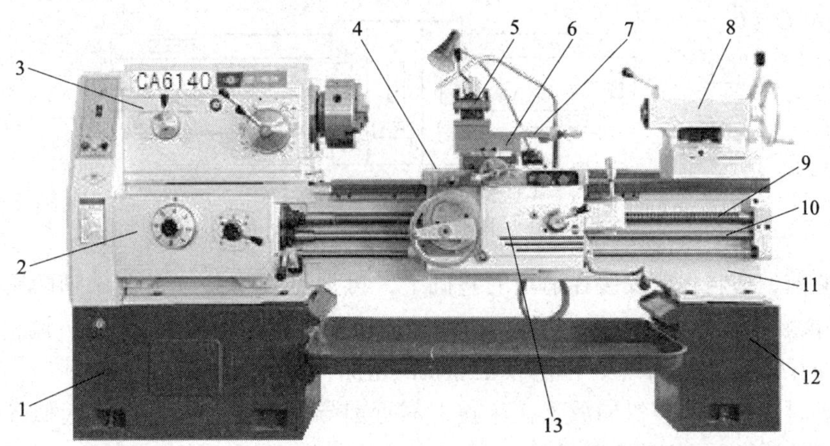

图 3—1—2　CA6140 型卧式车床的组成

1、12—床脚　2—进给箱　3—主轴箱　4—床鞍　5—刀架　6—中滑板
7—小滑板　8—尾座　9—丝杠　10—光杠　11—床身　13—溜板箱

（1）床身。床身 11 是车床的基本支承件。它固定在左床脚 1 和右床脚 12 上，其上部有两组导轨（床鞍导轨和尾座导轨）。车床的各个主要部件均安装在床身上，并保持各部件间具有准确的相对位置。

（2）主轴箱。主轴箱 3 固定在床身 11 的左上面，主要用来支承工件并带动工件旋转。其内部装有变速和换向等机构，以实现所需的转速、转向及停车。主轴前端可安装卡盘等夹具，用以装夹工件。

（3）进给箱。进给箱 2 固定在床身 11 的左前侧。进给箱是进给运动传动链中主要的传动比变换装置，它的功用是改变被加工螺纹的导程或机动进给的进给量。

（4）溜板箱。溜板箱 13 固定在床鞍 4 的底部，其内部装有互锁安全装置，开合螺母等机构。通过外部各操纵手柄可实现手动或机动纵向进给和横向进给以及车削螺纹加工。在溜板箱的右侧装有快速移动机构，以实现床鞍和中滑板的快速移动。

（5）尾座。尾座 8 安装在床身尾座导轨上，可沿导轨移至所需的位置。尾座套筒内安装顶尖时，可用来支承较长的工件；安装钻头、铰刀或攻螺纹和套螺纹工具时，可在工件上完成孔和螺纹的加工。

（6）光杠。光杠 10 将进给运动传递给溜板箱，实现自动进给。

（7）丝杠。丝杠 9 将进给运动传递给溜板箱，完成螺纹车削。

（8）中滑板。中滑板 6 可带动车刀沿床鞍上的导轨作横向移动。

（9）小滑板。小滑板 7 可沿转盘上的导轨作短距离移动。当转盘扳转一定角度后，小滑板还可带动车刀作相应的斜向运动。

（10）刀架。刀架 5 用来装夹车刀，最多可同时装夹四把。松开锁紧手柄即可转位以选用所需车刀。

2. 车床几何精度检测

（1）检验导轨在竖直平面内的直线度。检验简图如图 3—1—3 所示，检验方法及误差值的确定如下：

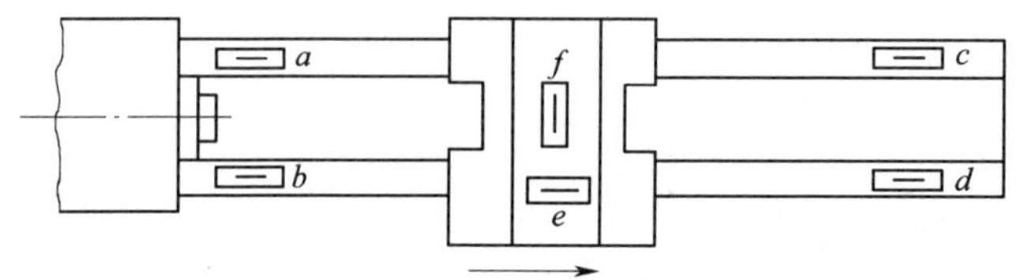

图 3—1—3　导轨在竖直平面内的直线度和平行度检验简图

1）检验前，应将机床安装在适当的基础上，再把可调垫铁放置在床脚的紧固螺栓孔处，将水平仪顺序地放在床身导轨纵向 *a*、*b*、*c*、*d* 和床鞍横向 *f* 的位置上，调整可调垫铁使两条导轨的两端放置成水平，同时校正导轨的扭曲，最终将机床调平。

2）检验时，将水平仪纵向放置在床鞍上靠近前导轨 *e* 处，等距离（近似等于导轨的局部误差的测量长度）移动床鞍检验。

3）依次排列水平仪的测量读数，用直角坐标法画出导轨误差曲线。曲线相对其两端点连线在纵坐标上的最大正、负值的绝对值之和就是该导轨全长的直线度误差。曲线上任意局部测量长度的两端点相对于曲线两端点连线的坐标差值，就是导轨的局部误差。

（2）检验导轨在竖直平面内的平行度。检验简图如图 3—1—3 所示，检验方法及误差值的确定如下：

1）将水平仪放置在床鞍横向位置 *f* 处，等距离移动床鞍检验（其移动距离同上）。

2）水平仪在全部测量长度上读数的最大代数差值，即是该导轨的平行度误差。

如发现本项检验精度超差，可对机床安装水平重新进行调整，直至达到规定要求后方可进行以下几何精度项目的检验。

（3）检验床鞍在水平面内移动的直线度。检验简图如图 3—1—4 所示，检验方法及误差值的确定如下：

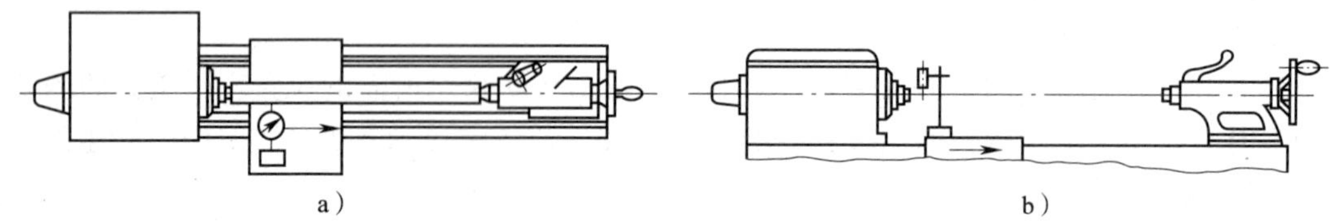

图 3—1—4　床鞍在水平面内移动的直线度检验简图

1）当床鞍行程小于或等于 1 600 mm 时。

①将指示表固定在床鞍上，使其测头触及主轴和尾座顶尖间的检验棒表面，调整尾座，使指示表在检验棒两端的读数相等。

②将指示表测头触及检验棒侧素线，移动床鞍在全部行程上检验，指示表读数的最大代数差值就是该导轨的直线度误差，如图 3—1—4a 所示。

2）当床鞍行程大于 1 600 mm 时。

①在机床中心高的位置上绷紧一根钢丝，将显微镜固定在床鞍上，调整钢丝，使显微镜在钢丝两端的读数相等。

②等距离移动床鞍，在全部行程上检验，显微镜读数的最大代数差值就是该导轨的直线度误差，如图 3—1—4b 所示。

a. 检验时也可以不将两端的读数调整到相等，但仍需将两种测量方法的测量读数用直角坐标法画出导轨误差曲线，从而确定其误差值。

b. 用光学自准直仪测量水平面内直线度的方法是测量车床直线度的最佳选择，有条件的应尽可能采用光学自准直仪进行测量。

如发现本项检验超差，可与床身导轨调平项目一起对机床安装水平重新进行调整，直至达到规定的精度要求为止。

（4）检验尾座移动对床鞍移动的平行度。检验简图如图 3—1—5 所示，检验方法及误差值的确定如下：

1）把指示表固定在床鞍上，将其测头触及靠近尾座端面的顶尖套，*a* 在竖直平面内，*b* 在水平平面内。

2）锁紧顶尖套，使尾座与床鞍一起移动（即在同方向以相同的速度一起移动，此时指示表触及顶尖套上的测点相对不动），在床鞍全部行程上检验。

3）指示表在任意 500 mm 行程上和全部行程上读数的最大差值就是局部长度和全长的平行度误差（*a*、*b* 的误差分别计算）。

如本项精度超差，说明床身上的尾座导轨面与床鞍导轨面的平行度超差，此时必须对床身导轨进行修复。修复后先用检验桥板检查导轨面的平行度，确认已经达到床身制造精度要求后，再以床身导轨为基准配刮床鞍与尾座相配合的导轨面。

（5）检验主轴的轴向窜动和主轴轴肩支承面的轴向圆跳动。检验简图如图 3—1—6 所示，检验方法及误差值的确定如下：

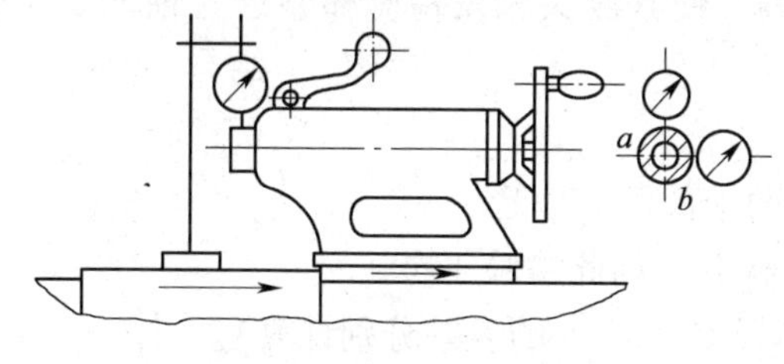

图 3—1—5　尾座移动对床鞍移动的平行度检验简图

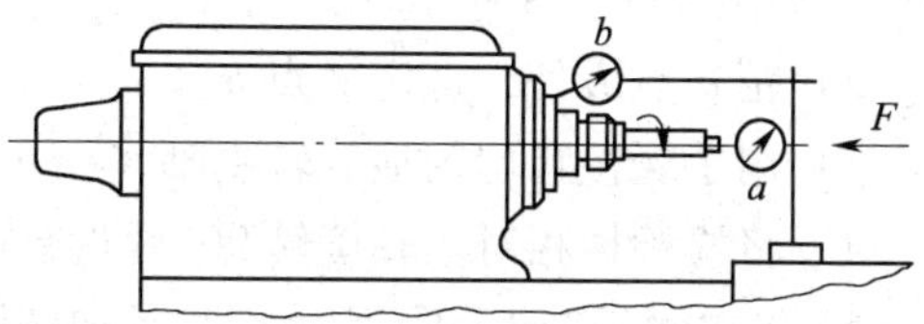

图 3—1—6　主轴的轴向窜动和主轴轴肩支承面的轴向圆跳动检验简图

1）主轴的轴向窜动检验。

①固定指示表，使其测头触及检验棒端部中心孔内的钢球，如图 3—1—6 中 *a* 处所示。

②在测量方向上沿主轴轴线加力 *F*，缓慢而均匀地用手旋转主轴，指示表读数的最大差值就是轴向窜动误差。

2）主轴轴肩支承面的轴向圆跳动检验。

①固定指示表，使其测头触及主轴轴肩支承面，如图 3—1—6 中 b 处所示。

②沿主轴轴线加力 F，缓慢而均匀地用手旋转主轴，指示表在轴肩支承面不同直径处的一系列位置上进行检验，其中最大误差值就是包括主轴的轴向窜动误差在内的轴肩支承面的轴向圆跳动误差。

如发现本项检验超差，可做以下处置：

a. 重新调整主轴轴承间隙，对于 CA6140 型卧式车床，当加力为 1 000 N 时，滚动轴承间隙不得超过 0. 005 mm。

b. 检查主轴锥、轴承支承面及定心轴颈的制造精度，如发现超差，应予以修复。

c. 检查主轴轴承的磨损情况及现有的精度，如发现磨损或超差，应进行更换。

（6）检验主轴定心轴颈的径向圆跳动。检验简图如图 3—1—7 所示，检验方法及误差值的确定如下：

1）固定指示表，将其测头垂直触及主轴轴颈（包括圆锥轴颈）的表面。

2）沿主轴轴线加力 F，用手缓慢而均匀地旋转主轴进行检验。

3）指示表读数的最大差值就是径向圆跳动误差。

若主轴的轴向窜动和主轴轴肩支承面的圆跳动精度完全合格，而本项精度超差时，则可对主轴定心轴颈进行修复（但修复后的定心轴颈尺寸不能改变）或更换新主轴。

（7）检验主轴锥孔轴线的径向圆跳动。检验简图如图 3—1—8 所示，检验方法及误差值的确定如下：

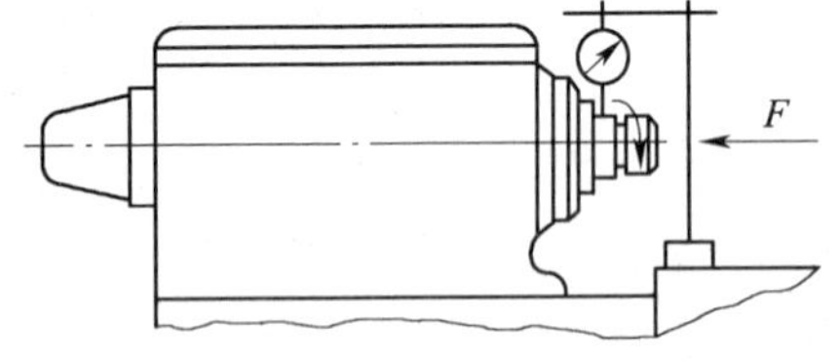

图 3—1—7　主轴定心轴颈的径向圆跳动检验简图

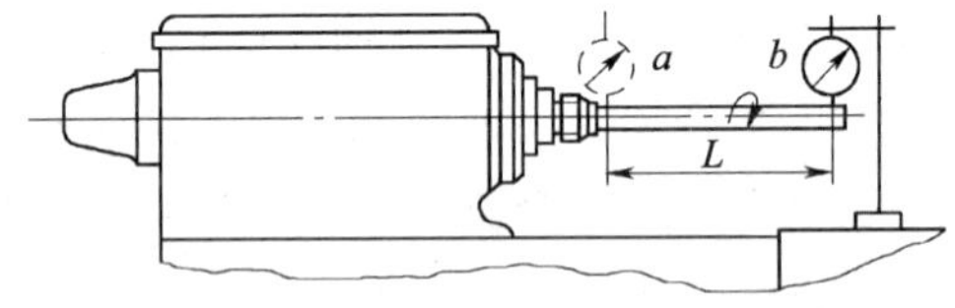

图 3—1—8　主轴锥孔轴线的径向圆跳动检验简图

1）将检验棒插入主轴锥孔内，固定指示表，使其测头触及检验棒靠近主轴端面 a 处表面，如图 3—1—8 所示。

2）距 a 点 L 处，选定一点 b。

3）用手缓慢且均匀地旋转主轴，在 a、b 两个截面上检验。

4）将检验棒相对主轴旋转 90°后重新插入检验，如此检验 4 次。

5）4 次测量结果的平均值就是径向圆跳动误差（a、b 的误差分别计算）。

若主轴的轴向窜动和主轴轴肩支承面的圆跳动及主轴定心轴颈的径向圆跳动均合格，而本项精度超差，则一般是主轴后轴承松动或磨损引起的，此时可对轴承 NN3015K（圆柱滚子轴承 E3182115）进行预紧，如预紧无效，则需要更换新轴承。

（8）检验主轴轴线对床鞍移动的平行度。检验简图如图 3—1—9 所示，检验方法及误差值的确定如下：

1）把指示表固定在床鞍上，将其测头分别触及检验棒表面 a 处、b 处（a 处在竖直平面内，b 处在水平平面内)，移动床鞍检验。

2）旋转主轴 180°做两次测量。

3）两次测量结果代数和的平均值就是平行度误差（a、b 的误差分别计算)。

当发现在竖直平面内的平行度超差时，可修刮床身与主轴箱的连接面，其操作方法如下：

①修刮前，先用厚薄不等的铜箔垫入主轴箱与床身连接面的四角，直到测得竖直平面内主轴轴线对床鞍移动的平行度在精度公差范围以内为止。

②测量连接面四角所垫入铜箔的厚度差值，以此作为修刮床身连接面的依据。

注意：垫得最厚的地方要刮去的量最少，垫得最薄的地方要刮去的量最多。

当发现在水平平面内的平行度超差时，可修刮床身与主轴箱的侧定位面，其操作方法同上。

注意：有些机床采用的是三角筋定位，在修刮侧面的同时，顶面也要进行适当的修刮，以确保顶平面和三角筋面同时接触。

(9）检验顶尖的斜向圆跳动。检验简图如图 3—1—10 所示，检验方法及误差值的确定如下：

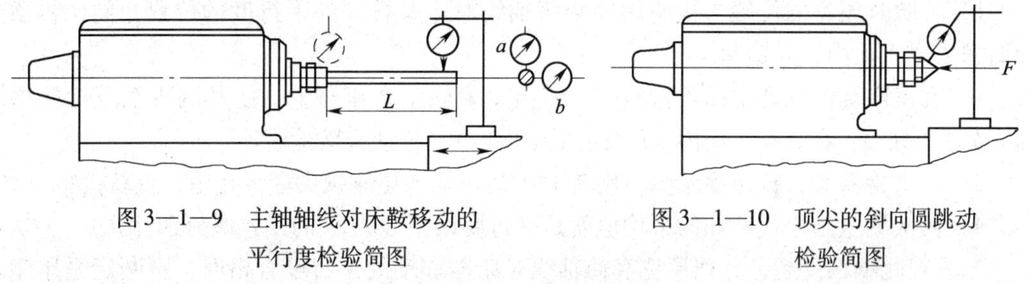

图 3—1—9　主轴轴线对床鞍移动的平行度检验简图

图 3—1—10　顶尖的斜向圆跳动检验简图

1）将顶尖插入主轴锥孔内，固定指示表，使其测头垂直触及顶尖锥面。

2）沿主轴轴线加力 F，用手缓慢而均匀地旋转主轴，指示表读数的最大差值乘以 $\cos\alpha$（α 为顶尖半锥角，一般为 30°)，就是顶尖的斜向圆跳动误差。

如本项精度超差，可将顶尖拔出后相对主轴旋转 180°后再插入主轴锥孔内，重新测量。如果此时指示表示值的最高点仍位于主轴的某一固定位置，就证明顶尖锥面相对莫氏锥孔中心线的同轴度是不合格的。此时，可用莫氏锥度铰刀修整主轴莫氏锥孔，直至达到要求为止。

(10）检验尾座套筒轴线对床鞍移动的平行度。检验简图如图 3—1—11 所示，检验方法及误差值的确定如下：

1）将尾座紧固在检验的位置。

①当被加工工件最大长度小于或等于 500 mm 时，应紧固在床身导轨的末端。

②当被加工工件最大长度大于 500 mm 时，应紧固在导轨中部，但距主轴箱最大距离不大于 2 000 mm。尾座顶尖套伸出量约为最大伸出长度的一半，并锁紧。

2）将指示表固定在床鞍上，使其测头触及尾座套筒表面 a 处、b 处（a 在竖直平面内，b 在水平平面内)，移动床鞍检验。

3）指示表读数的最大差值就是平行度误差（a、b 的误差应分别计算)。

当竖直平面内（a 处）平行度超差时，可修刮尾座底板与床身导轨的滑动面，其操作要点：前端高时，刮削底板前端；后端高时，刮削底板后端。当水平平面内（b 处）平行度超差时，可修刮尾座体与尾座底板的连接面的定位侧面，修刮合格后再相应修刮底面连接面，消除定位侧面的配合间隙。

注意：修刮后，需重新测量尾座中心线与主轴箱中心线是否等高。

（11）检验尾座套筒锥孔轴线对床鞍移动的平行度。检验简图如图 3—1—12 所示，检验方法及误差值的确定如下：

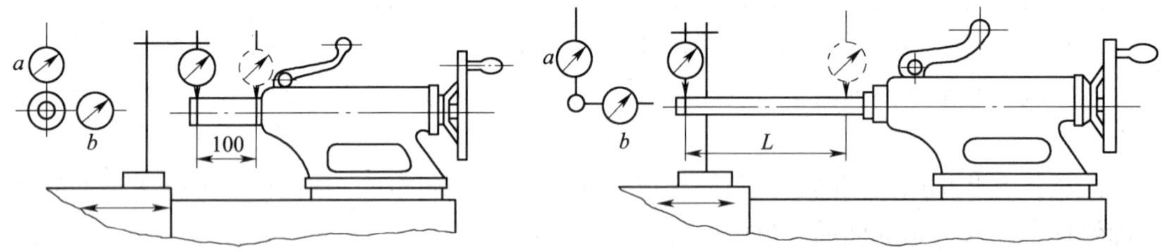

图 3—1—11　尾座套筒轴线对床鞍移动的平行度检验简图

图 3—1—12　尾座套筒锥孔轴线对床鞍移动的平行度检验简图

1）检验时尾座的位置与检验尾座套筒轴线对床鞍移动的平行度的位置相同，将顶尖套筒送入尾座孔内，并锁紧。

2）在尾座套筒锥孔中插入检验棒，将指示表固定在床鞍上，使其测头触及检验棒表面 a 处、b 处（a 在竖直平面内，b 在水平平面内），移动床鞍检验。

3）一次检验后，拔出检验棒，旋转 180°后再插入尾座顶尖套锥孔中，重新检验一次。

4）两次测量结果代数和的平均值就是平行度误差（a、b 的误差应分别计算）。

当发现此项精度超差，而尾座套筒轴线对床鞍移动的平行度合格时，可断定是尾座套筒制造精度超差，其修磨操作要点如下：

①拆下套筒，在磨床上重新修磨锥孔，以保证莫氏锥孔与外圆的同轴度精度。

②由于锥孔修磨后变大，使某些工具的锥柄装入套筒锥孔太深，此时可在车床上将套筒外露端相应车短一些。

（12）检验主轴和尾座两顶尖的等高度。检验简图如图 3—1—13 所示，检验方法及误差值的确定如下：

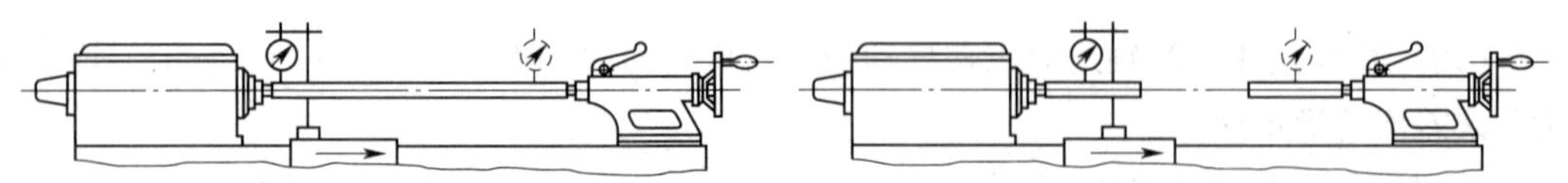

图 3—1—13　主轴和尾座两顶尖的等高度检验简图

1）在主轴与尾座两顶尖间装入检验棒，再将指示表固定在床鞍上，使其测头在竖直平面内触及检验棒，移动床鞍在检验棒的两极限位置上检验。

2）指示表在检验棒两端读数的差值就是等高度误差。

注意：检验时，尾座顶尖套应退入尾座孔内，并锁紧。

若确认是主轴箱偏高，则可修刮床身与主轴箱的连接面；若确认是尾座偏高，则可修刮尾座底板与床身导轨的滑动面。

(13) 检验小滑板移动对主轴轴线的平行度。检验简图如图 3—1—14 所示，检验方法及误差值的确定如下：

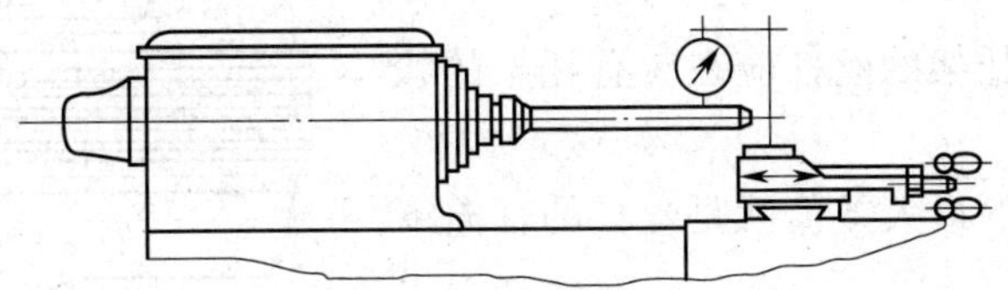

图 3—1—14　小滑板移动对主轴轴线的平行度检验简图

1）把检验棒插入主轴锥孔内，再将指示表固定在小滑板上，使其测头在水平面内触及检验棒。

2）调整小滑板，使指示表在检验棒两端的读数相等。

3）将指示表测头在竖直平面内触及检验棒，移动小滑板检验。

4）将主轴旋转 180°，再同样检验一次。

5）两次测量结果代数和的平均值就是平行度误差。

该项精度若超差，可修刮小滑板底座与中滑板连接的回转面，直至合格为止。

(14) 检验中滑板横向移动对主轴轴线的垂直度。检验简图如图 3—1—15 所示，检验方法及误差值的确定如下：

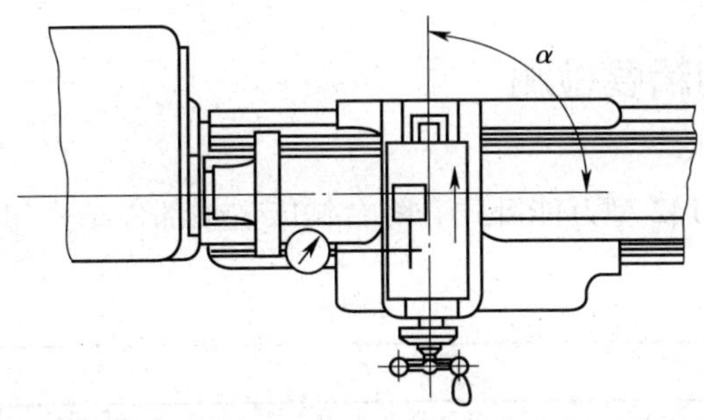

图 3—1—15　中滑板横向移动对主轴轴线的垂直度检验简图

1）把平面圆盘固定在主轴上，再将指示表固定在中滑板上，使其测头触及圆盘平面，移动中滑板进行检验。

2）将主轴旋转 180°，再同样检验一次。

3）两次测量结果代数和的平均值就是垂直度误差。

发现此项精度超差时，只能修刮床鞍上方的燕尾导轨侧面，并根据修刮量调整或重新配作镶条。

注意：不能调整主轴箱在床身上的位置，因为这样会破坏主轴轴线与床鞍移动的平行度精度。

(15) 检验丝杠的轴向窜动。检验简图如图 3—1—16 所示，检验方法及误差值的确定如下：

1）固定指示表，使其测头触及丝杠顶尖孔内的钢球（钢球用润滑脂粘牢）。

2）在丝杠的中段处闭合开合螺母，旋转丝杠检验。

3）检验时，有托架的丝杠应在装有托架的状态下检验。

4）指示表读数的最大差值就是丝杠的轴向窜动误差。

5）按上述步骤正、反转各检验一次（但由正转换到反转时的游隙量不计入误差内）。

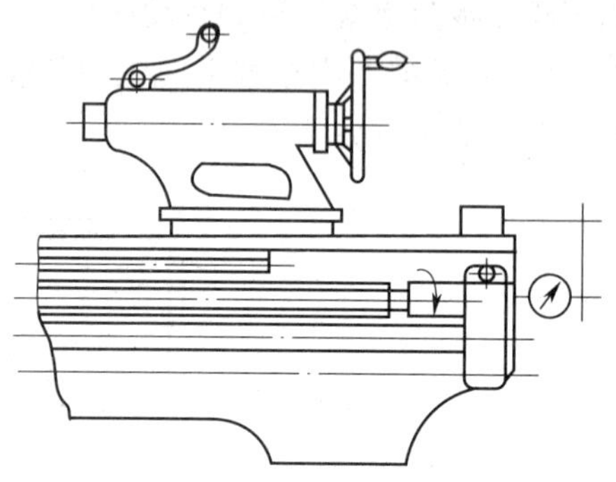

图 3—1—16　丝杠的轴向窜动检验简图

如本项精度超差，可调节进给箱丝杠传动轴上的推力轴承锁紧螺母，若调整后精度仍不见好转，可更换新的推力轴承。

（16）检验由丝杠所产生的螺距累积误差。检验方法及误差值的确定如下：

1）把不小于 300 mm 长的标准丝杠装在主轴与尾座的两顶尖间。

2）将电传感器固定在刀架上，使其触头触及螺纹的侧面，用丝杠传动移动床鞍进行检验。

3）电传感器在任意 300 mm 和任意 60 mm 测量长度内读数的差值，就是丝杠所产生的螺距累积误差。

如本项精度超差，可对纵向丝杠进行修复，重配开合螺母，也可更换新丝杠。

二、铣床的几何精度检测

1. 铣床的结构

（1）主轴部件。X6132 型万能卧式升降台铣床主轴部件结构如图 3—1—17 所示。

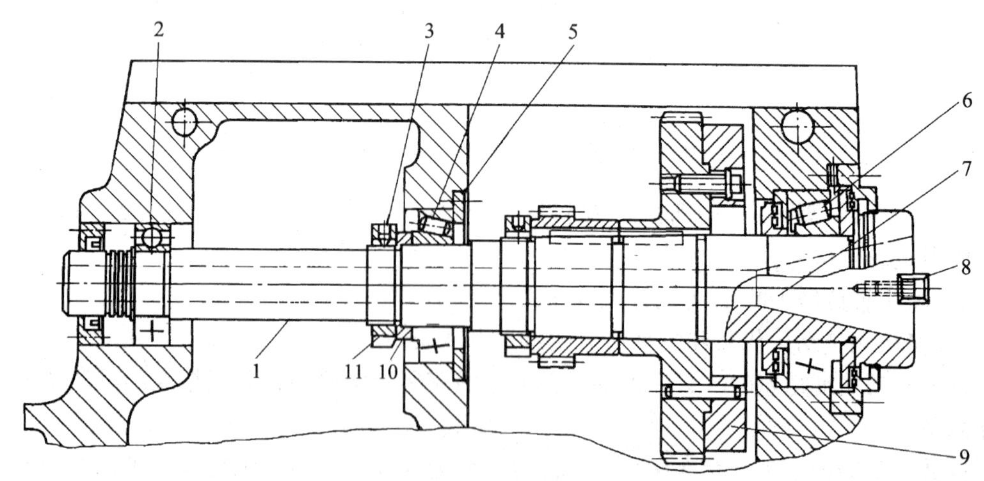

图 3—1—17　X6132 型万能卧式升降台铣床主轴部件结构

1—主轴　2—后支承　3—锁紧螺钉　4—中间支承　5—轴承盖
6—前支承　7—主轴前锥孔　8—端面键　9—飞轮　10—隔套　11—螺母

1）主轴的三支承结构

①前支承。前支承采用 P5 级公差的圆锥滚子轴承，以承受径向力和向左的轴向力。

②中间支承。中间支承采用 P6 级公差的圆锥滚子轴承，以承受径向力和向右的轴向力。

③后支承。后支承采用 P5 级公差的深沟球轴承，只承受径向力。

2）主轴的回转精度。即工作精度，主要由前支承和中间支承来保证，后支承只起辅助支承作用。

（2）主变速操纵机构。X6132 型铣床的主要变速，是由手柄、速度盘进行操纵，通过孔盘使齿轮齿条轴组作相对移动，带动拨叉使滑移变速齿轮改变不同的啮合位置而实现变速的，如图 3—1—18 所示。

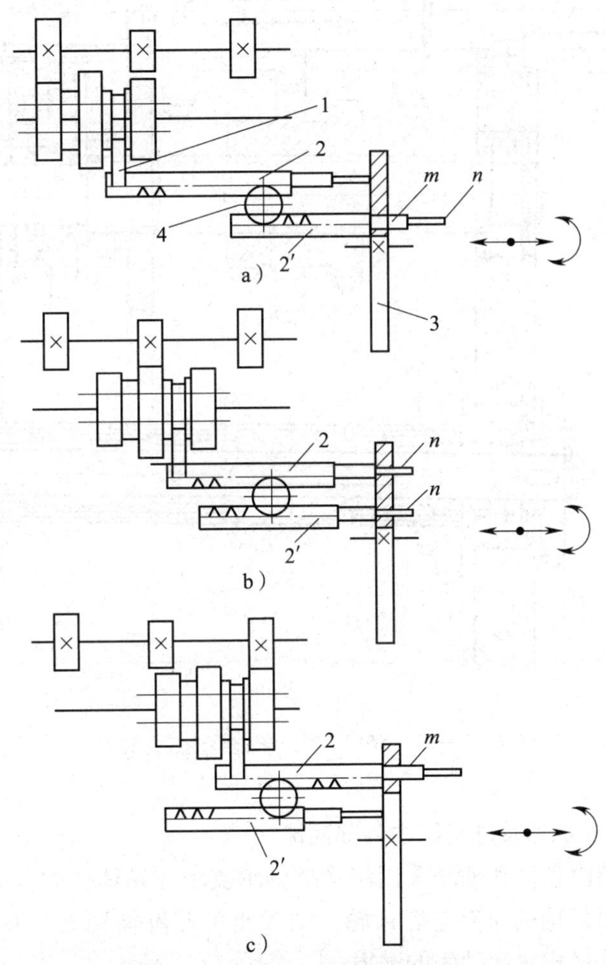

图 3—1—18　孔盘—齿轮齿条轴组变速原理图

1—拨叉　2、2′—齿条轴　3—孔盘　4—齿轮

（3）进给变速箱。X6132 型铣床的进给变速箱结构如图 3—1—19 所示。

1）工作台的工作进给和快速移动。进给箱内的轴 X 上，装有两个摩擦片式电磁离合器 M_1 和 M_2，分别用于接通工作台的工作进给和快速移动，且由电气实现互锁。

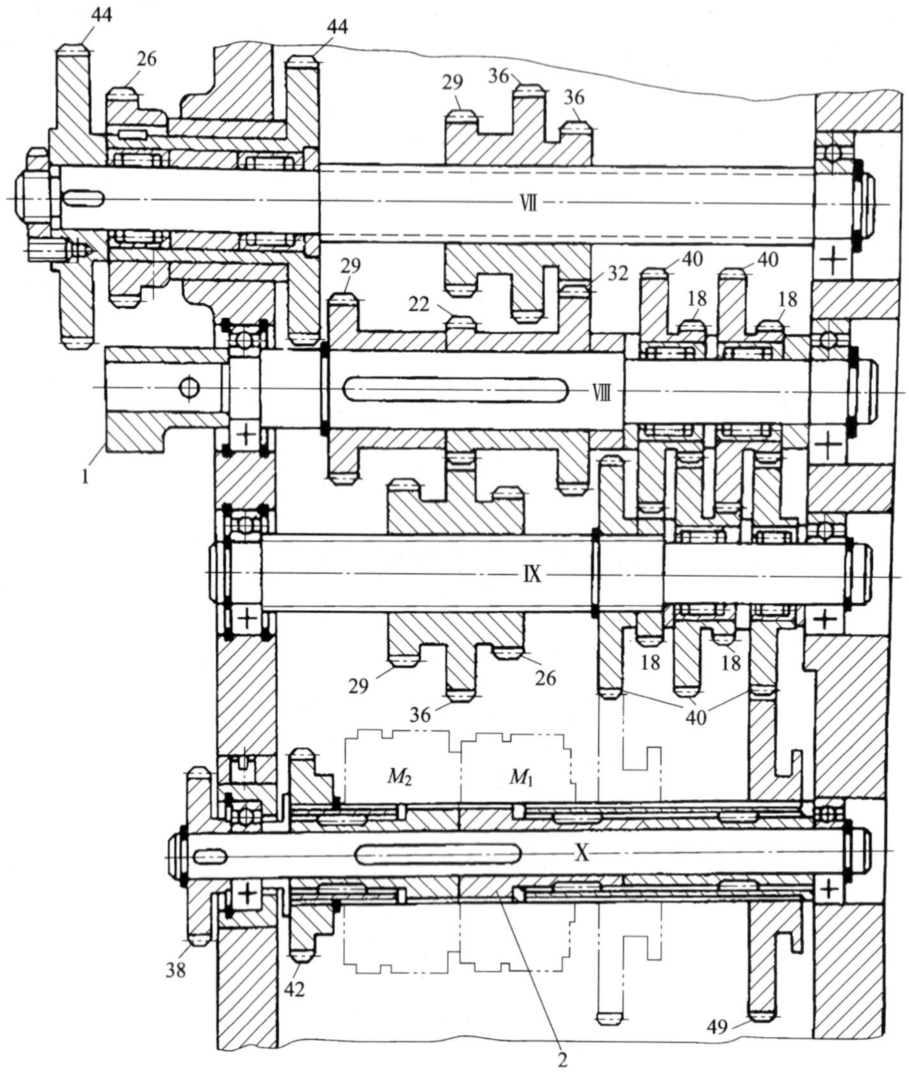

图 3—1—19　X6132 型铣床进给变速箱结构图

1—偏心轮　2—花键轴套

2）进给箱内的支承轴及进给箱内各部润滑。

①支承。进给箱内各传动轴均采用深沟球轴承支承在箱体孔中。轴 VII 左端箱体内壁的 $z=44$ 齿轮、曲回机构的所有空套齿轮、轴 X 上的花键轴套 2 均采用滚针轴承来支承，以减少摩擦阻力和减轻相对运动间的磨损。

②润滑。进给箱中采用单独润滑装置供油润滑，它通过轴Ⅷ左端的偏心轮 1 对柱塞泵的作用，对进给箱内的齿轮、摩擦片和滚动轴承作专管供油润滑。

（4）工作台。X6132 型铣床工作台的结构如图 3—1—20 所示。

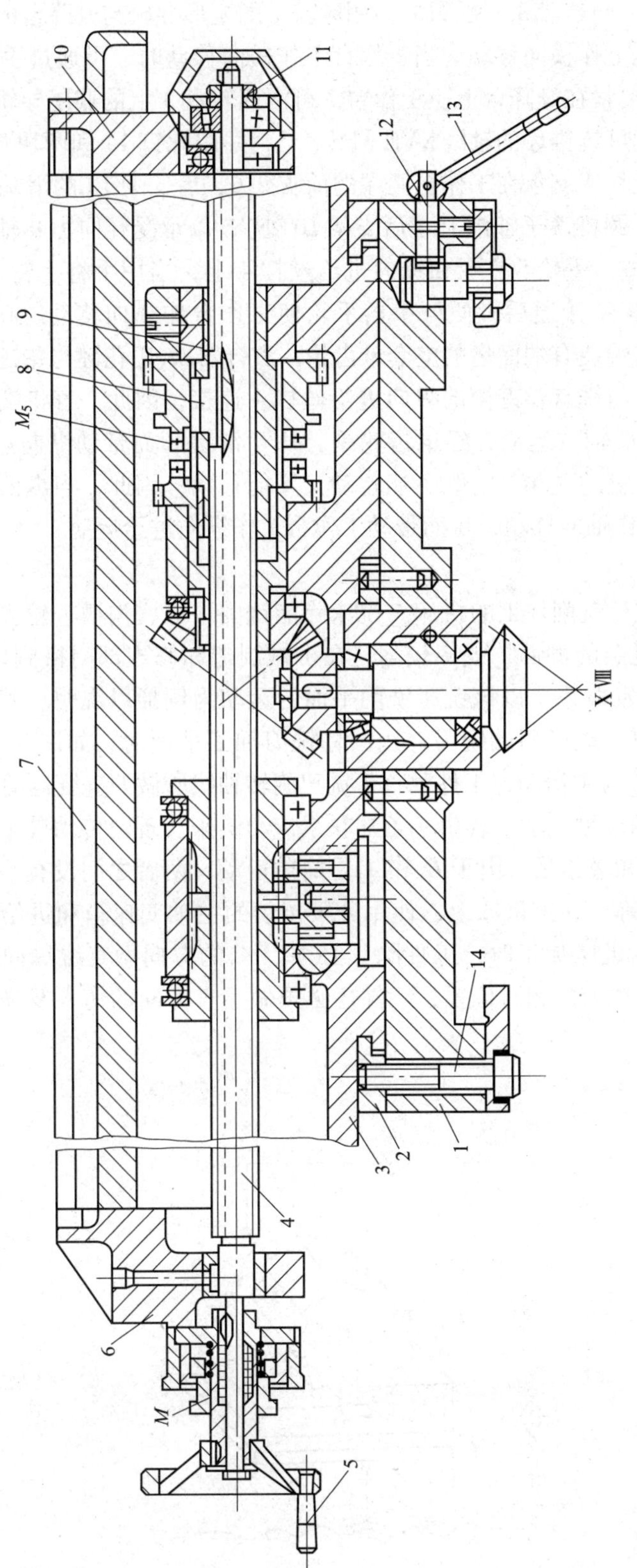

图 3—1—20　X6132 型铣床工作台结构图

1—床鞍　2—弧形压板　3—回转盘　4—纵向进给丝杠　5—手轮　6—前支架　7—工作台　8—滑键　9—花键套筒　10—后支架　11—螺母　12—偏心轴　13—手柄　14—螺钉

它由工作台 7、床鞍 1、回转盘 3 三层组成。用床鞍 1 的矩形导轨与升降台的导轨相配合，使工作台在升降台导轨上作横向移动。当工作台不作横向移动时，可通过手柄 13，经偏心轴 12 的作用，将床鞍夹紧在升降台上。工作台 7 可沿回转盘 3 上的燕尾导轨作纵向移动。工作台连同回转盘一起可绕锥齿的轴线XVⅢ回转 45°，并用螺钉 14 和两块弧形压板 2 紧固在床鞍上。纵向进给丝杠 4 支承在工作台两端的前支架 6、后支架 10 的滑动轴承（前支架 6 处）和推力球轴承、圆锥滚子轴承上（后支架 10 处），以承受径向力和轴向力。轴承的间隙由螺母 11 进行调整。手轮 5 空套在纵向进给丝杠 4 上，当用手将手轮 5 向里推，并压缩弹簧使端面齿离合器 M 接通后，便可手摇手轮使工作台作纵向移动。在回转盘 3 上，左端安装双重螺母，右端装有端面齿的空套锥齿轮，离合器 M_5用花键与花键套筒 9 连接，而花键套筒又以滑键 8 与铣有长键槽的纵向进给丝杠 4 连接，因此，若将端面齿离合器 M_5向左接通，则来自XVⅢ轴的运动，经锥齿轮副、M_5、滑键 8 而带动纵向进给丝杠 4 转动。由于双螺母装在回转盘的左端，它既不能转动又不能移动，因此，当纵向进给丝杠 4 获得旋转运动后，同时又作轴向移动，从而带动工作台 7 作纵向进给运动。

2. 铣床的工作原理

铣床是用铣刀对工件进行铣削加工的机床。铣床除能铣削平面、沟槽、轮齿、螺纹和花键轴外，还能加工比较复杂的型面，效率较高，在机械制造和修理部门得到广泛应用。X6132 型万能卧式铣床的运动联系，以该铣床铣削平面的运动为例加以说明。若在此铣床上加工平面，可用圆柱铣刀，也可用端铣刀。用圆柱铣刀加工平面时，如图 3—1—21 所示。这时，铣刀旋转运动 B_1为主运动，工件垂直于铣刀旋转轴线所做的直线运动 A_2为进给运动。B_1和 A_2是两个简单的成型运动，各由一条外联系传动链来实现。传动链中的换置机构 i_v和 i_f用以改变切削速度和进给量。由于 B_1和 A_2是简单运动，两者之间没有一定的速比关系，所以 i_v和 i_f不必很准确。在该机床上，使用分级传动的主轴变速箱和进给箱具体实现改变切削速度和进给量。机床加工时，工件除了必须以 A_2的方向做直线纵向进给运动外，为了切入和调整工件与铣刀的相对位置，工件还必须做垂直方向的切入及横向的调整运动。

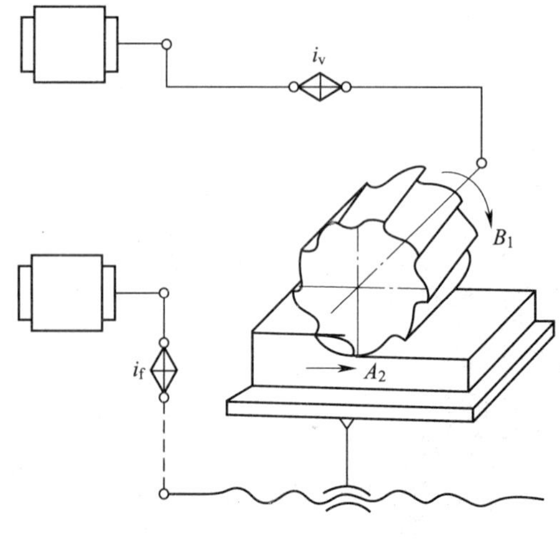

图 3—1—21　铣床的传动原理图

横向和垂直方向上的运动，根据加工要求均可做进给运动。所以，两者都各有一条外联系传动链来实现。其运动联系与纵向相同。X6132 型万能卧式铣床，有两条外联系传动链：一条是铣刀的旋转；另一条是由进给电动机所驱动的纵向或横向或垂直方向的进给运动。在加工各种形式的沟槽和成型表面时，只要用相应的铣刀代替圆柱铣刀即可。

3. 铣床几何精度检测

（1）检验主轴的轴向窜动。检验简图如图 3—1—22 所示，检验方法及误差值的确定如下：

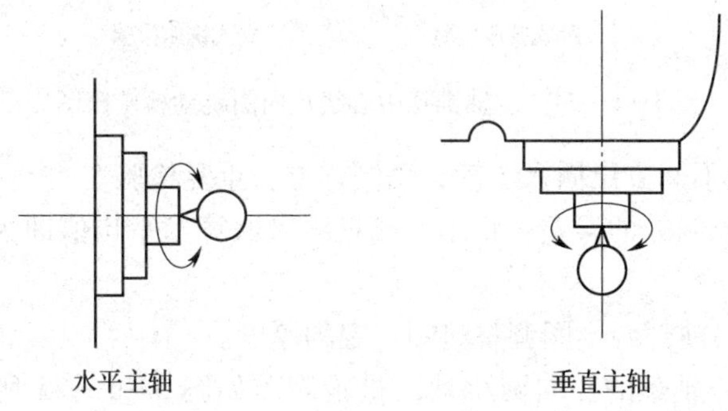

图 3—1—22　主轴轴向窜动检验简图

1）将检验棒紧密地插入铣床主轴，再将指示表测头触及检验棒的外圆。

2）旋转主轴，指示表读数的最大差值即为主轴轴向窜动误差。

超差时，调整中轴承的间隙，采用预加载荷法修正两内外隔圈的厚度差。

（2）检验主轴轴肩支承面的轴向圆跳动。检验简图如图 3—1—23 所示，检验方法及误差值的确定如下：

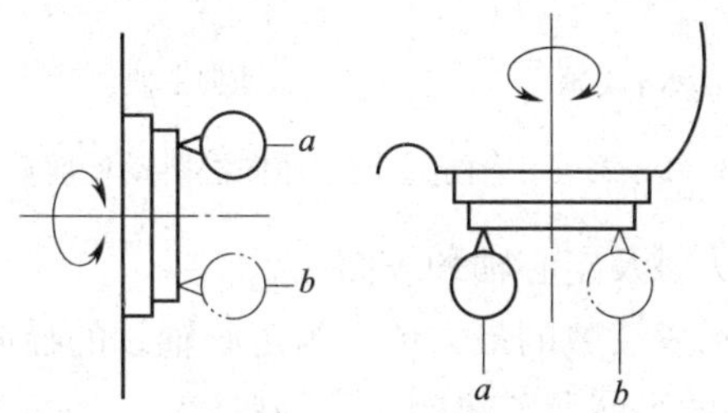

图 3—1—23　主轴轴肩支承面的轴向圆跳动检验简图

1）将指示表测头触及主轴轴肩支承面端面 *a*、*b* 处。

2）旋转主轴检验，指示表读数的最大差值即为主轴轴肩支承面的轴向圆跳动误差。

超差调整时，修去前部两半圈调整垫圈一定的厚度。

（3）检验主轴锥孔中心线的径向圆跳动。检验简图如图 3—1—24 所示，检验方法及误差值的确定如下：

1）将检验棒插入主轴锥孔中。

2）将指示表测头先后触及靠近主轴端面的 *a* 处以及与 *a* 处相距 300 mm 的 *b* 处，然后旋转主轴进行检验。

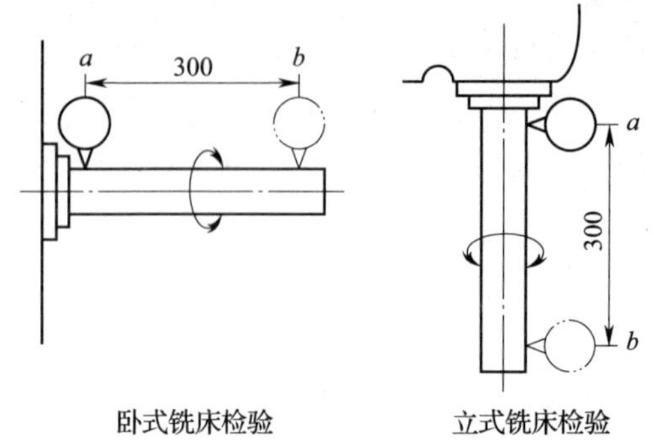

图 3—1—24　主轴锥孔中心线径向圆跳动检验简图

3）再将检验棒按不同方位插入主轴，用同样方法重复检验。

4）分别计算 a、b 两处的误差，将多次测量结果取算术平均值即为主轴锥孔中心线的径向圆跳动误差。

超差调整时，修去前部两半圈调整垫圈一定的厚度。

（4）检验主轴定心轴颈的径向圆跳动。检验简图如图 3—1—25 所示，检验方法及误差值的确定如下：

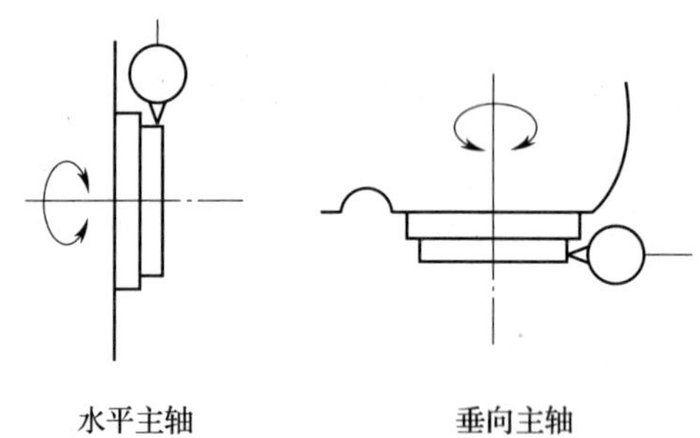

图 3—1—25　主轴定心轴颈径向圆跳动检验简图

1）固定指示表，将测头触及定心轴颈表面。

2）旋转主轴检验，指示表读数的最大值即为定心轴颈的径向圆跳动误差。

超差调整时，修去前部两半圈调整垫圈一定的厚度。

（5）检验悬臂梁导轨对主轴回转中心线的平行度（卧式铣床）。检验简图如图 3—1—26 所示，检验方法及误差值的确定如下：

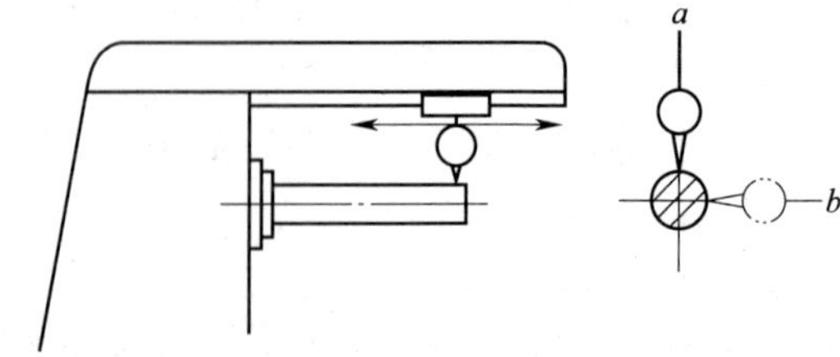

图 3—1—26　悬臂梁导轨对主轴回转中心线的平行度检验简图

1）紧固悬臂梁之后，将检验棒插入主轴锥孔内。

2）将装置指示表的专用支架安装在悬臂梁导轨上，再使指示表的测头分别触及检验棒表面处于垂向测量位置的 a 处和处于水平测量位置的 b 处，并读出 a、b 两处的误差值。

3）将主轴转过 180°再检验一次，两次检验结果的算术平均值即为悬臂梁导轨对主轴回转中心线的平行度。

超差调整时：

①以垂轴回转中心线为基准，磨削修复床身顶面导轨至要求，与床身顶面导轨配刮修悬臂梁导轨面至要求。

②采用刮削或磨削修复后合格的悬臂梁为研具，刮削修复床身顶面导轨至要求。

（6）检验刀杆支架孔对主轴回转中心线的同轴度（卧式铣床）。检验简图如图 3—1—27 所示，检验方法及误差值的确定如下：

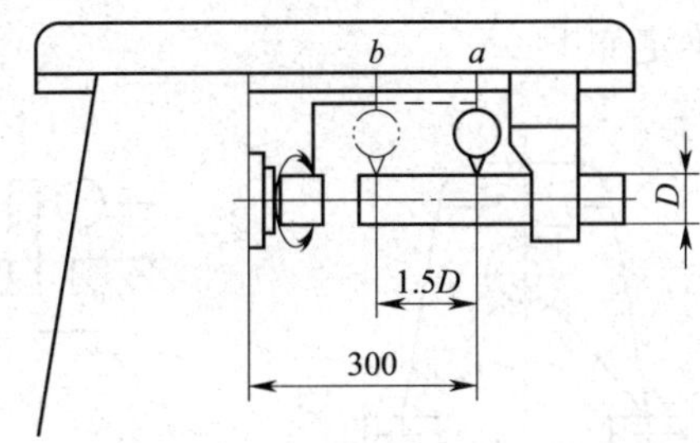

图 3—1—27　刀杆支架孔对主轴回转中心线的同轴度检验简图

1）将带有指示表的心轴插入主轴锥孔中。

2）将检验棒插入支架孔中，并使指示表测头触及检验棒的外圆面。

3）紧固悬梁，旋转主轴，在 a、b 两处分别检验，指示表读数的最大差值的一半即为同轴度误差。

超差调整时，自镗支架孔至要求。

（7）检验主轴回转中心线对工作台面的平行度。检验简图如图 3—1—28 所示，检验方法及误差值的确定如下：

1）紧固升降台和回转底座，使工作台在纵向处在中间位置。

2）将装有指示表的支架安放在工作台面上，并使指示表测量触头触及检验棒的表面。

3）移动支架在主轴端部 a 处和距离 a 处为 300 mm 的 b 处分别进行检验。

4）将主轴转过 180°，如上同样方法再检验一次，两次检验时指示表最大读数的算术平均值即为平行度误差。

超差调整时，修刮工作台下导轨至要求。

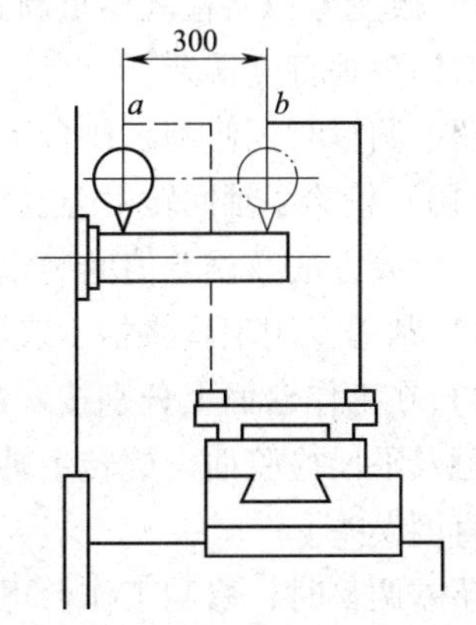

图 3—1—28　主轴回转中心线对工作台面的平行度检验简图

（8）检验主轴回转中心线对工作台横向移动的平

行度（卧式铣床）。检验简图如图 3—1—29 所示，检验方法及误差值的确定如下：

1）将工作台紧固在纵向行程的中间位置上，再将指示表固定在工作台面上。

2）使指示表的测头分别触及检验棒表面处于垂向测量位置的 a 处、处于水平测量位置的 b 处，并读出 a、b 两处的误差值。

3）将主轴转过 180°，再如上同样方法检验一次，两次检验结果的算术平均值即为平行度误差。

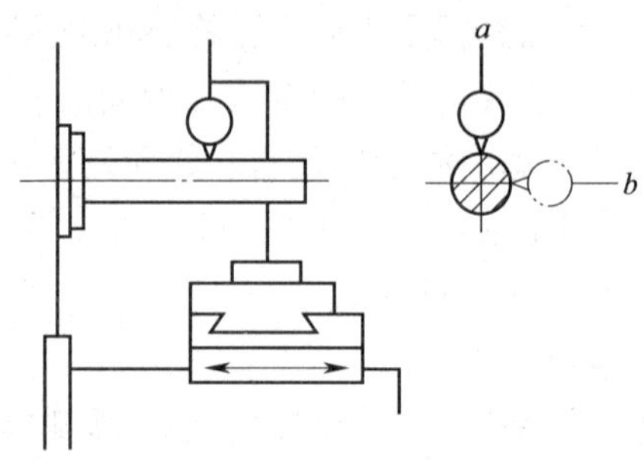

图 3—1—29　主轴回转中心线对工作台横向移动的平行度检验简图

超差调整时，修刮工作台下滑板至要求。

（9）检验主轴回转中心线对工作台中央基准 T 形槽的垂直度。检验简图如图 3—1—30 所示，检验方法及误差值的确定如下：

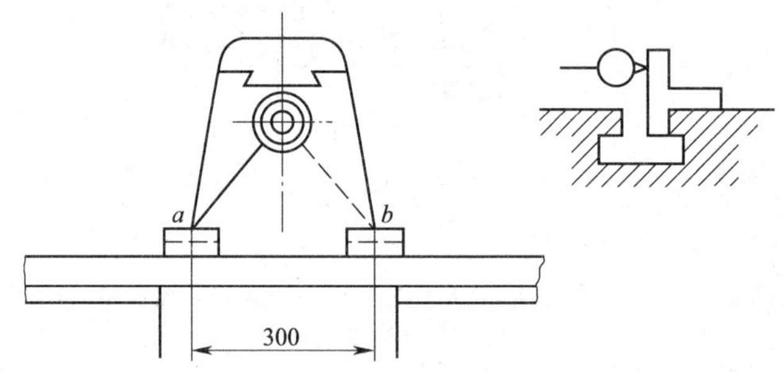

图 3—1—30　主轴回转中心线对工作台中央基准 T 形槽的垂直度检验简图

1）将工作台紧固在纵、横行程的中间位置上，再把专用滑板安装在工作台上并紧靠 T 形槽直槽一侧。

2）将装有指示表的专用检验棒插入主轴锥孔中，使指示表的测量头触及专用滑板检验面，记下读数，然后将滑板移动至工作台另一侧，旋转主轴进行检验。

3）改变方位将检验棒重新插入主轴锥孔，如上重复检验一次，两次检验结果的算术平均值即为垂直度误差。

超差调整时，修刮工作台下导轨角度面至要求。

（10）检验主轴回转中心线对工作台面的垂直度（立式铣床）。检验简图如图 3—1—31 所示，检验方法及误差值的确定如下：

1）利用专用工具将指示表固定在主轴上。

2）在工作台面上分别按 a 向和 b 向放置等高量块，然后将平尺安放其上，再使指示表测头触及平尺检验面，旋转主轴进行检验，其 a 向和 b 向各自的读数差值即为 a 向和 b 向的垂直度误差。

超差调整时，修刮工作台下导轨平面和下滑板导轨平面至要求。

（11）检验主轴套筒移动对工作台面的垂直度（立式铣床）。检验简图如图 3—1—32 所示，检验方法及误差值的确定如下：

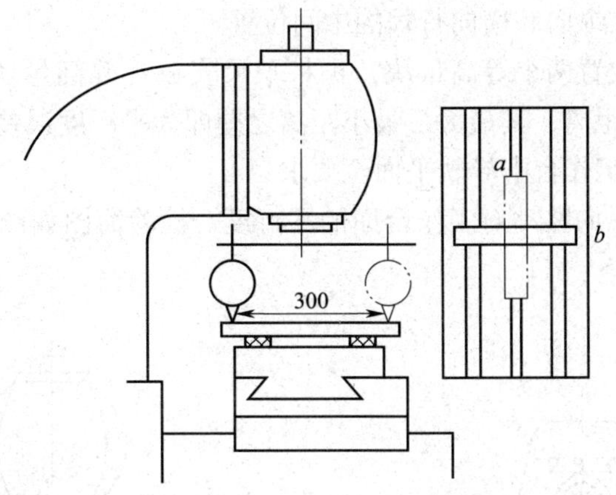

图 3—1—31 主轴回转中心线对工作台面的垂直度检验简图

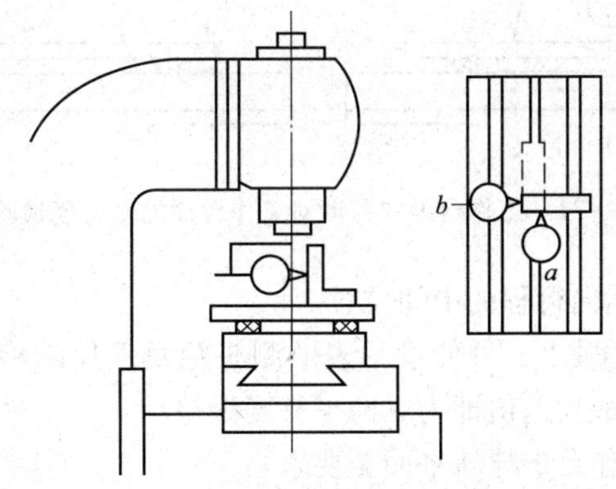

图 3—1—32 主轴套筒移动对工作台面的垂直度检验简图

1）利用专用工具将指示表固定在主轴上，在工作台上放置等高量块，再将平尺安放在等高量块上，把直角尺安放在平尺检验面上。

2）将指示表测头分别沿 a 向和 b 向触及直角尺的检验面，摇动主轴套筒手轮，移动套筒进行检验，指示表读数的最大差值即为垂直度误差。

超差调整时，修刮工作台下导轨面和下滑板导轨平面至要求。

（12）检验工作台面的平行度。检验简图如图 3—1—33 所示，检验方法及误差值的确定如下：

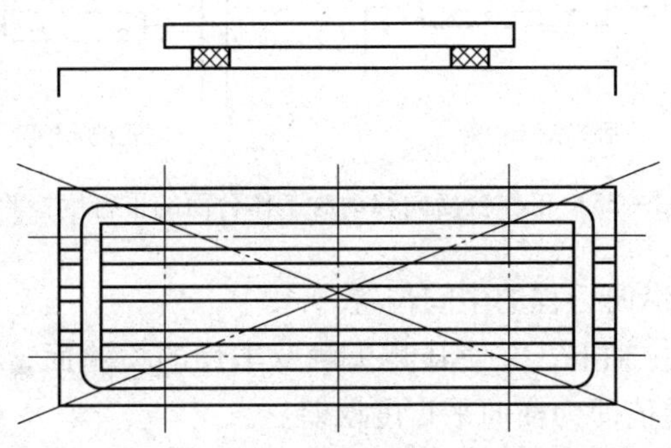

图 3—1—33 工作台面的平行度检验简图

1）将工作台紧固在纵向和横向行程的中间位置。

2）在工作台面上放置两个等高量块，再将平尺安放在等高量块上，用量块测量工作台与平尺检验面之间的距离，其最大、最小距离之差即为平行度误差。

超差调整时，修刮工作台下导轨平面至要求。

（13）检验工作台纵向移动对工作台面的平行度。检验简图如图3—1—34所示，检验方法及误差值的确定如下：

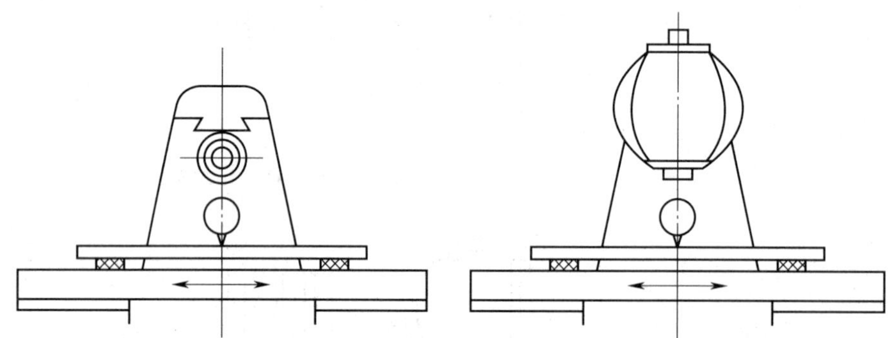

图3—1—34 工作台纵向移动对工作台面的平行度检验简图

1）将工作台紧固在横向行程的中间位置。

2）把指示表固定在主轴上，并使指示表的测头触及平尺的检验面，纵向移动工作台进行检验，指示表读数的最大差值即为纵向平行度误差。

超差调整时，修刮工作台下导轨平面至要求。

（14）检验工作台横向移动对工作台面的平行度。检验简图如图3—1—35所示，检验方法及误差值的确定如下：

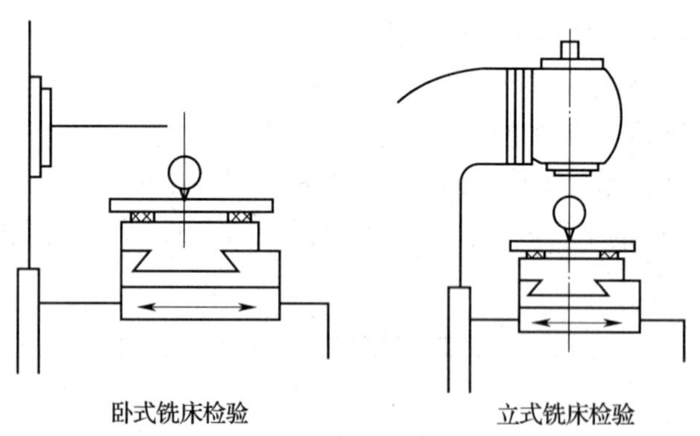

图3—1—35 工作台横向移动对工作台面的平行度检验简图

1）将工作台紧固在纵向行程的中间位置。

2）把指示表固定在主轴上，并使其测头触及平尺的检验面，横向移动工作台进行检验，指示表读数的最大差值即为横向平行度误差。

超差调整时，修刮下滑板下导轨平面至要求。

（15）检验工作台中央T形槽侧面对工作台纵向移动的平行度。检验简图如图3—1—36所示，检验方法及误差值的确定如下：

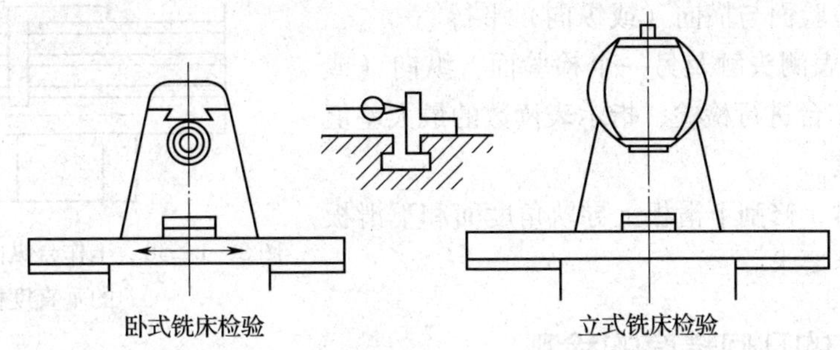

图3—1—36　工作台中央T形槽侧面对工作台纵向移动的平行度检验简图

1）将工作台紧固在横向行程的中间位置。

2）把指示表固定在主轴上，并使其测头触及T形槽侧面。

3）纵向移动工作台进行检验，指示表读数的最大差值即为纵向移动平行度误差。

超差调整时，修刮工作台下导轨角度面至要求。

（16）检验升降台移动对工作台面的垂直度。检验简图如图3—1—37所示，检验方法及误差值的确定如下：

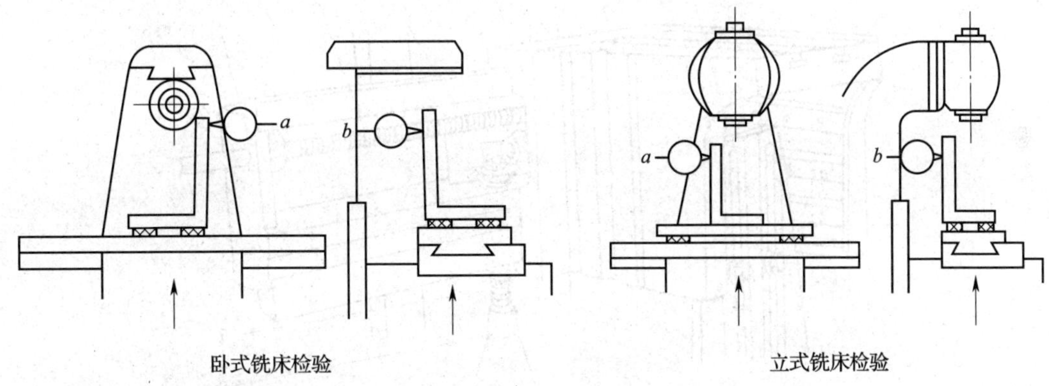

图3—1—37　升降台移动对工作台面的垂直度检验简图

1）将工作台紧固在纵向及横向行程的中间位置。

2）将两个等高量块放在工作台面中间，再把直角尺放在两个等高量块上，应使直角尺检验面分别处于纵向和横向垂直面内，即直角尺检验面平行T形槽（即b向）和垂直T形槽（即a向）。

3）固定指示表，使其测头触及直角尺的检验面，移动工作台进行检验，分别计算纵向和横向垂直度误差，指示表读数的最大差值即为垂直度误差。

超差调整时，修刮升降台与床身立导轨平面相配的导轨平面至要求。

（17）检验工作台纵向和横向移动的垂直度（立式铣床）。检验简图如图3—1—38所示，检验方法及误差值的确定如下：

1）紧固工作台。

2）把直角尺放在工作台纵向中间位置，应确保直角尺的一个检验面与横向（或纵向）平行。

3）将指示表测头触及另一个检验面，纵向（或横向）移动工作台进行检验，指示表读数的最大差值即为垂直度误差。

超差调整时，修刮下滑板上导轨角度面和下滑板下导轨角度面至要求。

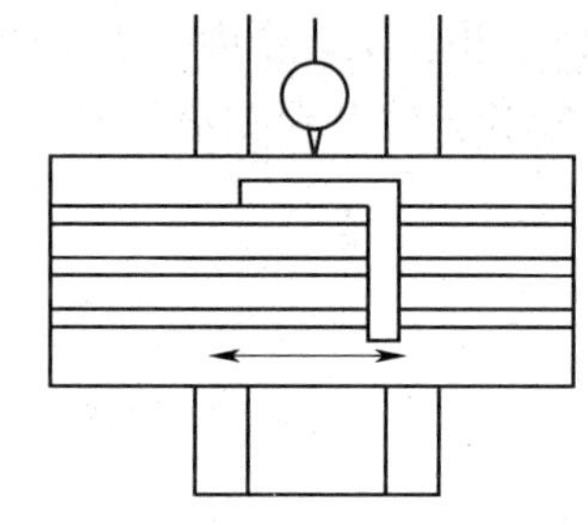

图 3—1—38　工作台纵向和横向移动的垂直度检验简图

三、刨床的几何精度的检测

1．刨床的结构

（1）床身。床身是刨床的主要零件之一，用来支持和安装牛头刨床的各个零件。滑枕在它的上部导轨上作直线往复运动。横梁在它的前部导轨上作上、下移动。它的内部装有曲柄摇杆机构和传动系统。

（2）横梁与工作台。横梁与工作台在刨床的前部，如图 3—1—39 所示。它们用来带动工件作上下移动和横向进给。

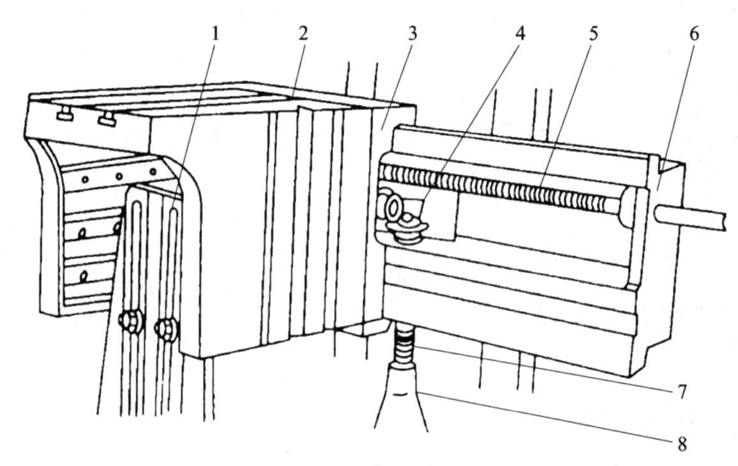

图 3—1—39　横梁与工作台

1—支架　2—工作台　3—滑板　4—锥齿轮副　5—丝杠　6—横梁　7—升降丝杠　8—螺母

工作台作垂直上下移动时，支架 1 的压紧螺栓螺母不拧紧。当工作台固定在一定的垂直高度作水平横向进给时，拧紧螺母，保持支架在自然配合状态下随工作台移动。

（3）滑枕。滑枕 10 的内部装有调整滑枕行程位置的机构，该机构由一对锥齿轮和丝杠组成。滑枕的前端为刀架安装基面，下部设有两条燕尾形导轨。

松开压紧手柄 9，转动方头 8，通过锥齿轮副转动丝杠，就可随意调节滑枕 10 行程的起始位置，调好后，再扳紧压紧手柄 9，如图 3—1—40 所示。

（4）刀架。刀架安装在滑枕 10 的前端部，用来安装刀具，如图 3—1—40 所示。刀架由刻度转盘 11、滑块 5、丝杠 3、手轮 7、刻度环 6、拍板 13、拍板座 12、夹刀座 14 组成。

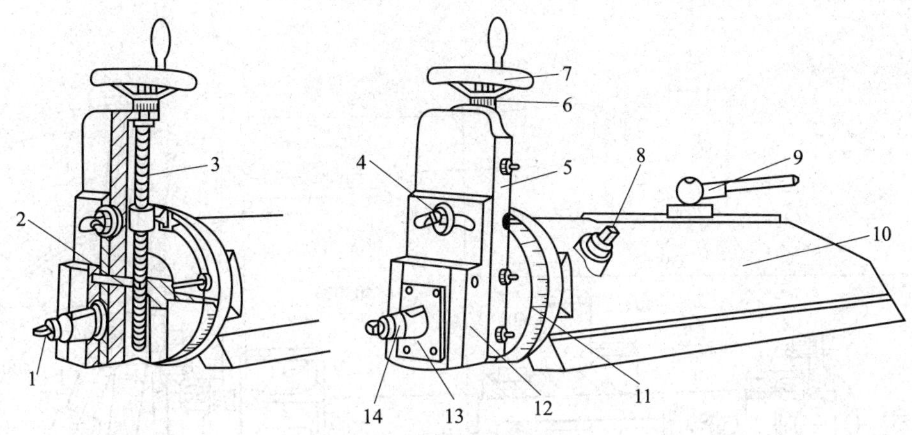

图 3—1—40　滑枕与刀架

1—紧固螺钉　2—铰链销　3—丝杠　4—紧固拍板座螺母　5—滑块　6—刻度环　7—手轮　8—方头　9—压紧手柄　10—滑枕　11—刻度转盘　12—拍板座　13—拍板　14—夹刀座

刻度转盘 11 用螺栓固定在滑枕 10 前端的安装基面上，根据加工需要，可作 60°的回转。刻度转盘 11 与滑块 5 通过燕尾导轨相配合，转动丝杠上端的手轮 7，可使滑块 5 沿着刻度转盘 11 的燕尾导轨移动。拍板 13 与拍板座 12 的凹槽相配合，拍板 13 可绕铰链销 2 向前上方抬起，目的是避免刨刀回程时与工件相互摩擦。松开紧固拍板座螺母 4，拍板座可绕弧形槽在滑块 5 的平面上作 15°的偏转，用以刨削侧面和斜面。

（5）进给机构。进给机构主要用来控制工作台横向进给方向的大小，如图 3—1—41 所示。

进给机构由正齿轮副、偏心销、拉杆、棘轮棘爪机构、丝杠螺母副组成。

当转动棘轮罩改变其缺口的位置时可以盖住棘爪架摆角 ϕ 内的一定的棘轮。盖住的齿数越小，进给量就越大；盖住的齿数越多，进给量越小。进给方向也可以改变棘轮罩缺口的方向和调整棘爪的方向。

（6）变速机构。变速机构在床身后侧。它的作用是通过变换变速手柄的位置，使摇杆得到各种不同的前后摇动次数，如图 3—1—42 所示。变速机构由三根平行轴、一组三联滑移齿轮、一组二联滑移齿轮、固定齿轮及两组变速操作手柄组成。

运动由电动机通过 v 带传动变速机构的主动轴，主动轴通过变速操纵手柄改变三联滑移齿轮的位置，使中间轴得到三种转速，输出通过自己的变速操纵手柄改变二联滑移齿轮的位置，使从动输出轴上的固定齿轮得到六种转速，并传动摇杆机构。

（7）曲柄摇杆机构。这套机构位于床身中间。它的作用是将电动机的旋转运动转变为滑枕的往复直线运动，如图 3—1—43 所示。

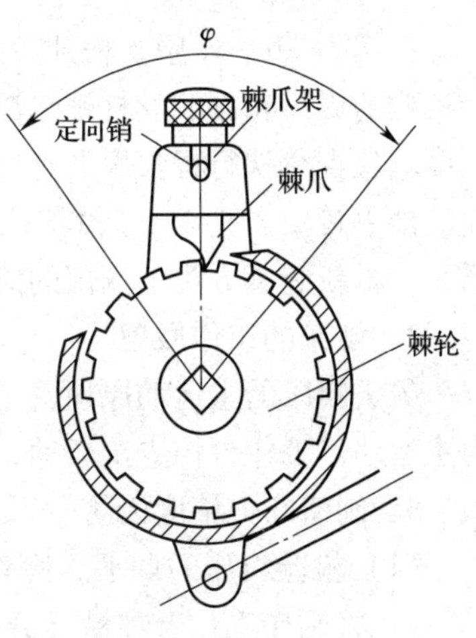

图 3—1—41　进给机构

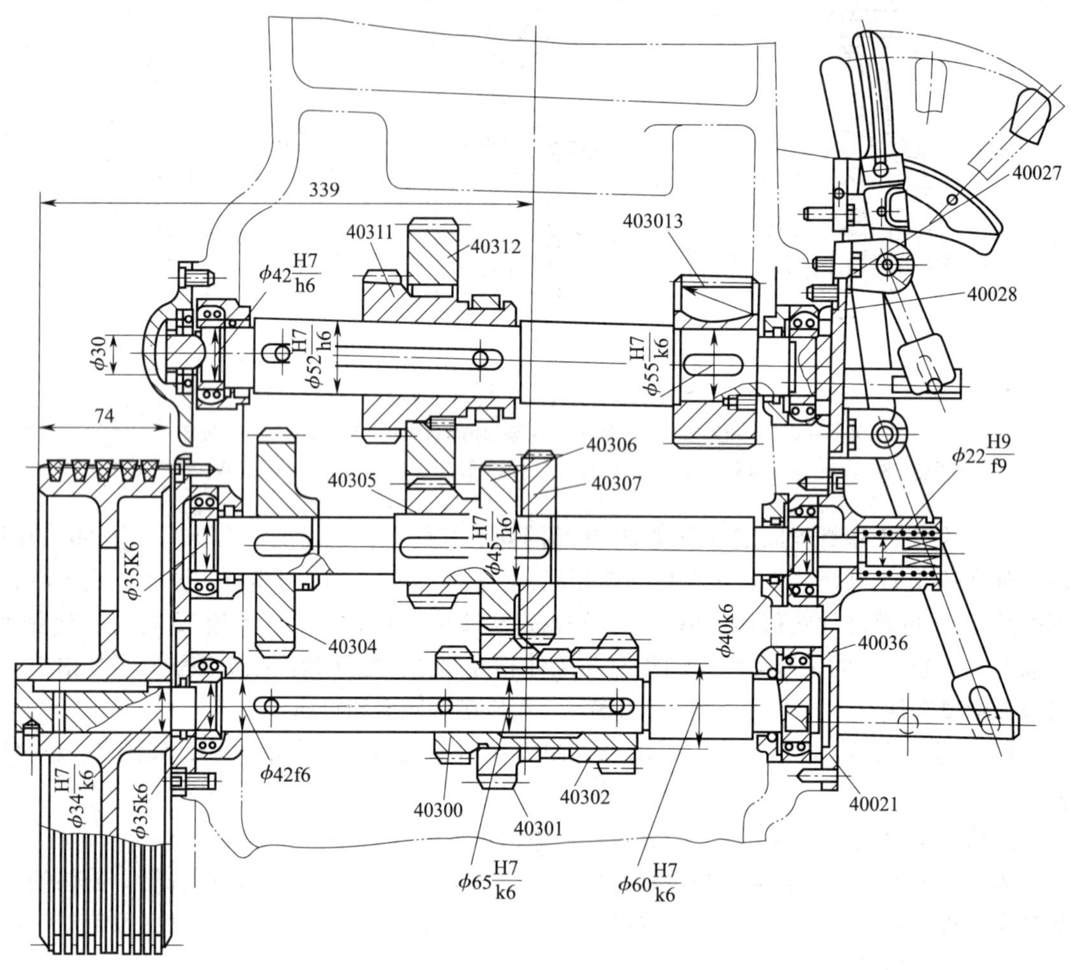

图 3—1—42　变速机构装配图

在图 3—1—44 中，松开方头 1 端部的滚花压紧螺母，用曲柄摇手转动方头 1，通过摇杆机构的锥齿轮副、丝杠螺母副改变摇杆销座及方滑块的偏心位置，即可改变滑枕的行程长度。检查滑枕行程长度调整得是否合适的方法是：将变速手柄 3 扳到空挡位置，然后用曲柄摇手转动方头 2，使滑枕往复移动来观察滑枕行程长度是否合适。调好后，取下曲柄摇手，重新旋紧方头 1 端部的滚花压紧螺母。

2. 刨床的工作原理

牛头刨床的主运动原理就是曲柄摇杆机构。它将旋转运动转变成直线往复运动，滑枕为主运动，工作台作进给运动，由滑枕带着刨刀，作直线往复运动。

3. 刨床几何精度检测

（1）检验机床的调平。检验简图如图 3—1—45 所示，检验方法及误差值的确定如下：

1）将刨床工作台和横梁分别置于全行程的中间位置，再把水平仪放置在工作台上平面的中央位置。

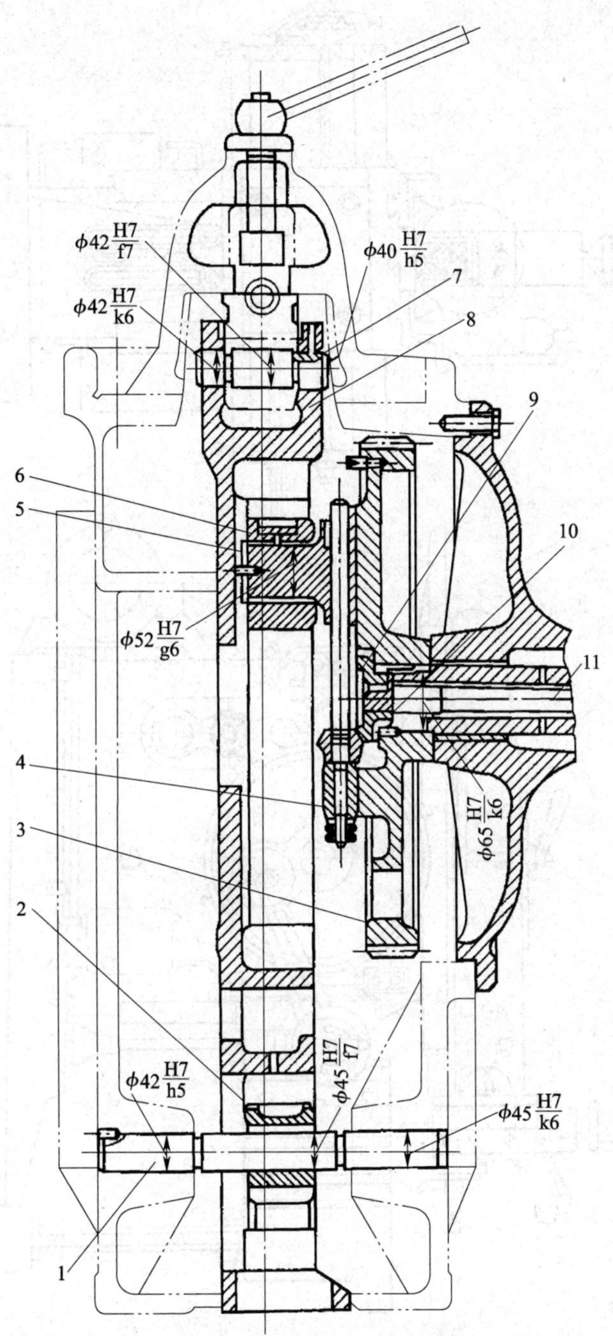

图 3—1—43　曲柄摇杆机构装配图

1—轴　2—圆滑块　3—摇杆传动齿轮　4—轴承　5—摇杆销座　6—方滑块

7—上支点轴承　8—摇杆　9—锥齿轮　10—调整垫圈　11—空心主轴

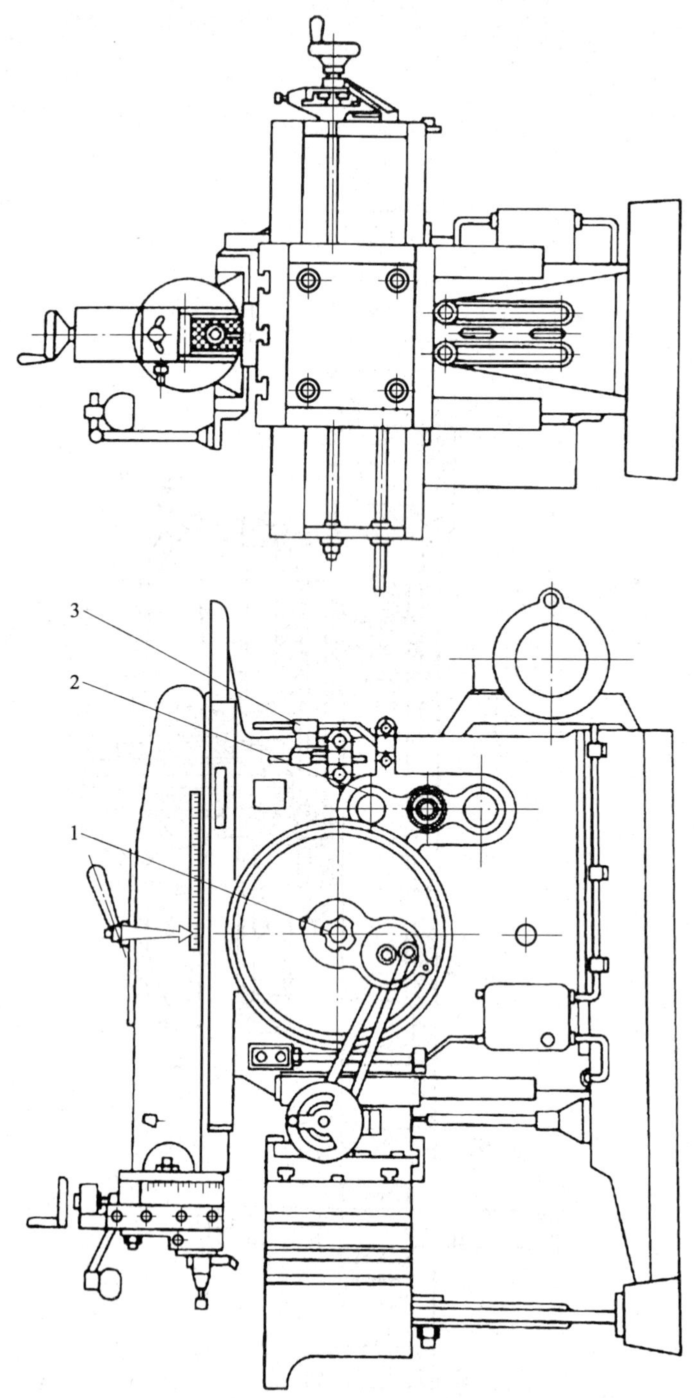

图 3—1—44　牛头刨床操纵图

1—调整滑枕行程长度用的方头　2—手移动滑枕用的方头　3—滑枕变速手柄

2）在纵向平面 a 和横向平面 b 上分别读数，要求两个方向的读数值均不得超过规定值。

若发现本项检验精度超差，可重新调整机床的安装水平，直至达到规定的精度要求，才可进行以下各项的检验。

（2）检验工作台上平面的平面度。检验简图如图 3—1—46 所示，检验方法及误差值的确定如下：

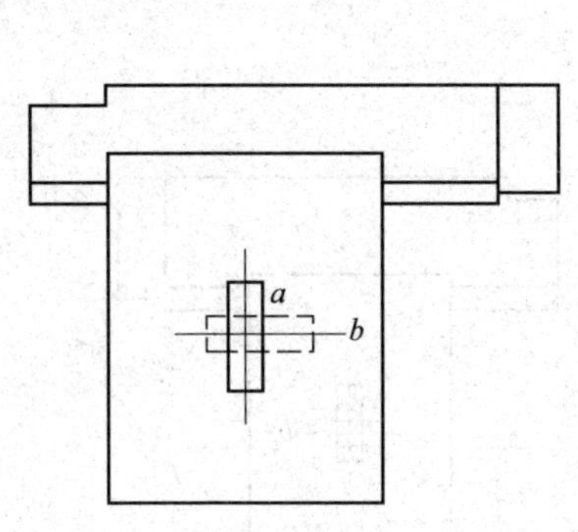

图 3—1—45　机床调平检验简图

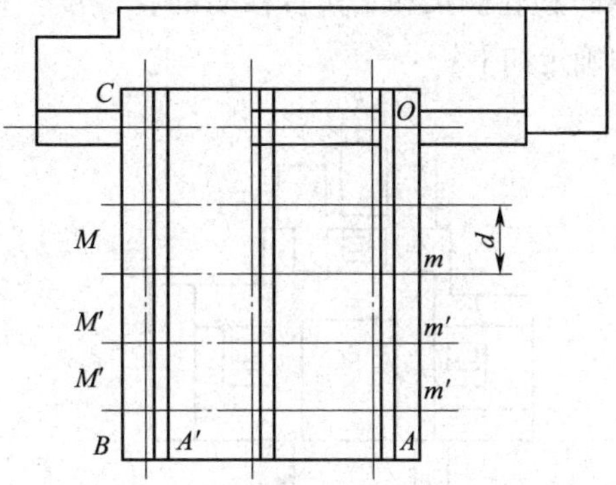

图 3—1—46　工作台上平面的平面度检验简图

1）测量法

①将刨床工作台和横梁分别置于全行程的中间位置，再在工作台上平面处放一桥板，其上放一水平仪，分别沿图示各测量方向移动桥板。

②每隔桥板的跨距 d 记录一次水平仪的读数。

③以工作台上平面 O、A、C 三点建立基准面，根据水平仪读数求得各测量点到基准水平面的坐标值。

④平面度误差即为在任意 300 mm 测量长度上的最大坐标差值。

2）研点法

①在刨床工作台上平面涂上显示剂（红丹油）。

②用一块精度高于检验要求的、尺寸略大于工作台面的平板，覆盖在工作台面上，小幅度移动研点，若工作台面接触均匀，则证明本项精度合格。

若发现精度超差，则检查如下几项：

a. 机床各部件的配合是否松动。

b. 支架调整是否合适。

c. 摇杆回转是否与滑枕移动方向平行。

d. 刨刀在刨削整个工作台面时的磨损情况等。

上述检查如发现问题，应及时调整。

（3）检验工作台侧平面对工作台上平面的垂直度。检验简图如图 3—1—47 所示，检验方法及误差值的确定如下：

1）将刨床工作台和横梁分别置于全行程的中间位置。

2）分别将水平仪放置在工作台平面及侧平面的中央位置进行检验。

3）垂直度误差即为水平仪读数的最大差值。

若本项精度超差，须待完成检验（5）、检验（8）后，再决定修复方案，具体操作要点如下：

①当检验（5）合格而检验（8）超差时，可修复工作台侧平面。

②当检验（5）超差而检验（8）合格时，可修复工作台上平面。

③修复的方法可采用手工刮削，有条件的也可用磨削。

（4）检验横梁和工作台移动的直线度。检验简图如图 3—1—48 所示，检验方法及误差值的确定如下：

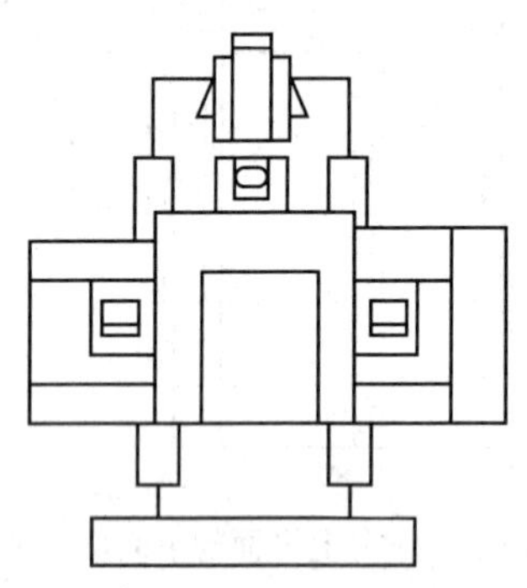

图 3—1—47　工作台侧平面对工作台上平面的垂直度检验简图

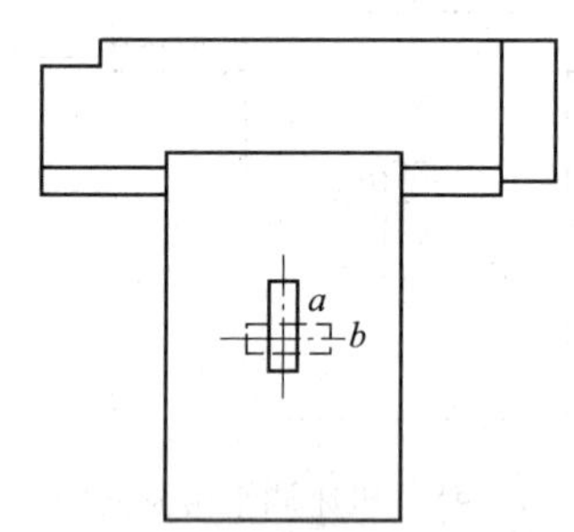

图 3—1—48　横梁和工作台移动的直线度检验简图

1）将工作台置于全行程的中间位置，再把水平仪沿纵向 a 放置在工作台上平面的中间位置，移动横梁，在其行程的上、中、下三个位置对水平仪进行读数。

2）将横梁紧固在全行程的中间位置，再把水平仪沿横向 b 放置在工作台上平面的中央位置，移动工作台，在两个极限位置和中间位置上对水平仪进行读数。

3）a、b 两处误差分别计算，水平仪读数的最大差值即为直线度误差。

注意：当工作台在横梁上移至两端极限位置时，因重量偏置而使机床倾斜，会影响水平仪的测量精度。故应在床身上不动的部位，沿测量方向放置第二个水平仪，以消除机床倾斜所产生的影响。

若本项精度 1）超差，可综合考虑后修复床身立导轨面；若本项精度 2）超差，可综合考虑后修复横梁水平导轨面。

（5）检验工作台移动方向相对工作台上平面的平行度。检验简图如图 3—1—49 所示，检验方法及误差值的确定如下：

1）将横梁固定在全行程的中间位置，在刀架上固定指示表，使其测头触及工作台上平面。

2）移动工作台，在工作台横向全长上进行检验。

3）平行度误差即为指示表读数的最大差值。

注意：本项检验分别对不使用工作台支架和使用工作台支架两种情况进行检验。

若本项精度超差，可对工作台上平面进行修复；若本项精度检验在有工作台支架时超差，没有工作台支架时反而合格，则可对工作台支架的滑动面进行修复。

（6）检验滑枕移动对工作台上平面的平行度。检验简图如图 3—1—50 所示，检验方法及误差值的确定如下：

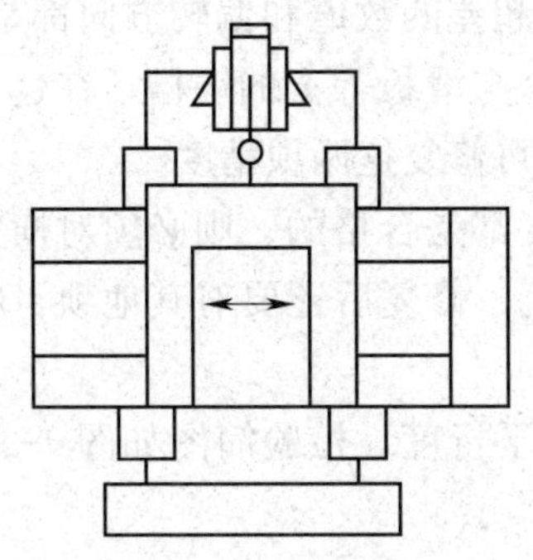
图 3—1—49 工作台移动方向相对工作台上平面的平行度检验简图

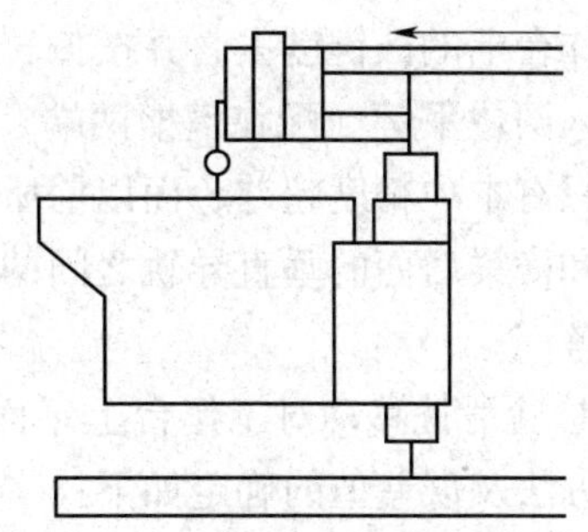
图 3—1—50 滑枕移动对工作台上平面的平行度检验简图

1）将工作台和横梁分别置于全行程的中间位置，并紧固横梁。

2）将指示表固定在滑枕上，使其测头触及任意两个 T 形槽之间的工作台上面（距 T 形槽边缘距离不少于 T 形槽宽度），移动滑枕进行检验。

3）平行度误差即为指示表读数的最大差值。

若发现超差，做如下检查及处置：

①检查滑枕与两压板配合间隙是否太大，导致滑枕外移时因重力作用使悬臂端向下倾斜，此时可适当调整压板间隙。

②检查刨削工作台上平面时，工作台支架可能顶得太高，一旦放松，就会由于工作台远端刨得过多而出现平行度超差，此时可适度调整工作台支架后重新刨削工作台上平面。

(7）检验滑枕移动对工作台侧平面的平行度。检验简图如图 3—1—51 所示，检验方法及误差值的确定如下：

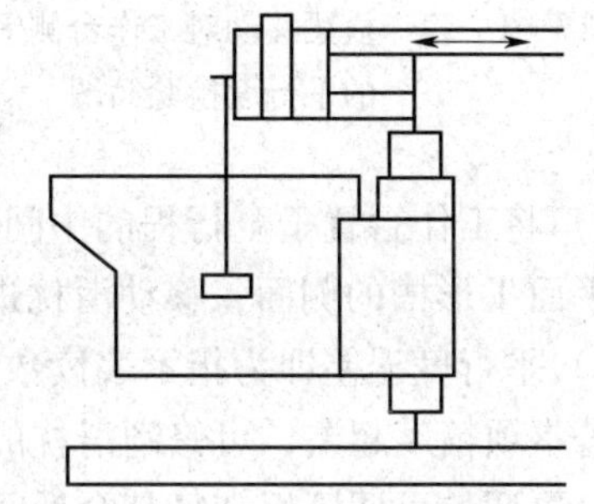
图 3—1—51 滑枕移动对工作台侧平面的平行度检验简图

1）将横梁置于全行程的中间位置，再把指示表固定在滑枕上，使其测头触及工作台侧平面，移动滑枕进行检验。

2）平行度误差即为指示表读数的最大差值。

如发现超差，可修刮工作台与滑板的连接面，直至达到要求为止。

注意：修刮之前先要对检验（9）进行检查，如检查（9）合格，本项精度超差则应修复工作台的侧平面。

(8）检验横梁移动对工作台侧平面的平行度。检验简图如图 3—1—52 所示，检验方法及误差值的确定如下：

1）将工作台置于全行程的中间位置，再把指示表固定在工作台前支架的导轨面（或其他适当部位）上，使其测头触及工作台侧平面，上、下移动横梁进行检验。

2）平行度误差即为指示表读数的最大差值。

超差调整时：

①若本项精度及检验（5）的精度均超差，且两项超差的数值和偏转方向都是一致的，则可将工作台上的凸键刨去，并按偏转的角度刨出一个与滑板等宽的键槽，在这个键槽中紧密地配入两块平键（配在键槽两端，中间断开），即可修复这两项精度。

②若只有本项精度超差，而以前所测得的各项精度都是合格的，则必须对横梁前面的水平导轨和横梁后面的垂直导轨之间的垂直度进行修复，修复后还要对其他项目精度进行检测和修整。

（9）检验滑枕移动对工作台上平面中央 T 形槽的平行度。检验简图如图 3—1—53 所示，检验方法及误差值的确定如下：

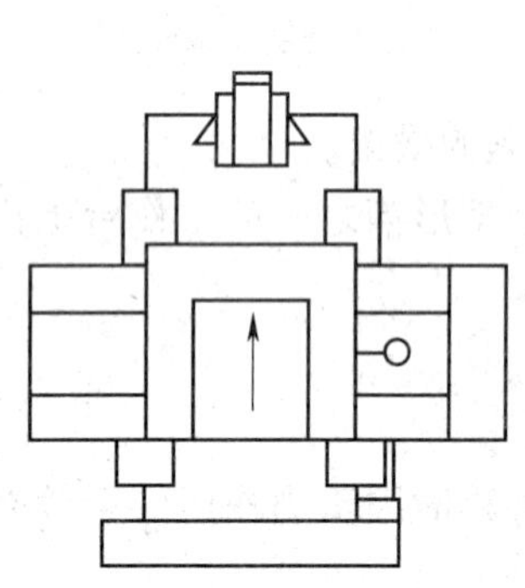

图 3—1—52　横梁移动对工作台侧平面的平行度检验简图

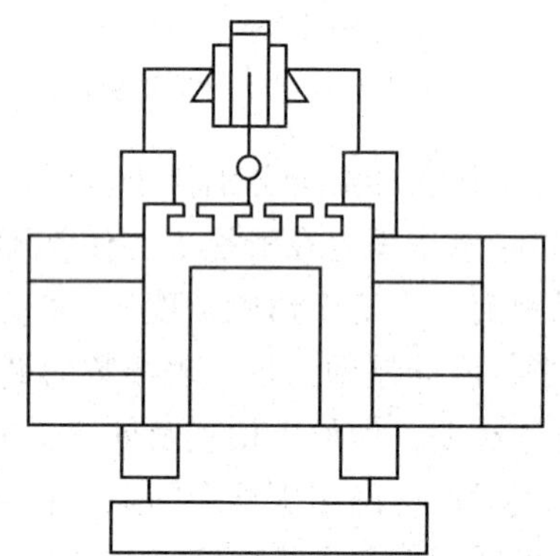

图 3—1—53　滑枕对工作台上平面中央 T 形槽的平行度检验简图

1）将工作台置于全行程的中间位置，再把指示表固定在刀架上，使其测头触及工作台上平面 T 形槽的侧面，移动滑枕进行检验。

2）平行度误差即为指示表读数的最大差值。

若本项精度超差，可修刮滑枕的固定压板面，改变滑枕的移动方向，使之与 T 形槽平行后，再调整可调压板恢复其合适间隙。

子课题 3　通用设备工作精度检测

学习目标

1. 掌握车床工作精度检测。
2. 掌握铣床工作精度检测。
3. 掌握刨床工作精度检测。

一、车床工作精度检测

1. 精车外圆的精度检测

试件尺寸及简图如图 3—1—54 所示。

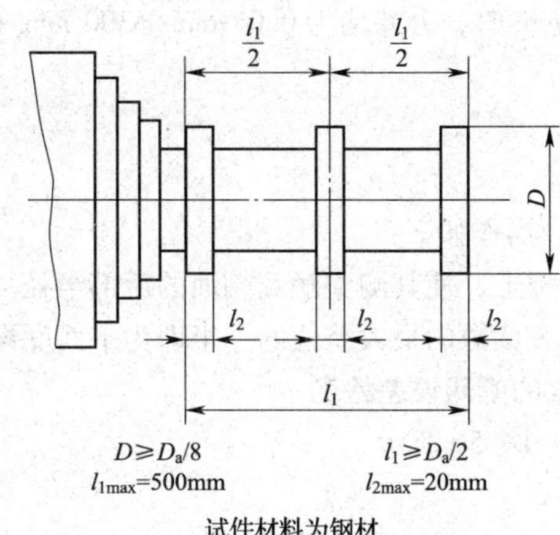

图 3—1—54 试件尺寸及简图（一）

（1）公差

1）圆度

①$D_a \leqslant 800$ mm 时，公差为 0.01 mm。

②800 mm < $D_a \leqslant 1\ 250$ mm 时，公差为 0.02 mm。

2）圆柱度

①$D_a \leqslant 800$ mm 时，公差为 0.03 mm/300 mm。

②800 mm < $D_a \leqslant 1\ 250$ mm 时，公差为 0.04 mm/300 mm（任何锥度都应当是大直径靠近床头端）。

注：D_a 为最大工件回转直径。

（2）检测方法

1）将试件夹在卡盘中（试件也可插在主轴锥孔中）。

2）精车后在三段直径上检测圆度和圆柱度。

①圆度误差以试件同一横截面内的最大与最小直径之差计。

②圆柱度误差以试件任意轴向横截面内的最大与最小直径之差计。

2. 精车端面的平面度检测

试件尺寸及简图如图 3—1—55 所示。

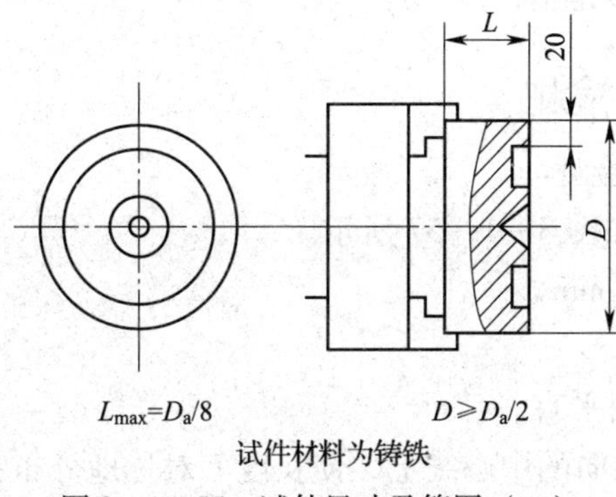

图 3—1—55 试件尺寸及简图（二）

（1）公差。D_a≤1 250 mm 时，公差均为 0.02 mm/ϕ300 mm（只许凹）。

（2）检测方法

1）将试件夹在卡盘中。

2）用平尺和量块检测。

3）也可用指示表检测，操作如下：

①将指示表固定在横刀架上，使其测头触及端面的后部半径。

②移动刀架检测，指示表读数的最大差值的一半即为平面度误差。

3. 精车 300 mm 长螺纹的螺距误差检测

试件尺寸及简图如图 3—1—56 所示。

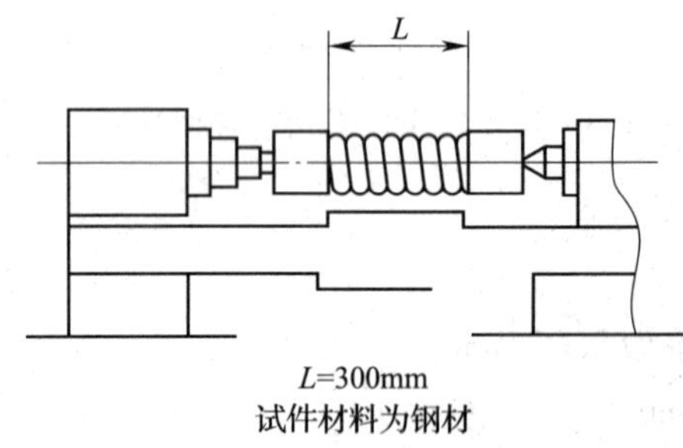

L=300mm
试件材料为钢材

图 3—1—56 试件尺寸及简图（三）

（1）公差

1）D_c≤2 000 mm 时，公差为 0.04 mm/300 mm。

2）D_c >2 000 mm 时，公差为：D_c每增加 1 000 mm，公差增加 0.005 mm，最大公差为 0.05 mm。

3）在任意 50 mm 测量长度内，公差为 0.015 mm。

注：D_c为最大工件长度。

（2）检测方法

1）将试件夹持在两顶尖之间。

2）试件螺距应与母丝杠螺距相同，其直径应尽可能接近母丝杠的直径。

3）精车后在 300 mm 和任意 50 mm 长度内进行检测。

4）螺纹表面应洁净，无洼陷与波纹。

二、铣床工作精度检测

1. 立式铣床工作精度检测

（1）每个试件的 *A* 面如图 3—1—57 所示。

1）公差。公差为 0.02 mm。

2）检测方法

①在试切前应确保 *E* 面平直。

②试件应位于工作台纵向的中心线上，使长度 *L* 对称地分布在工作台中心的两边。

③非工作滑动面在切削时均匀锁紧。

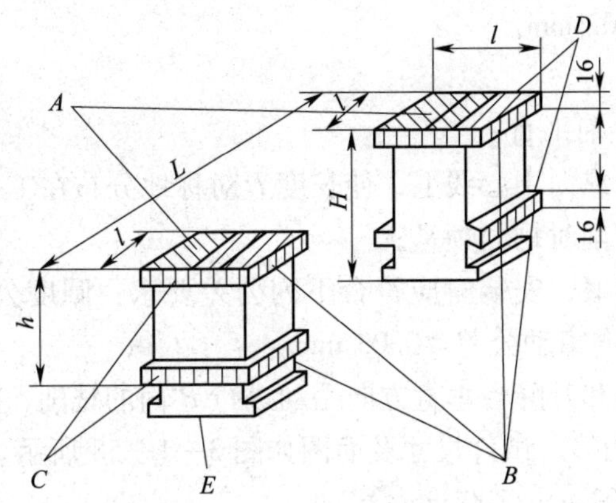

图 3—1—57 试件尺寸及简图（四）

④铣刀应装在刀杆刃磨，安装时应符合下列公差要求：圆度公差≤0.02 mm，径向圆跳动公差≤0.02 mm，轴向窜动公差≤0.03 mm。

⑤用工作台纵向机动和床鞍横向手动进行 *A* 面（*B* 面、*D* 面、*C* 面）的铣削，接刀处重叠 5 ~ 10 mm。

（2）试件高度 *H* 应相等。试件尺寸及简图如图 3—1—58 所示。

1）公差。公差为 0.03 mm。

2）检测方法。检测方法同前。

（3）*C* 和 *B* 面、*D* 和 *B* 面应互相垂直，而且都垂直于 *A* 面。试件尺寸及简图如图 3—1—58 所示。

1）公差。公差为 0.02 mm/100 mm。

2）检测方法。检测方法同前。

2. 卧式铣床工作精度检测

（1）每个试件的 *B* 面应平直。试件尺寸及简图如图 3—1—58 所示。

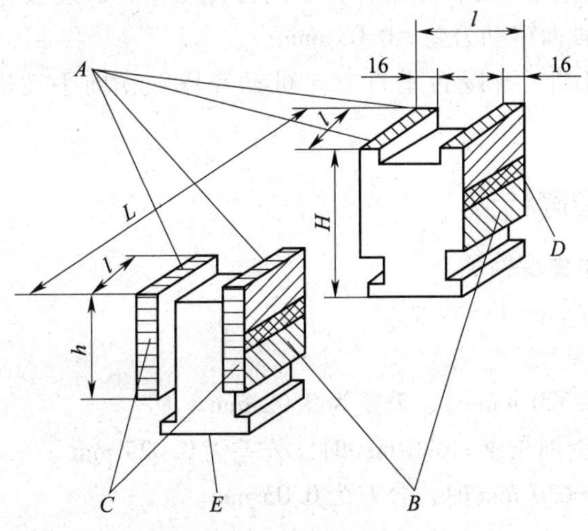

图 3—1—58 试件尺寸及简图（五）

1）公差。公差为0.02 mm。

2）检测方法

①在试切前应确保 *E* 面平直。

②试件应位于工作台纵向中心线上，使长度 *L* 对称地分布在工作台中心的两边。

③非工作滑动面在切削时均匀锁紧。

④铣刀应装在刀杆刃磨，安装时应符合下列公差要求：圆度公差≤0.02 mm，径向圆跳动公差≤0.02 mm，轴向窜动公差≤0.03 mm。

⑤用工作台纵向机动和升降台垂直方向手动进行 *B* 面的铣削，接刀处重叠5～10 mm。

（2）试件高度 *H* 应相等。试件尺寸及简图如图3—1—58所示。

1）公差。公差为0.02 mm/100 mm。

2）检测方法

①在试切前应确保 *E* 面平直。

②试件应位于工作台纵向中心线上，使长度 *L* 对称地分布在工作台中心的两边。

③非工作滑动面在切削时均匀锁紧。

④铣刀应装在刀杆刃磨，安装时应符合下列公差要求：圆度公差≤0.02 mm，径向圆跳动公差≤0.02 mm，轴向窜动公差≤0.03 mm。

⑤用工作台纵向机动和升降台垂直方向手动进行 *B* 面的铣削，接刀处重叠5～10 mm。

（3）*C* 和 *A* 面，*D* 面和 *A* 面应互相垂直，并都垂直于 *B* 面。试件尺寸及简图如图3—1—58所示。

1）公差。公差为0.02 mm/100 mm。

2）检测方法

①在试切前应确保 *E* 面平直。

②试件应位于工作台纵向中心线上，使长度 *L* 对称地分布在工作台中心的两边。

③非工作滑动面在切削时均匀锁紧。

④铣刀应装在刀杆刃磨，安装时应符合下列公差要求：圆度公差≤0.02 mm，径向圆跳动公差≤0.02 mm，轴向窜动公差≤0.03 mm。

⑤用工作台纵向机动、升降台垂直方向机动和床鞍横向手动进行 *A*、*C*、*D* 面的铣削。

三、刨床工作精度检测

1. 试件上平面的平面度检测

试件尺寸及简图如图3—1—59所示。

（1）公差

1）最大刨削长度≤320 mm时，公差为0.02 mm。

2）320 mm＜最大刨削长度≤630 mm时，公差为0.025 mm。

3）最大刨削长度＞630 mm时，公差为0.03 mm。

（2）检测方法

1）将试件安装在工作台的中间位置。

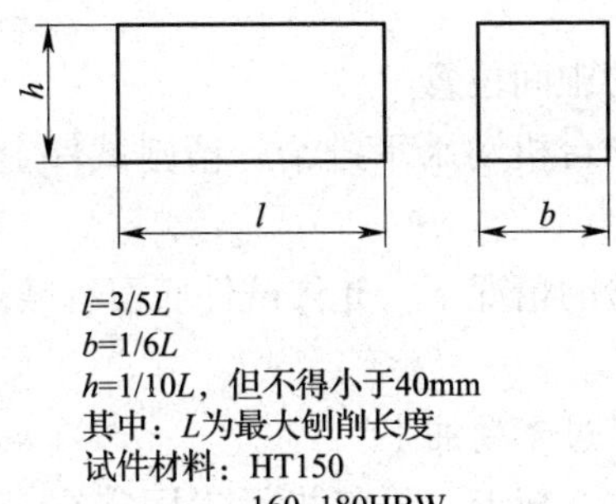

图3—1—59　试件尺寸及简图（六）

2）在一次安装中，用工作台机动水平进给，精刨试件上平面，用工作台机动垂直进给精刨试件两侧平面。

3）在不影响工作精度检验的情况下，允许试件底面有减重坑。

4）试件基面应预先精加工。

5）允许上平面和侧平面经过半精加工。

6）用可调支承将试件支承在平板上，使试件上平面最远三点与平板等高。

7）在平板上放置指示表使其测头触及上平面，再移动指示表进行检测，指示表读数的最大差值即为平面度误差。

2．试件上平面对基面的平行度检测

（1）公差

1）最大刨削长度≤320 mm时，公差为0.02 mm。

2）320 mm < 最大刨削长度≤630 mm时，公差为0.03 mm。

3）最大刨削长度 > 630 mm时，公差为0.04 mm。

（2）检测方法

1）将试件安装在工作台的中间位置。

2）在一次安装中，用工作台机动水平进给，精刨试件上平面，用工作台机动垂直进给精刨试件两侧平面。

3）在不影响工作精度检验的情况下，允许试件底面有减重坑。

4）试件基面应预先精加工。

5）允许上平面和侧平面经过半精加工。

6）在平板上放置试件及指示表，将指示表的测头触及试件上平面。

7）移动指示表进行检测。

8）指示表读数的最大差值即为检测误差。

3．试件两侧平面的平行度检测

（1）公差

1）最大刨削长度≤320 mm时，公差为0.01 mm。

2）320 mm < 最大刨削长度≤630 mm时，公差为0.02 mm。

3）最大刨削长度 > 630 mm时，公差为0.03 mm。

（2）检测方法

1）将试件安装在工作台的中间位置。

2）在一次安装中，用工作台机动水平进给，精刨试件上平面，用工作台机动垂直进给精刨试件两侧平面。

3）在不影响工作精度检验的情况下，允许试件底面有减重坑。

4）试件基面应预先精加工。

5）允许上平面和侧平面经过半精加工。

6）将试件及专用表座放在平板上，再将指示表固定在表座上，并使其测头触及试件侧平面。

7）移动指示表进行检测（只检测朝向操作者的一面），指示表读数的最大差值即为检测误差。

课题 2　传动机构的维修

子课题 1　凸轮机构的维修

1. 了解凸轮的种类及特点。
2. 熟悉凸轮的工作原理。
3. 熟悉从动件的运动规律。
4. 掌握凸轮机构的维修。

一、凸轮的种类及特点

1. 凸轮的种类

凸轮机构一般由凸轮、从动件、机架三个构件组成。

（1）按凸轮的形式分

1）盘形凸轮。仅具有径向轮廓线尺寸变化并绕其轴线旋转的凸轮称为盘形凸轮，如图 3—2—1 所示。

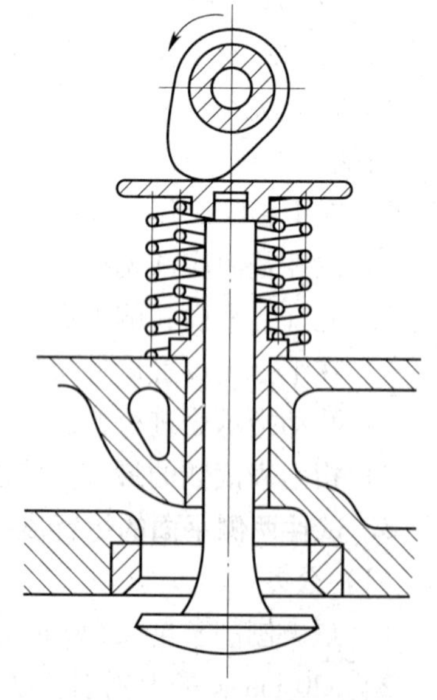

图 3—2—1　盘形凸轮

2）移动凸轮。当盘形凸轮的回转中心趋于无穷远时，凸轮相对机架作直线运动，这种凸轮称为移动凸轮，如图 3—2—2 所示。移动凸轮通常作往复直线运动。

3）圆柱凸轮。轮廓曲线位于圆柱面上并绕其轴线旋转的凸轮称为圆柱凸轮。这种凸轮可认为是将移动凸轮卷成圆柱体演化而成的，如图 3—2—3 所示。

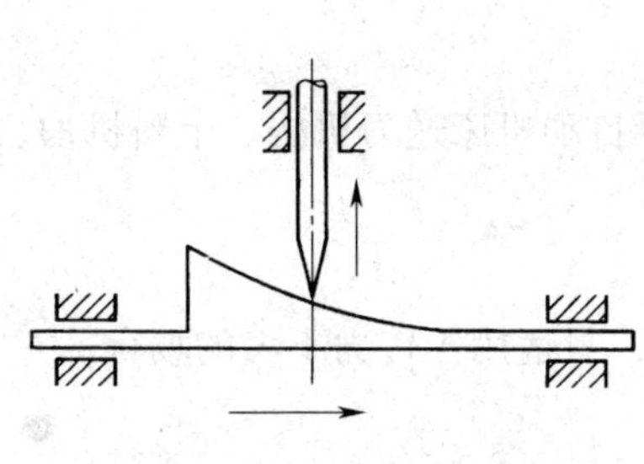
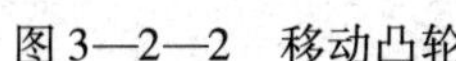
图 3—2—2　移动凸轮

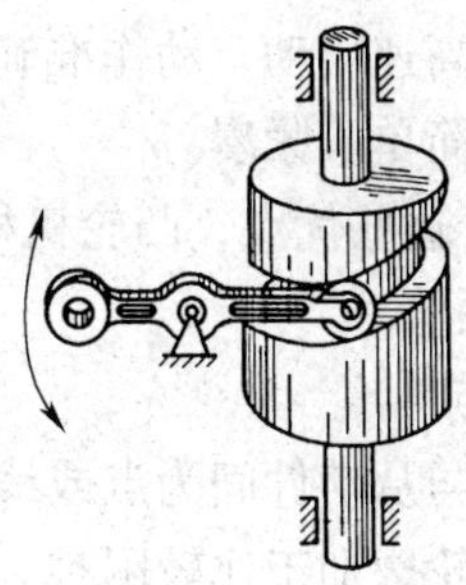
图 3—2—3　圆柱凸轮

盘形凸轮和移动凸轮属于平面凸轮机构，圆柱凸轮属于空间凸轮机构。

（2）按从动件的形式分

1）平底从动件（见图 3—2—1）。平底从动件常用于高速凸轮机构中。

①优点：结构紧凑；润滑性好，摩擦阻力较小。

②缺点。凸轮轮廓不允许呈凹形，故运动规律受到一定限制。

2）尖底从动件（见图 3—2—2）。尖底从动件多用于传力小、速度低、传动灵敏的场合。

①优点：结构简单、紧凑；可准确地实现任意运动规律。

②缺点：易磨损；承载能力小。

3）滚子从动件（见图 3—2—3）。

①优点：摩擦阻力小，不易磨损；承载能力较大。

②缺点：运动规律有局限性；滚子轴处有间隙，不宜高速运动。

4）曲面（含球面）从动件（见图 3—2—4）。曲面从动件的特点介于滚子形式与平底形式之间。

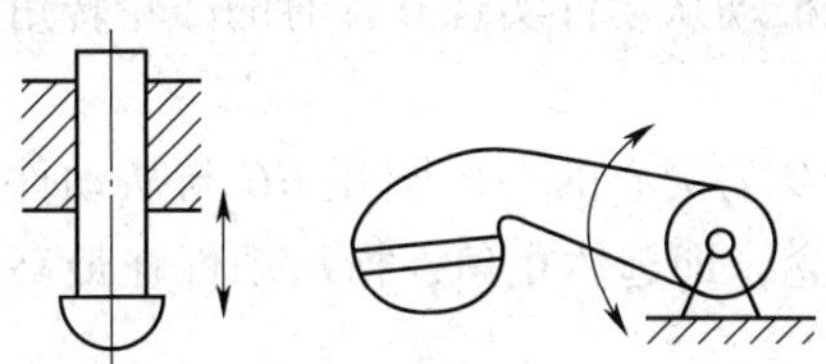
图 3—2—4　曲面（含球面）从动件

尖底从动件、滚子从动件、平底从动件、曲面（含球面）从动件相对其机架均既可作往复直线运动，又可作往复摆动运动。

（3）按凸轮与从动件维持高副接触（锁合）的方式分

1）力锁合。利用从动件的重量，弹簧力或其他外力使从动件与凸轮保持接触，如图 3—2—1 所示。

2）几何锁合。依靠凸轮和从动件的特殊几何形状而始终维持接触，如图 3—2—3 所示的凹槽凸轮，其凹槽两侧面间的距离等于滚子的直径，故能保证滚子与凸轮始终接触。

2. 凸轮的特点

（1）优点

1）只需设计适当的凸轮轮廓，便可使从动件得到任意的预期运动。

2）可以高速启动，动作准确可靠。

3）结构简单、紧凑。

正是由于这些优点，凸轮机构才广泛应用于自动机床送刀机构、上料机构、制动机构、各种电器开关等。

（2）缺点

1）凸轮与从动件间为点或线接触，易磨损，只适用于传力不大的场合。

2）凸轮轮廓加工比较困难。

3）从动件的行程不能过大，否则会使凸轮变得笨重。

二、凸轮机构的工作原理

现以如图3—2—5所示的凸轮机构为例，其中凸轮作等速回转运动，从动件作往复移动。以凸轮轮廓上最小半径所画的圆为凸轮的基圆，其半径以 r_0 表示。在图3—2—5中，从动件处于最低位置，其尖端与凸轮轮廓上的点 *A* 接触（是基圆和曲线 *AB* 的连接点）。当凸轮从 *A* 点位置开始逆时针方向等速回转一周时，即又回到 *A* 点，从动件的运动经历了四个阶段，其顺序为升→停（远）→降→停（近）。凸轮继续回转时，从动件将又重复这四个阶段。

1. 升

凸轮的曲线轮廓 *AB* 部分将连续与从动件的尖端接触，并因 *AB* 部分的向径逐渐增大，将推动从动件按一定的运动规律逐渐升高，当轮廓上最大半径的点 *B* 回转到 *B′* 位置时，从动件升到最高位置（图3—2—5中的双点画线位置），此时产生两个概念：

（1）升程。升程指从动件自最低位置升到最高位置的过程，又称为推程。

（2）升程角。升程角指推动从动件实现升程时的凸轮转角，又称为推程角。

2. 停（远）

当凸轮继续回转时，以 *O* 为圆心的一段圆弧 *BC* 与从动件接触，从动件将在最高位置停止不动，此时产生一个概念，即远休止角，指从动件在最高位置停止不动时对应的凸轮转角，又称为远停角。

3. 降

当凸轮继续回转，向径逐渐减小的一段轮廓 *CD* 部分依次与从动件接触，从动件按一定的运动规律逐渐下降，此时又产生两个概念：

（1）回程。回程指从动件自最高位置降到最低位置的过程。

（2）回程角。回程角指从动件实现回程时的凸轮转角。

4. 停（近）

当凸轮继续回转，基圆的圆弧 *DA* 与从动件接触时，从动件将在最低位置停止不动，此时又产生一个概念，即近休止角，指从动件在最低位置停止不动时相对应的凸轮转角，又称为近停角。

从动件的上述运动循环可用如图3—2—5b所示的曲线表示，它是凸轮轮廓设计的依据。

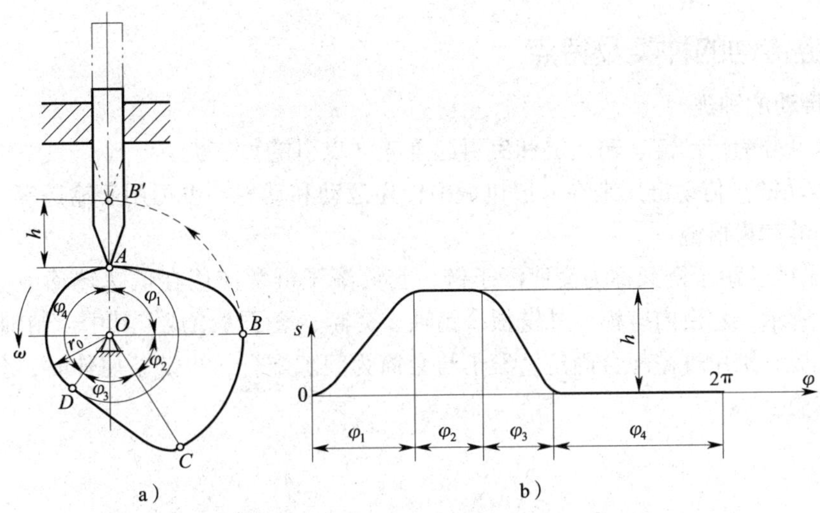

图 3—2—5　凸轮机构和从动件位移曲线

a）凸轮机构　b）从动件位移曲线

三、凸轮机构从动件的运动规律

1. 等速运动规律

等速运动规律是指从动件上升（或下降）的速度为一常数的运动规律。

2. 等加速、等减速运动规律

等加速、等减速运动规律是指从动件在行程中先作等加速运动，后作等减速运动的运动规律。通常，加速段和减速段的时间相等，位移也相等，加速度的绝对值也相等。

四、凸轮机构的维修

凸轮机构因凸轮与从动件为点或线接触，故易磨损，致使运动误差超差。凸轮损坏或磨损严重时就需要更换。有图样时，可按图样制造新件。无图样时，可测绘原凸轮轮廓曲线。其中一种测绘方法是分度法，即在铣床分度头或光学分度头上进行测绘，圆柱凸轮在坐标镗床进行测绘更为方便；还有一种方法是拓印法。上述两种方法测绘出的凸轮轮廓都需要进一步校正，特别是拓印法更需要校正。

子课题 2　链传动机构的维修

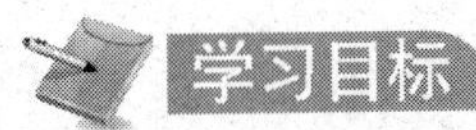

1. 了解链传动的种类及特点。
2. 熟悉链传动的工作原理。
3. 掌握链传动机构常见故障的维修。

由链条和具有特殊齿形的链轮组成的传递运动和动力的传动，称为链传动。

一、链传动的种类及特点

1. 链传动的种类

按用途可分为传动链、输送链和曳引起重链（曳引链）三类。

（1）传动链。传动链用来在一般机械中传递运动和动力，也可用于输送等。传动链又可分为滚子链和齿形链。

1）滚子链。滚子链又称为套筒滚子链，套筒滚子链常应用在低速转动中，其结构如图3—2—6所示，它由内链板、外链板、销轴、套筒、滚子等组成。其中，销轴与外链板、套筒与内链板分别用过盈配合固定，滚子与套筒为间隙配合，当链条屈伸时，套筒可在销轴上自由转动。

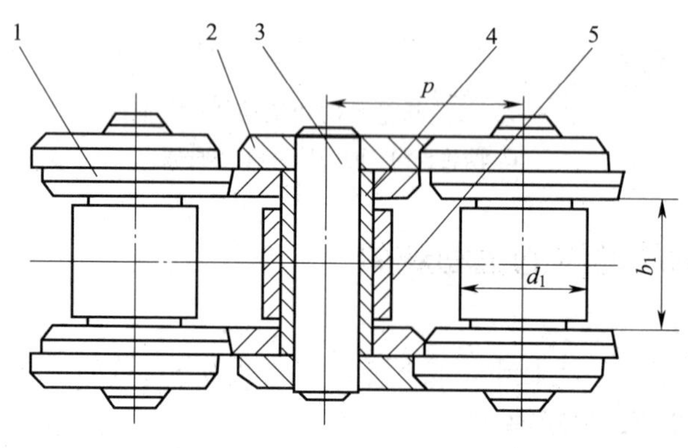

图3—2—6 滚子链

1—内链板 2—外链板 3—销轴 4—套筒 5—滚子

滚子链的连接使用连接链节或过渡链节。当链条一端为内链节，另一端为由外链板和销轴组成的可拆卸外链节时，使用的是连接链节连接，用开口销或弹性锁片连接两端的内、外链节，连接后链条的链节数为偶数，如图3—2—7a、b所示。当链条两端均为内链节或外链节时，使用的是过渡链节连接，连接后链条的链节数为奇数，如图3—2—7c所示。因为过渡链节是弯曲的，抗拉强度低，所以尽量不要采用。

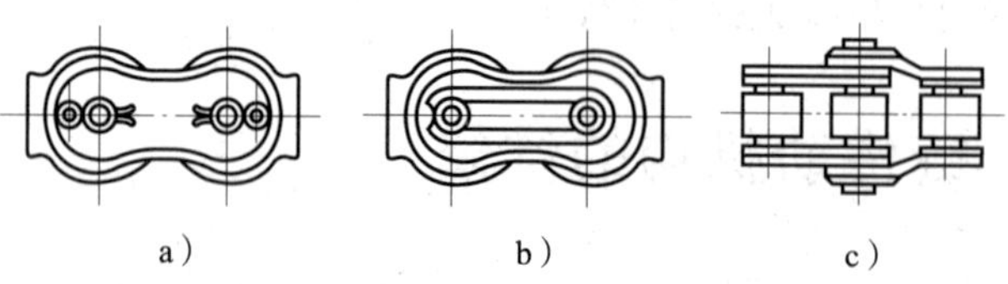

图3—2—7 滚子链的连接形式

2）齿形链。齿形链是由形状像轮齿形的链板铰接在一起而形成的链条，如图3—2—8所示。同套筒滚子链比较，齿形链具有工作平稳、噪声小、链速较高、有一定耐冲击载荷的能力、齿轮受力较均匀的优点；其缺点就是价格较贵、重量较大且安装维护的要求高。

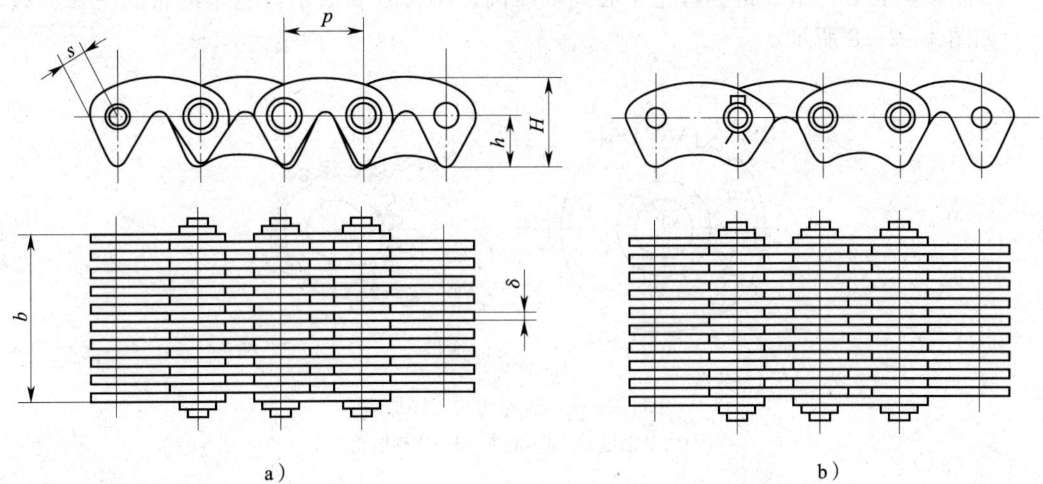

图 3—2—8 齿形链

（2）输送链。输送链用来输送工件、物品和材料，既可以直接用在各种机械上，也可组成链式输送机。

（3）曳引起重链（曳引链）。曳引起重链（曳引链）用来传递力，起牵引、悬挂物品的作用，兼作缓慢运动。

2. 特点

（1）优点

1）能保证准确的平均传动比。

2）传递功率大，张紧力小，即作用在轴和轴承上的压力小。

3）传动效率高，可达 0.95 ~0.98。

4）可在低速、重载、高温、尘土飞扬、淋水、淋油等不良环境中工作。

5）可用一根链条同时带动几根彼此平行的轴传动。

（2）缺点

1）瞬时传动比是变化的，转动中会产生动载荷和冲击。

2）安装和维护要求高。

3）链条的铰链磨损后，节距变大，链条易脱落。

4）无过载保护作用。

二、链传动的工作原理

如图 3—2—9 所示，主动链轮 3 回转时，通过链条 2 与两链轮之间的啮合力，使从动链轮 1 回转，进而实现运动和动力的传递。传动比 i 为：

$$i=\frac{n_1}{n_2}=\frac{z_2}{z_1} \qquad (3—2—1)$$

式中 n_1、n_2——主动链轮、从动链轮转速；

z_1、z_2——主动链轮、从动链轮齿数。

节距指两相邻链节铰链副理论中心间的距离，用符号 p 表示。它是链条的主要参数之一，如图 3—2—8 所示。

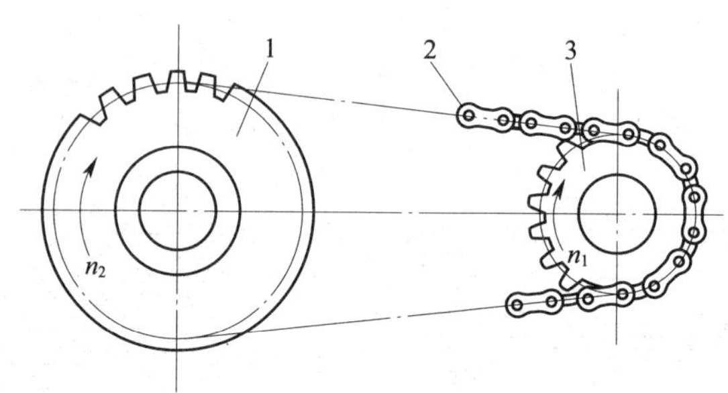

图 3—2—9 链传动的工作原理

1—从动链轮 2—链条 3—主动链轮

三、链传动机构常见故障的维修

链传动机构的常见故障有：链被拉长；链和链轮磨损；链节断裂。

1. 链被拉长的维修

（1）加强润滑和清洗防尘，以减缓链被拉长。

（2）当链轮中心距可调节时，可通过调节中心距使链条拉紧。

（3）当链轮中心距不可调时，可以使用张紧轮装置，使链条拉紧。

（4）也可以卸掉一个或几个链节来达到拉紧的目的。

（5）链被拉长到一定程度时就应更换链条。

2. 链和链轮磨损的维修

链和链轮的磨损达到一定程度时，就需要更换，一般不进行修复。

3. 链节断裂的维修

在链传动中，若发现个别链节断裂，可采用更换个别链节的方法解决。

子课题 3 齿轮传动机构的维修

学习目标

1. 了解齿轮的种类及特点。
2. 熟悉齿轮传动的工作原理。
3. 掌握齿轮传动机构的维修。
4. 了解轮系的种类、特点及用途。

齿轮传动是利用齿轮副来传递运动和动力的一种机械传动。

一、齿轮的种类及特点

1. 齿轮的种类

(1) 根据齿轮副两传动轴的相对位置分。根据齿轮副两传动轴的相对位置可分为平行轴齿轮传动（见图3—2—10）、相交轴齿轮传动（见图3—2—11）、交错轴齿轮传动（见图3—2—12）。

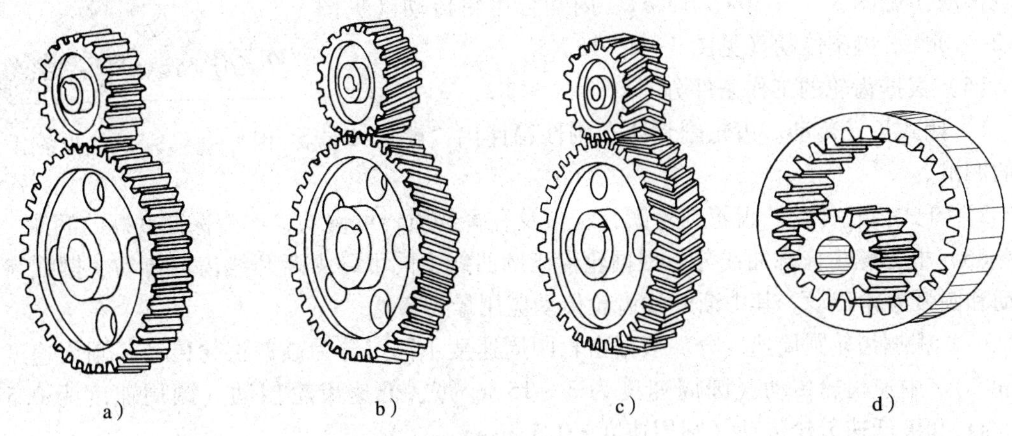

图3—2—10　平行轴齿轮传动

a）直齿轮副　b）平行轴斜齿轮副　c）人字齿轮副　d）内啮合直齿轮副

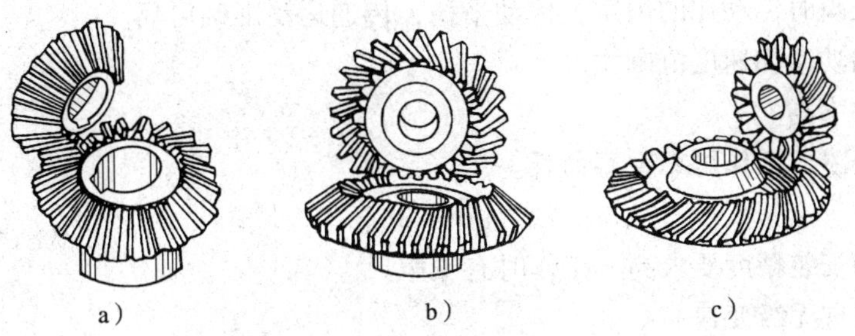

图3—2—11　相交轴齿轮传动

a）直齿锥齿轮副　b）斜齿锥齿轮副　c）曲线齿轮副

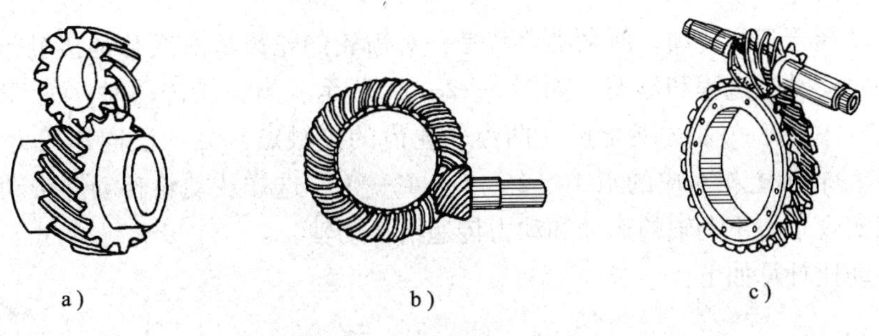

图3—2—12　交错轴齿轮传动

a）交错轴斜齿轮副　b）准双曲面齿轮副　c）蜗杆副

（2）根据齿轮分度曲面分。根据齿轮分度曲面可分为圆柱齿轮传动（见图3—2—10、图3—2—12a）和锥齿轮传动（见图3—2—11、图3—2—12b）。

（3）根据齿线形状分。根据齿线形状不同可分为直齿齿轮传动（见图3—2—10a、d和图3—2—11a）、斜齿齿轮传动（见图3—2—10b、图3—2—11b、图3—2—12a）和曲线齿齿轮传动（见图3—2—11c、图3—2—12b）。

（4）根据啮合方式分。根据啮合方式不同可分为外啮合齿轮传动（见图3—2—10a、b、c）、内啮合齿轮传动（见图3—2—10d）、齿条传动（见图3—2—13）。

图3—2—13　齿轮齿条副

（5）根据齿轮的工作条件分

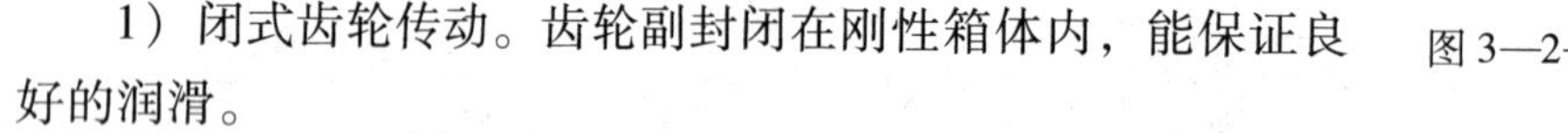

1）闭式齿轮传动。齿轮副封闭在刚性箱体内，能保证良好的润滑。

2）开式齿轮传动。齿轮副外露，灰尘及有害物质皆可侵入，不能保证良好的润滑。

（6）根据轮齿齿廓曲线分。根据轮齿齿廓曲线不同可分为渐开线齿轮传动、摆线齿轮传动和圆弧齿轮传动。其中渐开线齿轮传动应用最为广泛。

（7）根据齿轮圆周速度分。根据齿轮圆周速度不同可分为高速齿轮传动（圆周速度 > 15 m/s）、中速齿轮传动（圆周速度为 3 ~ 15 m/s）、低速齿轮传动（圆周速度为 0.5 ~ 3 m/s）和极低速齿轮传动（圆周速度 < 0.5 m/s）。

2. 齿轮传动的特点

（1）优点

1）能保证瞬时传动比的恒定，传动平稳，传递运动准确可靠。

2）传递的功率和速度范围大。

3）传动效率高。

4）结构紧凑，工作可靠，寿命长。

（2）缺点

1）制造和安装精度要求高，工作时有噪声。

2）不能实现无级变速。

3）结构庞大、笨重。

二、齿轮传动的工作原理

齿轮传动属于啮合传动，所谓啮合就是一对齿轮的轮齿依次交替地接触，从而实现一定规律的相对运动的过程和形态，如图3—2—14所示。当齿轮传动时，主动轮 O_1 的轮齿上的点1、2、3、4……通过啮合点（两齿轮轮齿的接触点）处的法向作用力 F_n，依次推动从动轮 O_2 的轮齿上相对应的点1′、2′、3′、4′……，这样从动轮转动并带动从动轴一起回转，这就实现了将主动轴的运动和动力传递给从动轴。

齿轮传动比计算如下：

$$i = \frac{\omega_1}{\omega_2} = \frac{n_1}{n_2} = \frac{z_2}{z_1} \quad (3—2—2)$$

式中　ω_1、n_1——主动齿轮的角速度、转速；

ω_2、n_2——从动齿轮的角速度、转速；

z_1、z_2——主、从动齿轮齿数。

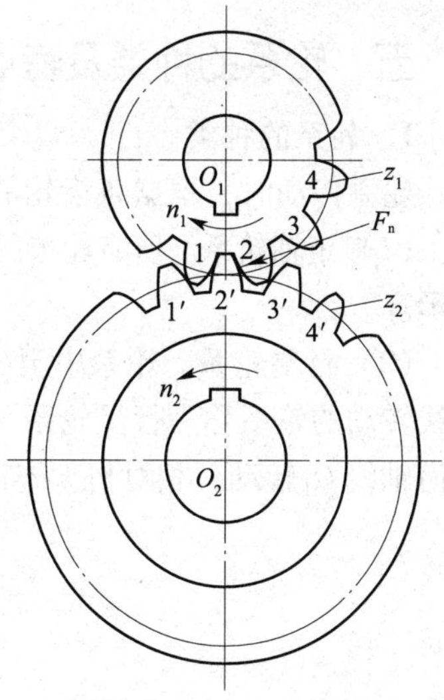

图 3—2—14　齿轮传动

三、齿轮传动机构的常见故障

1. 齿面点蚀。
2. 齿面胶合。
3. 齿面塑性变形。
4. 齿面磨损。
5. 一个或连续几个齿折断。

四、齿轮传动机构的维修

齿轮传动机构的常见故障有齿面点蚀、齿面胶合、齿面塑性变形、齿面磨损和一个或连续几个齿折断。

1. 齿面点蚀的维修

（1）提高齿面硬度。

（2）减小表面粗糙度值。

（3）在许可范围内采用最大的变位系数。

（4）增大润滑油黏度与减小动载荷。

2. 齿面胶合的维修

（1）改进冷却方式。

（2）选用黏度较高的润滑油。

（3）提高齿面硬度，减小表面粗糙度值。

（4）检查其他件的磨损及变形情况。

（5）减小负荷。

（6）提高油面，使齿轮在运转时浸没 2 ~3 个齿。

3. 齿面塑性变形的维修

（1）更换齿轮，按要求合理选材。

（2）减小负荷，改善润滑条件。

（3）适当提高齿面硬度和润滑油黏度。

4. 齿面磨损的维修

（1）齿面凹痕不深但齿廓间隙超过了极限，其修理方法为：调整中心距。

（2）小齿轮磨损严重，大齿轮磨损较轻。其修理方法为：及时更换小齿轮。

（3）大小齿轮均磨损。其修理方法为：变位切削。

（4）全部齿形磨损严重。其修理方法为：采用堆焊。

（5）轮齿单向磨损。其修理方法为：翻面使用。

（6）轮齿的多数部分损坏严重。其修理方法为：更换轮缘。

（7）轮齿严重破坏。其修理方法为：利用塑性变形即挤压法解决。

5. 一个或连续几个齿折断的维修

修理方法为：堆焊法或镶齿法。

五、轮系的种类及特点

1. 轮系的种类

轮系传动时，根据各齿轮的轴线相对机架是否固定，分为以下三大类：

（1）定轴轮系。所有轮齿的轴线相对机架都是固定的轮系称为定轴轮系，如图 3—2—15 所示。

（2）行星轮系。轮系中至少有一个齿轮的轴线相对机架不固定，而是绕着另一个齿轮轴线转动的轮系称为行星轮系，如图 3—2—16 所示。齿轮 2 的几何轴线 O_2 在绕齿轮 1 的几何轴线 O_1 转动，相对机架不固定。

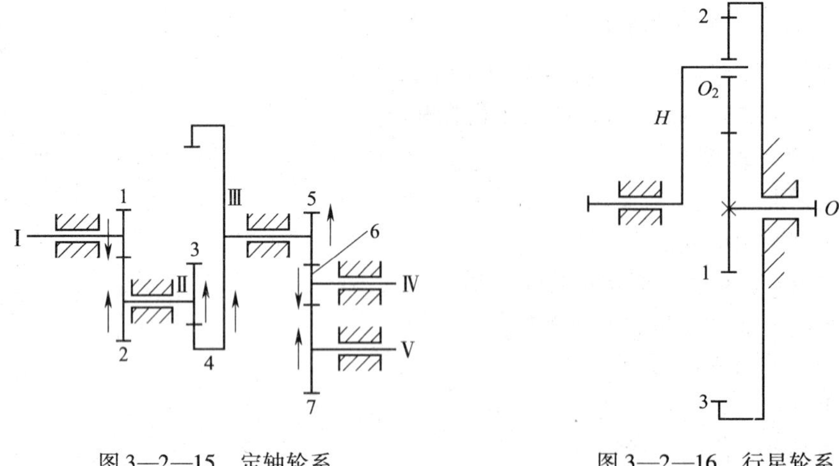

图 3—2—15　定轴轮系　　图 3—2—16　行星轮系

（3）混合轮系。既有定轴轮系又有行星轮系的轮系称为混合轮系，如图 3—2—17 所示。

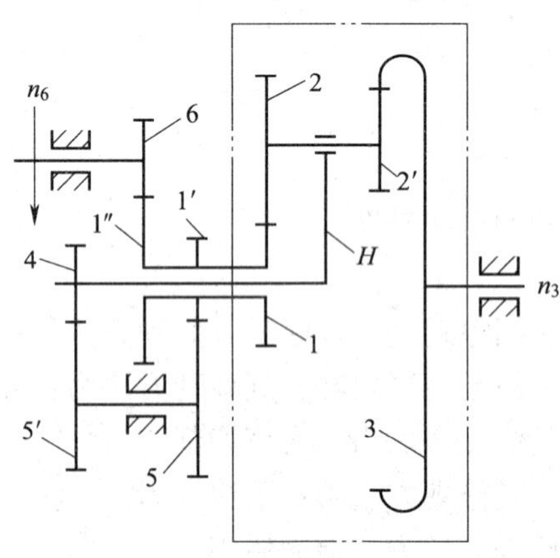

图 3—2—17　混合轮系

2. 轮系的特点

（1）能获得很大的传动比。

（2）可作较远距离的传动。

（3）可实现变速要求。

（4）可改变从动轴的回转方向。

（5）可进行运动的合成或分解。

六、轮系的用途

1. 定轴轮系的用途

（1）实现相距较远的两轴之间的传动。当两轴相距较远而传动比又不能太大时，若仅用一对齿轮传动，则齿轮传动的外廓尺寸很大，此时，就可采用定轴轮系。

（2）可获得大的传动比。当两轴之间需要较大的传动比，若仅用一对齿轮传动，则两轮直径必相差悬殊，致使整个机构的尺寸也随之增大，此时，就可采用定轴轮系。

（3）实现变速传动。在主动轴为一种转速的情况下，经过定轴轮系可使从动轴获得多种转速，这就是变速传动。

（4）可改变从动轴的转向。在主动轴转向不变的情况下，若要求从动轴实现正反转，就可用定轴轮系来实现。

（5）可实现分路传动。利用定轴轮系可使一根主动轴通过齿轮带动若干根从动轴同时转动。

2. 行星轮系的用途

（1）可获得很大的传动比。在传动功率与传动比相同的情况下，行星轮系减速器的体积和质量均比定轴轮系减速器的体积和质量小得多。

（2）能实现运动的合成。行星轮系可将两个各自独立的运动合成为一个运动。

（3）能实现运动的分解。行星轮系可将一个基本输入运动（转动）按需要分解成两个构件的运动（转动）输出。如汽车后差速器，在汽车转弯时，如左转，为了使两后轮均在地面上滚动而不发生相对滑动，就要求右轮比左轮转得快，这时差速器中的行星轮系产生差动效果使右侧车轮比左侧车轮转得快，从而保证车轮与地面纯滚动。

子课题 4　蜗轮蜗杆传动机构的维修

学习目标

1. 了解蜗轮蜗杆的种类及特点。
2. 熟悉蜗轮蜗杆传动的工作原理。
3. 掌握蜗轮蜗杆回转方向的判定。
4. 掌握蜗轮蜗杆传动机构的维修。

一、蜗轮蜗杆的种类及特点

蜗杆是指一个齿轮。当它具有一个或几个螺旋齿，并且与蜗轮啮合时，就组成交错轴齿轮副。其分度曲面可分为圆柱面、圆锥面或圆环面。

蜗轮是指一个齿轮，它作为交错轴齿轮副中的大轮而与配对蜗杆相啮合。其分度曲面可分为圆柱面、圆锥面或圆环面。通常，它与配对的蜗杆呈线接触状态。

蜗杆副是指由蜗杆及其配对蜗轮组成的交错轴齿轮副。

1. 分类

圆柱蜗杆通常分为以下三类：

（1）阿基米德蜗杆（ZA 蜗杆）。它是齿面为阿基米德螺旋面的圆柱蜗杆，其端面齿廓是阿基米德螺旋线，轴向齿廓是直线。它是应用最广泛的一种圆柱蜗杆。

（2）渐开线蜗杆（ZI 蜗杆）。它是齿面为渐开螺旋面的圆柱蜗杆，其端面齿廓是渐开线。

（3）法向直廓蜗杆（ZN 蜗杆）。在垂直于齿线的法平面内，或垂直于齿槽中点螺旋线的法平面内，或垂直于齿厚中点螺旋线的法平面内的齿廓为直线的圆柱蜗杆。

2. 特点

（1）优点

1）传动比大

①用于动力传动，传动比 $i=10\sim30$。

②用于一般传动，传动比 $i=6\sim8$。

③用于分度传动，传动比 $i=600\sim1\ 000$。

2）传动平稳，噪声小。

3）容易实现自锁。这一特性用于起重机械设备中，能起到安全保险作用。

（2）缺点。传动效率低，一般蜗杆传动的效率 $\eta=0.7\sim0.8$。传动效率低，就限制了传递功率，一般蜗杆传动的功率不超过 50 kW。

二、蜗轮蜗杆传动的工作原理

如图 3—2—18 所示，蜗杆为主动件，蜗轮是从动件，蜗杆与蜗轮的轴线在空间互相垂直交错成 90°，当蜗杆转动时，蜗杆的螺旋齿与蜗轮各齿依次啮合而带动蜗轮旋转。

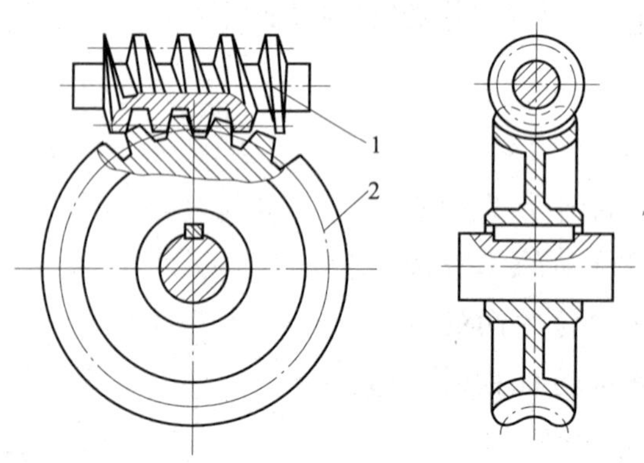

图 3—2—18　蜗轮蜗杆传动

1—蜗杆　2—蜗轮

三、蜗轮蜗杆回转方向的判定

判定的方法如下：

1. 蜗杆右旋时用右手，左旋时用左手。

2. 手呈半握拳状，并握住蜗杆轴线，四指指向蜗杆回转方向，蜗轮的回转方向与拇指指向相反，如图3—2—19所示。

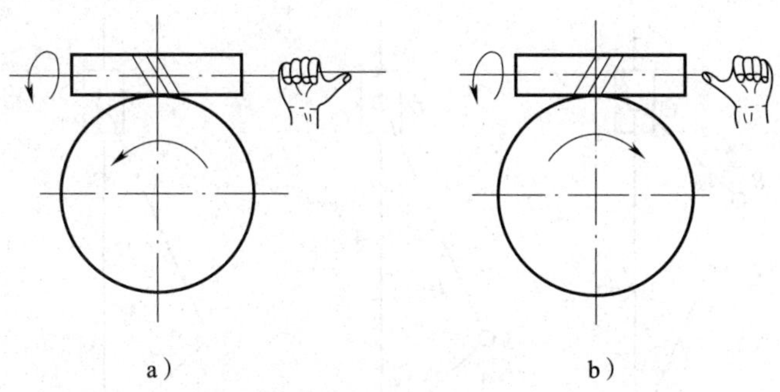

图3—2—19　蜗轮蜗杆传动中蜗轮回转方向的判定

a）右旋蜗杆传动　b）左旋蜗杆传动

四、蜗轮蜗杆传动机构的维修

蜗轮蜗杆传动机构的常见故障有齿面易磨损，特别是蜗轮齿面的磨损更为突出，因为蜗轮比蜗杆的强度弱。

1. 动力蜗杆副

（1）蜗轮齿面严重损伤及产生塑性变形的，应更换。

（2）蜗轮齿厚磨损量超过原齿厚的10%时，应更换。

（3）齿面粗糙度 Ra 值大于1.6 μm，或有轻度擦伤，可用蜗杆配刮修复。

（4）蜗杆齿面擦伤严重，或粘着蜗轮齿部材料，应更换。

2. 分度蜗杆副

（1）蜗轮齿面严重损伤及产生塑性变形，应更换。

（2）蜗轮齿厚磨损后，精度下降，可用修复法恢复精度，并配新蜗杆。

子课题5　曲柄滑块机构的维修

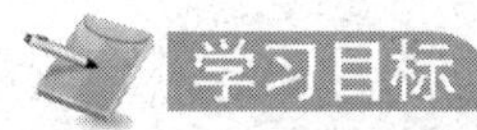

1. 了解曲柄滑块的种类及特点。
2. 熟悉曲柄滑块的工作原理。
3. 掌握曲柄滑块机构的维修。

一、曲柄滑块的种类及特点

1. 分类

由于曲柄滑块机构各构件间具有不同的相对运动，因此当取不同的构件作机架时，曲柄滑块机构就演化成三种铰链四杆机构。

如图 3—2—20a 所示为曲柄滑块机构。

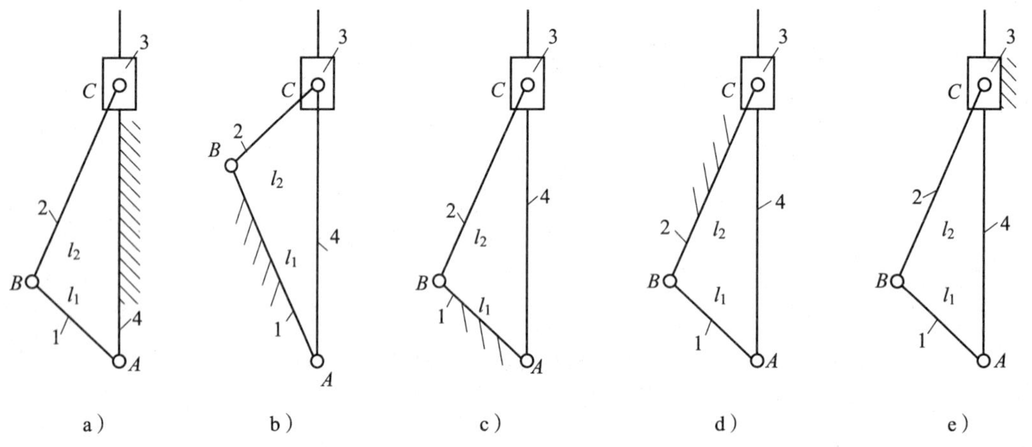

图 3—2—20 曲柄滑块机构的演化

a）曲柄滑块机构 b）摆动导杆机构 c）转动导杆机构 d）曲柄摇块机构 e）定块机构

（1）导杆机构。在如图 3—2—20a 所示的曲柄滑块机构中，当取杆 1 为机架时，曲柄滑块机构就演化成如图 3—2—20b、c 所示的导杆机构。其中，杆 4 称为导杆。若杆长 $l_1 < l_2$（则图 3—2—20c），当杆 2 作整周转动时，杆 4 也作整周转动，这种导杆机构称为转动导杆机构。

（2）曲柄摇块机构。在如图 3—2—20a 所示的曲柄滑块机构中，若取杆 2 为机架，则曲柄滑块机构就演化成如图 3—2—20d 所示的曲柄摇块机构。

（3）定块机构。在如图 3—2—20a 所示的曲柄滑块机构中，若取滑块作为机架，则曲柄滑块机构就演化成如图 3—2—20e 所示的定块机构。

2. 特点

（1）能够进行多种运动形式的转换。

（2）便于润滑、磨损小、使用寿命较长。

（3）制造比较方便。

二、曲柄滑块的工作原理

如图 3—2—21 所示，若以曲柄 *AB* 为主动件，当曲柄作整周转动时，通过连杆 *BC* 可带动滑块作往复直线运动；反之，若滑块为主动件，当滑块作往复直线运动时，则通过连杆带动曲柄作整周转动。

在曲柄滑块机构中，滑块的行程 S 等于曲柄长度 l_1 的两倍，即 $S = 2l_1$。

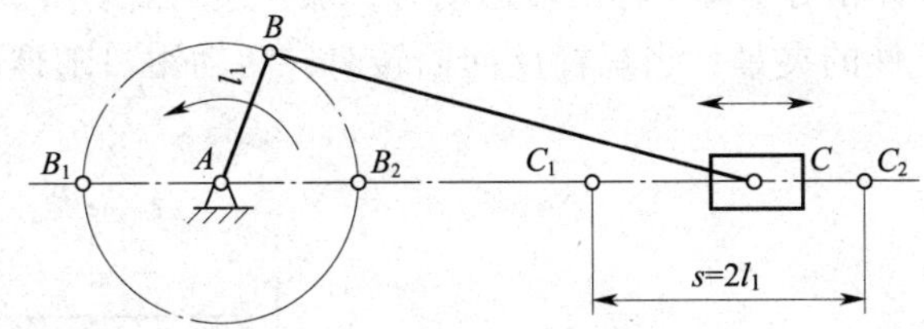

图 3—2—21　曲柄滑块机构的工作原理

三、曲柄滑块机构的维修

曲柄滑块机构的常见故障有滑块磨损、滑块的导向槽磨损、滑块与连杆连接的铰链轴（套）磨损、曲柄与机架连接的铰链轴（套）磨损。

1. 视滑块和导向槽磨损的程度

曲柄滑块机构的维修，可采用如下两种方法：

（1）用金属喷涂等修复手段修复滑块，再以此配刮（磨）导向槽的两个滑动面至要求。

（2）修刮（磨）导向槽的两个滑动面，再依次配修（作）滑块至要求。

2. 视滑块与连杆连接的铰链轴和与其相配的轴套的磨损程度

曲柄滑块机构的维修，可采用如下两种方法：

（1）若铰链轴颈采用金属喷涂修复，则与其相配的轴套内径按标准加工。

（2）若铰链轴颈采用磨小修复，则与其相配的轴套内径可按铰链轴颈修磨后的尺寸配车保证。

3. 曲柄与机架连接的铰链轴和与其相配的套的修复

方法同上述 2。

子课题 6　螺旋传动机构的维修

1. 了解螺旋传动的种类及特点。
2. 熟悉螺旋传动的工作原理。
3. 掌握螺旋传动机构的维修。

一、螺旋传动的特性

螺旋传动分为普通螺旋传动、差动螺旋传动和滚动螺旋传动。

1. 普通螺旋传动

由螺杆和螺母组成简单螺旋副实现的传动即为普通螺旋传动。

（1）形式

1）螺母固定不动螺杆回转并作直线运动。如图 3—2—22 所示的台虎钳，其工作原理为：当右旋螺杆 1 顺时针相对螺母 4 作回转运动时，螺杆连同活动钳口 2 向右作直线运动，与固定钳口 3 实现对工件的夹紧；当螺杆反向回转时，活动钳口随螺杆向左作直线运动，从而松开工件。

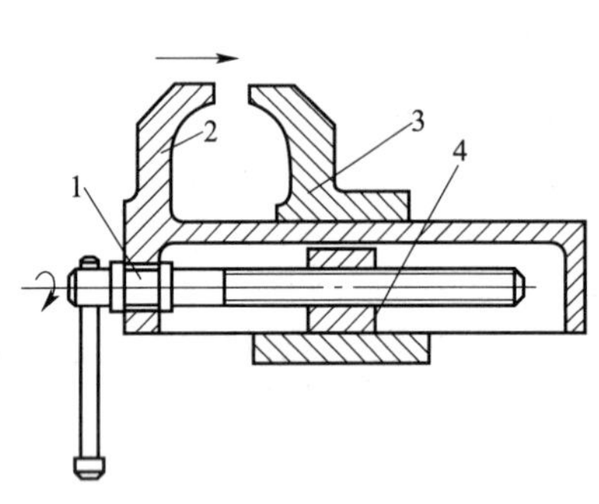

图 3—2—22　台虎钳
1—螺杆　2—活动钳口
3—固定钳口　4—螺母

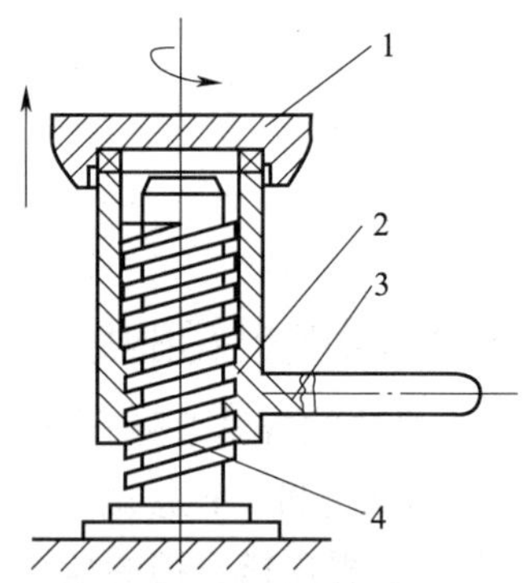

图 3—2—23　螺旋千斤顶
1—托盘　2—螺母
3—手柄　4—螺杆

2）螺杆固定不动螺母回转并作直线运动。如图 3—2—23 所示的螺旋千斤顶，其工作原理为：转动手柄 3 通过连接于底座固定不动的螺杆 4 使螺母 2 回转并上升或下降，从而实现举起或放下托盘 1。此种形式常用于插齿刀架传动等。

3）螺杆回转螺母作直线运动。如图 3—2—24 所示的机床工作台移动机构，其工作原理为：当转动手轮使左旋螺杆 1 顺时针回转时，螺母 2 带动工作台 4 沿机架 3 的导轨向右移动。此种形式的应用较广，如机床的滑板移动机构等。

4）螺母回转螺杆作直线运动。如图 3—2—25 所示的观察镜螺旋调整装置，其工作原理为：当左旋螺母 3 顺时针或逆时针回转时，左旋螺杆 2 就带动观察镜 1 向下或向上移动。

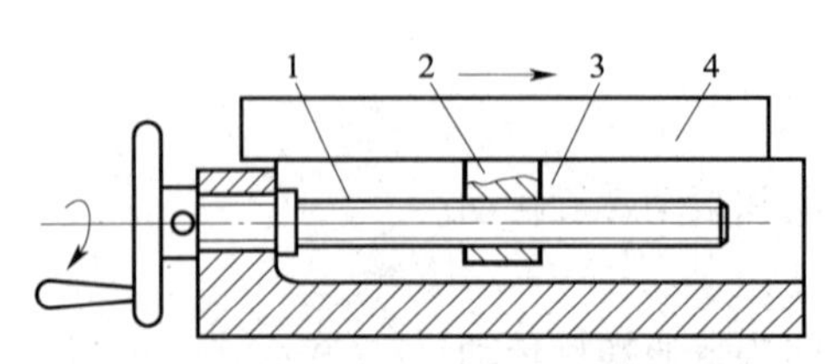

图 3—2—24　机床工作台移动机构
1—螺杆　2—螺母　3—机架　4—工作台

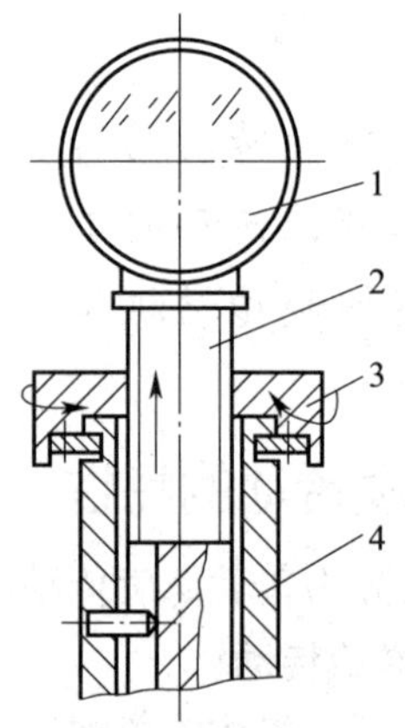

图 3—2—25　观察镜螺旋调整装置
1—观察镜　2—螺杆　3—螺母　4—机架

（2）螺杆或螺母移动方向的判定

1）右旋螺纹用右手即右手法则。手握空拳，即握住螺杆（或螺母）的轴线，四指指向与螺杆（或螺母）回转方向相同，拇指竖直：若螺母（或螺杆）不动，螺杆（或螺母）回转并移动，则拇指指向即为螺杆（或螺母）的移动方向；若螺杆（或螺母）回转不移动，螺母（或螺杆）移动不回转，则拇指指向的相反方向即为螺母（或螺杆）的移动方向。

2）左旋螺纹用左手即左手法则。其他同右手法则。

举例：如图3—2—25所示，当顺时针（从上往下看）旋转左旋螺母3时，用左手法则判定得知，左旋螺杆2将回转上升即向上移动。

（3）螺杆或螺母移动距离的计算

$$L = NP_{\mathrm{h}} \qquad (3—2—3)$$

式中 L——螺杆（或螺母）的移动距离，mm；

N——回转圈数；

P_{h}——螺纹导程，mm。

$$v = nP_{\mathrm{h}} \qquad (3—2—4)$$

式中 v——螺杆（或螺母）的移动速度，mm/min；

n——转速，r/min；

P_{h}——螺纹导程，mm。

2. 差动螺旋传动

由两个螺旋副组成的使活动的螺母与螺杆产生差动（即不一致）的螺旋传动称为差动螺旋运动。

（1）差动螺旋传动的移动距离和方向的确定。设固定螺母和活动螺母的导程分别为$P_{固}$、$P_{活}$。

1）螺杆上两螺纹旋向相同时，活动螺母移动距离减小。

①当$P_{固} > P_{活}$时，活动螺母与螺杆同向移动。

②当$P_{固} < P_{活}$时，活动螺母与螺杆反向移动。

③当$P_{固} = P_{活}$时，活动螺母不动（即移动距离为零）。

2）螺杆上两螺纹旋向相反时，活动螺母移动距离增大。此时，活动螺母与螺杆同向移动。

3）先确定螺杆移动方向后，才能去判断活动螺母的移动方向。

4）活动螺母实际移动距离的计算：

$$L = N(P_{固} \pm P_{活}) \qquad (3—2—5)$$

式中 L——活动螺母的实际移动距离；

N——螺杆的回转圈数；

$P_{固}$——机架上固定螺母的导程，mm；

$P_{活}$——机架上活动螺母的导程，mm；

“+”——用于两螺纹旋向相反时；

“-”——用于两螺纹旋向相同时。

（2）差动螺旋传动机构的用途。常用于测微器、计算器、分度机构及诸多精密切削机床、仪器和工具中。

3. 滚动螺旋传动

用滚动体在螺纹工作面间实现滚动摩擦的螺旋传动，又称为滚珠丝杠传动。滚动体通常为滚珠，也有用滚子的。滚动螺旋传动的摩擦系数、效率、磨损、寿命、抗爬行性能、传动精度、轴向刚度等虽比静压螺旋传动稍差，但远比滑动螺旋传动好。滚动螺旋传动的效率一般在90%以上。它不自锁，具有传动的可逆性，但结构复杂，制造精度要求高，抗冲击性能差。它已广泛地应用于机床、飞机、船舶、汽车等要求高精度或高效率的场合。

二、螺旋传动的工作原理

由于差动螺旋传动可产生极小的位移，而其螺纹的导程并不需要很小，因此加工比较容易。故此处重点介绍差动螺旋传动的工作原理。

1. 工作原理

如图3—2—26所示为一差动螺旋机构的传动原理。

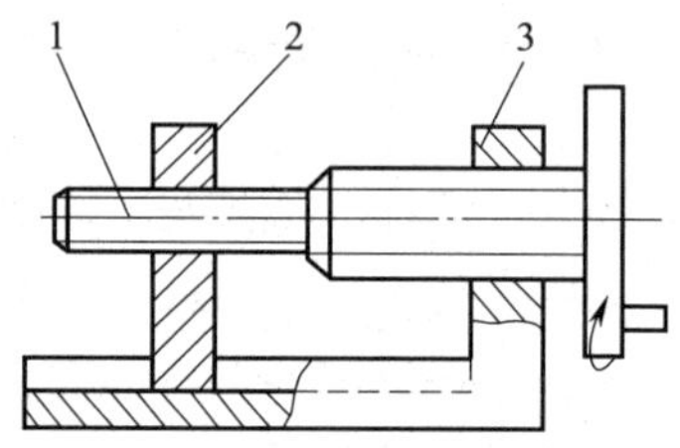

图3—2—26　差动螺旋机构传动原理

1—螺杆　2—活动螺母　3—机架

组成如下：

（1）螺杆1。它与活动螺母2和机架3上的固定螺母组成两个螺旋副。

（2）活动螺母2。它不能回转只能沿机架3的导向槽移动。

（3）机架3。其上为固定螺母，且有一个导向槽，供活动螺母2沿其移动。

2. 传动原理

（1）设机架3上的固定螺母和活动螺母2的旋向同为右旋，其导程分别为$P_{固}$、$P_{活}$。

当顺时针（从右往左看）回转螺杆1一周时同时发生：螺杆1相对机架3向左移动和活动螺母2相对螺杆1向右移动，实现活动螺母2对机架3的差动移动，活动螺母2实际移动距离$S_{右}$为两段螺纹导程之差，即：

$$S_{右} = (P_{固} - P_{活}) \qquad (3—2—6)$$

（2）设机架3上的固定螺母旋向仍为右旋，而活动螺母2的旋向改为左旋，其导程分别为$P_{固}$、$P_{活}$。

当仍按顺时针（从右往左看）回转螺杆1一周时同时发生：螺杆1相对机架3向左移动和活动螺母2相对螺杆1向左移动，实现活动螺母2对机架3的差动移动，活动螺母2实际移动距离$S_{右}$为两段螺纹导程之和，即：

$$S_{右} = (P_{固} + P_{活}) \qquad (3—2—7)$$

三、螺旋传动机构的常见故障及维修

螺旋传动机构的常见故障主要有：丝杠螺纹磨损、丝杠轴颈磨损、丝杠弯曲、螺母磨损。螺旋传动机构的常见故障中，大部分故障原因以磨损为主。

1. 丝杠螺纹磨损

其修理方法为：

（1）当梯形螺纹丝杠的磨损不超过齿厚10%时，可用车深螺纹的方法进行消除，再配换螺母。

（2）掉头使用，并采用配车、加套等方法恢复其尺寸与配合关系。

（3）对于磨损量较大的精密丝杠与矩形螺纹丝杠，磨损后应换新件。

2. 丝杠轴颈磨损

其修理方法为：与其他轴颈修复的方法相同。但在车削轴颈时，应与车削螺纹同时进行，以便保持轴颈与螺纹部位的同轴度要求。

3. 丝杠弯曲

其修理方法为：当丝杠弯曲度大于0.1/1 000时，可用锤击或压力矫直两方法消除。

（1）锤击法矫直：将弯曲的丝杠放在两等高V形块上，用指示表测出其最高点及弯曲值，然后用锤击弯曲最大的凸出进行矫直。

（2）压力矫直：使丝杠弯曲的凸点向上，用压力机的冲锤轻轻冲击丝杠凸处进行矫直。

4. 螺母磨损

基本上是更换或与修复后的丝杠配作，或重修制造新螺母。

课题3　典型零部件的维修

子课题1　砂轮的静平衡

学习目标

1. 了解静平衡定义及特点。
2. 熟悉静平衡原理及静平衡装置。
3. 掌握静平衡的方法和砂轮静平衡的步骤。

一、静平衡定义及特点

1. 定义

静平衡就是指在旋转件较轻的一边附加重量（配重法）或在较重的一边通过钻、铣等机械加工方法以减轻重量（去重法）而使零件恢复平衡的办法。

2. 特点

（1）平衡重物的大小和位置是在零部件处于静止状态中确定的。

（2）静不平衡的消除是在静平衡架上进行的。

（3）静平衡主要用来平衡长度与直径比小于 0.2 的盘形零件，此时力偶矩可忽略不计，不论零部件旋转速度大小，均可采用静平衡。

二、静平衡原理

静平衡方法的实质在于确定旋转件上不平衡量的大小和位置。静平衡原理如图 3—3—1 所示。

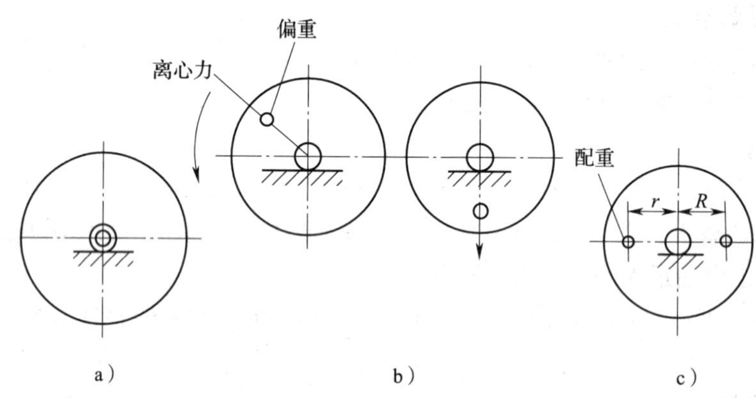

图 3—3—1　静平衡原理

a）自然平衡状态　b）不平衡状态　c）静平衡

三、静平衡装置

静平衡装置主要有圆柱式平衡架和棱形平衡架两种，如图 3—3—2 所示。

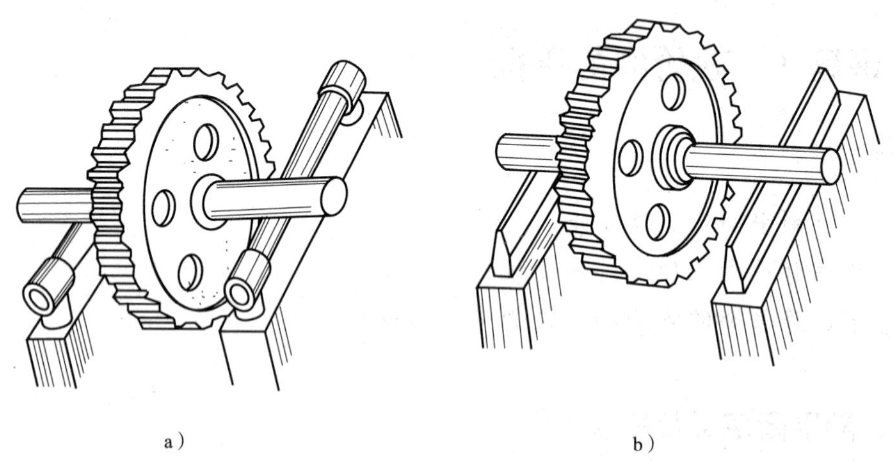

图 3—3—2　静平衡装置

a）圆柱式平衡架　b）棱形平衡架

将导轨换成滚轮，即为滚轮式平衡架。这类装置的缺点是：当零件两端的轴颈不相等时，不能进行平衡。

还有一种平衡架，一端可作升降调整，可用于平衡轴颈不相等的零件。

四、静平衡的方法

静平衡的一般方法如下：将待平衡的旋转件，装上专用心轴后放在平衡支架上，如图3—3—3所示。用手推动一下旋转件使其缓慢转动，待自然静止后在它的正下方作一记号。重复转动若干次，若每次自然静止后，原来记号的位置都保持不变，则说明静平衡工艺具有一定的准确性，记号位置就是不平衡量的所在处。然后在记号位置的相对部位，粘上一定重量的橡皮泥，使橡皮泥的重量 M 对旋转中心产生的力矩，恰好等于不平衡量 G 对旋转中心产生的力矩，即 $Mr = Gl$，见图3—3—3b，此时旋转件便获得了静平衡。去掉橡皮泥，称出其重量，然后在不平衡位置去除适当的材料（其重量要按力矩的原理算出），直至旋转件在任意角度都能自然地停止不动，静平衡便告完成。

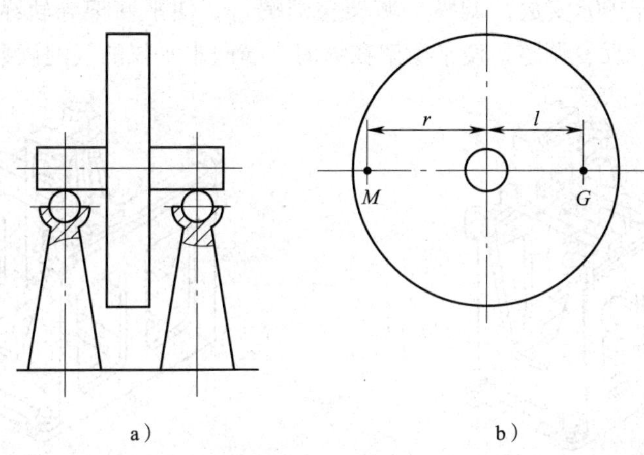

图3—3—3　旋转件的静平衡

为了使静平衡工艺准确，旋转件装上心轴后，其转动的灵敏度是很关键的，太低不可能获得较高的静平衡精度，因此对平衡支架和心轴都有较高的要求。平衡支架的支承面（圆柱面或棱形面）必须坚硬（50～60HRC）、光滑（表面粗糙度小于 $Ra0.4$ μm）和具有较好的直线度（不大于0.005 mm）。两个支承面在水平面内必须互相平行（平行度不大于1 mm），并严格找正至水平位置（水平度不大于0.02/1 000）。专用心轴本身应具有较好的平衡精度，心轴的直线度和圆柱面的粗糙度都应有保证。

五、砂轮静平衡的步骤

1. 静平衡砂轮用工具

静平衡砂轮用工具主要有平衡架、平衡心轴和平衡块。支架底部的三个调整螺钉是用来调整平衡架水平的，如图3—3—4所示。

2. 操作步骤

（1）擦净平衡架导轨表面，在平衡导轨上放两块等高的平行铁，并将刻度值为0.02 mm/1 000 mm的水平仪放在平行铁上，如图3—3—5所示，调整平衡架右端的两个螺钉，使水平仪上的水准器气泡处于中间位置，此时平衡架导轨横向处于水平位置。

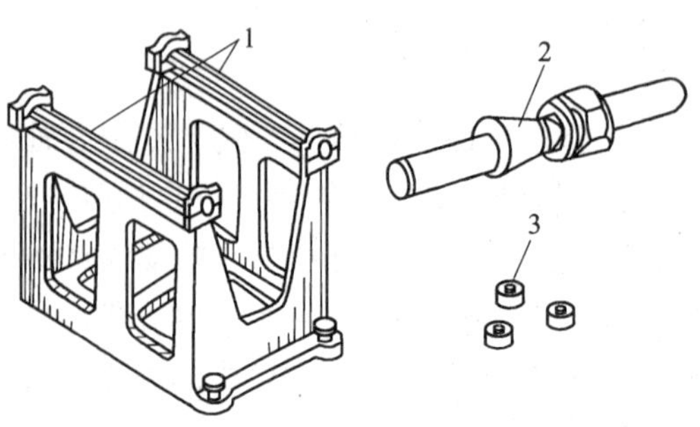

图 3—3—4　静平衡砂轮用工具

1—平衡架　2—平衡心轴　3—平衡块

（2）将水平仪转 90°安放，调整平衡架左端螺钉，使平衡架导轨纵向处于水平位置，如图 3—3—6 所示，反复调整，使平衡架在纵向、横向水平仪的气泡读数控制在 1 格以内。

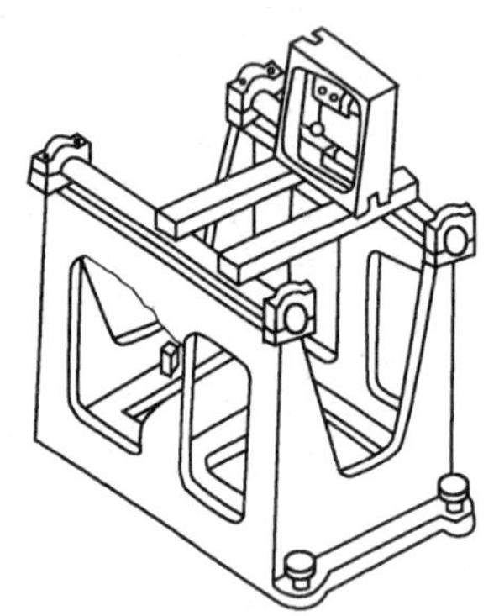
图 3—3—5　平衡架导轨横向处于水平

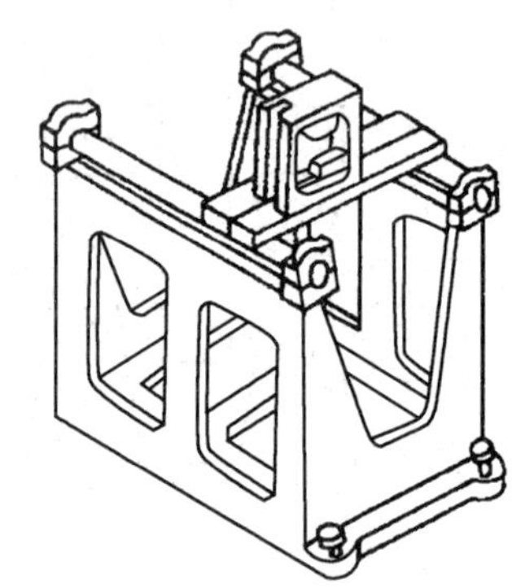
图 3—3—6　平衡架导轨纵向处于水平

（3）擦净平衡心轴圆锥表面和砂轮法兰盘内锥孔表面，将平衡心轴装入砂轮法兰盘锥孔中，并用涂色法检查其接触面积，使其必须大于 75%，否则应重新调整接触区。

（4）将平衡心轴连同砂轮一起放在平衡架导轨上，并使平衡心轴的轴线与导轨的轴线相垂直。轻轻推动砂轮，使之在导轨上缓慢滚动，此时砂轮会在导轨上来回摆动，直至停止转动，用记号笔在砂轮上方作一标记。

（5）在砂轮轻的一边（标记处）装上第一个平衡块，并在其两侧对称地各装一个平衡块，如图 3—3—7 所示。

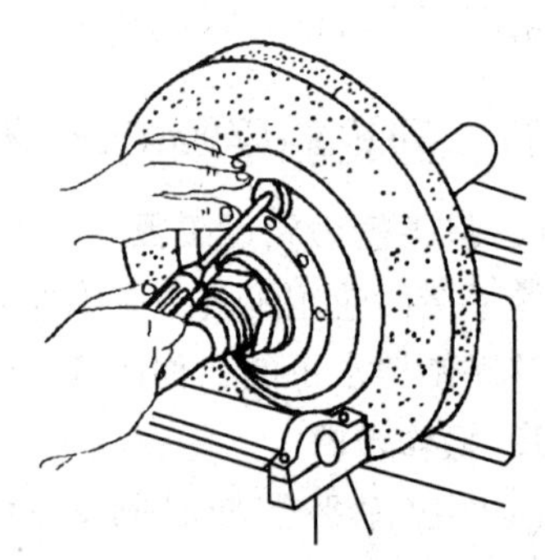
图 3—3—7　装平衡块

（6）将砂轮转过 90°，使标记处转到水平位置，检查砂轮是否平衡。如果不平衡，就可同时将两侧对称平衡块向标记处移动，直至平衡为止。如果砂轮的不平衡量过大，就需加装平衡块。

（7）用手轻轻拨动砂轮，使砂轮缓慢滚动，如果在任何位置都能使砂轮处于静止状态，就说明砂轮已经平衡。

(8) 拧紧各平衡块上的紧固螺钉。

3. 注意事项

(1) 平衡前先检查平衡架导轨面，应无明显的凹坑、锈斑等缺陷。

(2) 应先调整平衡架导轨的横向水平，再调整纵向水平，调整后再重复一次。

(3) 平衡时，一般使砂轮达到 8 个对应点平衡即可。

(4) 平衡时，要防止砂轮从平衡架上滚落下来。

(5) 新安装的砂轮经修整后，原来已平衡的状态会遭到破坏，必须拆下砂轮作二次平衡。

子课题 2　车床主轴组件的维修

1. 了解车床主轴的结构特点。
2. 掌握滚动轴承的定向装配。
3. 了解花键的种类和特点。
4. 掌握车床主轴组件的维修。

一、车床主轴的结构特点

采用调心滚子轴承的主轴结构。调心滚子轴承广泛应用在车床、镗床、铣床和磨床的主轴机构中，这些轴承旋转精度高、刚度好、承载能力大、结构尺寸小，径向间隙可以调整，而且调整方法简单方便。

车床主轴的组成如图 3—3—8 所示。

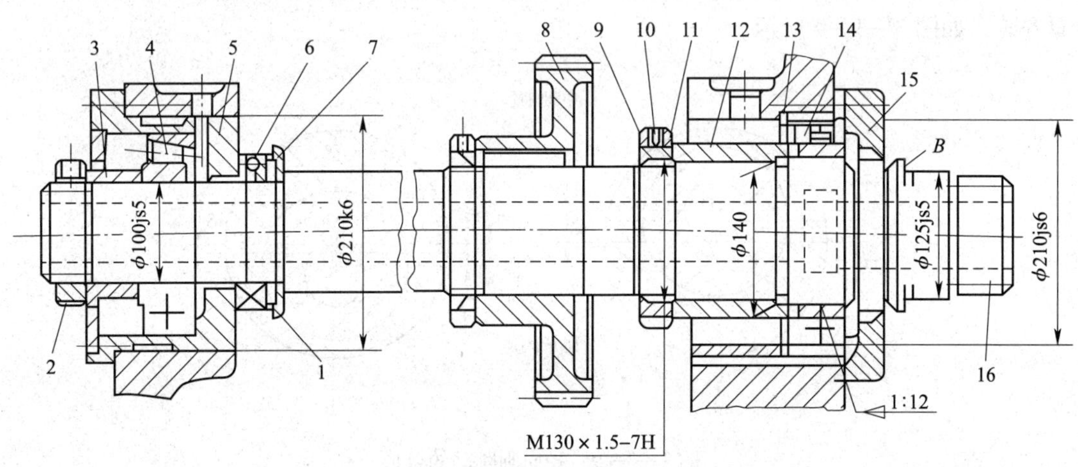

图 3—3—8　C630 车床的主轴结构

1—垫圈　2、11—圆螺母　3、12—衬套　4—圆锥滚子轴承（后轴承）　5—后轴承壳体　6—止推球轴承　7—对开垫圈　8—大齿轮　9—锁紧螺母　10—螺钉　13—卡环　14—调心滚子轴承（前轴承）　15—前法兰　16—主轴

1．主轴结构

在图3—3—8中，主轴的大直径端有安装卡盘的定位B端面和$\phi 125$ mm定位外圆面，有安装检验棒的内锥孔。1∶12的外锥供安装调心滚子轴承14，并通过圆螺母11、衬套12调整调心滚子轴承14的内环轴向位置。中间段外锥供安装输入转矩的大齿轮8。主轴的尾端装有圆锥滚子轴承4，并通过圆螺母2、衬套3及垫圈1调整其间隙。后轴承壳体5端面装有止推球轴承6。卡盘拧紧在主轴16右端螺纹上，装夹工件随主轴转动。

2．主轴支承

主轴分别由调心滚子轴承（前轴承）3182128/P5、圆锥滚子轴承（后轴承）7520/P5及8120/P5支承。

（1）轴承功能。调心滚子轴承（前轴承）14为精密级的调心滚子，用以承受切削时的径向力，调整轴承间隙可以控制主轴的径向圆跳动。主轴的轴向推力由止推球轴承6承受，主轴的端面圆跳动由圆锥滚子轴承4和止推球轴承6来调整。

（2）特点。这种主轴结构的特点是：当主轴运转发热后，允许主轴向前端作轴向伸长，而不致影响调心滚子轴承（前轴承）所调整的径向间隙，因此不会使主轴受体积膨胀力而变形。

二、滚动轴承的定向装配

滚动轴承的定向装配，就是使轴承内圈的偏心（径向圆跳动）与轴颈的偏心，轴承外圈的偏心与轴承座孔的偏心，都分别配置于同一轴向截面内，并按一定的方向装配。

定向装配的目的是抵消一部分相配尺寸的加工误差，从而提高主轴的旋转精度。

对于旋转精度要求很高的主轴，装配滚动轴承时，应采用定向装配法。

1．装配误差分析

（1）成批生产中。可事先将一批主轴和轴承按轴颈和轴承内圈的实测径向圆跳动量分成几组，然后取径向圆跳动量接近的轴颈与轴承分组装配，并将各自的偏心部位按相反方向安装，如图3—3—9所示。

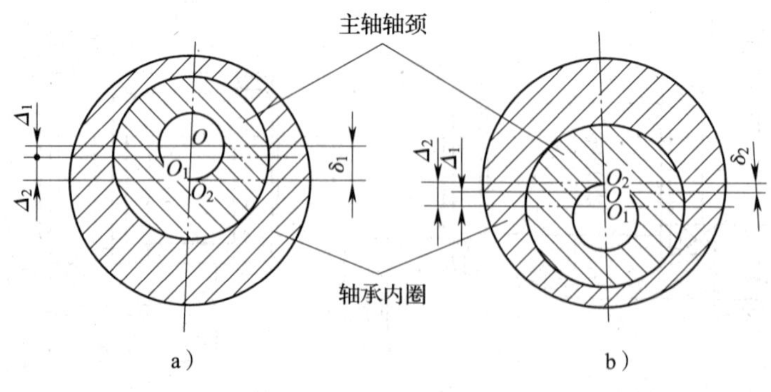

图3—3—9　径向圆跳动的合成

（2）在机修中。为了减少主轴径向圆跳动量，前后两组（或两个）轴承内环的径向圆跳动的最高点，应装在同一方向，并与主轴锥孔中心线偏差量的最高点相反，否则总径向圆跳动误差因产生叠加现象而增大。另外后轴承的精度应比前轴承低一级。如果后轴承的精度与前轴承精度相同，甚至还高一些，那么主轴的径向圆跳动量反而加大，如图 3—3—10 所示。

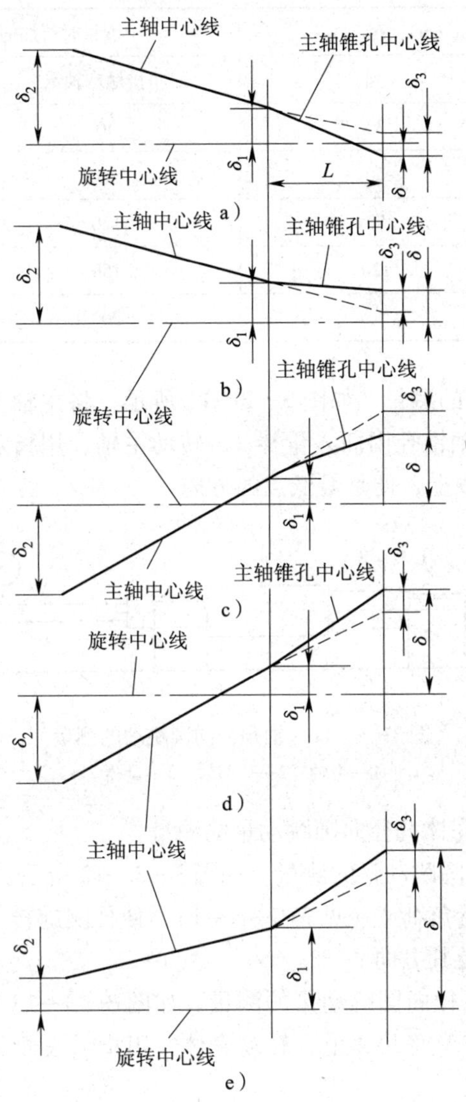

图 3—3—10　轴承的定向装配误差

按如图 3—3—10a 所示装配，其径向圆跳动量最小，即 $\delta < \delta_3$，$\delta < \delta_1$，$\delta < \delta_2$。如图 3—3—10e 所示为后轴承精度比前轴承高，主轴的径向圆跳动量反而增大。

2. 装配要点

对旋转精度高的主轴部件采用定向装配，其要点是测出滚动轴承内外圈、主轴轴颈配合表面及壳体孔的径向圆跳动量和方向。

（1）滚动轴承内圈和轴颈径向圆跳动量的测量

1）滚动轴承内圈径向圆跳动量的测量。如图 3—3—9 所示，测量时，外圈固定不转，内圈端面上加以均匀的测量负载 F（不同于滚动轴承实现预紧时的预加负荷），F 的数值可由表 3—3—1 查得。使内圈旋转一周以上，用指示表便可测得内圈径向的圆跳动量及方向。

表 3—3—1　　测量滚动轴承圆跳动所加的负荷

轴承公称直径 d（mm）		测量时所加的负荷 F（N）不大于	
超过	到	角接触球轴承	深沟球轴承
	30	40	15
30	50	80	20
50	80	120	30
80	120	150	50
120		200	60

2）轴颈径向圆跳动量的测量。如图 3—3—11 所示，将主轴 1 的两轴颈放在一对等高的精密 V 形块 2 上，在主轴锥孔内插入量棒 3，转动主轴，用指示表可测得量棒圆周上的最高点，在对应的主轴素线上，便是最低点的方向。

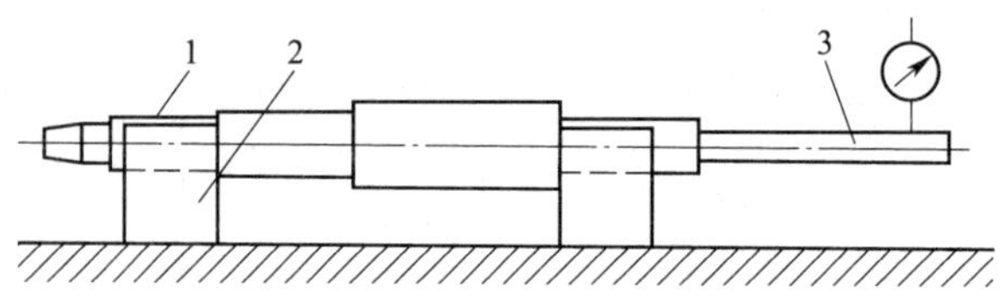

图 3—3—11　轴颈径向圆跳动的测量

1—主轴　2—V 形块　3—量棒

（2）滚动轴承外圈和壳体孔径向圆跳动量的测量

1）滚动轴承外圈径向圆跳动量的测量。如图 3—3—12 所示，测量时，内圈固定不转，外圈端面上加以均匀的测量负荷 F（见表 3—3—1），使外圈旋转一周以上，用指示表便可测得外圈的径向圆跳动量及其方向。

2）轴承座（壳体）孔径向圆跳动量的测量。如图 3—3—13 所示，将轴承座（壳体）1 两端放在成对等高的精密 V 形块 2 上，转动壳体，用指示表便可测得两端内孔的径向圆跳动量及其方向。

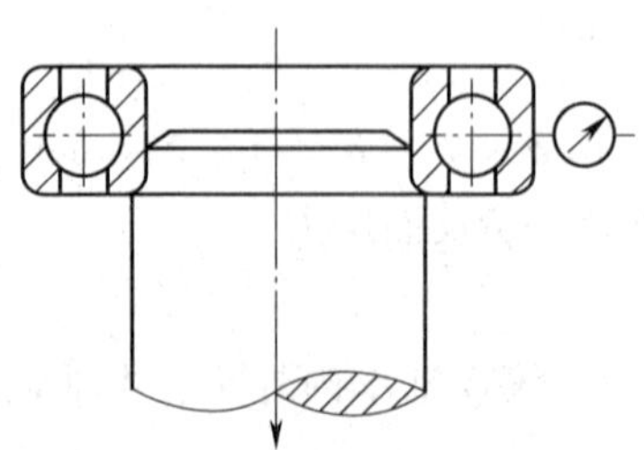

图 3—3—12　滚动轴承外圈径向圆跳动量的测量

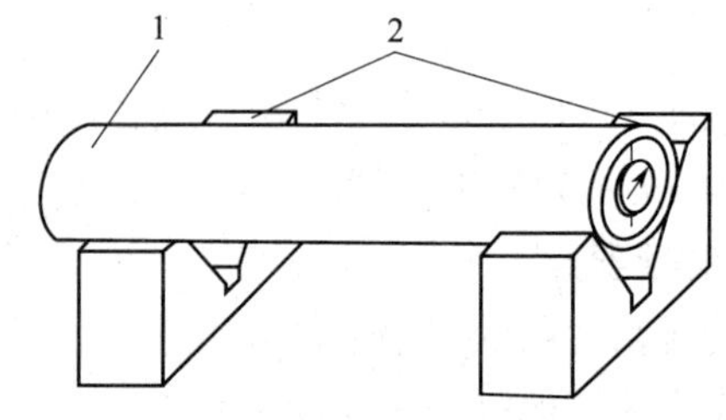

图 3—3—13　壳体孔径向圆跳动量的测量

1—壳体　2—V 形块

3. 装配步骤

通过以上径向圆跳动量的测量，已经确定了径向圆跳动的最高点和最低点，故定向装配步骤如下：

（1）使滚动轴承内圈的最高点与主轴轴颈的最低点相对应。

（2）使滚动轴承外圈的最高点与壳体孔的最低点相对应。

（3）前后两个滚动轴承的径向圆跳动量不等时，应使前轴承的径向圆跳动量比后轴承的小。

三、花键的种类和特点

花键连接是两零件上等距分布且齿数相同的键齿相互连接，并传递转矩或运动的形式，即花键连接由带键齿的轴（外花键）和轮毂（内花键）组成。

1. 分类

按键齿的形状可分为两类，如图3—3—14所示。

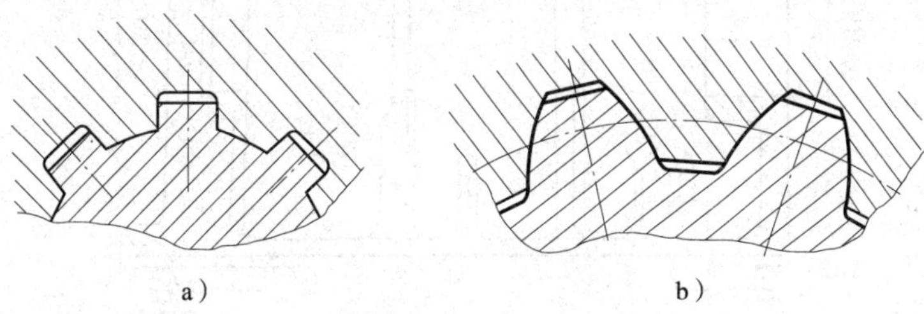

图3—3—14　花键连接

a）矩形花键连接　b）渐开线花键连接

（1）矩形花键。因其加工容易，故应用广泛。其定心（即花键副工作轴线位置的限定）方式有小径 d 定心、大径 D 定心、齿侧（即键宽 B）定心三种，如图3—3—15所示。其中以小径 d 定心的精度最高，因为内花键的小径可用内圆磨床加工，外花键的小径可由专用花键磨床加工，故标准规定以小径 d 定心。

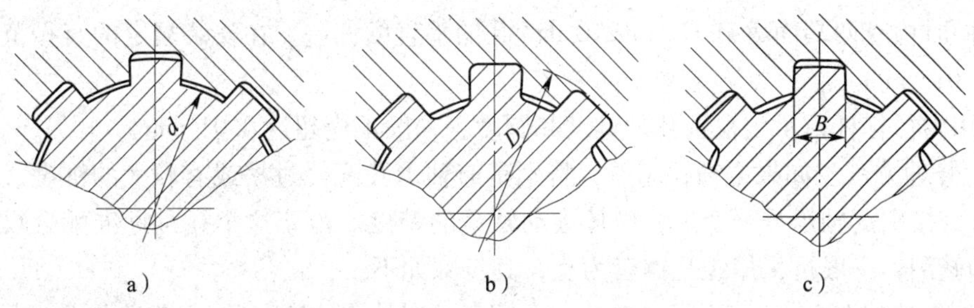

图3—3—15　矩形花键连接的定心方式

a）小径定心　b）大径定心　c）齿侧定心

（2）渐开线花键

1）键齿采用齿形角为30°的渐开线齿形，故齿根较厚，强度高，承载能力大。

2）加工工艺与齿轮相同。

3）通常采取齿侧定心方式，故可自动定心（也可采取大径定心方式）。

4）常用于载荷较大、定心精度要求较高、尺寸较大的连接。

2. 特点

（1）优点。定心精度高，导向性好，承载能力强，传递转矩较大，连接可靠。

（2）缺点。制造困难。

四、车床主轴组件的维修

1. 主轴箱壳体的主轴孔的维修

主轴箱如图 3—3—16 所示。

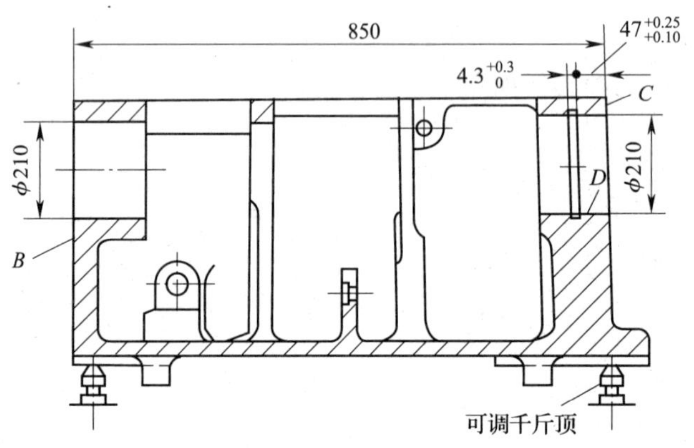

图 3—3—16 主轴箱

（1）检查方法。箱体两端主轴孔 $\phi210$ mm 必须同心，一般在镗床上检查较为方便。具体检查内容及步骤如下：

1）将箱体放在镗床工作台上，用可调千斤顶支承底面，在刀杆上装一内径杠杆指示表，使刀杆和镗杆长度大于 850 mm，移动工作台或镗杆，在前后轴承孔内旋转主轴并用指示表测量，同轴度一般不应超过 0. 015 mm。

2）同时检查两端面 B 和 C 对 $\phi210$ mm 孔的垂直度偏差，在安装规定的直径范围内不应超过 0. 015 mm。

3）用内径杠杆指示表检查孔的锥度和圆度，一般不应超过 0. 01 mm。

（2）修理方法。如果主轴孔超差，特别是前轴承孔配合过松或有较大的锥度、圆度误差，就将直接引起轴承外壳变形，破坏滚动轴承的精度。由于这个孔是标准配合尺寸，不宜研磨和修刮，一般可采用镗孔镶套为宜，其步骤如下：

1）首先按如图 3—3—17 所示准备一个钢套，车外圆 $\phi216$ mm 至图样要求，在长度和内孔上留余量。

2）将主轴箱放在镗床工作台上，以箱体两端的轴承孔 $\phi210$ mm 校正压紧，按镶套外径 $\phi216$ mm 实际尺寸镗箱体孔至尺寸 $\phi216$ mm，保证其配合过盈为 0. 03 ~0. 05 mm，孔深控制为 47. 10 ~47. 25 mm，使镶套刚好顶住轴承环边。

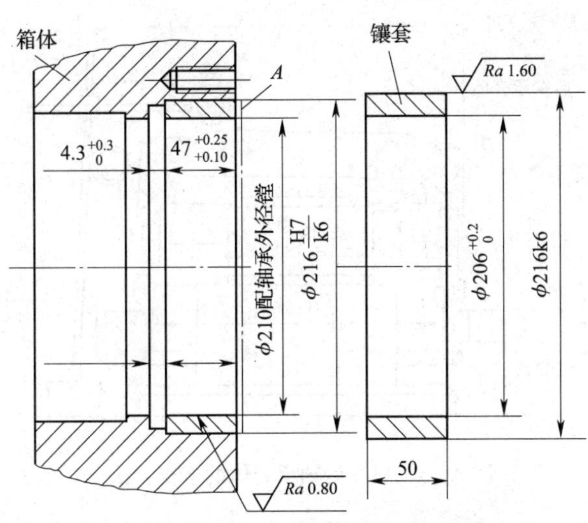

图 3—3—17　箱体前轴承孔镶套示意图

3）保持主轴箱体在镗床上不动，利用拉杆或镗杆将套压入，然后按滚动轴承外径的实际尺寸配镗镶套孔 ϕ210 mm。保证过盈量为 0 ~0. 005 mm 为宜。这既保证了镗孔的同轴度，又能保证轴承外径配合的过盈量不受压套收缩量的影响。

4）利用镗刀刮平端面 *A*。

2. 主轴

主轴的结构如图 3—3—8 所示。

（1）检查方法。参见主轴单件精度的检查。

（2）修理方法。主轴的修理最好是采用刷镀修理，也可以采用镀铬或其他修理方法。刷镀修理的方法如下：

1）将主轴外锥键槽处配镶键（可镶胶木键），高度留余量 0. 5 mm 供磨削。

2）在主轴两端配车堵头，并在车床上以前、后主轴颈（ϕ140 mm 和 ϕ100 mm）未磨损部分为基准找正，打好两端中心孔。

3）在磨床上将 ϕ100 mm 外圆面、安装推力轴承的外圆面、安装大齿轮 8 的外锥面、1∶12 外锥面及安装卡盘的 ϕ125 mm 外圆面磨小 0. 05 ~0. 15 mm。

4）在所有磨小的外圆表面刷镀（铁），单边镀层厚度不小于 0. 1 mm。

5）磨制刷镀后的各轴颈，1∶12 外锥表面按新轴承配磨锥体角度，后轴承轴颈 ϕ100 mm 处与新轴承内孔配磨过盈量为 0 ~0. 005 mm，安装齿轮 8 的外锥面也应与需要装配的齿轮内孔配磨，卡盘定位外圆表面应磨制标准尺寸，同时轻靠平卡盘定位 *B* 端面。

3. 后轴承壳体

（1）检查方法

1）检查后轴承壳体 ϕ180 mm 孔的尺寸公差是否合格，其锥度、圆度误差不应超过 0. 01 mm，端面的圆跳动误差不应超过 0. 005 mm。

2）配一心轴，如图 3—3—18 所示。

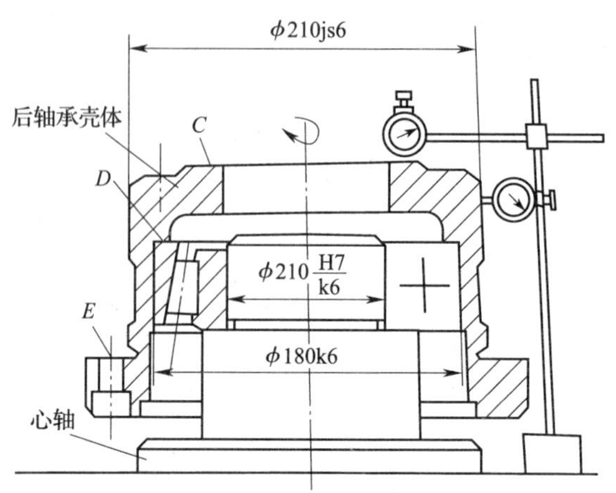

图 3—3—18　后轴承壳体的检查方法

（2）修理方法。将轴承外圈装进后轴承壳体，再将轴承内圈装在检查心轴上，然后将两部分扣装在一起放在平板上，用指示表检查外径 ϕ210 mm 的径向圆跳动量不应超过 0. 01 mm。若端面 *C*、*E* 表面的端面圆跳动超差，可用刮研方法修至要求。若后轴承壳体超差较严重，且多项超差，则应更换。

4. 衬套、垫圈

衬套、垫圈形状如图 3—3—19 所示。

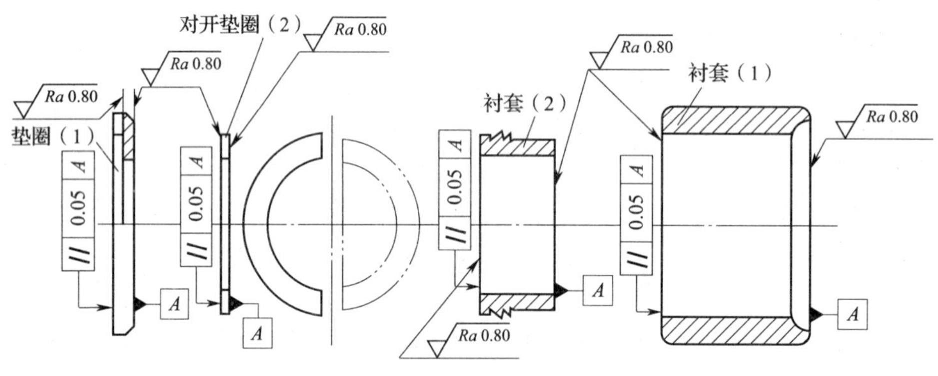

图 3—3—19　衬套、垫圈

（1）检查方法

1）在标准平板上着色检查衬套、垫圈 *Ra*0. 8 μm 表面的接触率，再用千分尺检查两端面的平行度误差不应超过 0. 005 mm。

2）将垫圈 1 和对开垫圈 2 与止推球轴承组合起来，放在标准平板上，用指示表在四个方向上测量，平行度误差不应超过 0. 005 mm（见图 3—3—20）。

（2）修理方法。衬套 1、2 和垫圈 1、对开垫圈 2 的端面平行度误差可在平面磨床上磨平或刮至要求。圆螺母的修理如图 3—3—21 所示，在车床上车一螺纹心轴，将圆螺母拧上紧固，用车刀将端面 *F* 精车修平。

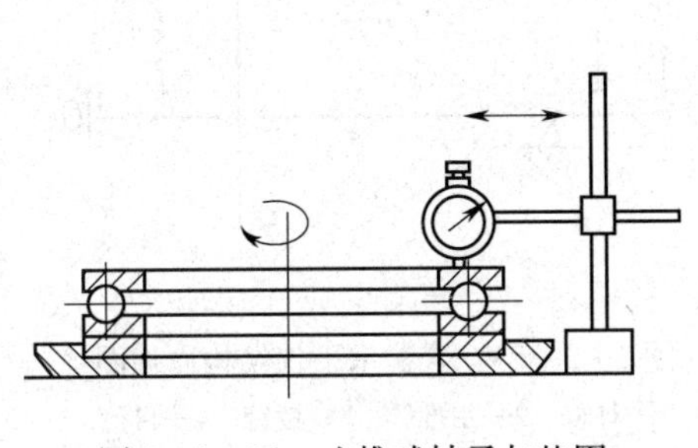

图 3—3—20　止推球轴承与垫圈的组合检查方法

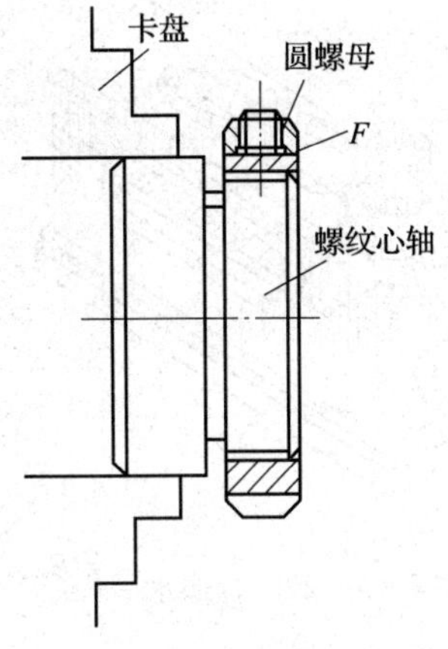

图 3—3—21　圆螺母的修理

子课题 3　车床导轨副的维修

学习目标

1. 了解合像水平仪的应用及特点。
2. 熟悉合像水平仪的工作原理和使用。
3. 掌握导轨直线度误差的检测方法和计算。
4. 熟悉车床导轨副的常见故障和维修。

一、合像水平仪的应用及特点

1. 应用

合像水平仪主要用于平面度、直线度误差的测量，是机械设备安装、调试和精度检验的常用量仪之一，也常用来测量较大平面的平面度。如图 3—3—22 所示为合像水平仪的实物外观图。

2. 特点

由于合像水平仪的水准器位置可以调整，而且成像采用了光学放大，并以双像重合来提高对准精度，可使水准器的曲率半径减小，因此与普通水平仪相比测量时气泡达到稳定的时间短，测量精度高，测量范围大。

二、合像水平仪的工作原理

如图 3—3—23 所示，水准管 2 安装在杠杆 1 上特制的底板内。转动测微旋钮 5 可调整水准管的水平位置。

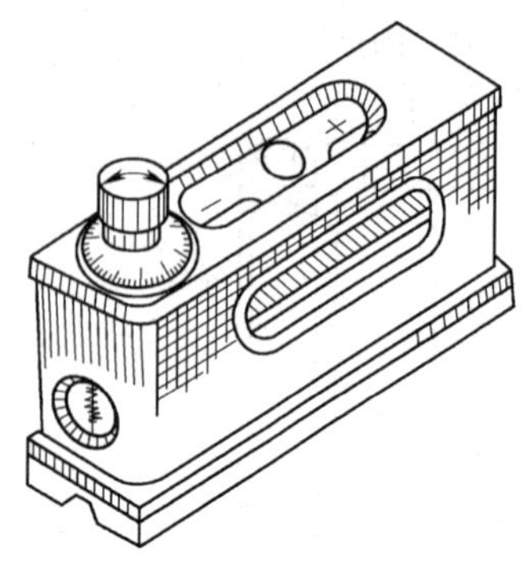

图 3—3—22　合像水平仪

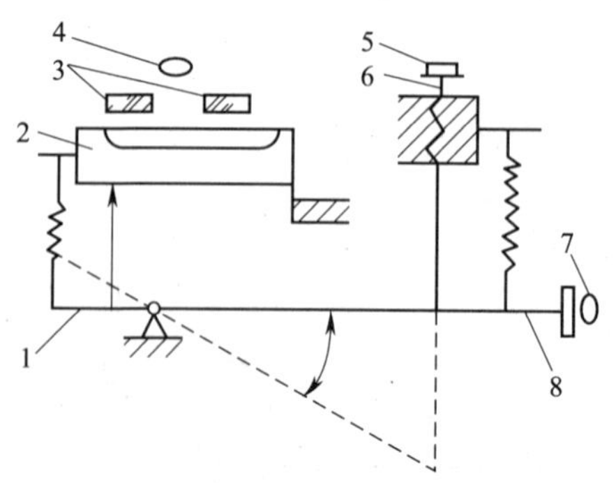

图 3—3—23　合像水平仪结构原理图

1—杠杆　2—水准管　3—棱镜　4—目镜
5—测微旋钮　6—测微螺杆　7—放大镜　8—标尺指针

如图 3—3—24 所示，水准管内气泡通过棱镜反射到目镜形成左右两个半像。当水准管处于水平位置时，气泡 *A*、*B* 圆弧端对齐（见图 3—3—24a）；若水准管不在水平位置，气泡 *A*、*B* 圆弧端就不对齐（见图 3—3—24b）。

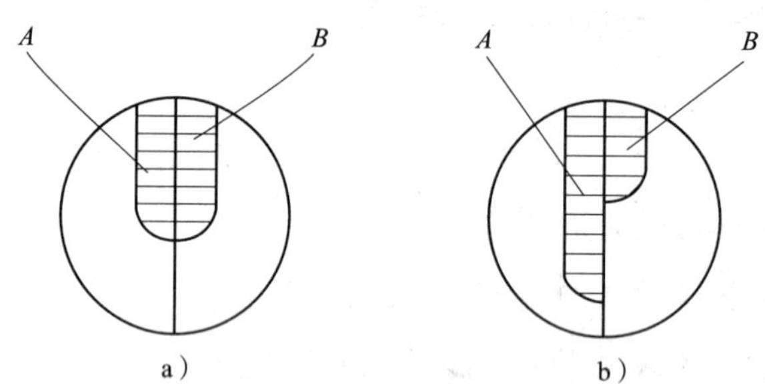

图 3—3—24　合像水平仪气泡图

a）重合　b）不重合

三、合像水平仪的使用

测量时，水准器的水平位置可通过测微旋钮 5（其上有 100 等分小格）转动测微螺杆 6（其螺距为 0.5 mm）经杠杆 1 进行调整。合像水平仪的读数方法如下。

1. 粗读数

由侧面的标尺指针所指示的刻线位置，通过观察窗的放大镜读出，每格示值为 0.5 mm/1 000 mm。

2. 细读数

读调节旋钮的微分刻度盘上所指示的读数，每格示值为 0.01 mm/1 000 mm。

3. 总读数

粗读数与细读数之和即为总读数。

四、导轨直线度误差的检测方法

导轨直线度误差的检测一般采用间接测量法。间接测量法（节距法）所用的仪器有框式水平仪、合像水平仪、自准直的光学量仪等。

在用合像水平仪或自准直仪测量直线度误差时，在合像水平仪或自准直仪1的发射镜2下应放一双脚底座3（见图3—3—25），其作用是使量仪有一个稳固的安装面，保证被测表面能在规定的分段长度上进行测量，同时底座底面的两端与被测表面能良好接触。测量时，水平仪或反射镜随同底座从一端到另一端逐段依次测量，取得各段量仪的示值读数。

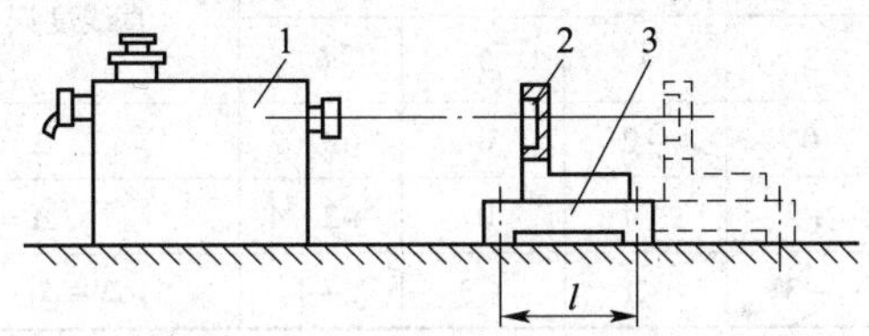

图3—3—25　量仪的安放

1—自准直仪　2—反射镜　3—脚底座

这里要注意，底座两支承面的中心距大小应综合考虑选择，如果太短，导致测量次数太多，就会引起计量累积误差；如果太长，就不能反映局部误差。此外，底座移动时，后一段的前支承要与前一段的后支承重合，步步相连（见图3—3—26a），否则测量会出错。如图3—3—26b所示是一个夸张的例子，如果每段毫无联系，就反映不出误差。

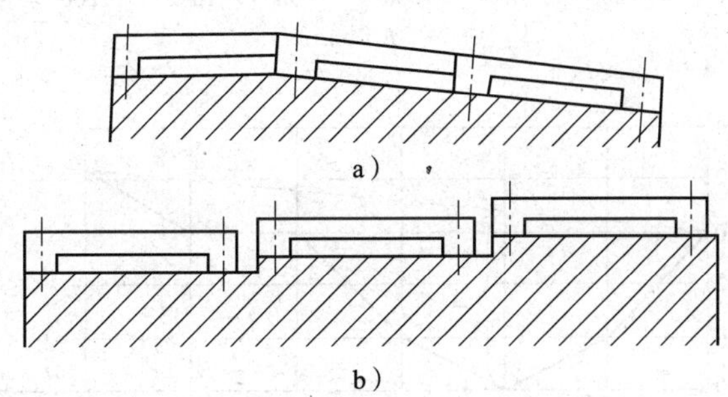

图3—3—26　测量时的分段连接

a）步步相连正确　b）不相连时的差错

在用合像水平仪或自准直仪的光学量仪（如光学平直仪和自准直仪等）测量时，其分段测量取得的量仪各分段示值读数，反映了各分段的倾斜值误差。它不能直接反映被测表面直线度的线值误差情况，线值误差还必须采用图解法或计算法进行分析得出。

五、导轨直线度误差的计算

导轨直线度误差的计算有图解法、计算法、光线基准法和实物基准法。

1. 图解法

用图解法时，是将量仪在被测表面各分段上得出的测量数值标在坐标纸上，以横坐标表示被测表面长度方向，纵坐标表示测量读数，绘出被测表面的误差曲线，并按照符合直线度定义的最小区域法或按精度规定的端点连线法，来确定被测表面的直线度误差值和误差形状。

例如，刻度值 $c=0.01$ mm/1 000 mm 的合像水平仪，测量三条长 $L=1\ 200$ mm 的导轨的直线度误差，测量分段长 $l=200$ mm。当测量读数分别为表 3—3—2 所列数值时，便可相应地绘制出如图 3—3—27 所示的导轨误差曲线。

表 3—3—2　　导轨直线度测量时的水平仪读数

导轨编号	水平仪测量位置及示值读数（格）						直线度误差值 Δ（mm）	误差形状
	1	2	3	4	5	6		
Ⅰ	+4	+6	0	−2	0	−3．2	$\Delta=0.017$	凸
Ⅱ	−4	−2	+2	+4	0	+2．4	$\Delta=0.014$	凹
Ⅲ	+3	+6	−3	−1	−3	+4	$\Delta=\Delta_1+\Delta_2=0.02$	波折

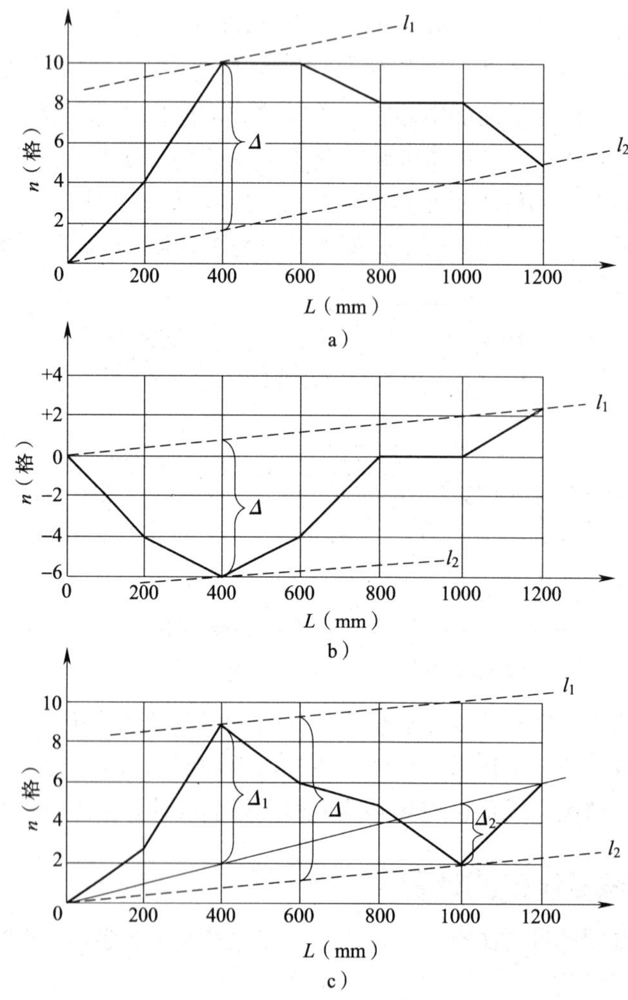

图 3—3—27　误差曲线图

a）导轨Ⅰ的误差曲线　b）导轨Ⅱ的误差曲线　c）导轨Ⅲ的误差曲线

以端点连线法确定误差时，误差是以误差曲线与端点连线之间的最大纵坐标值计算。本例各导轨的直线度误差值见表 3—3—2，并规定：误差曲线在端点连线之上时，形状为凸；误差曲线在端点连线之下时，形状为凹；有凸有凹称为波折。

以最小区域法确定误差时，在误差曲线上作两条包容平行线 l_1 和 l_2，分别称为上包容线和下包容线。这两条平行线中有一条与误差曲线上的一个最高点（或最低点）相切，另一条与两个最低点（或最高点）相切，且最高点（或最低点）在误差曲线的方向上应位于两个最低点（或最高点）之间，则此包容误差曲线的两个平行直线之间的距离为最小。这个距离Δ即为被测表面的直线度误差。此时，导轨Ⅰ的误差为0.017 mm；导轨Ⅱ的误差为0.014 mm；导轨Ⅲ的误差为0.0 164 mm。

2. 计算法

评定直线度误差的方法中，除图解法外，还有计算法。在用端点法确定误差值时，计算法的实质是将各段读数的坐标位置进行变换，使两端点最终能与横坐标轴重合（或平行）。此时，导轨的误差值Δ就等于其中最大纵坐标值与最小纵坐标值的代数差的绝对值。

具体计算方法可按以下步骤进行：

（1）记录各段测量示值的读数。

（2）求平均值：即读数代数和的平均值。

（3）求相对值：即在原每一读数上减去代数平均值。

（4）求逐项累积值：每一测量位置上的累积值等于该位置的相对值与位置前所有相对值的代数和。

（5）求出导轨直线度误差：最大累积值与最小累积值的代数差。

（6）换算出直线度误差。

例如，按上列步骤，对导轨Ⅲ进行计算分析情况见表3—3—3。

表3—3—3　　导轨Ⅲ计算分析情况表

1	原值	+3	+6	−3	−1	−3	+4
2	求平均值	（+3+6−3−1−3+4）/6=+1					
3	求相对值	+2	+5	−4	−2	−4	+3
4	求累积值	+2	+7	+3	+1	−3	0
5	误差	$n=\|+7-(-3)\|=10$ 格					
6	求误差值	$\Delta=ncl=10\times0.01/1\,000\times200=0.02$ mm					

3. 光线基准法

用光学基准法时，通常采用测微准直望远镜与可调靶标或平行光管配套测量，特别适用于较长导轨的直线度测量。

如图3—3—28所示，用测微准直望远镜与靶标配合测量和校正接长导轨的直线度。主要测量程序如下：首先，分别在接长导轨2的两端安装测微准直望远镜3和装有靶标的可调靶标座1。随后将测微准直望远镜瞄准靶标。将靶标座移到望远镜前，观察靶标中心是否与望远镜光轴视线重合。如果不重合，就应调整靶标高度与望远镜的位置，使望远镜的光轴视线和靶标中心在相同高度上。此时望远镜的光轴视线，即为所建立的测量基准线。测量时，移动靶标在导轨的各被测位置，观察该处靶标中心与光轴视线的位置偏差（高度差），其最大差值即为接长导轨的直线度误差。

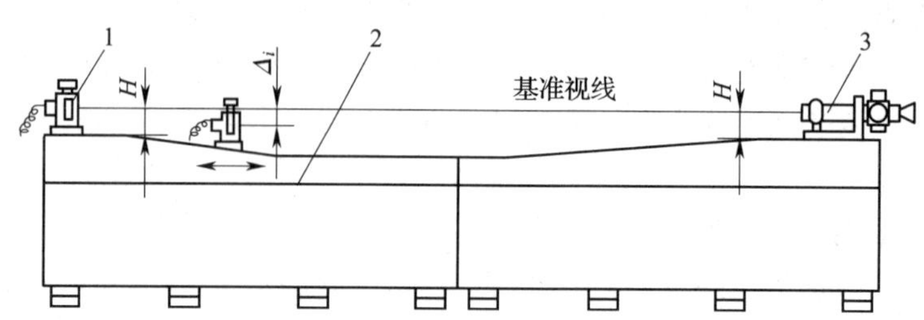

图 3—3—28　用测微准直望远镜与靶标配合测量接长导轨的直线度

1—可调靶标座　2—接长导轨　3—测微准直望远镜

如图 3—3—29 所示，是用测微准直望远镜与平行光管配套测量长导轨的直线度。测量前，将平行光管和测微准直望远镜分别置于被测导轨两端，然后调整两者的光轴，以建立基准线。测量时，移动平行光管，通过望远镜目镜观察分划板同心圆刻线或双十字刻线，相对基准线的偏移量，其值可在测微器上读出。

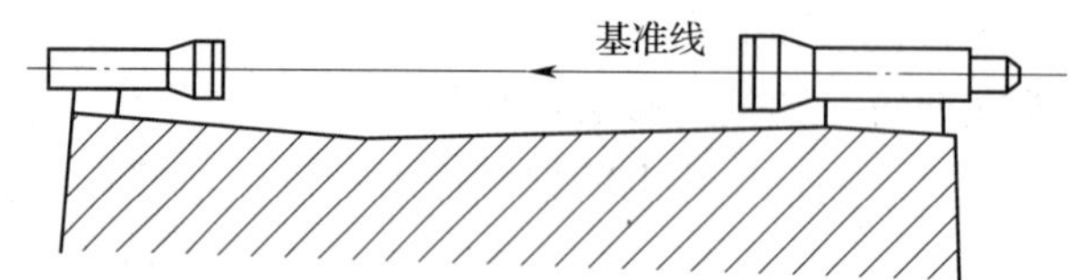

图 3—3—29　用测微准直望远镜与平行光管配合测量长导轨的直线度

如图 3—3—30 所示为望远镜目镜的观察视场。如图 3—3—30a 所示为平行光管的光轴，相对测微准直望远镜的光轴调整重合的情形；如图 3—3—30b 所示为两者光轴平行，但不重合，此时同心圆刻线中心偏离视场中心，其偏离量可由测微器读出；如图 3—3—30c 所示为平行光管的光轴有倾斜，而分划板仍与光轴同心，此时角度分划板的双十字刻线有偏移，其偏移量亦可由测微器读出。

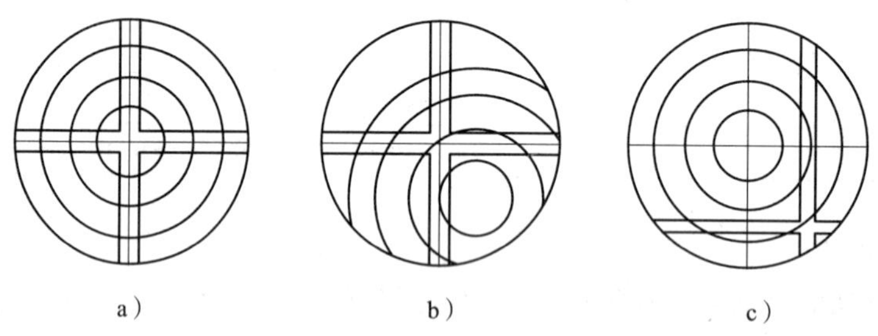

图 3—3—30　测微准直望远镜的目镜视场

4. 实物基准法

对于中等尺寸表面的直线度误差测量，可用基准平尺的工作面作为实物测量基准线，用指示表将被测表面与基准直线进行比较，即可测得直线度误差的原始数据。如测刮削表面，最好用量块放置在测头与被测表面之间测量，以避免刮削凹坑对测量精度的影响。

长导轨在水平面内的直线度测量，除可采用光学量仪外，还可采用拉钢丝的测量法，其测量方法如图 3—3—31 所示。将钢丝 3 的一端固定（钢丝直径一般为 0.1 ~ 0.3 mm），另一端用重锤4拉紧，从而建立一个直线基准。将拉紧的钢丝平行置于被测工件1的表面上方，使其平行于被检线的总方向。将有水平调整测微装置的显微镜2垂直安装在可移动的支架上。移动支架，这样可逐点测出被测表面在水平面内直线度误差的原始数据。

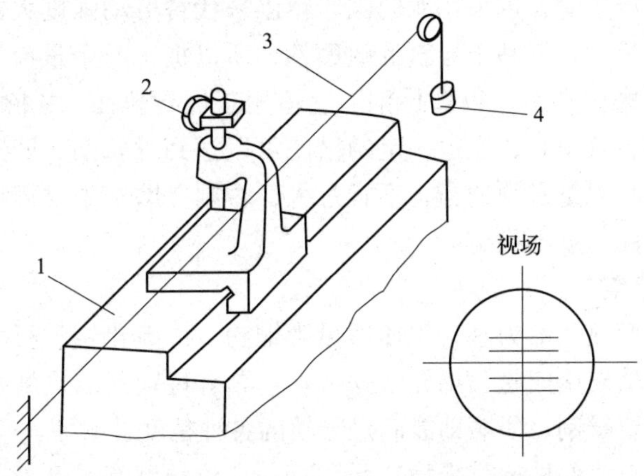

图3—3—31　用钢丝和显微镜测量长导轨直线度

1—被测工件　2—显微镜　3—钢丝　4—重锤

六、车床导轨副的常见故障

车床的导轨面是车床的基准面，它的主要作用是承载和导向，要求它无论在空载或切削时，都应保证床鞍运动的直线性；要求它耐磨并具有足够的刚度，保持精度的持久性和稳定性；要求它磨损后容易修复和调整。

由于导轨暴露在外面，受到灰尘和氧化磨损、机械摩擦磨损、腐蚀、粘着磨损，极易产生拉伤和撞击损伤等，因此使导轨工作条件恶劣，精度下降较快。

七、车床导轨副的维修

1. 导轨面局部损伤的修复

导轨面常见的局部损伤是碰伤、擦伤、拉毛、研伤等。导轨损伤一经发现必须及时修理，不使其恶化。常见的修复方法有：

（1）焊接。例如黄铜丝气焊、银锡合金钎焊、锡铋合金钎焊、特制镍铜焊条电弧冷焊、奥氏体铁铜焊条堆焊、锡基轴承合金化学镀铜钎焊等。

（2）粘接。用有机或无机胶粘剂直接粘补，如用AR－4耐磨胶、KH－501、合金粉末粘补、HNT耐磨涂料等。粘接工艺简单、方便，节省能源、成本低廉，故应用较多。

（3）刷镀。当机床导轨上出现1～2条划伤或局部出现凹坑时用刷镀法修复，不仅工艺简便，而且修复质量好。

2. 导轨的刮研修复

刮研法适合各种导轨，去除余量小，切削力小，产热低，可达到任意精度要求。它不受工件位置、形状和条件限制，方法简便可靠。虽属手工操作，但在维修中仍占有重要地位。刮研时，首先要选定刮研基准，将选为基准的导轨首先修刮至技术要求，然后以它为基准去检查和修刮其他导轨，达到相互位置要求和各自的平面度、直线度要求。

在修复导轨时，还应注意导轨磨损变形的规律，以减少修刮工作量和避免不必要的返工。

3. 导轨的机械加工修复

导轨磨损与损伤严重时，可采用龙门刨床精刨来代替劳动强度大的刮研，但需谨慎使用，因为刨削去除余量大，不利于导轨的耐磨性，所以加工时余量应尽可能小。此外，还可利用导轨磨床进行磨削加工，以磨代刮。它适用于硬导轨面，去除的余量比刮研稍大、精度高、劳动强度小、效率高，通过一定的措施可以达到导轨凸、凹形状要求。以磨代刮时应注意磨削的进给吃刀量必须适当，不宜过大，否则在磨削中易产生较多的热量，使导轨变形，造成磨削表面精度不稳定。

4. 导轨的软带修复

软带是一种以聚四氟乙烯为基，添加适量青铜粉、二硫化钼、石墨等填充剂构成的高分子复合材料，又称填充聚四氟乙烯导轨软带。它具有特别高的抗磨性能和很小的滑动阻力。采用软带后不需要铲刮、研磨即能满足导轨的各种精度且耐磨。

用软带粘接的导轨使部件运行平稳，无爬行，定位精度高，摩擦因数小，耐磨损，吸振性能好，耐老化，不受其他一切化学物质的腐蚀（除强酸和氧化剂外），自润滑性好，改善导轨的工作性能，使用寿命长。特别是使用软带后，磨损主要在软带导轨面上，相配导轨面受到软带转移膜的保护而磨损极微小。修复时如软带导轨磨损已不能满足工作要求，可将原软带剥去，清除干净胶层，重新粘接新的软带即可，维修非常简便。

子课题 4　动压式滑动轴承的维修

学习目标

1. 了解动压式滑动轴承的结构特点和分类。
2. 熟悉动压式滑动轴承工作原理。
3. 掌握动压式滑动轴承的常见故障分析和维修。

一、动压式滑动轴承的结构特点和工作原理

1. 动压式滑动轴承的结构特点

动压式滑动轴承具有运转平稳，结构简单，噪声小，有较大的刚度和抗过载能力等特点。它的承载能力依赖于主轴的转速，速度的变化影响油膜的厚度，在低速重载、变速及变向的工作状况下，不能正常工作。因此，它的精度、寿命都是有限的。

2. 动压式滑动轴承的工作原理

轴在静止状态时，由于轴的自重而处在轴承中的最低位置，如图 3—3—32 所示，轴颈和轴承孔形成楔形油隙。当轴按箭头方向旋转时，依靠油的黏性和油与轴的附着力，轴带动油层一起旋转，油在楔形油隙中产生挤压而提高了压力，即产生了动压。但当转速不高，动压不足以使轴颈顶起时，轴与轴承仍处在接触摩擦状态，并可能沿轴承内壁上爬。当轴的转速足够高，动压升高到足以平衡轴的载荷时，轴便在轴承中浮起，形成了动压润滑。

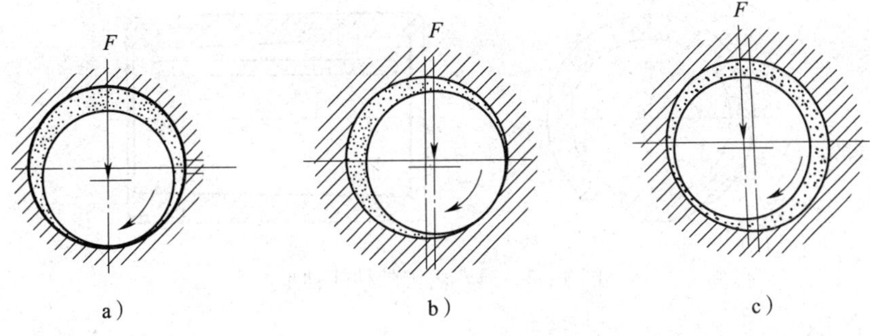

图 3—3—32　液体动压润滑过程

滑动轴承在液体动压润滑条件下工作时，轴颈中心顺着旋转方向偏移和上浮，与轴承孔中心之间的距离 e 称为偏心距，如图 3—3—33 所示。当轴的转速越高且载荷越小时，偏心距也越小。图 3—3—33 中的 $h_{\min}$ 为最小油膜厚度，它保证了轴与轴承两金属间完全隔离所需的间隙。

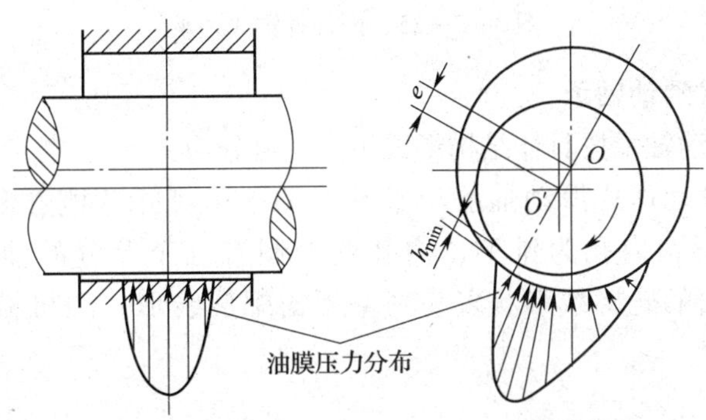

图 3—3—33　液体动压润滑时的状态

形成液体动压润滑必须同时具备以下条件：

(1) 轴承间隙必须适当（一般为 $0.001d \sim 0.003d$，d 为轴颈直径）。

(2) 轴颈应有足够高的转速。

(3) 轴颈与轴承孔应有精确的几何形状和较小的表面粗糙度值。

(4) 多支承的轴承应保持一定的同轴度。

(5) 润滑油的黏度要适当。

二、动压式滑动轴承的分类

1. 单油楔动压式滑动轴承

单油楔动压式滑动轴承有两种形式：内锥外柱式轴承，如图 3—3—34 所示；内柱外锥式轴承，如图 3—3—35 所示。

各种单油楔动压式滑动轴承都必须在主轴和轴承孔偏心时，才能产生动压效应，形成油楔，且油楔位置随载荷方向变化而变化。因此，主轴的回转精度较低，油膜刚度也稍差。

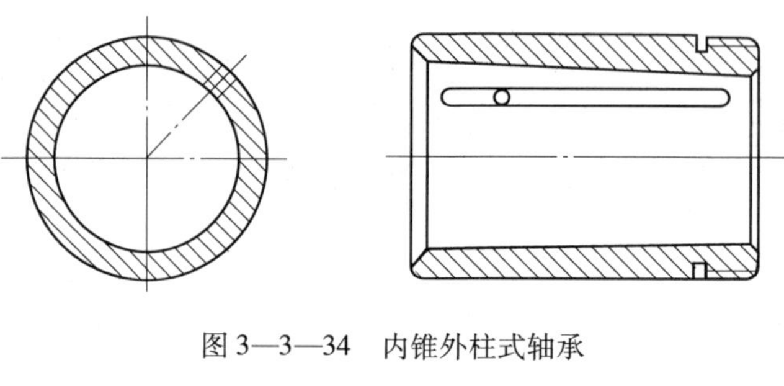

图 3—3—34 内锥外柱式轴承

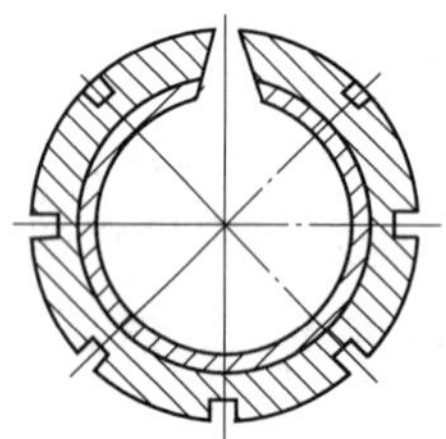

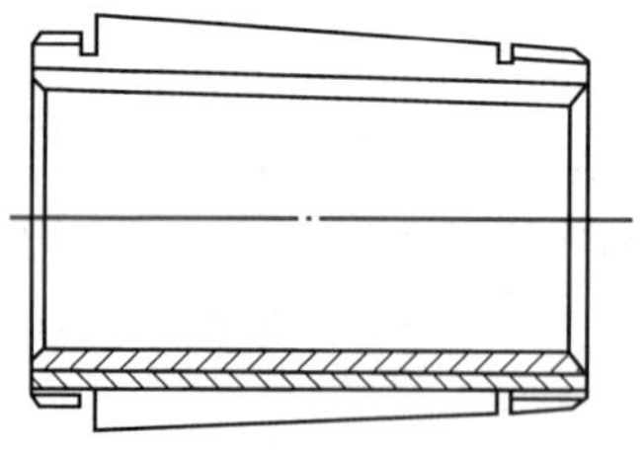

图 3—3—35 内柱外锥式轴承

2. 多油楔动压式滑动轴承

多油楔动压式滑动轴承按具体结构形式不同，可分为：

（1）刚性多油楔动压式滑动轴承。如图 3—3—36 所示为刚性多油楔动压式滑动轴承，其外部为圆柱形，内孔为锥形，内孔壁上制有五个等分的油囊。因为轴转向固定，所以油囊横断面的轮廓线形状多为阿基米德螺旋线形，经机械铲削而成。内壁浇铸轴承合金。

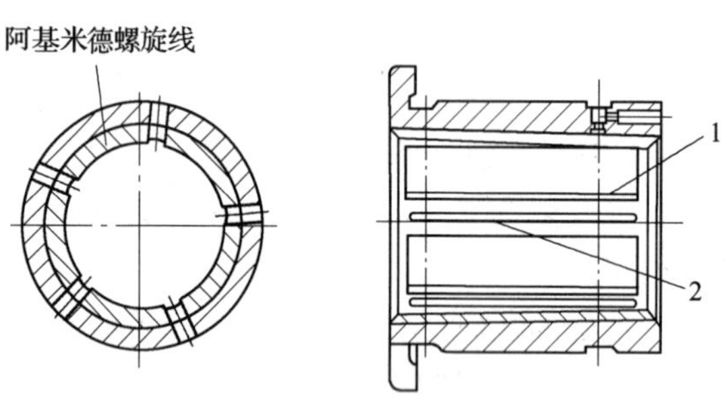

图 3—3—36 刚性多油楔动压式滑动轴承

1—油囊 2—回油腔

（2）薄壁变形多油楔动压式滑动轴承。薄壁变形多油楔动压式滑动轴承的油楔是靠装配时使轴承薄壁产生变形来形成的，其结构如图 3—3—37 所示。轴承的内孔为圆柱形，外周有三条锥形轴向棱边与箱体套筒紧密贴合。当轴承受力收缩时，三条棱边受力使轴承收缩变形形成弧三角形。这样，轴回转时将油液从缝隙较大处带至缝隙较小处而形成三个油楔。当油液经过最小缝隙后，缝隙又逐渐加大，形成负压区，如在此部位安装进油管就可以自动吸入润滑油。

这类轴承的间隙可以调整得很小，油膜刚度较大，主轴运转较平稳。

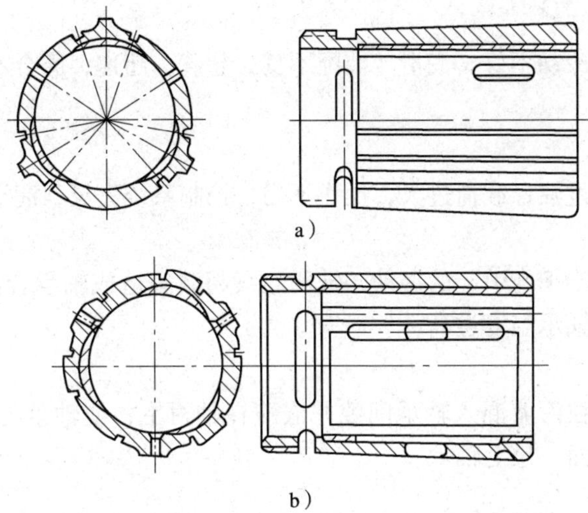

图 3—3—37　薄壁变形多油楔动压式滑动轴承

a）整体薄壁弹性变形轴承　b）弹性轴套式阿基米德螺旋线轴承

（3）自动调位轴承。自动调位轴承常有三瓦式和五瓦式多油楔动压式滑动轴承两种，如图 3—3—38 所示。

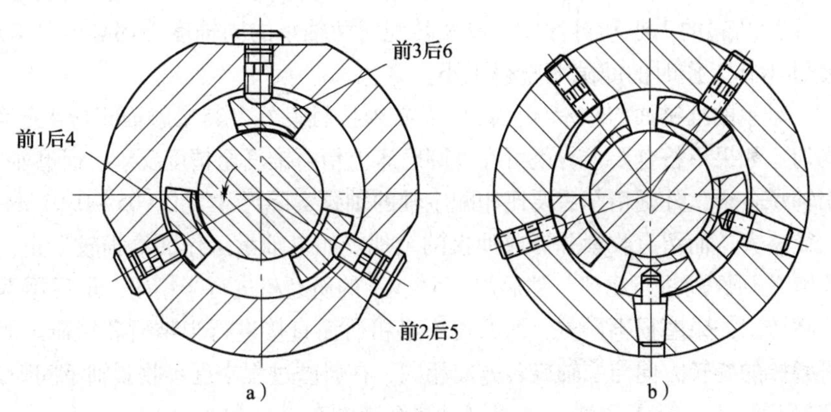

图 3—3—38　自动调位轴承

a）三瓦式　b）五瓦式

短三瓦自动调位轴承，是目前各种普通精度的磨床砂轮主轴部件上用得最广泛的一种轴承。

多油楔动压式滑动轴承的压力油膜，不一定像单油楔动压式滑动轴承那样依靠轴心偏移来形成，它有多个相互独立且均匀分布的油楔表面。故它的回转精度高，刚度好。

三、动压式滑动轴承的常见故障分析

1．磨损及刮伤

产生原因：润滑油中混有杂质、异物及污垢，检修方法不妥，安装不对中，润滑不良，使用维护不当，质量指标控制不严，轴承和轴变形，轴承和轴颈磨合不良。

2. 温度过高

产生原因：轴承冷却不好，润滑、装配不良，超载，超速，磨合不够，润滑油杂质多，密封不好。

3. 胶合

产生原因：轴承过热，载荷过大，操作不当，控制系统失灵，润滑不良，安装不对中。

4. 疲劳破裂

产生原因：由于不平衡引起的振动，轴侧连续超载等造成轴承合金疲劳破裂，轴承检修和安装质量不高，轴承温度过高。

5. 拉毛

产生原因：大颗粒污垢混入轴承间隙并嵌藏在轴衬上，使轴承与轴颈接触形成硬块，运转时会刮伤轴的表面，拉毛轴承。

6. 变形

产生原因：超载，超速，使轴承局部区域应力超过弹性极限，出现塑性变形，轴承装配不好，润滑不良，油膜局部压力过高。

四、动压式滑动轴承的维修

为了保证主轴有很高的回转精度，要求油楔的形状大小一致，因此对轴承的壁厚、槽的深度、工作面凸起的大小和对称性，以及转配时两轴承的同轴度等都必须严格地控制好，这样才能使轴承在工作时的间隙调整得很小。

维修时，轴承的外锥面与轴承体的内锥面必须接触良好，其接触面积应大于等于 80%，并要分布均匀。如果不符合要求，就可在外圆磨床上精磨锥度至精度要求。研磨轴承内径时，研磨棒采用轴承合金，外圆精车后要比相配主轴的轴颈实际尺寸大 0.005 ~ 0.01 mm，使研磨后的轴承孔径略大，而留有收紧并形成油楔的余地。如果轴承工作面磨损较严重，那么可先用 W10 ~ W14 的研磨粉进行粗研，然后用 W5 ~ W7 的研磨粉进行半精研，最后用 W1 ~ W3 的研磨粉进行精研。如果磨损不严重，那么可不必粗研而直接进行半精研和精研。研磨时尽可能竖研，研磨棒的旋转方向与主轴旋转方向相同，在研磨过程中逐步收紧轴承间隙。

轴承研磨后可不必拆下清洗，直接用过滤纸或绸布进行抛光。

课题 4　液压、气动系统的维修

子课题 1　液压系统元件的更换及清洗

学习目标

1. 了解液压传动的特点。
2. 了解液压辅助元件的种类和功能。
3. 掌握液压元件的清洗与更换。

4. 了解液压系统中的管件配接。

一、液压传动的特点

1. 优点

液压传动与机械传动、电力传动、气压传动相比，具有下列优点：

（1）传动平稳。在液压传动装置中，由于油液的压缩量非常小，在通常压力下可以认为不可压缩，依靠油液的连续流动进行传动。油液有吸振能力，在油路中还可以设置液压缓冲装置，故不像机械机构因加工和装配误差会引起振动和撞击，使传动十分平稳，便于实现频繁地换向。因此，它广泛地应用在要求传动平稳的机械上，例如磨床几乎全部采用了液压传动。

（2）质量轻、体积小。液压传动与机械、电力等传动方式相比，在输出同样功率的条件下，体积和质量可以减少很多，因此惯性小、动作灵敏。这对液压仿形、液压自动控制和要求减轻质量的机器来说，是特别重要的。例如，我国生产的挖掘机在采用液压传动后，比采用机械传动时的质量减轻了 1 t。

（3）承载能力大。液压传动易于获得很大的力和转矩，因此广泛应用于压制机、隧道掘进机、万吨轮船操舵机、万吨水压机等。

（4）容易实现无级调速。在液压传动中，调节液体的流量就可实现无级调速，并且调速范围很大，可达 2 000∶1，很容易获得极低的速度。

（5）易于实现过载保护。液压系统中采取了很多安全保护措施，能够自动防止过载，避免发生事故。

（6）液压元件能够自动润滑。由于采用液压油作为工作介质，使液压传动装置能自动润滑，因此元件的使用寿命较长。

（7）容易实现复杂动作。采用液压传动能获得各种复杂的机械动作，如仿形车床的液压仿形刀架、数控铣床的液压工作台，可加工出形状不规则的零件。

（8）简化机构。采用液压传动可大大地简化机械结构，从而减少了机械零部件数目。

（9）便于实现自动化。液压系统中，液体的压力、流量和方向是非常容易控制的，再加上电气装置的配合，很容易实现复杂的自动工作循环。目前，液压传动在组合机床和自动线上应用得很普遍。

（10）便于实现“三化”。液压元件易于实现系列化、标准化和通用化，也易于设计和组织专业性大批量生产，从而可提高生产率、提高产品质量、降低成本。

2. 缺点

（1）液压元件制造精度要求高。由于元件的技术要求高，加工和装配比较困难，使用维护比较严格。

（2）实现定比传动困难。液压传动是以液压油作为工作介质的，在相对运动表面间不可避免有泄漏，同时油液又不是绝对不可压缩的，因此不宜应用在传动比要求严格的场合，如螺纹和齿轮加工机床的传动系统。

（3）油液受温度的影响。由于油的黏度随温度的改变而改变，因此不宜在高温或低温的环境下工作。

（4）不适宜远距离输送动力。由于采用油管传输压力油，压力损失较大，因此不宜远距离输送动力。

（5）油液中混入空气易影响工作性能。油液中混入空气后，容易引起爬行、振动和噪音，使系统的工作性能受到影响。

（6）油液容易污染。油液污染后会影响系统工作的可靠性。

（7）排除故障难。发生故障不容易检查与排除。

二、液压辅助元件的种类和功能

液压辅助元件包括蓄能器、过滤器、油箱、管接头、管道、密封件、压力表、压力开关、热交换器等。

1．蓄能器

蓄能器是液压系统中的储能元件，它储存多余的油液，并在需要时释放出来供给系统，常用的是充气式蓄能器。

（1）蓄能器种类

1）活塞式蓄能器。它的结构如图3—4—1所示。活塞1将气体和油液隔开，即上部为压缩气体（通常为氮气），下部是高压油。气体由阀3充入，其下部经油孔4通向液压系统。

工作原理：活塞1随着下部压力油的储存和释放而在缸筒2内来回滑动。

活塞式蓄能器主要用于大体积和大流量的液压系统中。

2）气囊式蓄能器。它的结构如图3—4—2所示。它用耐油橡胶制成，其内充入惰性气体并固定在耐高压的壳体的上部，气囊将气体和油液隔开，液压油从提升阀4通入。

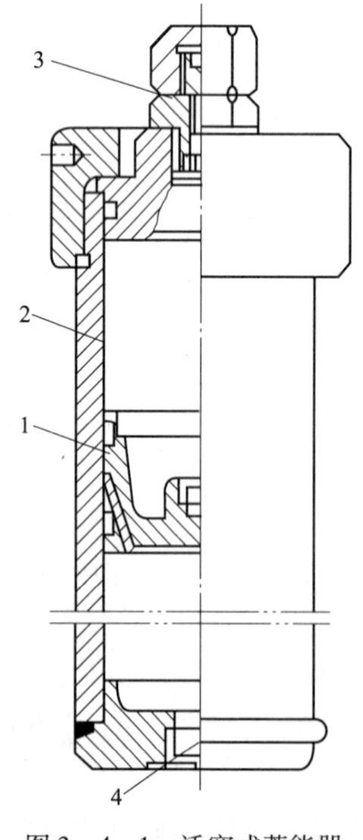

图3—4—1　活塞式蓄能器

1—活塞　2—缸筒　3—阀　4—油孔

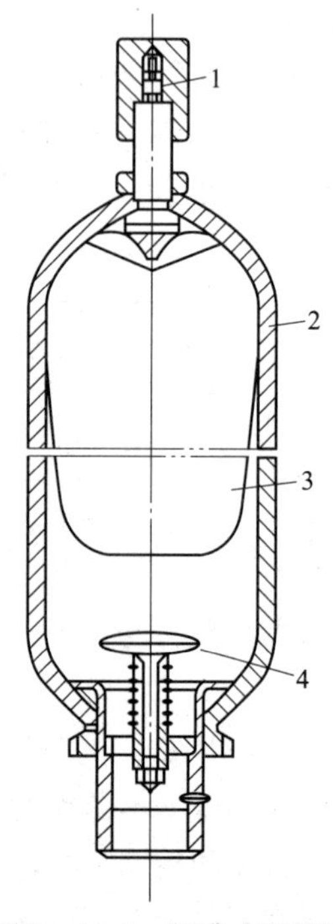

图3—4—2　气囊式蓄能器

1—充气阀　2—壳体　3—气囊　4—提升阀

工作原理：通过气囊的收缩和膨胀来控制下部液压油的储存和释放。

气囊式蓄能器主要用于蓄能和吸收冲击的液压系统中。

（2）功用

1）作辅助动力源。把多余的液压油储存起来，当系统需要时，再由蓄能器释放出来。

2）保压补漏。

3）作应急动力源。

4）吸收系统脉动压力，缓和液压冲击。

2. 过滤器

（1）分类

1）网式过滤器。它的结构如图 3—4—3 所示，是将一层铜丝网 2 包围在周围开有很多窗孔的塑料或金属筒形骨架 1 上。

工作原理：靠铜丝网 2 的网孔来滤去混入油液中较大颗粒的杂质。

网式过滤器常用于液压泵入口处。

2）线隙式过滤器。它的结构如图 3—4—4 所示，是在筒形心架 1 的外部用铜丝或铝线线圈 2 进行密绕组成滤芯，并将其装在壳体 3 内。

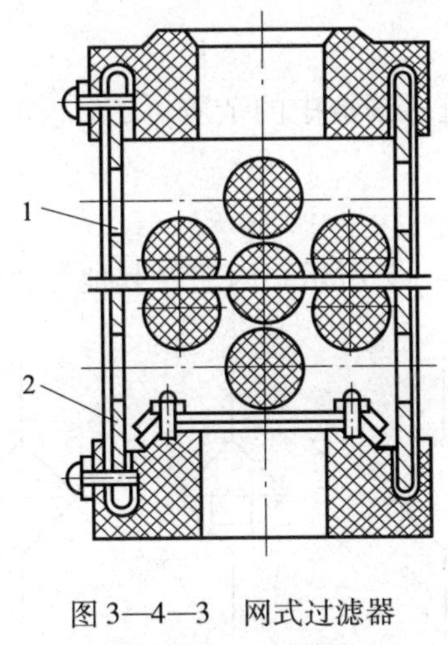

图 3—4—3　网式过滤器

1—筒形骨架　2—铜丝网

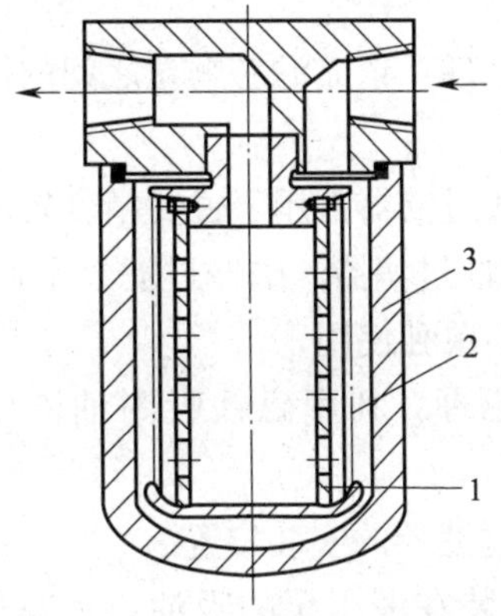

图 3—4—4　线隙式过滤器

1—筒形心架　2—线圈　3—壳体

工作原理：油液经线向缝隙和心架槽孔流入过滤器内，再从上部孔道流出，这样就靠铜（铝）丝间的微小间隙来滤除固体颗粒。

线隙式过滤器的过滤精度高于网式过滤器，一般用于低压回路或辅助回路。

3）线芯式过滤器。它又称纸质过滤器，其结构与线隙式过滤器相同，只是滤芯为滤纸，其结构如图 3—4—5 所示。这种过滤器共由三层组成：滤芯外层 2 为粗眼钢板网，滤芯中层 3 为折叠或 W 形的滤纸，滤芯里层 4 由金属网与滤纸一并折叠而成。

工作原理：依靠滤纸的微孔滤去油液中的固体颗粒。

纸芯式过滤器常用于过滤质量要求高的高压系统。

4）烧结式过滤器。它的结构如图 3—4—6 所示。不同的过滤精度要求选择不同粒度的粉末烧结成不同厚度的滤芯。

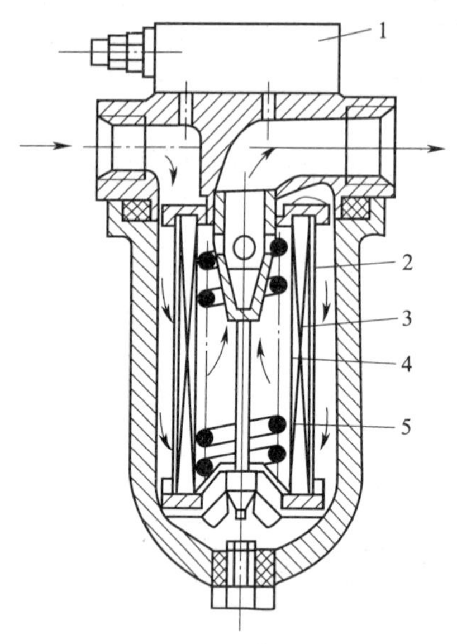

图 3—4—5　线芯式过滤器

1—污染指示器　2—滤芯外层　3—滤芯中层
4—滤芯里层　5—支承弹簧

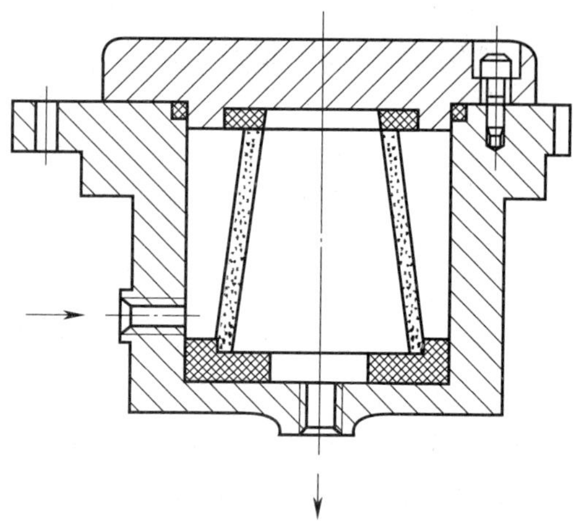

图 3—4—6　烧结式过滤器

工作原理：依靠滤芯颗粒之间的微孔滤去从侧孔进入油液中的杂质，之后，油液再从中孔流出。

烧结式过滤器常用于过滤精度较高的系统中。

5）磁性过滤器。磁性过滤器的图形符号如图 3—4—7 所示。因它对其他污染物不起作用，故不单独使用。

工作原理：利用磁铁吸附油液中的铁磁颗粒。

（2）过滤器的安装位置

1）安装在液压泵的吸油口，其目的是保护液压泵。

2）安装在液压泵的出口油路上，其目的是保护除液压泵和溢流阀外的系统所有元件。若为了保护溢流阀不过载，则可将过滤器安装在其后。

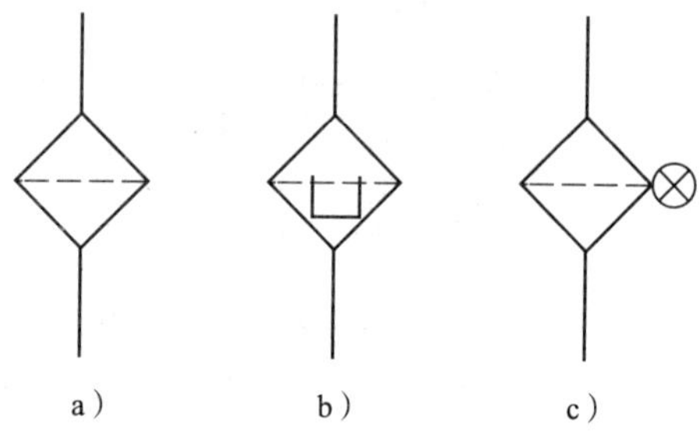

图 3—4—7　磁性过滤器的图形符号

a）过滤器一般符号　b）磁性过滤器
c）污染指示过滤器

3）安装在系统的回油路上，其目的是滤去油液流入油箱以前的污染物，确保为液压泵提供清洁的油液。

4）安装在系统的分支油路上，其目的是只对支路上的油液起滤清作用，以达到当液压泵的流量较大时，使用的过滤器不至于过大。

5）安装在系统外的过滤回路上，其目的是通过专设一个滤油子系统，滤除油液中的杂质，以保护主系统。

注意：因过滤器只能单向使用，故安装滤油器时，进、出口不可互换。

3. 油箱

（1）分类

1）按油面是否与大气相通

①开式油箱。它的结构如图 3—4—8 所示，箱中液面与大气相通，空气过滤器安装在油箱盖上。开式油箱广泛应用于一般的液压系统中。

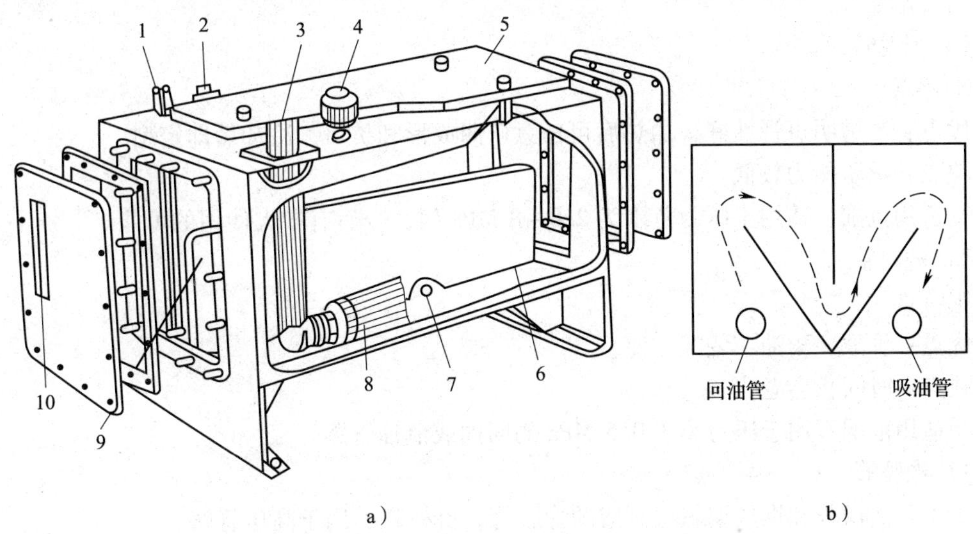

图 3—4—8　油箱结构示意图

1—回油管　2—泄油管　3—吸油管　4—空气过滤器　5—安装板
6—隔板　7—放油口　8—吸油过滤器　9—清洗窗　10—液位计

②闭式油箱。用于液压油箱，其内充有一定压力的惰性气体。

2）按油箱形状

①矩形油箱。广泛采用。

②圆罐形油箱。应用于大型冶金设备中。

（2）功用

1）储存工作介质。

2）散发系统工作中产生的热量。

3）分离油液中混入的空气。

4）沉淀污染物及杂质。

4. 管道

常用的管道有两类五种，两类即硬管和软管，其特点及适用范围分述如下。

（1）硬管

1）钢管

①特点

优点：价廉、耐油、抗腐。

缺点：装配时不易弯曲成形。

②适用范围：常作为压力管道用于拆装方便处。

2）纯铜管

①特点

优点：易弯曲成形。

缺点：价格高、抗振能力差、油液易氧化。

②适用范围：用于仪表及装配不便处。

（2）软管

1）尼龙管

①特点

优点：半透明可视性好，加热后可任意弯曲成形和扩口，冷却后即定型。

缺点：承压能力较低。

②适用范围：适用于压力范围为2.8～8 MPa间，今后有扩大使用的可能。

2）塑料管

①特点

优点：价廉、耐油、装配方便。

缺点：时间长会老化。

②适用范围：用于压力小于0.5 MPa的回油或泄油管路。

3）橡胶管

①由耐油橡胶和钢丝编织层制成的橡胶管，价格高，用于高压管路。

②由耐油橡胶和帆布组成的橡胶管，用于回油管路。

5. 油管的特征尺寸

油管的特征尺寸为通径，即油管的内径 d。它是油管的名义尺寸，单位为mm。它代表在允许的压力损失下油管的通流能力。

油管的实际内径及壁厚的确定有两种方法，即查表和计算。

（1）查表。确定时可查看相应手册。

例：32通径的无缝钢管的通流能力为250 L/min，其外径为42 mm。而壁厚及实际内径则依据油管工作压力而异。如工作压力 $p \leqslant 2$ MPa时，经查表得知：壁厚 $\varepsilon = 5$ mm，内径 $d = 32$ mm。

（2）计算

1）内径 d。依据下式：

$$d = \frac{\sqrt{4q}}{\pi v_0} \tag{3—4—1}$$

式中 q——流经油管的流量，m^3/s；

v_0——在允许的压力损失下允许的液流速度，m/s。

v_0 值选择范围如下：

①对压油管道：

当 $p < 2.5$ MPa时，$v_0 = 2$ m/s。

当 $p = 2.5 \sim 16$ MPa时，$v_0 = 3 \sim 4$ m/s。

当 $p > 16$ MPa时，$v_0 = 6$ m/s。

②对回油管道：

$v_0 \leqslant 2.5\ m/s$。

③对吸油管道：

$v_0 = 0.5 \sim 1.5\ m/s$。

2）壁厚。壁厚应依据油管承受的最大工作压力，按拉伸薄壁筒的强度公式计算（查工程计算手册）。

6. 管接头

（1）硬管接头

1）扩口式管接头。扩口式管接头如图3—4—9a所示。

①密封方式：利用管子端部扩口进行密封，不需任何其他密封件，即拧紧接头螺母2，通过管套使管子压紧密封。

②适用的管道：纯铜管、薄钢管、尼龙管、塑料管。

③使用的系统：适用于以油、气为介质的压力较低的管路系统。

2）卡套式管接头。卡套式管接头如图3—4—9b所示。

①密封方式：通过拧紧接头螺母后，卡套4变形卡住管子并进行密封。

②适用管道：冷拔无缝钢管。

③适用的系统：用于油、气及一般腐蚀性介质的管路系统。

3）焊接式管接头。焊接式管接头如图3—4—9c、d所示。

①密封方式：利用接管5与管子6焊接，用接头螺母2将接头体1和接管之间用O形密封圈将端面密封在一起。

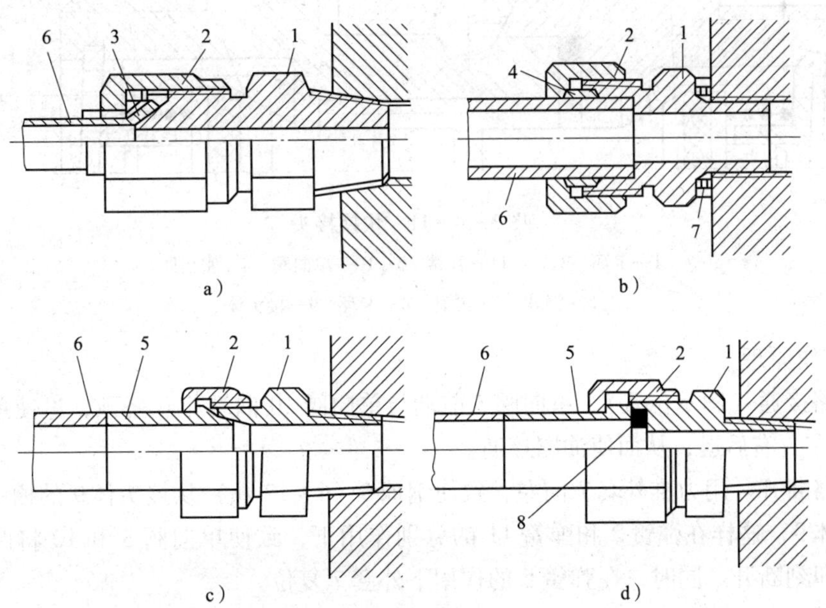

图3—4—9　硬管接头的连接形式

a）扩口式管接头　b）卡套式管接头　c）、d）焊接式管接头

1—接头体　2—接头螺母　3—管套　4—卡套　5—接管

6—管子　7—组合密封垫圈　8—O形密封圈

②适用的管道：钢管。

③适用的系统：接头体与接管间用球面、锥面接触密封的，适用于工作压力不高的液压系统；接头体与接管间用平面加 O 形密封圈密封的，适用于高压系统。

（2）胶管接头。胶管接头有可拆式和扣压式两种，这里只介绍扣压式胶管接头，如图 3—4—10 所示。它适用于以油、水、气为介质，工作压力为 6 ~ 40 MPa 的管路系统。

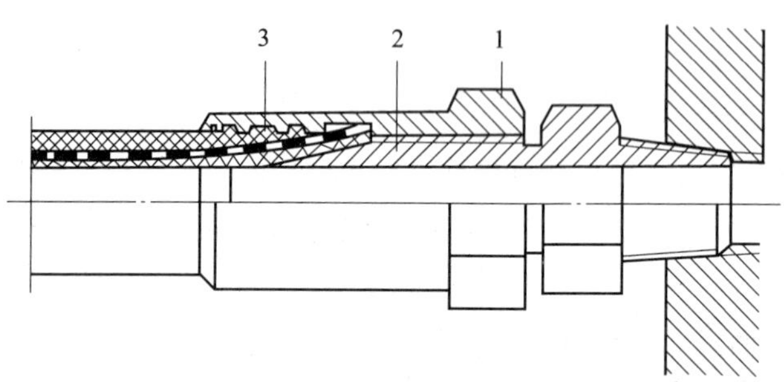

图 3—4—10　扣压式胶管接头

1—接头螺母　2—接头体　3—胶管

（3）快换接头。快换接头如图 3—4—11 所示。

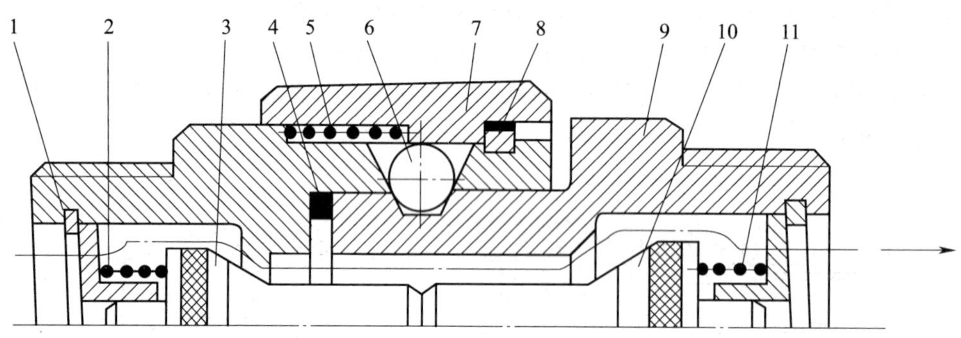

图 3—4—11　快换接头

1—卡环　2、5、11—弹簧　3、10—单向阀　4—密封圈

6—钢球　7—外套　8—卡环　9—接头体

1）工作原理

①油路接通（图示位置）。单向阀 3 前端与单向阀 10 前端相互挤顶，迫使单向阀 3 和 10 分别向左、右后退，从而使油路接通。

②油路断开。用力推外套 7 向左，致使钢球 6（6 ~ 12 颗）从接头体 9 的槽中退出，再拉出接头体 9，这样在弹簧 2 和弹簧 11 的分别作用下，致使单向阀 3 和 10 将两边阀口关闭，油路即刻断开。同时，在弹簧 5 的作用下外套 7 复位。

2）用途：适用于需经常装拆处。

7. 密封件

（1）密封的分类。密封分为静密封和动密封两类。

1）静密封。在工作状态下，两零件间无相对运动，其结合面的密封称为静密封。

①金属垫片密封。采用纯铜、铝、铅、低碳钢、不锈钢、合金钢等制成的各种类型的垫片，垫于结合面中进行密封，常用于高温、高压的场合。

②非金属垫片密封。采用天然橡胶、纸板、牛皮、聚四氟乙烯及其合成品制成的各种垫片，垫于结合面中进行密封，适用于常温、中低压场合。

③密封胶密封。这类密封直接采用成品密封胶密封。使用时，把它们涂敷在设备的各种静结合面上，它们可用于形状复杂或材料不同的结合面上。

④管螺纹密封。管螺纹的密封采用聚四氟乙烯薄膜缠绕在螺纹表面（缠绕方向与螺纹旋向相反），拧入后，使聚四氟乙烯填充在管螺纹之间进行密封；厌氧胶也是用于管路螺纹密封的材料，使用时，先将结合面上的油污、水、灰尘等擦干净，有锈的要除掉锈，然后将厌氧胶涂敷在螺纹表面，涂层厚为0.06～0.1 mm，干固后，即对管螺纹起到很好的密封作用。

2）动密封。有相对运动的结合面的密封，称为动密封。

①接触式密封。包括密封圈密封、填料密封。

②非接触式密封。包括迷宫式密封、螺旋式密封和离心式密封。

③半接触式密封。包括活塞环密封、机械密封及精密配合密封。

（2）密封件的类型

1）O形橡胶密封圈。如图3—4—12所示，它适用于介质为液压油、润滑油、气体及水，工作压力小于32 MPa，工作温度为－35～20℃的密封。

2）U形夹织物橡胶密封圈。如图3—4—13所示，此密封圈适用于介质为液体及气体，工作压力不大于31.5 MPa，工作温度为－25～80℃的密封。

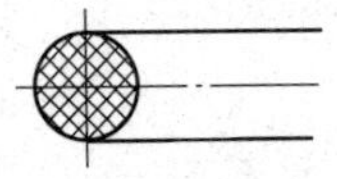

图3—4—12　O形橡胶密封圈

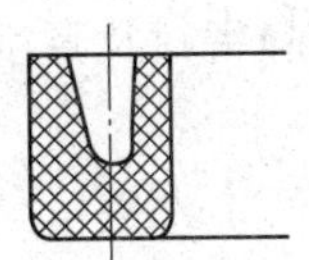

图3—4—13　U形夹织物橡胶密封圈

3）Y形橡胶密封圈。如图3—4—14所示，这种密封圈适用于介质为液体和气体，工作压力小于20 MPa，工作温度为－25～80℃的密封。

4）孔用Y_x形、轴用Y_x形聚氨酯橡胶密封圈。如图3—4—15所示，其工作压力小于31.5 MPa。密封矿物油时，工作温度为－30～100℃；密封水、气体时，工作温度小于70℃。

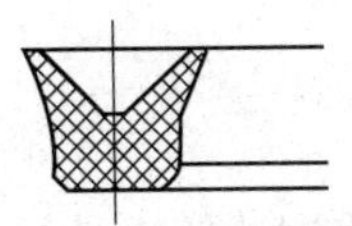

图3—4—14　Y形橡胶密封圈

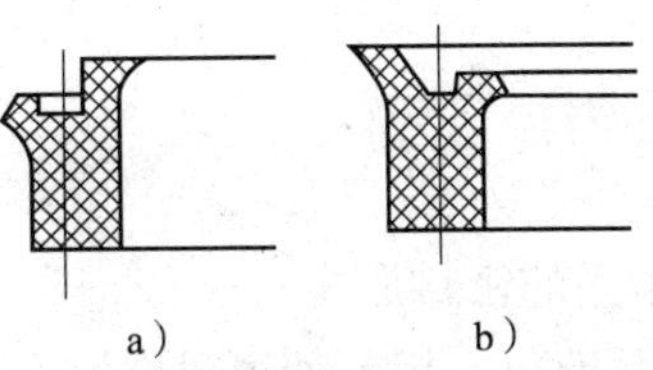

图3—4—15　聚氨酯橡胶密封圈
a）孔用Y_x形　b）轴用Y_x形

5）V形夹织物橡胶密封圈。如图3—4—16所示，此密封圈适用于液体密封，工作压力小于50 MPa，工作温度为-40～80℃。

6）L形、J形橡胶密封圈，如图3—4—17所示。

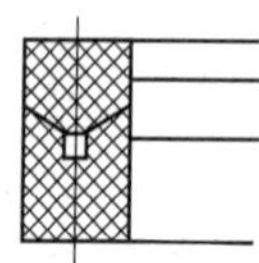

图3—4—16　V形夹织物橡胶密封圈

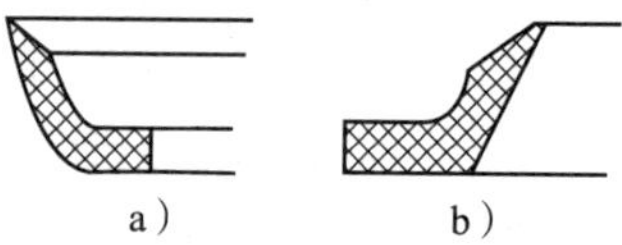

图3—4—17　橡胶密封圈
a）L形　b）J形

7）铸铁制活塞环。如图3—4—18所示，此密封圈适用于水、油等密封，工作压力小于20 MPa。

8）毛毡封油圈。如图3—4—19所示，此密封圈适用于线速度小于5 m/s的场合，用来防止轴承及其他机械漏油。

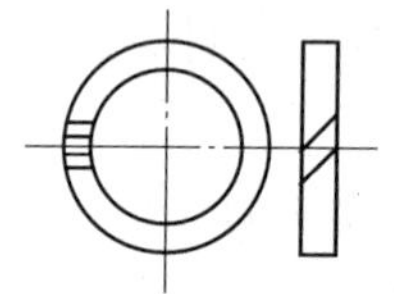

图3—4—18　活塞环

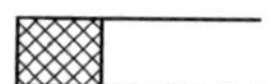

图3—4—19　毛毡封油圈

9）不锈钢、铝制空心金属密封环。如图3—4—20所示，铝、不锈钢制空心金属密封环适用于管路中的静密封及真空容器的静密封。

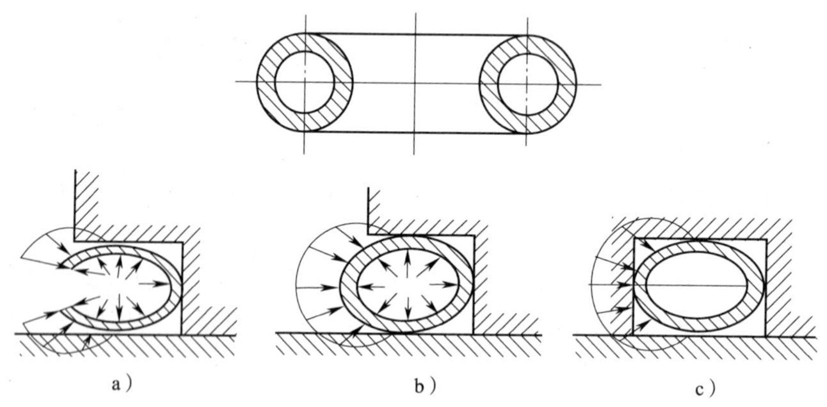

图3—4—20　空心金属密封环
a）自紧式　b）充气式　c）空心式

（3）常用的密封形式

1）填料密封。用各种填料充填在结合面进行的密封，称为填料密封。

2）空心金属密封环。将薄壁的钢管、铝管及不锈钢管等弯成圆形，再把接口焊起来所成的环，称为空心金属密封环。

3）O 形橡胶密封圈。用橡胶制成，截面形状为 O 形的密封圈，习惯上称为 O 形密封圈。

4）机械密封。利用机械装置在旋转轴断面进行的密封，称为机械密封。

5）胶密封。将密封胶涂敷在设备的各种静结合面上进行的密封称为胶密封。

6）油封与防尘油封。

7）迷宫密封与螺旋密封。

8. 压力表

常用的压力表是弹簧弯管式压力表，其结构如图 3—4—21 所示。

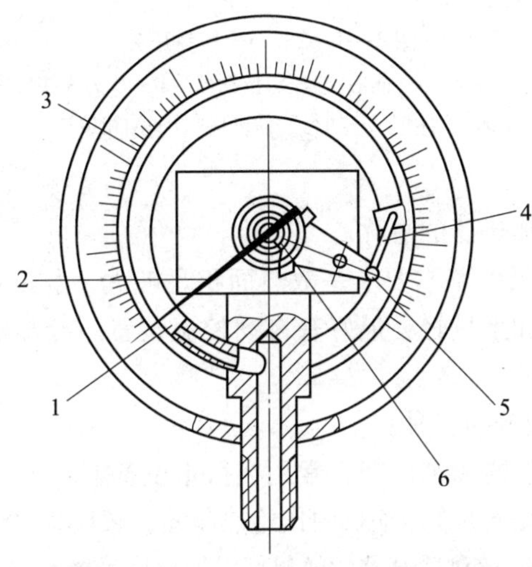

图 3—4—21　弹簧弯管式压力表

1—弯管　2—指针　3—刻度盘　4—杠杆　5—扇形齿轮　6—小齿轮

（1）工作原理。当压力油进入扁截面金属弯管 1 时，使其变形而致使曲率半径加大，端部产生位移，通过杠杆 4 带动扇形齿轮 5 摆动，扇形齿轮 5 又与小齿轮 6 啮合，小齿轮 6 又带动指针 2 转动，这时就可以从刻度盘 3 上读取压力值。

（2）用途。可观测液压系统中各工作点的压力是否已调整到要求的工作压力。

（3）选用。系统最高压力约为选定压力表量程的 3/4。

9. 压力表开关

（1）分类

1）一点。即所能测量的测点数目为一点。

2）多点。即所能测量的测点数目为 3 点、6 点等，就是说多点压力表开关用一个压力表可与几个测压点油路相通，测出相应点的油液压力。

（2）工作原理。如图 3—4—22 所示为压力表开关的结构图。图示位置为非测量位置，此时压力表与油箱接通。现将手柄推进去，使阀芯 2 上的沟槽 K 将被测压力点 A 与压力表接通，同时将压力表连接油箱的通道隔断，这样即可测出被测压力点 A 的压力。若手柄转到另一个位置，便又可测出另一个被测压力点的压力。

（3）用途。用于切断或接通压力表和测量点油路的通道。

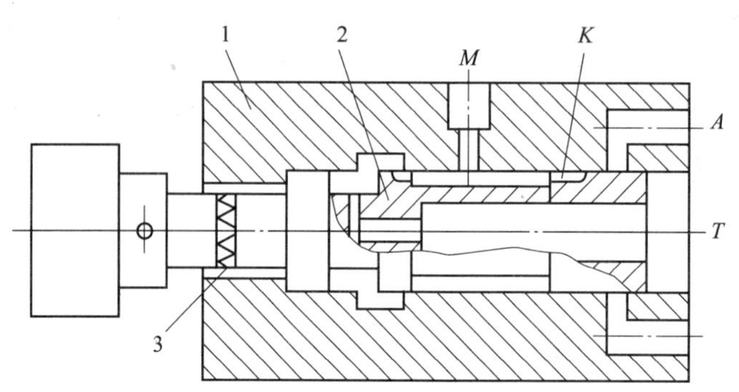

图 3—4—22　压力表开关

1—阀体　2—阀芯　3—定位钢球　*M*—压力表接口

K—沟槽　*A*—执行元件进口　*T*—油箱接口

10. 热交换器

热交换器是冷却器和加热器的总称。

（1）冷却器。对冷却器的基本要求是散热面积足够大，散热效率高，压力损失小，且结构紧凑、坚固、体积小和重量轻，最好有自动控温装置。冷却器的具体结构尺寸、性能等可参看有关资料。

1）分类。冷却器一般分为三种：

①风冷式。即利用自然通风来冷却，常用在行走设备上。

②冷媒式。即利用冷媒介质在压缩机中作绝热压缩，散热器放热，蒸发器吸热的原理，将热量带走、致使液压油冷却。该种冷却器的效果好，但价格昂贵，常用于精密机床等设备上。

③水冷式。分为板式、多管式和翅片式。如图 3—4—23 所示为多管式冷却器。工作原理：液压油从壳体左端进油口流入，在挡板 2 的作用下，加长热油流的循环路线。热油向右流，而水从右端盖的进水口流入，经上部管往左端流，这样在热油流和钢管 3 内的水流不断交汇中，不断地完成热交换，从而钢管 3 内的水流将油液中的热量带走，经下部出水管从右端盖出水口流出，而被冷却后的油液却从右端出油口排出。

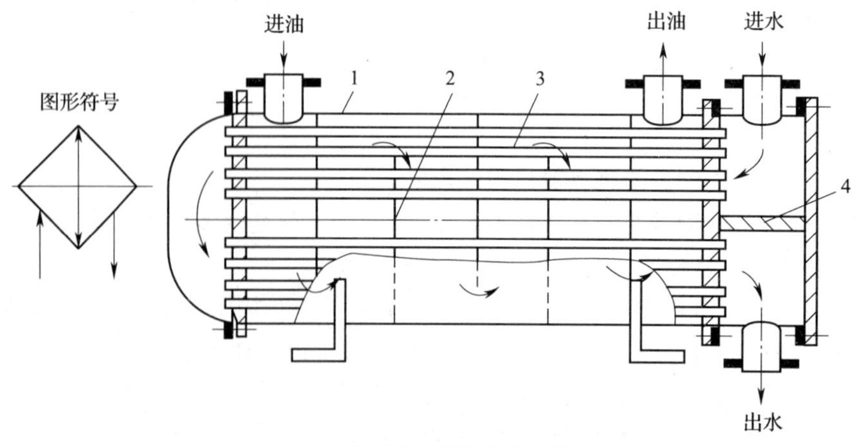

图 3—4—23　多管式冷却器

1—外壳　2—挡板　3—钢管　4—隔板

该种冷却器常用于一般液压系统中。

2）安装位置。安装在回油管路或低压管路上。

（2）加热器

1）热水或蒸汽加热。

2）电加热。具有使用方便，易于自动控制温度等特点，应用较广泛。

如图 3—4—24 所示为电加热器安装图。电加热器的用法是固定在油箱 1 的内壁上，且使其发热部分完全浸没在油液的流动处，另外为了避免油液局部温度过高而变质，应设置一个联锁保护装置，确保当没有足够油液经过加热循环时，或者系统油液未完全包围电热元件时，能阻止加热器工作。电加热器表面的功率密度不得超过 3 W/cm^2。

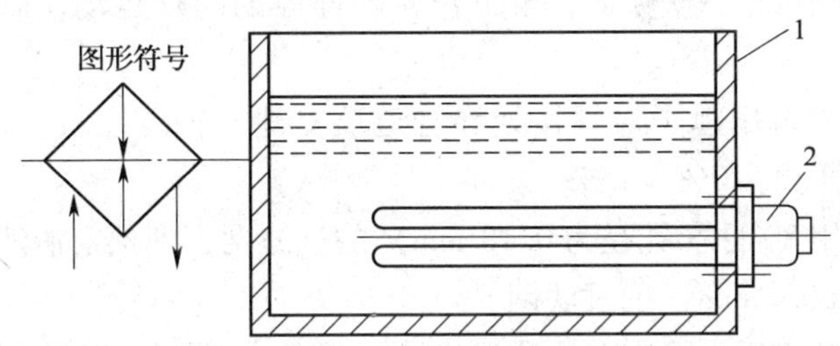

图 3—4—24　电加热器安装图

1—油箱　2—电加热器

三、液压元件的清洗与更换

为了使液压系统维持令人满意的工作性能，达到预期的使用寿命，在元件和系统安装前和调试运转前，必须对液压元件、辅助元件和液压系统进行仔细的清洗，洗掉附在零部件、液压元件、辅助元件和管路元件表面上的切屑、磨粒、纱头、尘埃、油污、焊渣、锈片、油漆和电镀的剥落片、密封挤切下来的碎片、水分等污物。

清洗通常分为两次：

1. 第一次清洗

（1）目的。第一次清洗应确保把大量的、明显的、可能清洗掉的金属毛刺与粉末、砂粒灰尘、油漆涂料、氧化铁皮、油渍、棉纱、胶粒等污物全部清洗掉。

（2）时间。第一次清洗的时间应根据液压系统的大小、所需过滤精度及系统的污染程度来定，通常为 24 ~48 h。

2. 第二次清洗

（1）目的。第二次清洗是为了把第一次安装后残存的污物（诸如：密封碎片、防锈油、铸件内部冲洗下来的砂粒、金属磨合下来的粉末等）全部清洗掉。

（2）清洗步骤和方法

1）清洗油的准备：清洗油应选用被清洗的机械设备的液压系统工作用油或试车油，决不允许使用煤油、汽油、酒精、蒸汽等作为清洗介质。

2）过滤器的准备：在清洗管道上应接上临时的回油过滤器。清洗初期和后期使用的过滤器的滤网精度分别为 80 目（孔径为 0. 18 mm）和 150 目（孔径为 0. 1 mm）。

3）加热装置的准备：在清洗时应对油液分别进行长约 12 h 的加热和冷却，以利于清除管道内的橡胶泥渣等杂物。

4）清洗油箱：油箱清洗后，应该用绸布或乙烯树脂海绵等将油箱擦干净（绝不能使用棉布或棉纱擦油箱），之后不能装入清洗用油。

（3）注意事项

1）第二次清洗前应将溢流阀入口处临时切断，将液压缸进出油口隔开，在主油路上连接临时通路。

2）清洗时，应一边维持液压泵运转，一边将油加热，使油液在清洗回路中自行循环清洗。

3）回路中换向阀可作一次换向，泵可作转转停停的间歇运动，以便取得更好的清洗效果。

4）在清洗过程中可用锤子对焊接处和管道反复地、轻轻地敲打，以利于脏物脱落，锤击时间约为清洗时间的 10% ~15% 。

5）清洗初期使用 80 目（孔径为 0. 18 mm）的过滤网，到预定清洗时间的 60% 时，再换用 150 目（孔径为 0. 1 mm）的过滤网。

6）第二次清洗结束后，泵应在油液温度降低后停止运转，以避免外界湿气侵入而引起锈蚀。

7）第二次清洗结束后，应将油箱内的清洗油全部清除干净，并应按上述要求再对油箱清洗一次。

8）清洗时间依据液压系统的复杂程度、所需过滤精度及系统的污染程度而定。

对于液压系统中液压元件的更换，则需根据具体情况进行分析，查到原因后，对实际存在问题的液压元件进行更换。

四、液压系统中的管件配接

液压系统各元件靠油管接头有机地连接在一起，成为一个完整的液压系统。因此，液压系统的安装是否可靠、合理及整齐，对液压系统的工作性质有一定的影响。

1. 压力管道的安装注意事项

（1）管路应布置成平行或垂直方向，整齐划一，管路交叉尽可能少。

（2）管线应尽量短，少转弯，平滑过渡，尽量减少上下弯曲和接头数量，确保管路的伸缩变形。

（3）在有活接头的地方，为保证活接头拆装方便，其管路的长度应适中。

（4）系统中主要管路或辅件能自由拆装，而不会影响其他元件。

（5）管路必须在平直部分接合，不允许在圆弧部分接合。

（6）法兰盘应安装在管路的直线部分，而且在焊接法兰盘时，应确保与管路中心线成直角。

（7）不管是平行管路还是交叉管路，其管道之间的距离都应大于 10 mm。

（8）依据压力、管径和材质，管路的连接可分为螺纹连接、法兰连接和焊接三种。

1）螺纹连接适用于直径较小的油管，低压管应在 2 in（1 in = 25. 4 mm）以下，高压管在 1 in 以下。

2）管径大于上述数值时应采用法兰连接。

3）在保证安装拆卸的条件下，应尽量采用对接头焊接，以减少管配件。

（9）管路的最高部分应设有排气装置。

（10）管道安装应紧固，振动大处可加装橡胶垫等以减小振动。

（11）对细长管道可用管夹排列固定。

（12）对复杂的管路应涂色加以区别。

（13）全部管路应进行两次安装，即试安装和最终安装。

2. 进口、出口管路的连接

（1）吸油高度应小于 500 mm，且与泵的接口应密封严密。

（2）回油管应在油面以下，且与吸油管口不能相距太近。

（3）溢流阀的回油管与液压泵的吸油管不能相距太近，否则会增高油温。

子课题 2 液压系统中压力与流量的调整

学习目标

1. 掌握常见的液压基本控制回路及应用。
2. 熟悉液压基本控制回路的工作原理。
3. 掌握液压基本控制回路中的压力调整。

一、液压基本回路

液压基本回路是由一些液压元件组成并能完成某项特定功能的典型油路结构。任何一个液压系统，无论其多么复杂，实际上都是由一些液压基本回路组成的。这些基本回路各具有其功用，如实现液压系统工作压力的调整、工作台运动速度的调节、运动方向的控制、液压缸的顺序动作、某种工作循环等。熟悉这些基本回路，掌握它们的工作原理、组成及特点，对于了解和分析整个液压系统，以及正确使用和维护液压系统是十分必要的。

常用的液压基本回路，按其功能可以分为方向控制回路、压力控制回路、速度控制回路和顺序控制回路等四大类。

二、方向控制回路

这类回路主要通过方向控制阀来实现，方向控制阀用于控制液流方向，以实现执行元件的启动、停止，进行压力和速度的变换，或完成其他特殊的功能。

1. 单向阀

将在以后课题中详细介绍。

2. 换向阀

换向阀的作用是利用阀芯位置的变动，改变阀体上各油口的通断状态，从而控制油路连通、断开和改变液流方向。

换向阀的用途十分广泛，种类也很多，其分类见表 3—4—1。

表 3—4—1　　换向阀的分类

分类方式	形式
按阀芯运动方式	滑阀、转阀、锥阀
按阀的工作位置数和通路数	二位三通、二位四通、三位四通、三位五通……
按阀的操纵方式	手动、机动、电动、液动、电液动
按阀的安装方式	管式、板式、法兰式

（1）换向阀的换向原理及图形符号。如图 3—4—25 所示的滑阀式换向阀是靠阀芯在阀体内作轴向移动，从而使相应的油路接通或断开的换向阀。滑阀是一个具有多个环形槽的圆柱体，而阀体孔内有若干个沉槽。每条沉槽都通过相应的孔道与外部相通，其中 *P* 为进油口，*T* 为回油口，而 *A* 和 *B* 则通向液压缸两腔。当阀芯处于如图 3—4—25a 所示位置时，*P* 与 *B*、*A* 与 *T* 相通，活塞向左运动；当阀芯向右移至如图 3—4—25b 所示位置时，*P* 与 *A*、*B* 与 *T* 相通，活塞向右运动。图中右侧用简化了的图形符号清晰地表明了以上所述的通断情况。

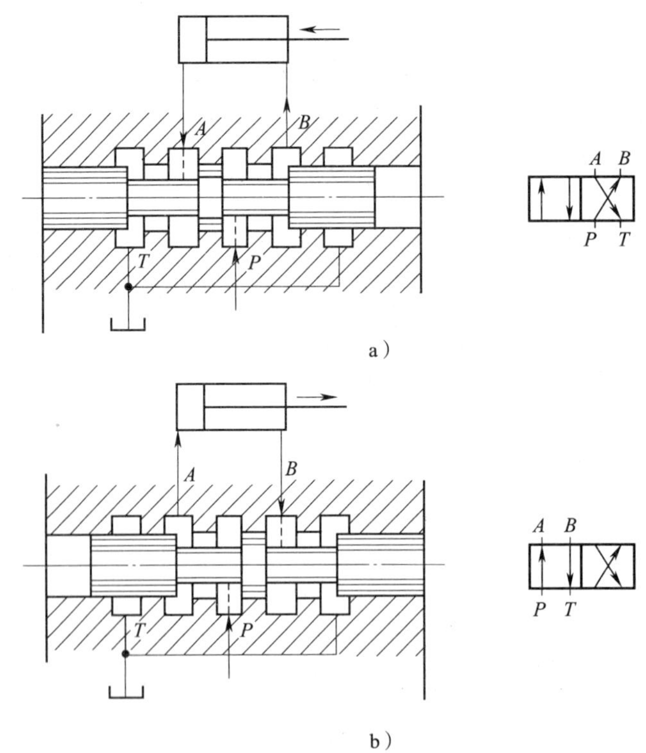

图 3—4—25　换向阀的换向原理及图形符号

a）工作位置 1　b）工作位置 2

（2）常用滑阀式换向阀的图形符号表示含义

1）用方框表示阀的工作位置，方框数即“位”数。

2）箭头表示两油口连接关系，并不表示流向。“┬”或“┴”表示此油口不通流。

3）在一个方框内，箭头或“┴”符号与方框的交点数为油口的通路数，即“通”数。

4）P 表示压力油的进口，T 表示与油箱连通的回油口，A 和 B 表示连接其他工作油路的油口。

5）三位阀的中位及二位阀侧面画有弹簧的那一方框为常态。在液压原理图中，换向阀的符号与油路的连接一般应画在常态位上。二位二通阀有常开型（常态位置两油口连通）和常闭型（常态位置两油口不连通）。

一个换向阀完整的图形符号还应表示出操纵方式、复位方式和定位方式等。

三、压力控制回路

1. 压力控制阀

在液压系统中控制工作液体压力的阀称为压力控制阀，简称为压力阀。常用的压力阀有溢流阀、减压阀、顺序阀等。它们的共同特点是利用作用于阀芯上的油液压力和弹簧力相平衡的原理进行工作。

在液压系统中常用的溢流阀有直动式和先导式两种。直动式用于低压系统，先导式用于中、高压系统。

（1）溢流阀的工作原理。如图 3—4—26 所示为溢流阀工作原理图。图中，$F_{簧}$ 为溢流阀调节的弹簧力，p 为作用在滑阀端面上的液压力，A 为滑阀下端的工作面积。由图可知，当 $pA < F_{簧}$ 时，阀芯 3 在弹簧力 $F_{簧}$ 作用下往下移，阀口关闭，没有油液流回油箱。当系统压力升高到 $pA > F_{簧}$ 时，弹簧 2 压缩，阀芯 3 上移，阀口打开，部分油液流回油箱，限制系统压力继续升高，使压力保持在 $p = F_{簧}/A$ 的恒定数值。调节弹簧压力 $F_{簧}$，即可调节系统压力的大小。所以溢流阀工作时阀芯随着系统压力的变动而上下移动，从而维持系统压力趋于恒定。

（2）直动式溢流阀。直动式溢流阀是使作用在阀芯上的进油压力直接与弹簧力相平衡。如图 3—4—27a 所示是直动式溢流阀的结构图，P 是进油口，T 是回油口，进口压力油经阀芯 3 中间小孔 a 作用在阀芯的底部端面上。当进油压力较小时，阀芯在弹簧 2 的作用下处于下端位置，将 P 和 T 两油口隔开。当进油压力升高，在阀芯下端所产生的作用力超过弹簧力时，阀芯上升，阀口被打开，将多余的油排出油箱，保持进油压力趋于恒定。阻尼小孔 a 用来避免阀芯动作过快而造成振动，以提高阀的工作平衡性。调整螺母 1 可以改变弹簧力，也就调整了溢流阀进口压力。直动式溢流阀的滑动阻力大（弹簧较硬），特别是当流量较大时，阀的开口大，使弹簧有较大的变形量。这样，阀所控制的压力，随着溢流流量的变化而有较大的变化（压力变化值大），故只适用于低压系统中。

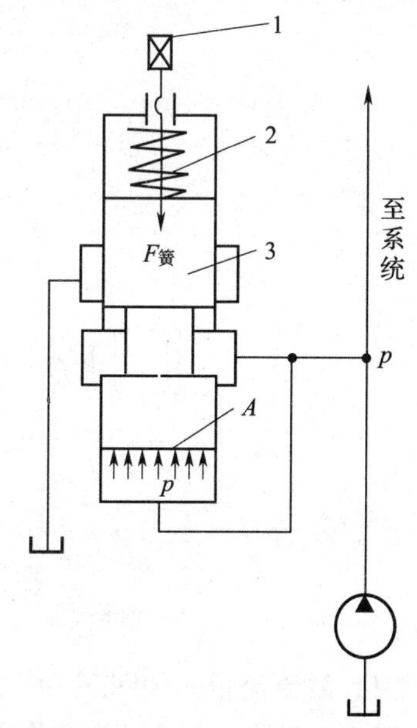

图 3—4—26　溢流阀工作原理图

1—调压零件　2—弹簧　3—阀芯

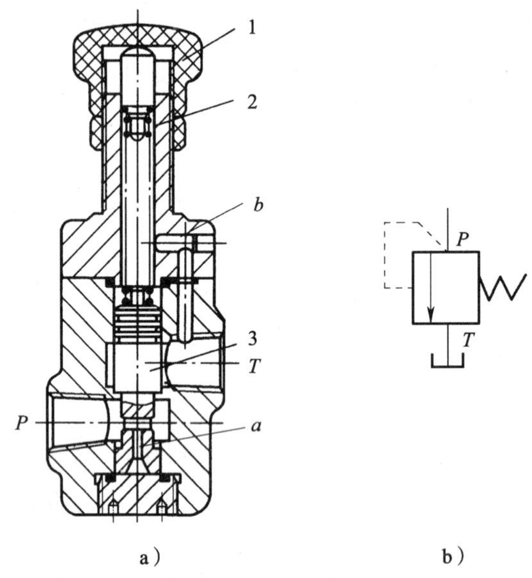

图 3—4—27　直动式溢流阀

a）直动式溢流阀的结构图　b）溢流阀的图形符号

1—调整螺母　2—弹簧　3—阀芯

（3）先导式溢流阀。如图 3—4—28 所示为先导式溢流阀结构图，它由先导阀Ⅰ和主阀Ⅱ两部分组成。先导阀为锥阀式，用来控制压力；主阀是滑阀式，用来控制溢流流量。

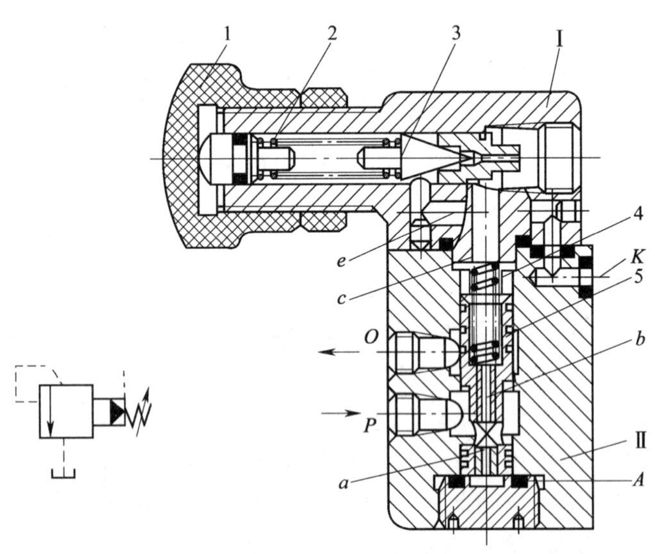

图 3—4—28　先导式溢流阀结构图

1—调节螺母　2—调压弹簧　3—锥阀　4—主阀弹簧　5—主阀芯

（4）溢流流量。如图 3—4—29 所示为先导式溢流阀工作原理图，压力油经通道 a 进入主阀芯 5 下端油腔 A，并经节流小孔 b 进入其上腔，再经通道 c 进入先导阀右腔 B，给锥阀 3 以向左的作用力，调压弹簧 2 给锥阀 3 以向右的弹力。在稳定状态下，当油压 p 较小时，锥阀上的液压作用力小于弹簧2的弹力，先导阀关闭。此时，没有油液流过节流小孔b，腔A和腔B压力相同，在弹簧4的作用下，主阀芯5处于最下端位置，主阀关闭，没有溢油。因为弹簧4只需要克服主阀芯5的摩擦力，故可以做得很软，它称为平衡弹簧，或主阀弹簧。如果油压p增大，使作用在锥阀上的液压力大于弹簧2的弹力，先导阀打开，使油液经通道e流回油箱。这时，油液流过阻尼孔b产生压力降使B腔油压p_1小于A腔油压p，当此压力差作用在主阀芯5上的力超过平衡弹簧的弹力且足以克服其自重和摩擦力时，主阀芯5向上移动，使P口和O口沟通，溢流阀溢油，使油压不超过调定压力。当p下降时，p_1也下降。p_1低到作用在锥阀3的液压力小于弹簧2的弹力时，先导阀关闭，阻尼孔b没有油液流过，$p_1=p$，主阀芯5在平衡弹簧4的作用下，移到下端而停止溢油。这样，在系统超过调定压力时，溢流阀溢油，不超过则不溢油，起到限压、溢流的作用。

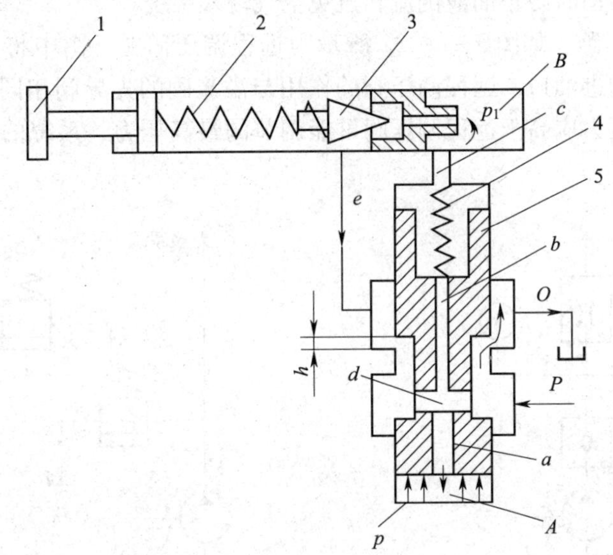

图3—4—29　先导式溢流阀工作原理图

1—调节螺母　2—调压弹簧　3—锥阀　4—主阀弹簧　5—主阀芯

（5）溢流阀的功能

①溢流稳压。在液压系统中用定量泵和节流阀进行调速时，溢流阀可使系统的压力恒定，并且节流阀调节的多余压力油可以从溢流阀溢流回油箱。

②限压保护。在液压系统中用变量泵进行调速时，泵的压力随负载变化，则需防止过载，即设置安全阀。在正常工作时此阀处于常闭状态，过载时打开阀而溢流，使压力不再升高。

③卸荷。先导式溢流阀与电磁阀组成电磁溢流阀，控制系统卸荷。

④远程调压。将先导式溢流阀的外控口接上远程调压阀，便能实现远程调压。

⑤作背压阀使用。在系统回油路上接上溢流阀，造成回油阻力，形成背压，可改善执行元件的运动平稳性。背压大小可根据需要调节溢流阀的调定压力来获得。

2．减压阀与顺序阀

在后面的课题中会讲到。

3. 压力控制回路

液压系统油液的压力必须与所承受的负载相适应。在定量泵系统中，液压泵的供油压力可以通过溢流阀来调节；在变量泵系统中，用安全阀来限定系统的最高压力，以防止系统过载。系统中如需要两种以上压力，则可采用多级调压回路。

（1）单级调压回路。如图 3—4—30 所示为单级调压回路。系统由定量泵供油，采用节流阀以调节进入液压缸的流量，使活塞获得需要的运动速度。因为定量泵输出的流量大于液压缸的流量，所以多余部分的油液则从溢流阀流回油箱。这时，泵的出口压力便稳定在溢流阀的调定压力上。调节溢流阀便可调节泵的供油压力，溢流阀的调定压力必须大于液压缸最大工作压力和油路上各种压力损失的总和。根据溢流阀的压力流量特性可知，在不同的溢流量时，压力调定值是稍有变动的。回路中，在泵的出口处接有一个单向阀，主要是在电动机停止转动时防止油液倒流和避免空气侵入系统。

（2）远程调压回路。如图 3—4—31 所示为远程调压回路，图中将先导式溢流阀的遥控口接远程调压阀的进油口，远程调压阀的作用与溢流阀的先导阀相同。这种回路中，溢流阀先导阀的调整压力应高于远程调压阀可能调节的最高压力，系统的工作压力由远程调压阀来调整。

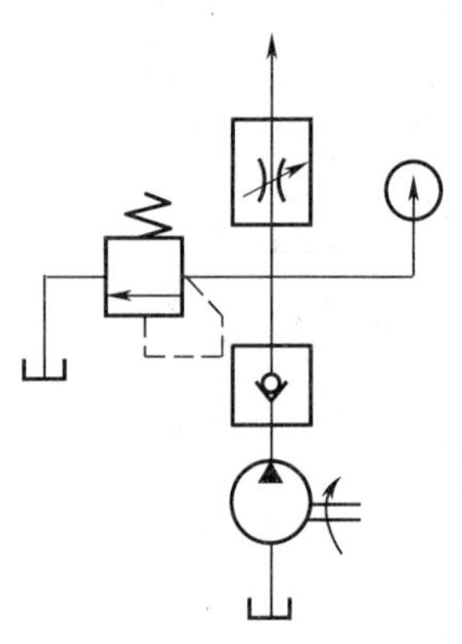
图 3—4—30　单级调压回路

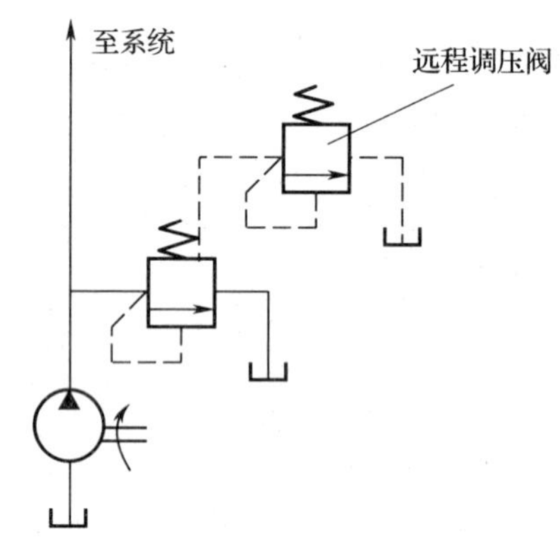

图 3—4—31　远程调压回路

四、速度控制回路

1. 流量控制阀

流量控制阀是用于控制液压系统流量的液压阀，它是通过改变阀口（节流口）通流断面面积的大小来控制通过阀的流量，以实现液压执行元件的调速要求。常用的流量阀有节流阀、调速阀、溢流节流阀等。

（1）节流口的形式。任何一个节流阀或其他流量控制阀都有一个节流部分，称为节流口。改变节流口的通流断面面积大小，可以改变液流流经节流口时所产生的阻力损失，从而控制通过节流口的流量大小，达到调节执行元件运动速度的目的。节流口的形式有很多，最常用的节流口形式如图 3—4—32 所示。图 3—4—32a 为针式节流口，针阀按轴向移动，调节环形通道的大小以调节流量。图 3—4—32b 是偏心式节流口，在阀芯上开了一个截面为三角形的偏心槽，转动阀芯时，就可调节通道的大小以调节流量。图 3—4—32c 是轴向三角沟式节流口，在阀芯端部开有一个或两个斜的三角沟，轴向移动阀芯时，就可以改变三角沟通流断面的大小。图3—4—32d是周向缝隙式节流口，阀芯上开有狭缝，油可以通过狭缝流入阀芯的内孔，再经左边的孔流出，旋转阀芯就可以改变缝隙的通流断面面积的大小。图3—4—32e为轴向缝隙式节流口，在套筒上开有轴向缝隙，轴向移动阀芯就可以改变缝隙的通流断面面积大小以调节流量。前三种形式的结构简单，易加工制造，常用于普通节流阀，但它们的流量调节性能不够好；后两种形式的性能较好，但结构复杂，加工要求较高，故用于流量调节性能要求高的场合。

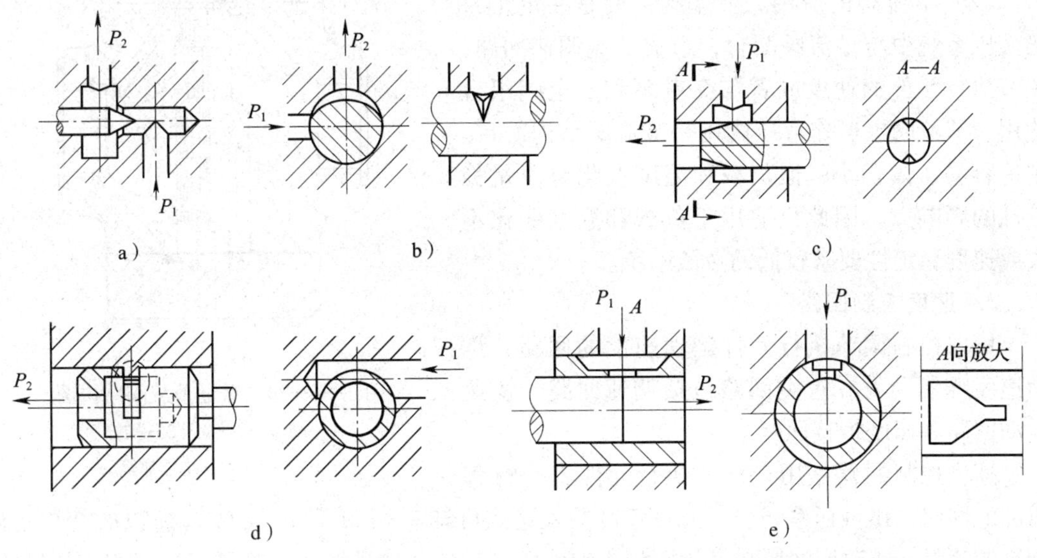

图3—4—32 节流口的形式

a）针式 b）偏心式 c）轴向三角沟式 d）周向缝隙式 e）轴向缝隙式

2）节流口的流量特性。节流阀的流量可用 $q=KA$（Δp）m 表示，当系数 K、压力差 Δp 和指数 m 不变时，改变节流口的通流断面面积 A 便可调节节流阀的流量。在 A 调定后，理论上通过节流阀的流量是不变的，实际上流量是有变化的，特别在小流量时变化较大。影响流量稳定性的主要因素有：

①节流口前后的压力差 Δp。由于负载的变化，引起节流口前后的压力差变化，使流量不稳定。

②油温的影响。温度的变化影响油液的黏度，从而影响流量的稳定。尤其是细长孔的 K 值受黏度的影响很大，而薄壁孔相对小一些。

③节流口的堵塞。当节流口很小时，在其他因素不变的情况下，通过节流口的流量不稳定，甚至出现断流，称为堵塞。这就改变了节流口的面积而影响了流量。防止节流阀堵塞的措施有：采用薄刃式、直径大的节流口；选用适当的压力差，一般取压力差为0.2～0.3 MPa；精密过滤油液，采用磁性滤油器；定期更换油液等。

2. 节流阀

（1）节流阀的结构和工作原理。如图3—4—33所示为普通节流阀的结构图。压力油从进油口 P_1 进入，经阀芯1上的轴向三角沟槽式节流口从出油口 P_2 流出。转动手柄通过推杆 3 带动阀芯 1 轴向移动，即可调节节流口的开度，以调节流量的大小。进油口压力油通过阀体和阀芯上的孔 a 和孔 b，同时作用在阀芯的上下两端，两端液压力平衡，阀芯只受复位弹簧 5 的作用紧贴推杆 3，以保持调节好的节流口开度不变。转动手柄时只需克服复位弹簧力和推杆所受液压力，所以可在高压下轻便地调节流量。

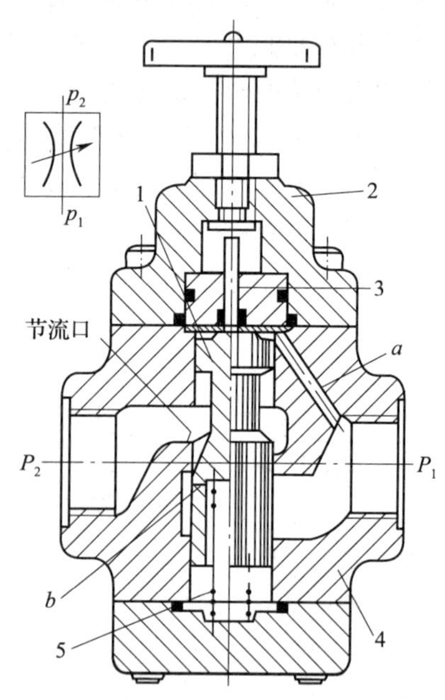

图 3—4—33　普通节流阀结构图
1—阀芯　2—盖　3—推杆
4—阀体　5—复位弹簧

（2）节流阀的应用。节流阀主要是在定量泵的液压系统中与溢流阀配合，组成节流调速回路，调节执行元件的速度或者与变量泵和安全阀组合使用。节流阀也可作背压阀用。节流阀结构简单、制造容易、体积小，但负载和温度变化对流量稳定性的影响大，因此只适用于负载和温度变化不大或速度稳定性要求较低的液压系统。

3. 速度控制回路

用以控制调节执行元件运动速度的回路，称为速度控制回路，这类回路包括调速回路、快速运动回路和速度换接回路。

速度控制回路是用来调节执行元件工作行程速度的回路。由液压系统执行元件速度的表达式可知 $v=q/A$ 和 $n=q/q_d$。所以改变输入液压缸的流量 q 或改变液压缸有效面积 A 和液压马达的每转排量 q_d，都可以达到调速的目的。对于液压缸来说，在工作中要改变缸的面积 A 是困难的，一般都采用改变 q 的办法来调速。但对于液压马达，则既可改变输入液压马达的流量 q，也能改变液压马达的每转排量 q_d 来实现调速。而改变输入流量可以采用流量阀或变量泵来调节。

根据以上分析，液压系统的调速方法有以下三种。

（1）节流调速回路。根据节流元件在回路中的位置不同，节流调速回路分为进油路节流调速、回油路节流调速和旁油路节流调速三种回路。

1）进油路节流调速回路（见图 3—4—34）。定量泵 1 与溢流阀 2 并联，节流阀 5 串接在定量泵 1 与液压缸 6 的进油路上。当换向阀 3 右位接入回路时，压力油的一部分经换向阀 3、节流阀 5 进入液压缸的左腔，其右腔的油液经换向阀 3 流回油箱，活塞向右运动。另一部分多余的油液通过溢流阀流回油箱。调节节流阀的开度，改变进入液压缸的流量，即可调节液压缸活塞的运动速度，其速度与节流口通流面积成正比。

进油路节流调速范围大，回路压力低，功率消耗一定，但在低速工作时，其液压缸可能爬行。由于无背压，运动不够平稳，容易产生振动，因此不适于承受反向力。油经节流口后会发热，直接进入液压缸会增加泄漏。

2）回油路节流调速回路（见图 3—4—35）。节流阀 5 串接在液压缸 6 的回油路上，当换向阀 3 右位接入回路时，压力油经换向阀 3 进入液压缸 6 左腔，其右腔的油液经节流阀 5、换向阀 3 流回油箱，活塞向右运动，可调节液压缸回油箱的流量，也就控制了进入液压缸的流量，从而实现调速，并有与进油路节流调速回路相同的调速性能。另外，从系统看，回油路节流调速，由于背压大且随负载变化，因此运动平稳。它适用于小功率、低速、对速度稳定性要求较高的液压系统。

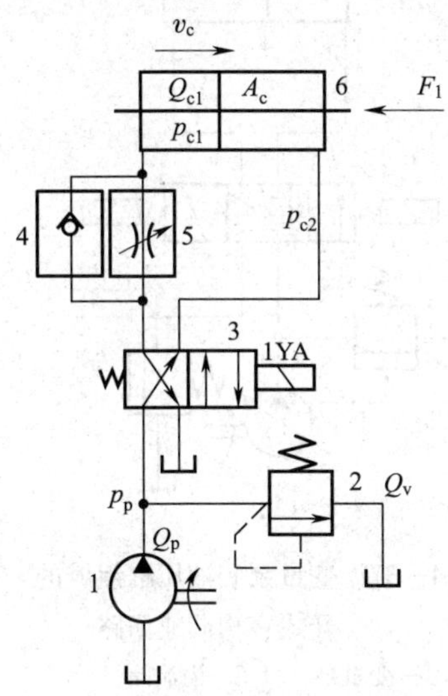

图 3—4—34　进油路节流调速回路

1—定量泵　2—溢流阀　3—换向阀　4—单向阀　5—节流阀　6—液压缸

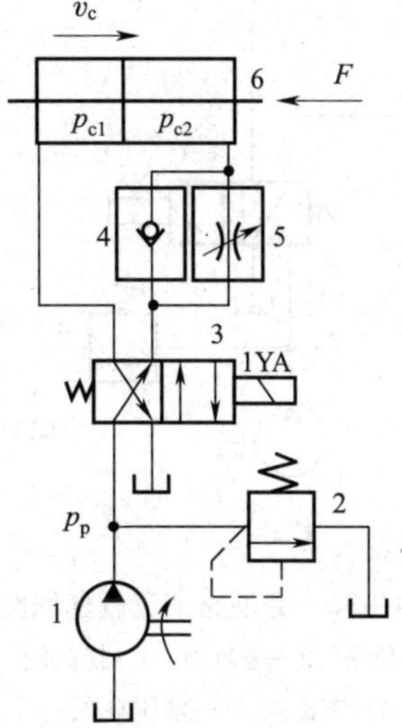

图 3—4—35　回油路节流调速回路

1—定量泵　2—溢流阀　3—换向阀　4—单向阀　5—节流阀　6—液压缸

3）旁油路节流调速回路（见图 3—4—36）。节流阀 4 串接在与液压缸并联的支路上，当换向阀 3 右位接入回路时，定量泵 1 输出的压力油一路经换向阀 3 进入液压缸 5 左腔，另一路经节流阀 4 流回油箱。调节节流阀的开度，可调节泵流回油箱的流量，也就控制了进入液压缸的流量，从而达到调速的目的。定量泵供油压力随负载增减而增减，溢流阀用作安全阀使用，其速度与节流阀通流面积成反比。旁油路节流调速的调节范围小，低速时工作不稳定，泄漏对系统影响大。它适用于高速、重载、对运动速度稳定性要求不高的大功率液压系统，如牛头刨床液压系统。

（2）容积调速回路。容积调速回路是靠改变变量泵或变量液压马达的排量来调节速度的回路。如图 3—4—37 所示为变量泵和液压缸组成的开式容积调速回路。液压泵输出的压力油全部进入液压缸，推动活塞运动，改变变量泵 1 的排量就能调节液压缸活塞的运动速度。系统中的溢流阀 2 起安全保护作用，在系统过载时才打开溢流阀，从而限定了系统的最高压力。容积调速的效率高（压力与流量的损耗少），回路发热量少，但变量泵结构复杂、价格较高，适用于功率较大的液压系统。

（3）容积节流调速回路。容积节流调速回路是采用变量泵供油，通过节流阀或调速阀改变流入或流出液压缸的流量，实现工作速度的调节，并使泵的供油量与液压缸所需的流量相适应的回路。如图 3—4—38 所示为采用限压式变量泵和调速阀的容积节流调速回路，通过串接在进油路上的调速阀进行调速，限压式变量泵的输出流量自动与调速阀的通过流量相匹配。该回路调速范围大，承载能力不随速度变化而变化，效率较高，速度刚性好，但价格较贵，不能承受负性负载。它适用于中、小功率场合，但不宜长期在低速下工作。

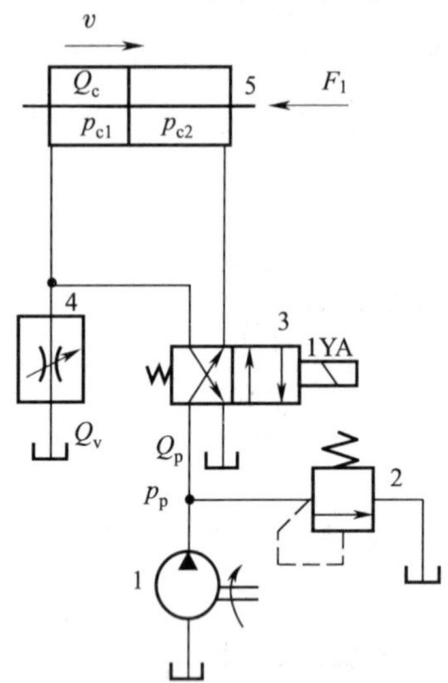

图 3—4—36　旁油路节流调速回路

1—定量泵　2—溢流阀　3—换向阀

4—节流阀　5—液压缸

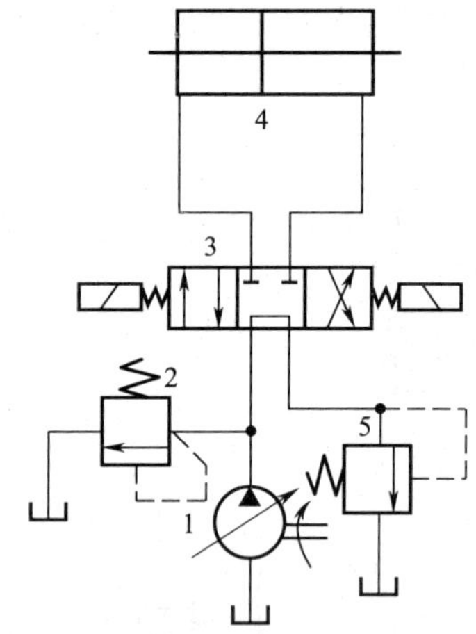

图 3—4—37　变量泵和液压缸组成的开式容积调速回路

1—变量泵　2、5—溢流阀

3—换向阀　4—液压阀

五、顺序控制回路

在设计多缸控制回路时，对问题要有一个明确的定义，这是十分重要的。所有气缸的运动都用位移—步骤图来表示。有关启动顺序的条件也应加以规定。如果系统运动图及附加的条件均已确定，就可以开始画回路图了。回路图的设计取决于所选择的信号加工方式。如果采用简单的控制方式，就可通过惰轮式滚轮杆切除返回信号，但这是一种不常用的方法。在绝大多数情况下，是利用换向阀切除信号。

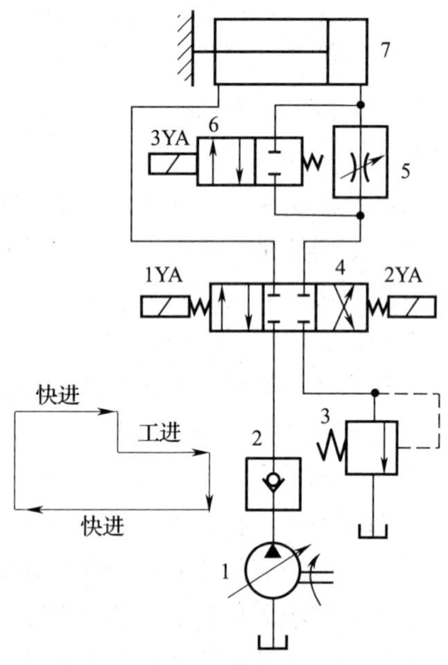

图 3—4—38　采用限压式变量泵和调速阀的容积节流调速回路

1—变量泵　2—单向阀　3—溢流阀

4、6—换向阀　5—调速阀　7—液压缸

1. 动作要求

两个气缸被用来从料仓到滑槽传递工件。按下按钮，气缸 1.0 伸出，将工件从料仓推到气缸 2.0 前面的位置上，等待气缸 2.0 将其推入输送滑槽。工件被传递到位后，气缸 1.0 回缩，接着气缸 2.0 回缩。两个气缸的速度是可调节的，同时需要检测它们的伸出及回缩是否已经到位。

2. 解法

在这个顺序控制的回路中，滚轮杆控制的限位阀起着主要作用。控制回路的启动条件是，气缸 1.0 在初始位置，且按下启动按钮。整个操作过程已经划分为若干步骤，位移—步骤图如图3—4—39所示。在考虑滚轮杆行程阀的位置时应先分析其作用，然后决定阀门应放在何处。执行机构的工作顺序是：气缸1.0伸出，然后2.0伸出，再气缸1.0返回，2.0返回。

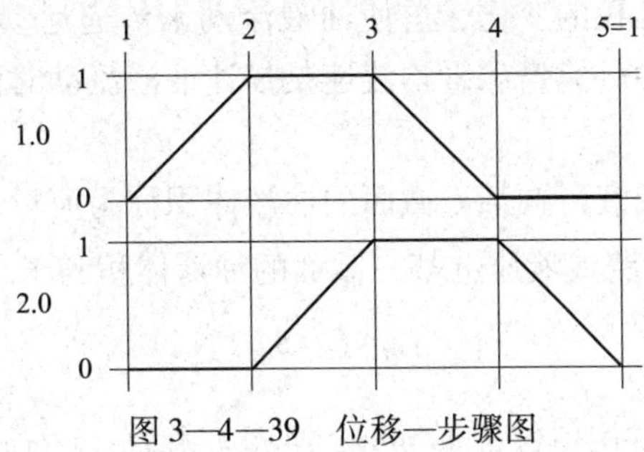

图3—4—39　位移—步骤图

如图3—4—40所示，气缸1.0伸出，使限位开关动作。这个限位开关动作又使气缸2.0向前运动，因此把它标记为阀门2.2（即数目字2表示使气缸向前运动），阀门2.2与二位五通电磁换向阀2.1的端口14（Z）相连接。下一步，气缸2.0伸出，使其前端的限位阀动作，这个限位阀使气缸1.0返回，故称其为阀门1.3（奇数3表示该阀门使气缸1返回），并将其与阀门1.1的端口12（Y）相连接。下一步气缸1.0回缩，使限位开关动作，从而使气缸2.0返回。所以，这个阀门称作2.3，与二位五通电磁换向阀2.1的端口12（Y）相连接。气缸2.0返回，使尾端的限位开关动作。循环中止。为了重新启动，必须等待启动按钮和称作1.4的限位阀的逻辑组合信号被送到14（Z），阀门1.1才能动作。

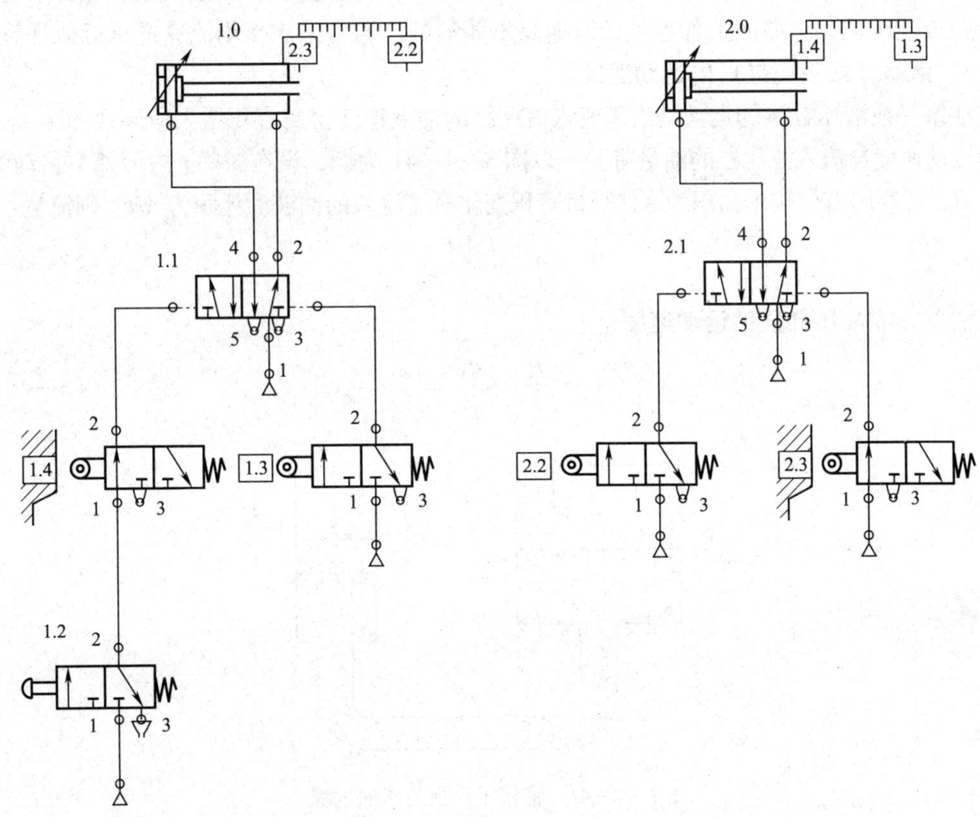

图3—4—40　顺序控制回路

六、流量和平均流速

液压传动是依靠密封容积的变化，迫使油液流动来传递运动的。为此，需要了解有关油液流动的基本概念和规律。流量和平均流速是描述油液流动时的两个主要参数。

1. 流量

单位时间内流过管路或液压缸某一截面的油液体积称为流量，用符号 q_V 表示。

若在时间 t 内，流过管路或液压缸某一截面的油液体积为 V，则油液的流量：

$$q_V = \frac{V}{t} \tag{3—4—2}$$

流量的单位为 m^3/s，常用单位为 L/min。换算关系为：$1\ m^3/s = 6 \times 10^4$ L/min。

2. 平均流速

油液通过管路或液压缸的平均流速 $\bar{v}$ 可用下式计算：

$$\bar{v} = \frac{q_V}{A} \tag{3—4—3}$$

式中 $\bar{v}$——油液通过管路或液压缸的平均流速，m/s；

q_V——油液的流量，m^3/s；

A——管路的通流面积或液压缸（或活塞）的有效作用面积，m^2。

由于油液与管路壁或液压缸壁、油液内部之间的摩擦力大小不同，因此油液流动时，在管路或液压缸某一截面上各点处的流速是不相等的，通常采用平均流速进行近似计算。

3. 活塞（或液压缸）的运动速度

活塞（或液压缸）的运动是由于流入液压缸的油液迫使密封容积增大所导致的结果，因此其运动速度与流入液压缸的油量有关。以图 3—4—41 为例，设在时间 t 内活塞 1 移动的距离为 H，活塞的有效作用面积为 A，密封容积变化所需流入的油液的体积为 AH，则流量：

$$q_V = \frac{AH}{t} \tag{3—4—4}$$

活塞（或液压缸）的运动速度：

$$v = \frac{H}{t} = \frac{q_V}{A} = \bar{v} \tag{3—4—5}$$

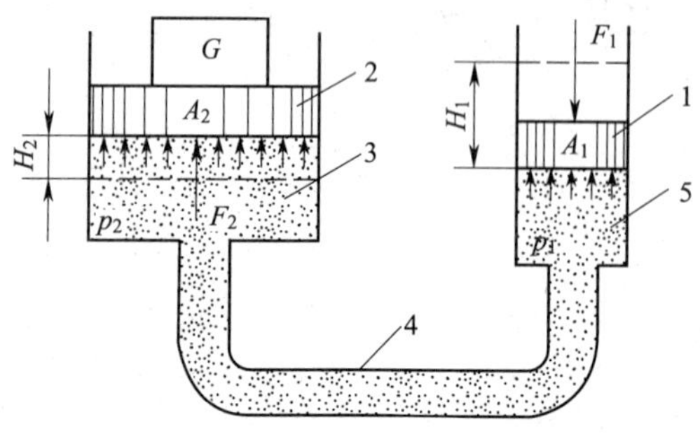

图 3—4—41 液压千斤顶的压油过程

1—柱塞泵活塞 2—液压缸活塞 3—液压缸油腔 4—管路 5—柱塞泵油腔

由上式可得出如下结论：

（1）活塞（或液压缸）的运动速度等于液压缸内油液的平均流速。

（2）活塞（或液压缸）的运动速度仅与活塞（或液压缸）的有效作用面积和流入液压缸中油液的流量有关，与油液的压力 p 无关。

（3）活塞（或液压缸）的有效作用面积一定时，活塞（或液压缸）的运动速度取决于流入液压缸中油液的流量，改变流量就能改变运动速度。

4. 液流的连续性原理

理想液体（不可压缩的液体）在无分支管路中稳定流动时，通过每一截面的流量相等，这称为液流连续性原理。油液的可压缩性极小，通常可视作理想液体。

如图 3—4—42 所示的管路中，流过截面 1 和 2 的流量分别为 q_{V1} 和 q_{V2}，根据液流连续性原理，$q_{V1}=q_{V2}$，用式（3—4—3）代入，则可得：

$$A_1\bar{v}_1=A_2\bar{v}_2 \qquad (3—4—6)$$

式中 A_1、A_2——截面 1、截面 2 的面积，m^2；

$\bar{v}_1$、$\bar{v}_2$——液体流经截面 1、截面 2 时的平均流速，m/s。

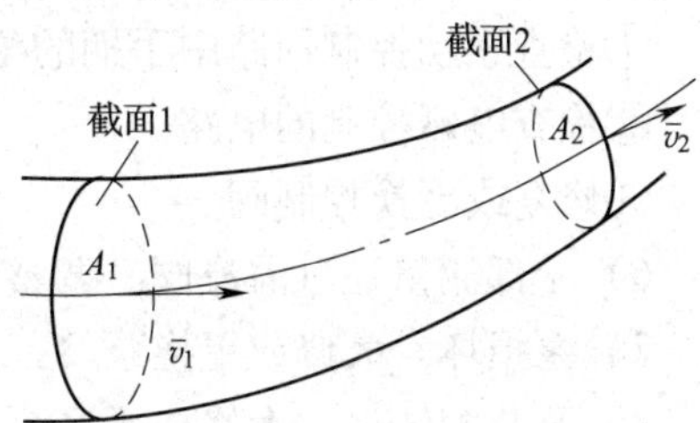

图 3—4—42 液流连续性原理

上式表明，液体在无分支管路中稳定流动时，流经管路不同截面时的平均流速与其截面面积大小成反比。管路截面面积小（管径细）的地方平均流速大，管路截面面积大（管径粗）的地方平均流速小。

例 1：如图 3—4—41 所示，在液压千斤顶的压油过程中，已知柱塞泵活塞 1 的面积 $A_1=1.13\times10^{-4}$ m^2，液压缸活塞 2 的面积 $A_2=9.62\times10^{-4}$ m^2，管路 4 的截面积 $A_4=1.3\times10^{-5}$ m^2。若活塞 1 的下压速度 v_1 为 0.2 m/s，试求活塞 2 的上升速度 v_2 和管路内油液的平均流速 $\bar{v}_4$。

解：

（1）柱塞泵排出的流量：

$$q_{V1}=A_1v_1=1.13\times10^{-4}\times0.2=2.26\times10^{-5}\ \text{m}^3/\text{s}$$

（2）根据液流连续性原理，进入液压缸推动活塞 2 上升的流量 $q_{V2}=q_{V1}$，活塞 2 的上升速度：

$$v_2=\frac{q_{V2}}{A_2}=\frac{2.26\times10^{-5}}{9.62\times10^{-4}}=0.023\,5\ \text{m/s}$$

（3）同理，管路内的流量 $q_{V4}=q_{V1}=q_{V2}$，管路内油液的平均流速：

$$\bar{v}_4=\frac{q_{V4}}{A_4}=\frac{2.26\times10^{-5}}{1.3\times10^{-5}}=1.74\ \text{m/s}$$

5. 液压系统中的流量调整

（1）没有排量。原因及排除方法：

1）泵未得到油液。

①更换堵塞的滤芯。

②清理堵塞的进管口，清洗或更换油箱过滤器。

③给油箱加油至合适液面。

④大修或更换泵的驱动电动机。

2）泵的驱动电动机不工作。大修或更换泵的驱动电动机。

3）泵与驱动联轴器打滑。

①检查泵或泵的驱动是否损坏。

②更换并找正联轴器。

4）泵的驱动电动机反转。改变泵的驱动电动机的转向。

5）方向控制设定位置不对。

①检查手动控制回路中手柄的位置。

②检查电磁控制的电路。

③修复或更换控制阀。

6）全部流量通过溢流阀。调整溢流阀。

7）泵损坏。大修或更换泵。

8）泵装配错误。大修或更换泵。

（2）流量不足。原因及排除方法：

1）流量设置阀设定值太小。调整设定值至适当值。

2）溢流阀或卸荷阀设定值过低。相应地调整溢流阀、卸荷阀的设定值至适当值。

3）流量经打开的阀旁通。检查手动控制阀的位置和电磁换向阀的电路，有针对性地进行大修或更换。

4）系统外漏。紧固漏油的接头。

5）变量机构不工作。大修或更换变量机构。

6）泵的驱动电动机转速不对。检查驱动电动机。

7）液压泵、液压阀、液压马达或其他元件磨损。相应地大修或更换液压泵、液压阀、液压马达或其他元件。

（3）流量过大。原因及排除方法：

1）流量设定值过大。调整设定值至适当值。

2）变量机构不工作。大修或更换变量机构。

3）泵的驱动电动机转速不对。检查驱动电动机。

4）新换的泵规格不对。更换正确规格的泵。

七、液压系统中压力的形成

1. 油液的压力

油液的压力是由油液的自重和油液受到外力作用所产生的。在液压传动中，与油液受到的外力相比，油液的自重一般很小，可忽略不计。以后所说的油液压力主要是指因油液表面受外力（不计入大气压力）作用所产生的压力，即相对压力或表压力，如图3—4—43所示。

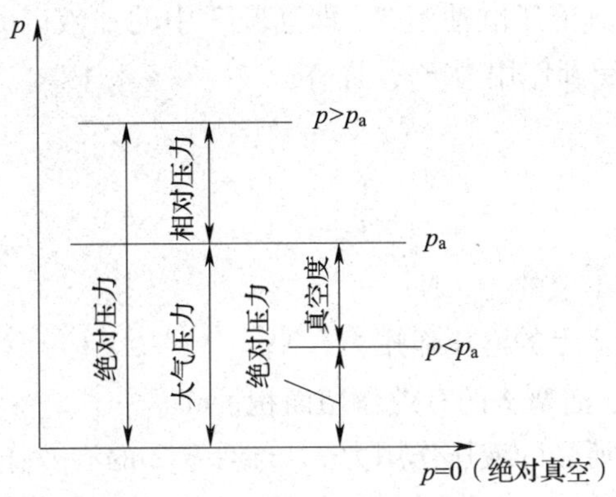

图 3—4—43　油液压力

如图 3—4—44a 所示，油液充满于密闭的液压缸左腔，当活塞受到向左的外力 F 作用时，液压缸左腔内的油液（被视为不可压缩）受活塞的作用而处于被挤压状态，同时，油液对活塞有一个反作用力 F_p 而使活塞处于平衡状态。不考虑活塞的自重，则活塞平衡时的受力情况如图 3—4—44b 所示。作用于活塞的力有两个，一个是外力 F，另一个是油液作用于活塞的力 F_p，两力大小相等，方向相反。如果活塞的有效作用面积为 A，油液作用在活塞单位面积上的力则为 F_p/A，活塞作用在油液单位面积上的力为 F/A。油液单位面积上承受的作用力称为压强，在工程上习惯称为压力，用符号 p 表示。即：

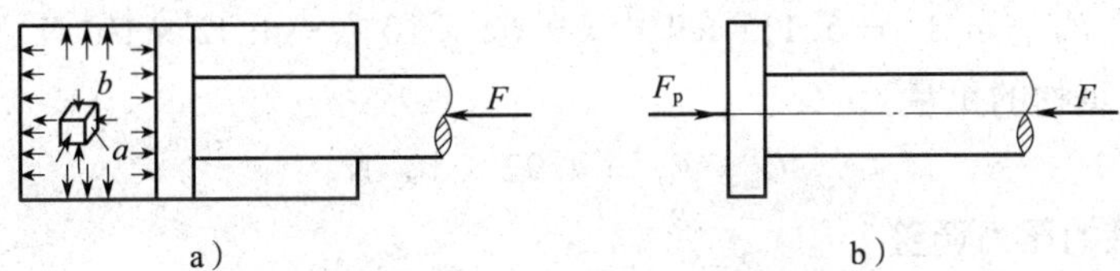

图 3—4—44　油液压力的形成

$$p = \frac{F}{A} \tag{3—4—7}$$

式中　p ——油液的压力，Pa；

F ——作用在油液表面上的外力，N；

A ——油液表面的承压面积，即活塞的有效作用面积，m^2。

2．静压传递原理

静止油液的压力具有下列特性：

（1）静止油液中任意一点所受到的各个方向的压力都相等，这个压力称为静压力。

（2）油液静压力的作用方向总是垂直指向承压表面（见图 3—4—44a）。

（3）密闭容器内静止油液中任意一点的压力如有变化，其压力的变化值将传递给油液的各点，且其值不变。这称为静压传递原理，即帕斯卡定理。

液压千斤顶就是利用静压传递原理传递动力的。如图 3—4—41 所示，当柱塞泵活塞 1 受外力 F_1 作用（液压千斤顶压油）时，柱塞泵油腔 5 中油液产生的压力：

$$p_1 = \frac{F_1}{A_1}$$

此压力通过油液传递到液压缸油腔3，即油腔3中的油液以 p_2（$p_2=p_1$）垂直作用于液压缸活塞2，活塞2上受到作用力 F_2，且有：

$$F_1/A_1 = F_2/A_2$$

或
$$\frac{F_1}{F_2} = \frac{A_1}{A_2} \qquad (3—4—8)$$

式中　F_1——作用在活塞1上的力，N；

F_2——作用在活塞2上的液压作用力，N；

A_1、A_2——活塞1、活塞2的有效作用面积，m^2。

上式表明，活塞2上所受的液压作用力 F_2 与活塞2的有效作用面积 A_2 成正比。如果 $A_2 \gg A_1$，就只要在柱塞泵活塞1上作用一个很小的力 F_1，便能获得很大的力 F_2，用以推动重物。这就是液压千斤顶在人力作用下能顶起很重物体的道理。

例2：如图3—4—41所示，已知活塞1和活塞2的面积同例1，压油时，作用在活塞1上的力 $F_1=5.78\times10^3$ N。试问柱塞泵油腔5内的油液压力 p_1 为多大？液压缸能顶起多重的重物？

解：

（1）油腔5内油液的压力：

$$p_1 = \frac{F_1}{A_1} = \frac{5.78\times10^3}{1.13\times10^{-4}} = 5.115\times10^7\ \text{Pa} = 51.15\ \text{MPa}$$

（2）活塞2向上的推力即作用在活塞2上的液压作用力：

$$F_2 = p_1A_2 = 5.115\times10^7\times9.62\times10^{-4} = 4.92\times10^4\ \text{N}$$

（3）能顶起重物的重量：

$$G = F_2 = 4.92\times10^4\ \text{N}$$

3. 液压系统的压力调整

（1）没有压力

1）原因：没有流量。

2）排除方法

①泵未得到油液。更换堵塞的滤芯；清理堵塞的进口管，清洗或更换油箱过滤器；给油箱加油至合适液面；大修或更换油泵。

②泵的驱动电动机不工作。大修或更换泵的驱动电动机。

③泵与驱动联轴器打滑。检查泵或泵的驱动是否损坏；更换并找正联轴器。

④泵的驱动电动机反转。改变泵的驱动电动机的转向。

⑤方向控制设定位置不对。检查手动控制回路中的手柄位置；检查电磁控制电路；修复或更换控制阀。

⑥全部流量通过溢流阀。调整溢流阀。

⑦泵损坏。大修或更换泵。

⑧泵装配错误。重新装配泵。

（2）压力太低。原因及排除方法：

1）存在溢流通路。关闭通路。

2）减压阀的设定值太低。调整减压阀的设定值达要求。

3）减压阀损坏。大修或更换减压阀。

4）液压泵、液压马达、液压缸损坏。相应地大修或者更换液压泵、液压马达、液压缸。

（3）压力不规则。原因及排除方法：

1）油中混有空气。排除油中的空气。

2）溢流阀磨损。大修或更换溢流阀。

3）油液污染。更换堵塞的滤芯，系统换油。

4）蓄能器失效或充气丧失。检查气阀是否漏气，是否低于正常压力，若失效则对其进行大修。

5）液压泵、液压马达或液压缸磨损。相应地大修或更换液压泵、液压马达、液压缸。

（4）压力太高。原因及排除方法：

1）减压阀、溢流阀、卸荷阀调得不对。相应地调整减压阀、溢流阀、卸荷阀。

2）变量机构不工作。大修或更换变量机构。

3）减压阀、溢流阀、卸荷阀磨损或损坏。相应地大修或更换减压阀、溢流阀、卸荷阀。

子课题3　气动系统元件的更换及清洗

学习目标

1. 了解气动系统的组成及压缩空气的产生与分配。
2. 了解气动系统的优缺点和执行元件。
3. 掌握气动元件的清洗与更换。
4. 掌握气动系统中管件的配接。

气压传动是指以压缩空气为工作介质来传递动力和实现控制的一门技术，它包含传动技术和控制技术两个方面的内容。由于气压传动具有防火、防爆、节能、高效、无污染等优点，因此在工业生产中得到了广泛应用。

一、气压传动系统的组成

与液压系统类似，气压传动系统由能源装置、执行元件、气动控制元件、辅助元件和工作介质组成。

1. 能源装置

能源装置是将原动机提供的机械能转变为气体的压力能，为系统提供压缩空气，作为气压传动系统的动力源。

2. 执行元件

执行元件是将压缩空气的压力能转变为机械能的能量转换元件，并对外做功。根据做功的方式不同，主要有直线运动和回转运动两种执行元件，如作直线运动的气缸、作回转运动的摆动缸、气马达等。

3. 气动控制元件

气动控制元件是指在气动系统中调节和控制压缩空气的压力、流量、方向的阀类，如各种气动压力阀、流量阀、方向阀、逻辑元件等。

4. 辅助元件

辅助元件是对压缩空气进行净化、润滑、消声以及用于元件之间连接等所需的辅件，如各种过滤器、油雾器、消声器、管件等。

5. 工作介质

工作介质是经除水、除油、过滤后的洁净压缩空气。

二、压缩空气的产生与分配

在实际应用中，压缩空气必须有足够的压力，并且质量应满足一定要求。空气压缩机将空气压缩至其体积的1/7，然后输送到工厂的压缩空气分配系统。为了保证压缩空气的质量，在用于控制系统之前，必须经过压缩空气制备系统的净化处理。如果压缩空气处理得当，那么系统故障将大大减少。

1. 空气压缩机

空气压缩机是将机械能转换成空气压力能的装置，是产生压缩空气的设备。

（1）空气压缩机的分类。空气压缩机的种类很多，按工作原理可分为容积式和速度式两大类。在气压传动中，一般采用容积式空气压缩机。

1）按输出压力分为低压空气压缩机、中压空气压缩机、高压空气压缩机、超高压空气压缩机。

2）按输出流量分为微型空气压缩机、小型空气压缩机、中型空气压缩机和大型空气压缩机。

3）按润滑方式分为有油润滑和无油润滑空气压缩机。

（2）空气压缩机的工作原理。在容积式空气压缩机中，最常用的是活塞式空气压缩机，其工作原理如图3—4—45所示。曲柄6作回转运动，带动气缸活塞2作直线往复运动，当活塞2向右运动时，气缸腔1因容积增大形成局部真空，在大气压的作用下，吸气阀7打开，大气进入气缸腔1，此过程为吸气过程；当活塞向左运动时，气缸腔1内因容积缩小而气体被压缩，压力升高，吸气阀7关闭，排气阀8打开，压缩空气排出，此过程为排气过程。其余类推，单级单缸的空气压缩机就这样循环往复地运动，即不断地产生压缩空气。在实际应用中，大多数空气压缩机是由多缸多活塞组合而成的。

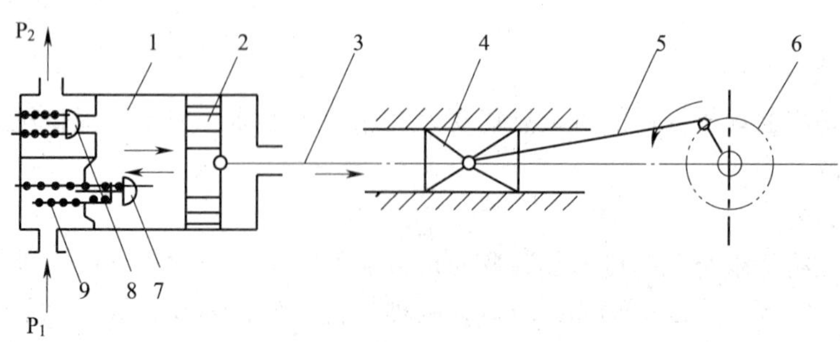

图3—4—45　单缸活塞式空气压缩机工作原理

1—气缸腔　2—活塞　3—活塞杆　4—十字头与滑道　5—连杆
6—曲柄　7—吸气阀　8—排气阀　9—弹簧

2. 压缩空气的气源系统

储气罐内的压缩空气应当尽可能减少系统压力的波动。在正常情况下，压缩机应当使贮气罐充满压缩空气，作为一个储备，以便随时可以利用。这样可以减少空气压缩机的频繁启动。

3. 压缩空气调理装置

压缩空气调理装置由三部分元件组合而成，俗称气动三大件。

(1) 压缩空气过滤器。压缩空气过滤器包括过滤器和水气分离器两部分，它能在压缩空气通过时，除去空气中所含的所有杂物及凝结水。压缩空气由输入管道经环形回转结构进入过滤器体内，迫使空气产生回转运动。由于离心力的作用，液体粒子及较大的尘埃粒子被分离出来，并沉积在过滤器的下部。在凝结水水位超过最高标线以前，必须进行排放，以免重新被吸入空气流之中。

(2) 压缩空气调节器。调压器的目的在于保持恒定的工作压力，使之不受管道压力及空气消费量波动的影响。

(3) 压缩空气油雾器。油雾器的使用目的是在气动控制元件和工作部件需要润滑时，将一定量的油雾加入到供气系统的支路中。如果气动系统要用润滑油，就应采用压缩空气调理装置将油雾化输入。在正常情况下，控制系统应选用不必润滑的元件。

三、气压传动的优缺点

1. 气压传动的优点

(1) 用量。空气到处都有，用量不受限制。

(2) 输送。空气不论距离远近，极易由管道输送。

(3) 储存。压缩空气可储存在贮气罐内，随时取用，故不需压缩机的连续运转。此外贮气罐也可以运送。

(4) 温度。压缩空气不受温度波动影响，即使在极端温度情况下也能保证可靠地工作。

(5) 无爆炸危险。压缩空气没有爆炸或着火的危险，因此不需要昂贵的防爆设施。

(6) 清洁。未经润滑排出的压缩空气是清洁的。自漏气管道或气动元件逸出的空气不会污染物体。这一点对食品、木材和纺织工业是极为重要的。

(7) 构造。各种工作部件结构简单，所以价格便宜。

(8) 速度。压缩空气为快速流动的工作介质，故可获得很高的工作速度。

(9) 可调节性。使用各种气动元、部件，其速度及出力大小可无限变化。

(10) 无过载危险。气动机构与工作部件超载时停止不动，因此无过载的危险。

2. 气压传动的缺点

(1) 对空气质量要求高。压缩空气中不得含有灰尘和水分。

(2) 可压缩性。压缩空气的可压缩性使活塞的速度不可能总是均匀恒定的。

(3) 输出条件。压缩空气仅在一定的输出条件下使用方为经济。在常规工作气压 6 ~ 7 bar（600 ~ 700 kPa）下，因行程和速度的不同，输出限制在 20 000 ~ 30 000 N 之间。

(4) 排气噪声。排放空气的声音很大。现在这个问题已因吸音材料和消音器的发展基本得到解决。

(5) 成本。压缩空气是一种比较昂贵的能量传递方法。但此高成本可由便宜的气动元件及其较高的性能所部分补偿。

四、气动执行元件

气动执行元件是将压缩空气的压力能转变成机械能并对外做功的元件，包括气缸和气马达。气缸用以实现直线运动或摆动，气马达用于实现连续的回转运动。

1. 气缸

气缸的分类如下：

（1）按活塞两侧端面受压状态分，气缸可分为单作用气缸和双作用气缸。

（2）按结构特征分，气缸可分为活塞式气缸、柱塞式气缸、薄膜式气缸、叶片式摆动气缸、齿轮齿条式摆动气缸等。

（3）按功能分，气缸可分为普通气缸和特殊气缸。普通气缸是指一般活塞式气缸，用于无特殊要求的场合。特殊气缸用于有特殊要求的场合，如气—液阻尼缸、薄膜式气缸、冲击气缸、伸缩气缸等。

2. 气动学符号规范

通常，气动技术和液压技术所采用的元件符号是相同的，只是每种控制介质有自己的特征。方向控制阀可以用其控制的接口数目和位置数目来表示。每一个位置对应一个单独的方块。关键是在说明实际系统的回路符号和阀门时，每个接口要有专门的名称。为了保证线路连接的正确性，阀门应与实际位置对应，必须明确控制回路和所用元件的关系。因此，要规定回路中采用的符号，所用元件必须用正确的符号和名称加以标注。

根据 DIN ISO 5599（德国工业标准草案），各种方向控制阀用数字符号加以区分。在这以前，曾用字母符号来表示不同的方向控制阀。指定的这两种符号系统表示方法见表 3—4—2。

表 3—4—2　　方向控制阀符号

接口	DIN ISO 5599	字母符号系统
压缩空气输入口	1	P
一个排气口	3	R（3/2 阀）
多个排气口	5、3	R、S（5/2 阀）
信号输出口	2、4	A、B
使 1 至 2 导通的控制管路接口	12	Z（单端气控 3/2 阀）
使 1 至 2 导通的控制管路接口	12	Y（5/2 阀）
使 1 至 4 导通的控制管路接口	14	Z（5/2 阀）
使阀门关闭的控制管路接口	10	Z，Y
辅助控制管路接口	81、91	Pz

3. 常用换向阀的图形符号（见表 3—4—3）

表 3—4—3　　换向阀的图形符号

换向阀	图形符号	换向阀	图形符号
二位二通换向阀	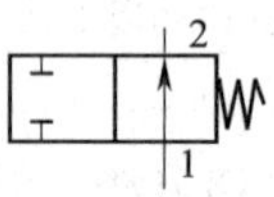	二位三通换向阀，常闭式	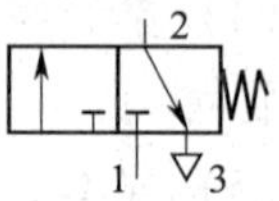

续表

换向阀	图形符号	换向阀	图形符号
二位三通换向阀，常开式	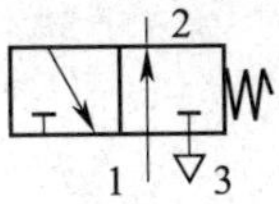	二位五通换向阀	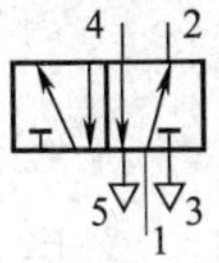
二位四通换向阀	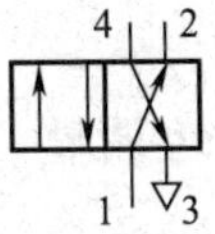	三位五通换向阀，中封式	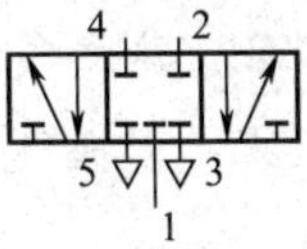

4. 阀门的控制方式

气动方向控制阀的控制方式可以根据任务的要求来决定，控制方式分为机械式、气动式、电气式和组合控制方式。

当使用一个方向控制阀时，对阀门采用什么控制方式必须加以考虑，同时也应考虑复位动作的方式。通常，这是两种不同的方式。它们画在阀门符号的两侧。有的阀门可能有附加控制方法，例如，手控（5/2 阀）。

五、气动元件的清洗与更换

1. 工作介质要使用洁净干燥的压缩空气，并将配管内的空气充分吹净以防将杂质带入系统内引起缸、阀动作不良，需要润滑的要在配管系统中加油雾器，建议使用的润滑油为透明 1 号油（ISOVG32）。

2. 系统正常运行后，要定期检查空气过滤器、油雾器的工作情况，及时放水（自动排水的除外）、加油。

3. 缸、阀长期不用时，要注意最小工作频率为 1 次/30 天。

4. 要经常检查各种气动元件的运行情况，检查连接紧固螺钉是否松动，元件的密封处是否有损坏泄漏现象。若发现问题应及时处理。

5. 维护保养时，务必事前关闭气源，并将管路系统中的压缩空气排空后方可进行维修作业，以防止事故发生。

6. 元件检修完成重新装配时，必须将零部件清洗干净，不能将杂质等带入系统内部。

六、气动系统中管件的配接

1. 彻底清除管道内的粉尘、铁锈等污物之后才能进行安装，接管时务必防止密封带碎片进入管内。

2. 管子支架要牢固可靠，工作时不能产生振动。

3. 接管时要格外注意密封性，严防漏气，特别是要注意接头处及焊接处。

4. 管路尽可能平行布置，尽量避免或减少管路交叉。

5. 管路力求短，转弯最少，并要充分考虑到能自由拆装。

6. 安装软管务必要有适当的弯曲半径，严禁有拧、扭现象，而且应远离热源或安装隔热板。

子课题 4　气动系统中压力与流量的调整

学习目标

1. 掌握常见气动基本控制回路及应用。
2. 熟悉气动基本控制回路的工作原理。
3. 掌握气动基本控制回路中压力与流量的调整。

与液压系统一样，气动系统也是由一些基本回路组成的。按回路控制的不同功能，气动回路分为压力与力控制回路、速度控制回路、换向回路。

一、压力与力控制回路

1. 压力控制回路

对气动系统的压力进行调节和控制的回路称为压力控制回路。

（1）气源压力控制回路。气源压力控制回路又称为一次压力控制回路，是用来控制压缩空气站的气管内的压力 P_s，如图 3—4—46 所示。在空气罐上安装一个电接点压力表或压力继电器，一旦罐内超过规定压力就立即控制空气压缩机断电，不再供气，从而使罐内的气压保持在要求范围内。通常在气罐上安装一只安全阀，它的作用就是一旦罐内超过规定压力就向大气中放气。

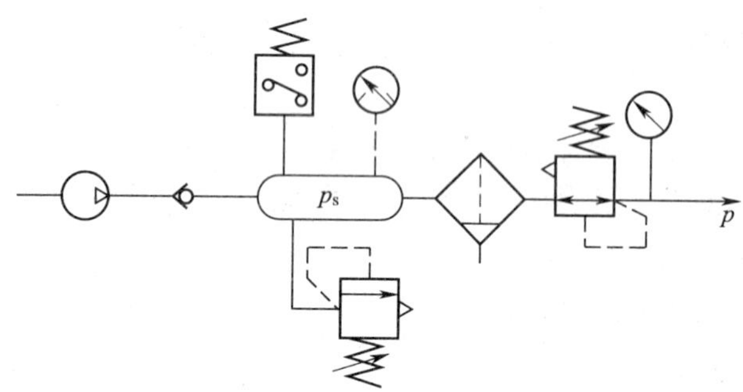

图 3—4—46　气源压力控制回路

（2）设备压力控制回路。设备压力控制回路又称为二次压力控制回路，是用来向每台气动设备提供气源的压力调节回路，以保证气动系统使用的气体压力为稳定值，如图 3—4—47 所示。它主要由水分过滤器、减压阀、油雾器气动三大件组成。如图 3—4—47a 所示是通过调节减压阀使气动设备得到所需的工作压力；如图 3—4—47b 所示是借助换向阀为气动设备提供两种不同的工作压力；如图 3—4—47c 所示是通过两个减压阀对同一台气动设备的不同执行元件提供两种不同的工作压力。

2. 力控制回路

通过改变执行元件的作用面积或利用气液增压器来增加输出力的回路称为力控制回路。

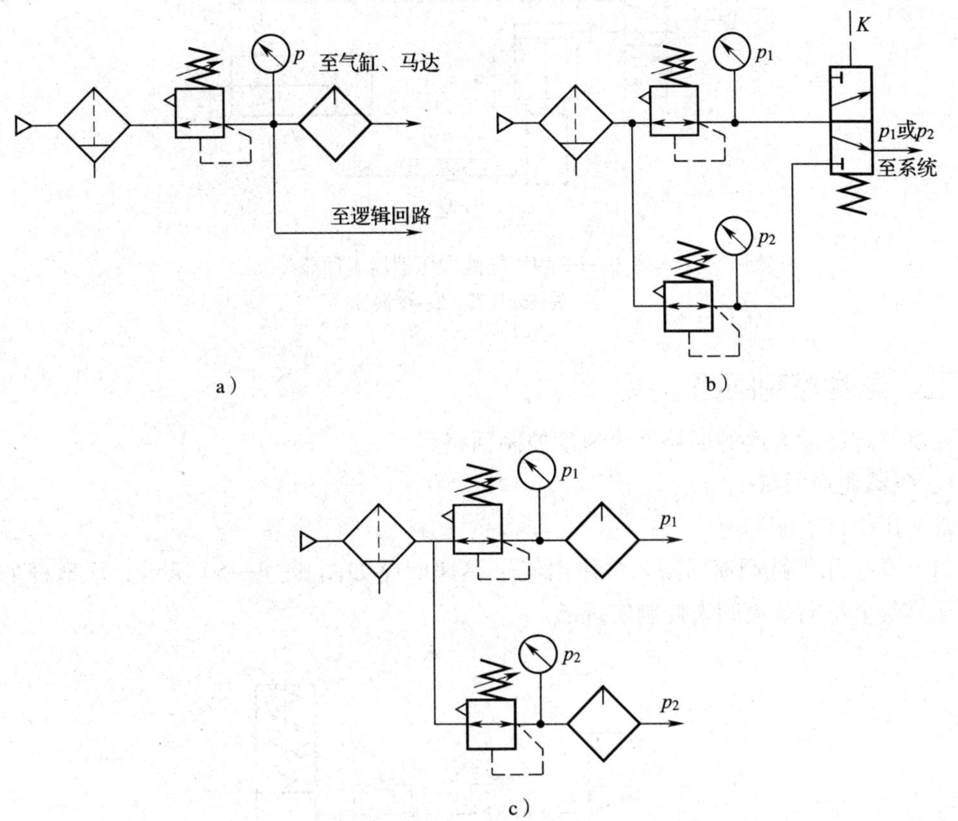

图 3—4—47　设备压力控制回路

（1）串联气缸增力回路。串联气缸增力回路通过控制电磁阀的通电个数，达到对活塞杆推力的控制，如图 3—4—48 所示。输出的活塞管推力随着活塞缸串联段数的增加而增大。

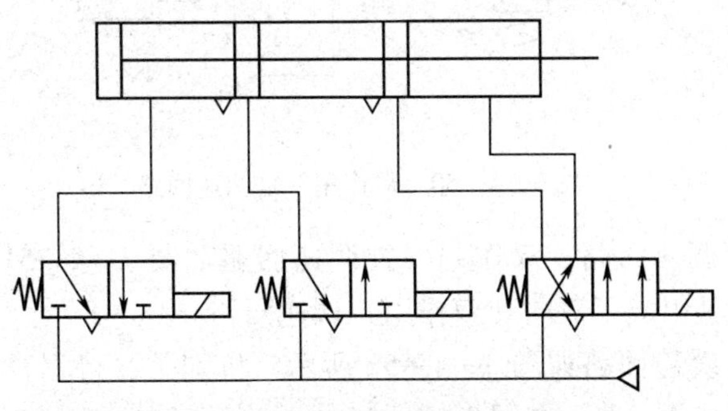

图 3—4—48　串联气缸增力回路

（2）气液增压器增力回路。气液增压器增力回路如图 3—4—49 所示，将较低的气体压力转变为较高的液体压力是通过气液增压器 1 实现的，从而提高了气液缸 2 的输出力。

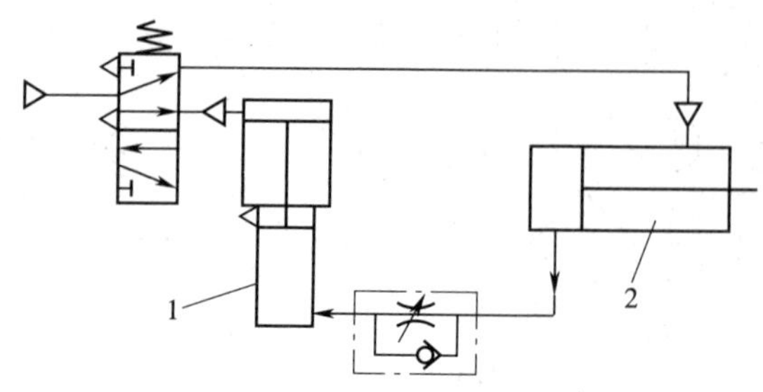

图 3—4—49　气液增压器增力回路

1—气液增压器　2—气液缸

二、速度控制回路

控制气缸运动速度的回路称为速度控制回路。

1. 气阀调速回路

常采用排气节流调速。

(1) 单作用气缸调速回路。单作用气缸调速回路如图 3—4—50 所示。活塞杆的升降速度是靠两个单向节流阀来控制实现的。

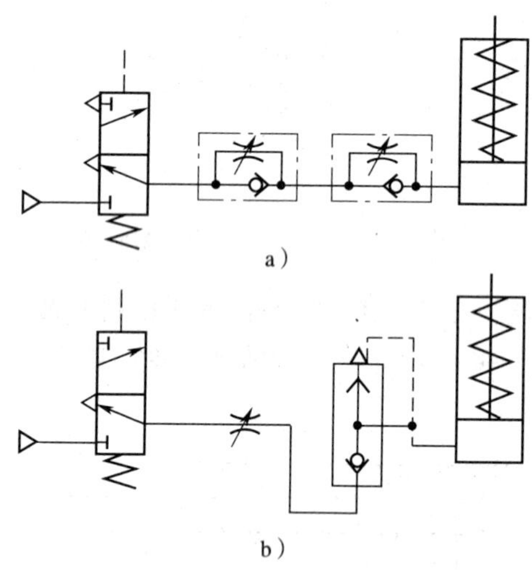

图 3—4—50　单作用气缸调速回路

(2) 双作用气缸调速回路。双作用气缸调速回路如图 3—4—51 所示。在气缸的进、排气口装设节流阀，就组成了双向（双作用）调速回路。

(3) 缓冲回路。缓冲回路如图 3—4—52 所示。特别是在行程长、速度快、惯性大的情况下，常常要采用缓冲回路。在图 3—4—52 中，当活塞向右移动时，气缸右腔的气体通过二位二通阀排气，一直到活塞快运动到末端，压下机动换向阀时，气体通过节流阀排气，活塞将以低速运动到终点。

2. 气液联动调速回路

气液联动调速回路通常以气缸为动力，液压缸为阻尼，调节运动速度。

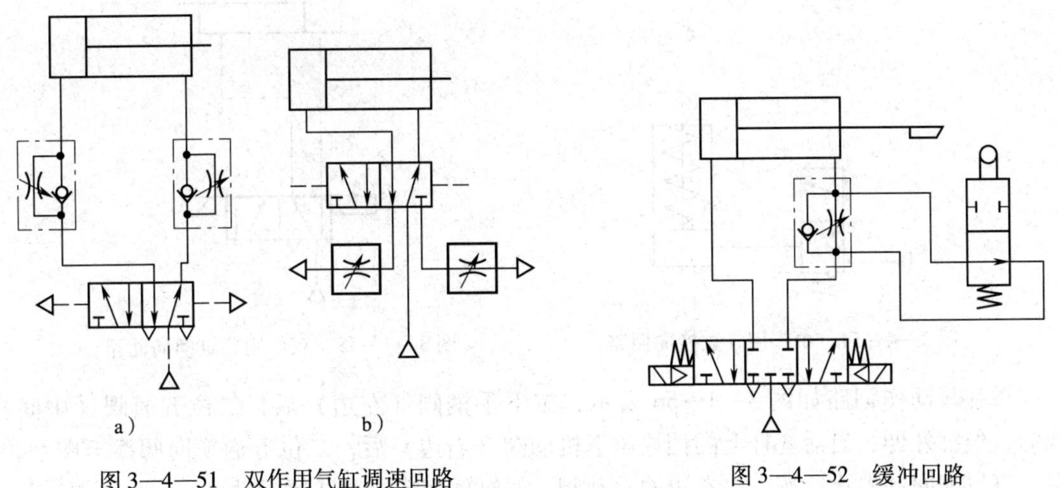

图 3—4—51　双作用气缸调速回路　　图 3—4—52　缓冲回路

如图 3—4—53 所示，采用节流阀 1、2 实现双向调速，其中，油杯 3 用于补充漏油。当活塞杆向右移动，撞块碰到机动换向阀时，活塞杆开始慢速运动。

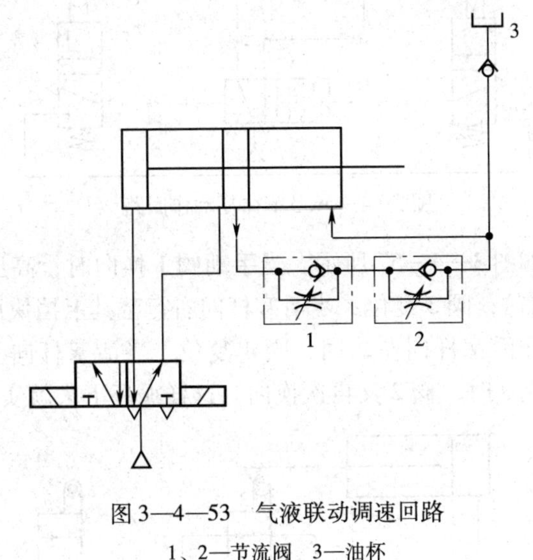

图 3—4—53　气液联动调速回路
1、2—节流阀　3—油杯

三、换向回路

通过控制进气方向改变执行元件运动方向的回路称为换向回路。

1. 单作用气缸换向回路

如图 3—4—54 所示，是用二位三通电磁阀控制的单作用气缸上、下回路。当电磁铁得电时，气缸向上伸出；当电磁铁失电时，气缸在弹簧作用下返回。

2. 双作用气缸换向回路

双作用气缸换向回路如图 3—4—55 所示，是用电控二位五通换向阀控制双作用气缸伸、缩的回路。

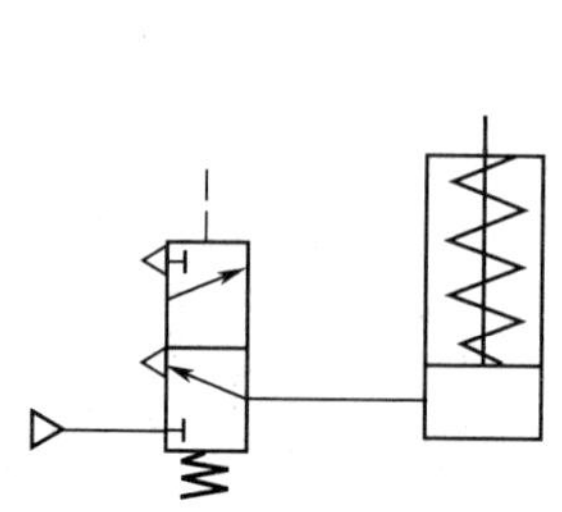

图 3—4—54　单作用气缸换向回路

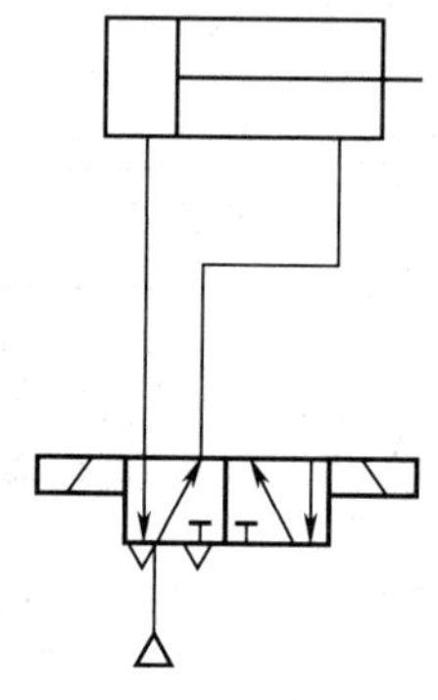

图 3—4—55　双作用气缸换向回路

单往复动作回路如图 3—4—56 所示，按下手柄阀（左边）后，二位五通阀（中间）换向，气缸外伸；当活塞杆上的挡块压下机动阀（右边）后，二位五通换向阀换至图示位置，气缸缩回并停止。按一次左边的手动阀，气缸就完成一次往复运动。

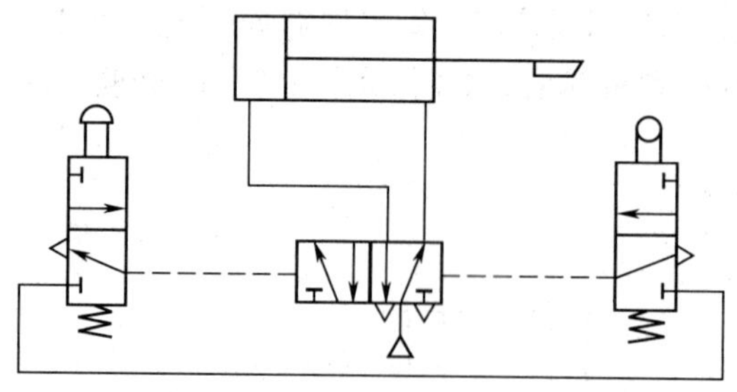

图 3—4—56　单往复动作回路

连续往复动作回路如图 3—4—57 所示，当手动阀 1 换向时，高压气体通过阀 3 使阀 2 换向，活塞杆外伸（向右），阀 3 复位，当活塞杆向右行至其上挡块压下行程阀 4 时，阀 2 又换向到图示位置，这样活塞杆向左缩回，阀 4 复位。当活塞杆向左缩回到行程终点时，其上挡块再次压下行程阀 3 时，阀 2 又再次换向，这样循环下去就实现了连续往复运动。

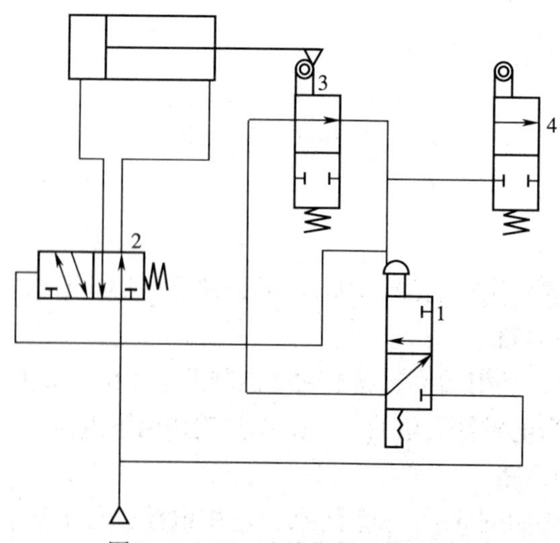

图 3—4—57　连续往复动作回路

四、气动基本控制回路中压力与流量的调整

气动基本控制回路中压力与流量的调整主要通过压力控制阀、流量控制阀以及方向控制阀来实现。

1. 压力控制阀

压力控制阀用来调整气动系统中压缩空气的压力，以满足各种压力需求。

（1）减压阀。其图形符号如图 3—4—58 所示。

1）功用。调整或控制气压的变化，保持压缩空气减压后稳定在需要值（故又称为调压阀）。

2）用途。与分水过滤器、油雾器共同组成气动三大件。

（2）溢流阀。其图形符号如图 3—4—59 所示。

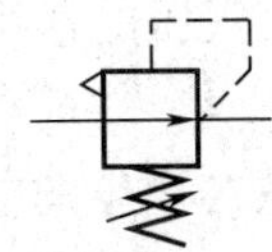

图 3—4—58　减压阀图形符号

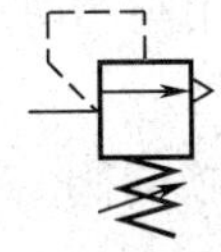

图 3—4—59　溢流阀图形符号

1）功用。用来防止系统内压力超过最大许用压力以保护回路或气动装置的安全。

2）工作原理。当压力超过某一调定值时，实现自动向外排气，使压力回到某一调定值范围内，起到过压保护作用。

3）用途。与分水过滤器、油雾器共同组成气动三大件。

（3）顺序阀。其图形符号如图 3—4—60 所示。

1）功用。依靠气路中压力变化，按调定的压力控制执行元件顺序动作或输出压力信号。

2）用途。通常安装在需要某一特定压力的场合。

2. 流量控制阀

凡用来控制气体流量的阀统称为流量控制阀。它是通过改变阀的流通截面积来实现流量控制的元件。

（1）节流阀。其图形符号如图 3—4—61 所示。

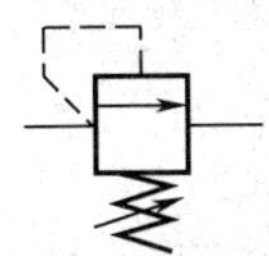

图 3—4—60　顺序阀图形符号

图 3—4—61　节流阀图形符号

1）功用。通过改变流通面积来实现流量调节。

2）用途。与单向阀并联组成单向节流阀，常用于气缸的调速和延时回路中。

（2）排气消声节流阀。其图形符号如图 3—4—62 所示。

1）功用。安装在排气口处，调节排入大气的流量。

2）用途。用于调整执行元件的运动速度并降低排气噪声。

3. 方向控制阀

气动方向控制阀是用来控制空气的流动方向和气流通断的控制阀。

（1）气压控制换向阀。以气压为动力切换主阀，使气流改变流向。

1）加压或泄压控制换向阀，其图形符号如图 3—4—63 所示。

图 3—4—62 排气消声节流阀图形符号　　图 3—4—63 加压或泄压控制换向阀图形符号

加压控制是指输入的控制气压是逐渐上升的，当压力上升到某一值时，阀被切换。

泄压控制是指输入的控制气压是逐渐降低的，当压力下降至某一值时，阀被切换。

2）差压控制换向阀，其图形符号如图 3—4—64 所示。

差压控制是利用阀芯两端受气压作用的有效面积不同，在气压的作用下产生的作用力差值使阀切换。

（2）电磁控制换向阀。利用电磁线圈通电时静铁芯对动铁芯产生的电磁吸力使阀切换以改变气流方向的阀。

1）先导式电磁阀，其图形符号如图 3—4—65 和图 3—4—66 所示。

图 3—4—64 差压控制换向阀图形符号　　图 3—4—65 先导式电磁阀图形符号（气压加压控制）

由微型电磁铁控制气流产生先导压力，再由先导压力推动主阀阀芯实现换向，即电磁、气压复合控制。

2）直动式电磁阀，其图形符号如图 3—4—67 所示。利用电磁力直接驱动阀芯换向。

图 3—4—66 先导式电磁阀图形符号（气压泄压控制）　　图 3—4—67 直动式电磁阀图形符号

（3）机械控制换向阀。用凸轮、撞块或其他机械外力切换的阀称为机械控制换向阀，简称机控阀。多用于行程程序控制系统，作为信号阀使用，也称行程阀。

1）直动式机控阀，其图形符号如图 3—4—68 所示。

2）滚轮式机控阀，其图形符号如图 3—4—69 所示。

图 3—4—68 直动式机控阀图形符号　　图 3—4—69 滚轮式机控阀图形符号

3）可通过式机控阀，其图形符号如图 3—4—70 所示。

（4）人力控制换向阀。依靠人力切换的阀。在手动气动系统中，一般用来直接操纵气动执行机构，在半自动和自动系统中，多作为信号阀使用。

1）手动式操作换向阀

①按钮式人力控制换向阀，其图形符号如图 3—4—71 所示。

图 3—4—70　可通过式机控阀图形符号　　图 3—4—71　按钮式人力控制换向阀图形符号

②手柄式人力控制换向阀，其图形符号如图 3—4—72 所示。

2）脚踏式人力控制换向阀，其图形符号如图 3—4—73 所示。

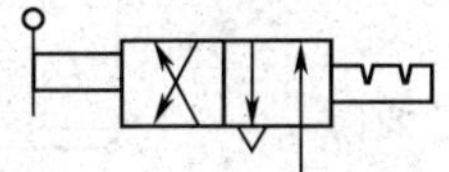

图 3—4—72　手柄式人力控制换向阀图形符号

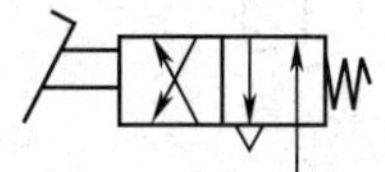

图 3—4—73　脚踏式人力控制换向阀图形符号

课题 5　机械设备的保养

子课题 1　车床的维护保养

1. 熟悉车床的润滑方式和润滑部位。
2. 掌握车床各部分的保养。

一、车床的润滑

1. 车床常用的润滑方式

（1）浇油润滑。浇油润滑是指将车床外露的滑动表面擦净后用油壶浇油进行润滑，如床身导轨面，中、小滑板导轨面等。

（2）溅油润滑。溅油润滑是指对车床齿轮箱内的零件利用齿轮旋转将润滑油飞溅到各处进行润滑，如主轴箱等。

（3）油绳润滑。油绳润滑是指把毛线浸在油槽内，利用毛细管作用把油吸引到所需要的润滑部位。进给箱就是此种润滑方式，如图3—5—1a 所示。

（4）弹子油杯润滑。弹子油杯润滑是指在润滑时，把埋入床体的油嘴的弹子揿下，润滑油即刻滴入润滑处。尾座、滑板、摇手柄转动轴承处均采取此种润滑方式，如图 3—5—1b 所示。

（5）凡士林（油脂）杯润滑。凡士林（油脂）杯润滑是指在润滑时，预先将工业润滑油装入凡士林杯中，然后旋转杯盖将润滑油挤入所需润滑处。交换齿轮架的中间齿轮即采用此种润滑方式，如图 3—5—1c 所示。

（6）油泵循环润滑。油泵循环润滑是指利用车床内的油泵循环供应充足的油量来实现润滑。

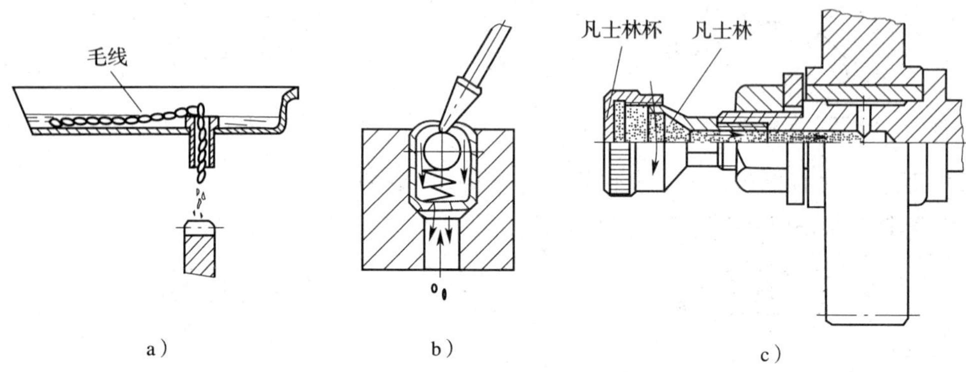

图 3—5—1　润滑方式

a）油绳润滑　b）弹子油杯润滑　c）凡士林杯润滑

2. 车床具体的润滑部位

（1）如图 3—5—2 所示为 CM6140A 型卧式车床的润滑系统位置示意图。示意图解读如下：

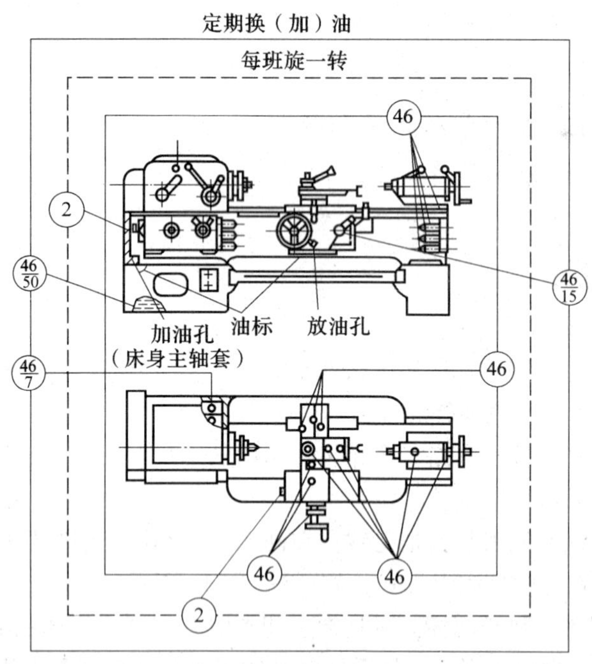

图 3—5—2　CM6140A 型卧式车床润滑系统位置示意图

1）数字表示润滑部位。

2）除②处的润滑部位用 2 号钙基润滑脂进行润滑外，其余部位使用 L－AN46 全损耗系统用油。

3）46 表示 L－AN46 全损耗系统用油。

4）②表示 2 号钙基润滑脂。

5）$\frac{46}{15}$表示油类/两班制换（漆）油天数。

（2）除了图中所示的润滑部位外，还有如下部位需要润滑：

1）刀架和中滑板丝杠每班用油枪加油。

2）尾座套筒和丝杠、螺母每班用油枪加油。

3）光杠、长丝杠、轴承每班用油枪加油。

（3）注意事项

1）换油时，应先放净废油，再用干净煤油把箱体内部及油绳彻底洗净。

2）注入新油时应使用过滤网。

3）注油时，应保证油面不低于油标中心线。

4）给光杠、长丝杠、轴承加油润滑时，润滑油应从轴承座上面的方腔加入，如图3—5—3所示。

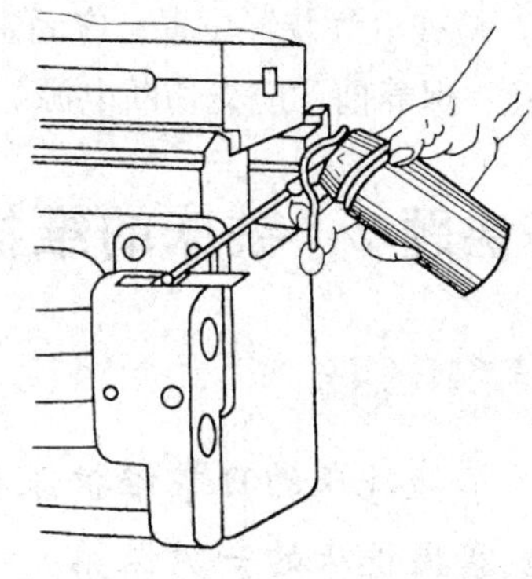

图3—5—3　光杠、长丝杠、轴承的润滑

二、车床的保养

车床运转500 h之后，就应进行一级保养，其内容及要求如下：

1. 外保养

（1）清洗机床外表及各罩盖，内外清洗，达到无锈蚀，无油污。

（2）清洗长丝杠、光杠和操纵杆。

（3）检查并补齐螺钉、手柄等。

（4）清洗机床附件。

2. 主轴箱的保养

（1）清洗滤油箱和油箱，达到洁净无杂物。

（2）检查主轴、螺母等，应正常无松动，锁紧紧固螺钉。

（3）调整摩擦片间隙及制动器，使其达到要求。

3. 溜板的保养

（1）清洗刀架。调整中、小滑板镶条间隙，使其达到要求。

（2）清洗并调整中、小滑板丝杠螺母间隙，使其达到要求。

4. 交换齿轮箱的保养

（1）清洗齿轮、轴套并注入新油脂。

（2）调整齿轮啮合间隙，使其达到要求。

（3）检查轴套有无晃动现象。

5. 尾座的保养

清洗尾座，保持内、外清洁。

6. 润滑系统的保养

（1）清洗冷却泵、过滤器、盛液盘。

（2）清洗油绳、油毡，保证油孔、油路清洁畅通。

(3) 检查油质、油杯、油窗，分别达到良好、齐全、明亮。

7. 电气部分的保养

(1) 清扫电动机、电气箱。

(2) 检查电气装置位置，应固定且清洁整齐。

注意：保养前，应先切断电源。

子课题2 铣床的维护保养

学习目标

1. 掌握铣床的日常维护保养。
2. 掌握铣床的一级保养。

一、铣床的日常维护保养

1. 平时要注意铣床的润滑

依据说明书定期加油并更换润滑油，每天对手拉、手揿油泵及注油孔等部位都应按要求加润滑油。

2. 开机前的检查

开机前，应先检查诸如操纵手柄、按钮等部件的灵敏度及其位置是否正确。

3. 合理使用机床

操作者应掌握诸如铣削用量、铣削方法等一定的基本知识，严禁让机床超负荷工作，安装夹具及工件时应轻拿轻放，工作台面保持整洁、整齐，不能乱放工件、工具等。

4. 时刻注意观察

工作中，操作者应该时刻观察铣削情况，如发现异常现象，应立即进行检查。

5. 工作完毕后的清理

工作完毕后，应首先关闭电源，再清除铣床上及周围的切屑等杂物，擦净机床，在各滑动部位加注润滑油，整理好工具、夹具、计量器等，做好交接班的准备工作。

二、铣床的一级保养

铣床运转500 h后，就应进行一级保养，具体内容及要求如下：

1. 外保养

(1) 机床外表应清洁，各罩盖应保持内、外清洁，无锈蚀，无油渍。

(2) 清洗机床附件，并涂防锈油。

(3) 清洗全部丝杠。

2. 传动的保养

(1) 修去导轨面毛刺，调整镶条，使其达到要求。

(2) 调整丝杠螺母间隙、离合器摩擦片间隙，丝杠轴向不能窜动。

（3）调整 V 带，使其松紧适当。

3. 冷却的保养

（1）清洗过滤网、切削液槽，达到无沉淀物，无切屑。

（2）视情况调换切削液。

4. 润滑的保养

（1）确保油路畅通，油毛毡清洁，无切屑，油窗明亮。

（2）检查手揿油泵，保证内、外清洁，无油渍。

（3）检查油质，确保其品质良好。

5. 附件的保养

清洁附件，达到清洁，整齐，无锈斑。

6. 电气的保养

（1）清洁电气箱、电动机。

（2）检查限位装置，确保安全可靠。

子课题 3　刨床的维护保养

学习目标

1. 掌握刨床的润滑。
2. 掌握刨床的一级保养。
3. 掌握中型设备维护保养。

一、刨床的润滑

1. 刨床常用的润滑方式

（1）定期润滑。定期润滑是指在运动零件的外露表面上人工定期地用油壶浇油或在油孔中用油枪注油。导轨面即用此种润滑方式。

（2）油杯润滑。油杯润滑是指在润滑时，把埋入床体的油嘴的弹子和弹簧揿下，润滑油即刻滴入润滑。变速机构、低速传动件等即用此种润滑方式，如图 3—5—4a 所示。

（3）油绳、毛毡润滑。油绳、毛毡润滑是指把毛线或毛毡浸在油槽内，利用毛细管作用把油吸引到所需要的润滑处。滑枕导轨、摇杆滑块等部位即用此种润滑方法，如图 3—5—4b 所示。

（4）油泵润滑。油泵润滑是指采用专用的润滑系统，用油泵强制供油。龙门刨床、插床等内部集中的润滑系统即用此种润滑方式。

2. 刨床具体的润滑部位

如图 3—5—5 所示为 B6050 型牛头刨床的润滑示意图。操作者日常必须按此图的要求加注润滑油才能保证机床正常使用。日常可从油塔窗口观察系统工作是否正常，若发现异常现象，应立即停止工作进行检查。

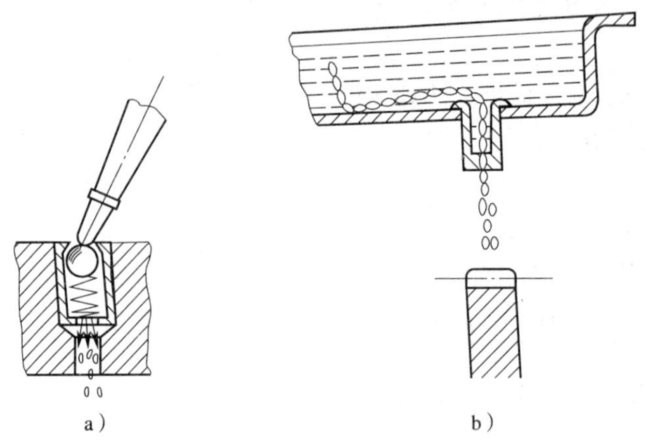

图 3—5—4　几种润滑方式

a）油杯润滑　b）油绳、毛毡润滑

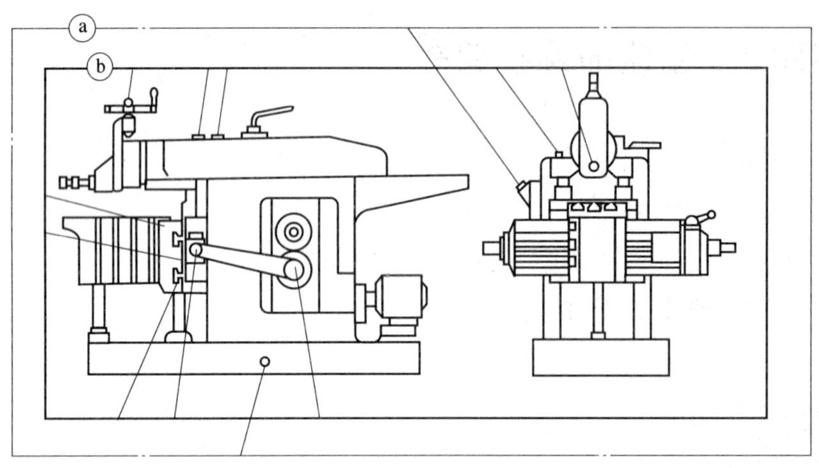

图 3—5—5　B6050 型牛头刨床润滑示意图

a—每三个月加油一次　b—每班加油一次

二、刨床的一级保养

刨床运转 500 h 后，就应进行一级保养，其内容要求如下：

1. 外保养

（1）清洗机床外表，达到无锈蚀，无油渍。

（2）清洗丝杠、操作杆等机件。

（3）检查紧固手柄、螺钉、螺母是否齐全，并将其补全。

2. 刀架、工作台、转动部位的保养

（1）清洗滑枕导轨、丝杠、锥齿轮。

（2）检查齿轮和拨叉螺钉松动与否并将其紧固。

（3）检查并清洁各变速齿轮。

（4）清洗机床内腔，达到清洁无污垢。

3. 润滑系统的保养

（1）清洗油孔、油毡、油绳、油杯等，确保其工作正常。

（2）检查清洗油泵和滤油器。

（3）清洗油池，达到清洁无屑。

（4）确保油质良好。

（5）确保润滑管路畅通，整齐牢固。

4. 电气的保养

清扫电气箱、电动机、电气装置，确保它们工作正常。

注意：保养前，应先切断电源。

三、中型设备维护保养

1. 润滑系统的清洗

（1）选用 L－AN15 或 L－AN22 全损耗系统用油作为清洗用油（若将清洗油加热到 50～60℃，则清洗效果更佳）。

（2）将润滑系统进油口通入洗油容器中，将各润滑点用油管接至清洗油回路中作为回油路。

（3）清洗时一边清洗一边轻敲油管，清洗时间通常为 1 h。

（4）不能使用煤油、酒精等作为清洗液。

（5）清洗后必须将清洗油尽可能排除干净，严防混入润滑油中。

2. 车床主轴箱的清洗

（1）先把容器放在主轴箱的放油孔处，再拧开油塞，将主轴箱内的润滑油放净。

（2）重新拧紧油塞后，注入清洗用油（通常采用煤油）。

（3）将长柄毛刷伸入主轴箱内仔细清洗，死角部位更要细心用力。

（4）对主轴箱内齿轮、轴、轴承等处使用勺子舀取清油反复冲淋，将其上黏附的脏物尽可能冲净。

（5）拧开油塞，放净主轴箱内的清洗油。

（6）用棉纱或棉布将主轴箱仔细擦净。

（7）再拧紧油塞，注入新润滑油至油面要求高度。

3. 润滑装置易损件、密封件的更换及维修

（1）滤网、滤芯

1）网式过滤器。使用航空洗涤煤油清洗过滤器，洗净后再用压缩空气吹干，若不小心将滤网弄破，则必须更换新滤网（当然滤网失效时也应更换新的）。

2）线隙式过滤器。由于此形式的过滤器是用铜丝或铝丝烧制而成的，故强度低，杂质堵塞后很难清洗，一般是要更换新的滤网。若一时无备用品，则可将过滤器拆下，反向通入清洗剂冲洗干净后暂时性使用。

3）纸芯式过滤器。若发现纸芯式过滤器堵塞，只能更换过滤纸芯，但一定要将过滤器的其他部分用清洗剂清洗干净。

4）烧结式过滤器。因为此种滤芯一旦堵塞，清洗十分困难，所以原则上应更换新滤芯。

（2）密封件

1）油封皮碗。最好更换新的，因为油封皮碗大多是橡胶制品，长期与油接触易变质老化，若不及时更换，则其后果严重。

2）纸垫。原则上一定要更换新纸垫。在制作纸垫时应按要求形状画线后用剪刀剪成，千万别用锤子敲击成形，因为那样会损伤密封面，影响其密封性能。

课题6　综合技能训练（二）

子课题1　齿轮泵的拆装修理

学习目标

1．掌握齿轮泵的修理。

2．掌握齿轮泵装配注意事项。

一、齿轮泵的修理

1．齿轮两端面磨损

（1）修理方法：研磨端面，去除痕迹后抛光平磨去痕（两齿轮同磨）。

（2）技术要求

1）两齿轮厚度差小于0.005 mm。

2）端面与孔的垂直度允许误差为0.01 mm。

3）两端面平行度允许误差为0.005 mm。

2．泵体内表面磨损

修理方法：抛光毛刺，修复或更换新件。

3．泵体后端面（为保证侧隙需要修磨）

（1）修理方法：平磨，研磨。

（2）技术要求

1）保证轴向间隙为0.03～0.04 mm。

2）表面平面度允许误差为0.005 mm。

4．前端盖、后端盖平面轻微磨损

（1）修理方法：研磨。

（2）技术要求。表面平面度允许误差为0.005 mm。

5．长、短轴轴颈磨损

修理方法：修去毛刺，更换新件。

二、齿轮泵装配注意事项

装配前，对齿轮泵的全部零件进行检查、修去表面毛刺（在原规定不准倒角的地方必须保持尖角）、退磁、清洗等。其装配要点如下：

1. 装入滚针轴承，应保持轴与轴承圈之间具有 0.01 mm 的间隙，挡圈的位置不得高出轴承座圈端面，只许低 1.2 mm。

2. 长短轴与平键及齿轮配合间隙应符合图样要求，平键长度不得超过齿轮两端面。

3. 轴向和径向间隙应符合规定要求，CB 型泵的轴向间隙为 0.02 ~ 0.04 mm。轴向间隙对泄漏影响最大，间隙过大会使容积效率显著降低。

4. 装配时一面均匀拧紧螺钉，一面检查有无轻重不匀现象，装配后用手旋转主轴，应平稳无阻滞现象。

子课题 2　柴油机活塞连杆组件的拆装修理

学习目标

1. 掌握活塞连杆总成的拆装工艺。
2. 掌握活塞连杆组件的修理。
3. 掌握活塞连杆总成的装配。

一、活塞连杆总成拆装工艺

1. 步骤

拆后盖→拆缸盖→转动飞轮到下止点→拆连杆螺栓→取下连杆盖和连杆螺栓→将飞轮转至上止点，用锤子木柄推动连杆大头，带动活塞从气缸内滑出气缸口一部分→取下活塞连杆组件。

2. 注意事项

（1）推连杆大头时用力不能太大，以防活塞连杆总成从气缸内全部滑落，和气缸盖螺栓相撞，甚至跌落地上。

（2）拆下的零、部件必须摆放整齐。

二、活塞连杆组件的修理

1. 活塞的选配

（1）活塞的损伤形式。活塞的损伤主要是磨损，包括活塞环槽的磨损、活塞裙部的磨损、活塞销座孔的磨损。其他的损伤形式包括活塞刮伤、顶部烧蚀和脱顶，这些属于非正常的损伤形式。

（2）活塞的选配。当气缸的磨损超过规定值及活塞发生异常损坏时，必须对气缸进行修复，并且要根据气缸的修理尺寸选配活塞。选配活塞时要注意以下几点：

1）选用同一修理尺寸和同一分组尺寸的活塞。活塞裙部的尺寸是镗、磨气缸的依据，即气缸的修理尺寸是哪一级，也要选用哪一级修理尺寸的活塞。由于活塞的分组，只有在选用同一分组活塞后，才能按选定活塞的裙部尺寸进行镗、磨气缸。

2）同一发动机必须选用同一厂牌的活塞。活塞应成套选配，以保证其材料和性能的一致性。

3）在选配的成套活塞中，尺寸差和质量差应符合要求。成套活塞中，其尺寸差一般为0.02～0.025 mm，质量差一般为4～8 g，销座孔的涂色标记应相同。

（3）活塞裙部尺寸的检测。镗缸时，要根据选配活塞的裙部直径确定镗削量，活塞裙部直径的测量方法如图3—6—1所示。在活塞下部离裙部底边约15 mm、与活塞销垂直方向处用千分尺测量活塞裙部直径。

（4）配缸间隙的检测。活塞与气缸壁之间的间隙称为配缸间隙。检测时可用量缸表测量气缸的直径，用外径千分尺测量活塞的直径，两者之差即为配缸间隙。也可如图3—6—2所示，将活塞（不装活塞环）放入气缸中，用塞尺测量其间隙值。

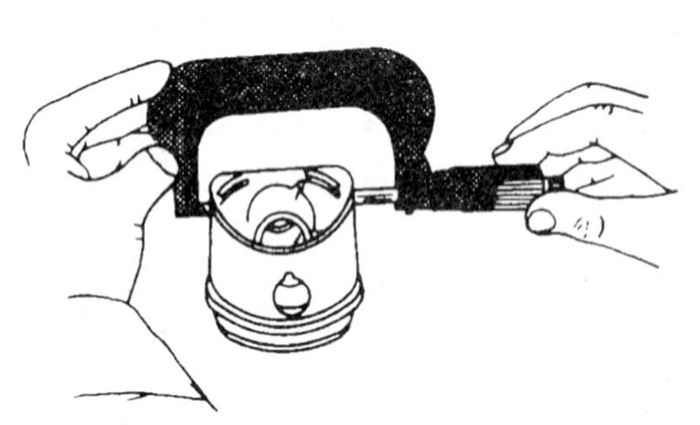

图3—6—1　活塞裙部尺寸的测量方法

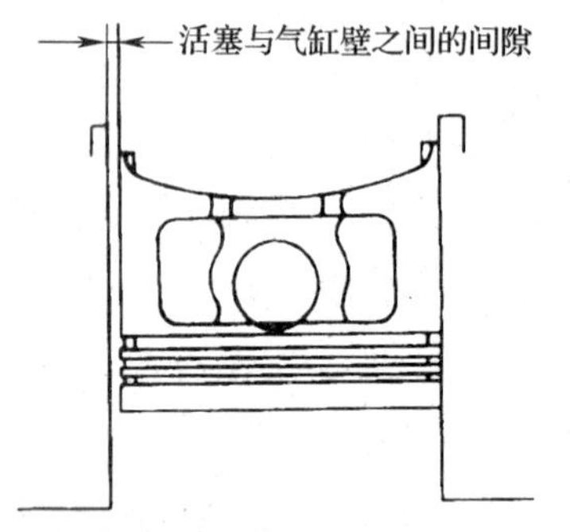

图3—6—2　配缸间隙的检测

2. 活塞环的选配

（1）活塞环的损伤形式。活塞环的损伤主要是磨损，随着磨损的加剧，活塞环的弹力逐渐减弱，端隙、侧隙、背隙增大。此外，活塞环还可能折断。

（2）活塞环的选配。除有标准尺寸的活塞环以外，还有与各级修理尺寸气缸、活塞相对应的加大尺寸的活塞环。修理发动机时，应按照气缸的标准尺寸或修理尺寸，选用与气缸、活塞同级别的活塞环。

在大修时，优先使用活塞、活塞销及活塞环成套供应的配件。

对活塞环的要求除了与气缸、活塞的修理尺寸一致外，还应具有规定的弹力，环的漏光度、端隙、侧隙、背隙符合原厂规定。

1）活塞环端隙的检验。将活塞环平正地放入气缸内，用活塞顶部把它推平，然后用塞尺测量开口处的间隙，如图3—6—3所示。

端隙大于规定时，应另选活塞环；小于规定时，可对环口的一端加以锉修。锉修时，应注意环口平整，锉修后环外口应去掉毛刺，以防锋利的环口刮伤气缸。

2）活塞环侧隙的检验。将活塞环放入环槽内，围绕环槽滚动一周，应能自由滚动，既不松动，又无阻滞现象。用厚薄规按如图3—6—4所示的方法测量，其值应符合规定的要求。

图 3—6—3　活塞环端隙的检验

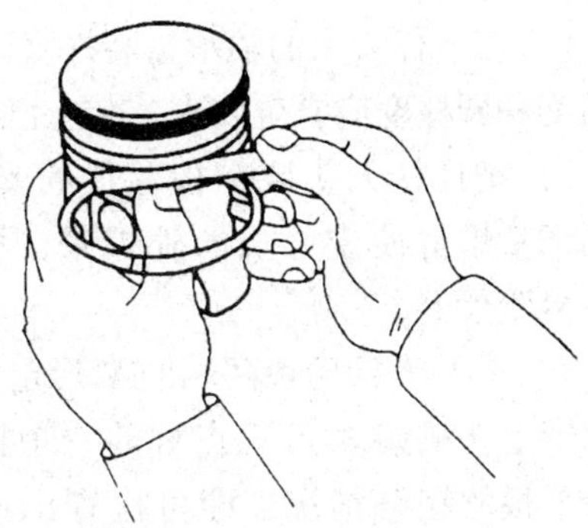
图 3—6—4　活塞环侧隙的检验

如侧隙过小，可将活塞环放在有平板的砂布上研磨，不允许加工活塞；如侧隙过大，则应另选活塞环。

3）活塞环背隙的检验。在实际测量中，活塞环背隙通常以槽深和环厚之差来表示。检验活塞环背隙的经验方法是：将活塞环置入环槽内，如活塞环低于环槽岸，能转动自如，且无松旷感觉，则间隙合适。

4）活塞环弹力的检验。活塞环的弹力是指活塞环端隙达到规定值时作用在活塞环上的径向力。活塞环的弹力是保证气缸密封的必要条件。弹力过弱，气缸密封性变差，燃料消耗增加，燃烧室积炭严重，发动机动力性、经济性降低；弹力过大使环的磨损加剧。

活塞环的弹力可用活塞环弹力检验仪检验，其值应符合规定的要求。

5）活塞环漏光度的检验。活塞环漏光度用于检查活塞环的外圆与气缸壁贴合的良好程度。检查漏光度时，可以将活塞环平正地放入气缸内，用活塞顶部把它推平，在气缸下部放置一个发亮的灯泡，在活塞环上放一直径略小于气缸内径，能盖住活塞环内圆的盖板，然后从气缸上部观察漏光处及其对应的圆心角。

一般要求活塞环局部漏光每处不大于25°；最大漏光缝隙不大于0.03 mm；每环漏光处不超过2个，每环总漏光度不大于45°；在活塞环开口处30°范围内不允许有漏光现象。

3. 活塞销的选配

发动机大修时，一般应更换活塞销。

活塞销的选配原则是：同一台发动机应选用同一厂牌、同一修理尺寸的成组活塞销；活塞销表面应无任何锈蚀和斑点，表面粗糙度 Ra 不大于0.20 μm，圆柱度误差不大于0.025 mm，质量差在10 g范围内。

4. 连杆的检修

（1）连杆的损伤形式。连杆的损伤有杆身的弯曲、扭转变形；小头孔和大头侧面的磨损。其中变形最为常见。

（2）连杆变形的检验。连杆变形的检验在连杆检验仪上进行，如图 3—6—5 所示。检验仪上的棱形支承轴能保证连杆大端轴承孔轴向与检验平板垂直。测量工具是一个带V形槽的“三点规”，三点规上的三点构成的平面与V形槽的对称平面垂直，两下测点的距离为100 mm，上测点与两下测点连线的距离也是100 mm。

具体检验方法如下：

1）将连杆大头的轴承盖装好（不装轴承），按规定力矩把螺栓拧紧，检查连杆大头孔的圆度和圆柱度应符合要求；装上已修配好的活塞销。

2）把连杆大头装在检验仪的支承轴上，拧紧调整螺钉使定心块向外扩张，把连杆固定在检验仪上。

3）将V形检验块两端的V形定位面靠在活塞销上，观察V形三点规的三个接触点与检验平板的接触情况，即可检查出连杆的变形方向和变形量。

①若三点规的三个测点都与平板接触，说明连杆没有变形。

②若上测点与平板接触，两下测点不接触且与平板距离一致，或两下测点与平板接触而上测点不接触，都表明连杆弯曲。用厚薄规测出测点与平板的间隙，即为连杆在100 mm长度上的弯曲度，如图3—6—6a所示。

③若只有一个下测点与平板接触，另一个下测点与平板不接触，且间隙为上测点与平板间隙的两倍，这时下测点与平板的间隙即为连杆在100 mm长度上的扭曲度，如图3—6—6b所示。

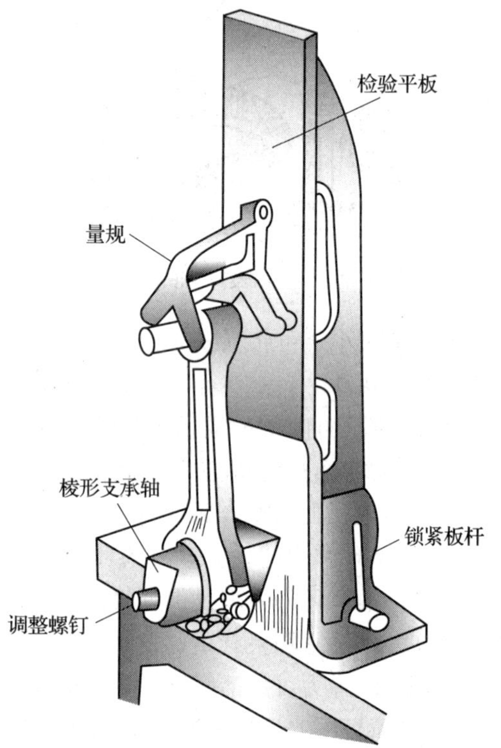

图3—6—5　连杆变形的检验

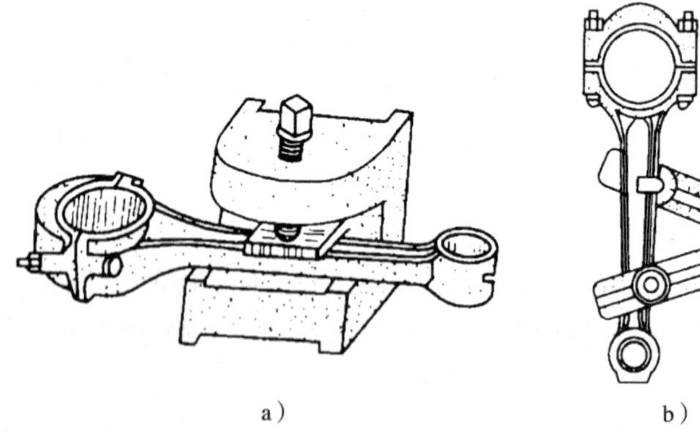

图3—6—6　连杆弯扭的检验

④如果一个下测点与平板接触，但另一个下测点与平板的间隙不等于上测点间隙的两倍，这时连杆弯扭并存。下测点与平板的间隙为连杆的扭曲度，上测点间隙与下测点间隙一半的差值为连杆的弯曲度。

⑤测出连杆小头端面与平板的距离，然后将连杆翻转180°后再测此距离，若数值不相等，则说明连杆有双重弯曲，两次测量数值之差为连杆双重弯曲度。

5. 连杆衬套的修复

（1）连杆衬套的选配。对于全浮式安装的活塞销，连杆小头内压装有连杆衬套。发动机在大修时，在更换活塞、活塞销的同时，必须更换连杆衬套，以恢复其正常配合。

连杆衬套与连杆小头应有一定量的过盈（如桑塔纳发动机为 0.06 ~ 0.10 mm），以保证衬套在工作时位置不变。可通过分别测量连杆小头内径和新衬套外径的方法求得过盈量。

（2）连杆衬套的修配。活塞销与连杆衬套的配合，在常温下应有 0.005 ~ 0.010 mm 的间隙，接触面积应在 75% 以上。配合间隙过小时，可将连杆夹到内圆磨床上进行磨削，并留有研磨余量。再将活塞销插入连杆衬套内配对研磨，研磨时可加少量机油，将活塞销夹在台虎钳上，沿活塞销轴线方向扳动连杆，应有无间隙感觉（见图 3—6—7a）。加入机油扳动时应无“气泡”产生，把连杆置于与水平面成 75°角时应能停住，轻拍连杆徐徐下降，此时配合间隙为合适。

经过加工的衬套，应能用拇指把活塞销推入连杆衬套内，并有无间隙感觉，如图 3—6—7b 所示。

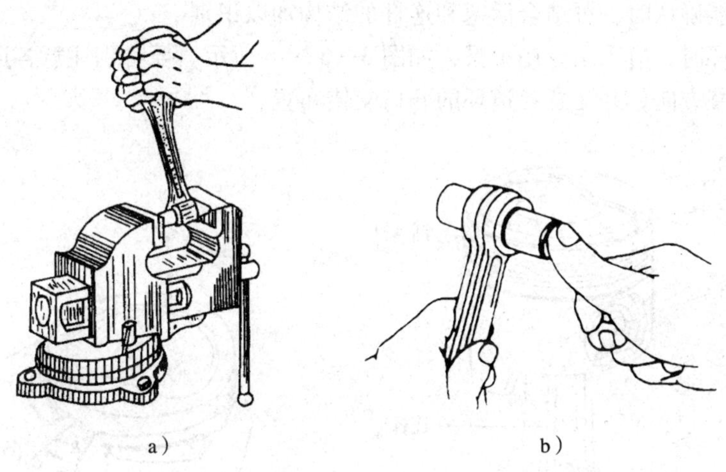

a）　　b）

图 3—6—7　连杆衬套的修配

三、活塞连杆总成的装配

1. 步骤

（1）通过飞轮将曲轴调到上止点下约 30°。

（2）清洁连杆大头上的轴瓦内表面。

（3）清洁活塞外圆柱面。

（4）在连杆大头上的轴瓦内表面加适量润滑油。

（5）调整活塞环开口。

（6）在活塞外表面和活塞销上加适量润滑油。

（7）用活塞环装配套圈套入活塞。

（8）用清洁布揩擦干净气缸套内表面，并加适量润滑油。

（9）利用活塞环装配套圈，将连杆活塞组从连杆大头方位，将连杆活塞总成装入气缸套。

（10）活塞环燃烧点向上装入气缸套的同时，继续用工具推动活塞，使连杆大头孔正好合在曲轴连杆轴颈上。

（11）用工具继续顶推活塞，同时逆时针转动飞轮，乘势将曲轴连杆轴颈一起转至下止点。

（12）清洁连杆盖上的轴瓦内表面和连杆螺栓。

（13）在连杆盖上的轴瓦内表面和连杆螺栓螺纹处加适量润滑油。

（14）合盖。

（15）用扭力扳手将连杆螺栓分 2 ~ 3 次对边同步拧紧至规定力矩（80 ~ 120 N · m）。

（16）检查连杆盖侧隙。

2. 装配注意事项

活塞与连杆的装配通常采用热装合法。将活塞放入水中加热至 353 ~ 373 K，取出后迅速擦净，将活塞销涂以机油，插入活塞销座孔和连杆衬套中，然后装入锁环。装配时注意：活塞与连杆的顺序和安装方向不得错乱，按照装配标记进行安装，如图 3—6—8a 所示。如标记不清或不能确认时，可结合活塞和连杆的结构加以识别。

安装活塞环时，应采用专用工具，如图 3—6—8b 所示。要特别注意各道环的类型和规格、顺序及安装方向，并注意各道环的开口交错布置。

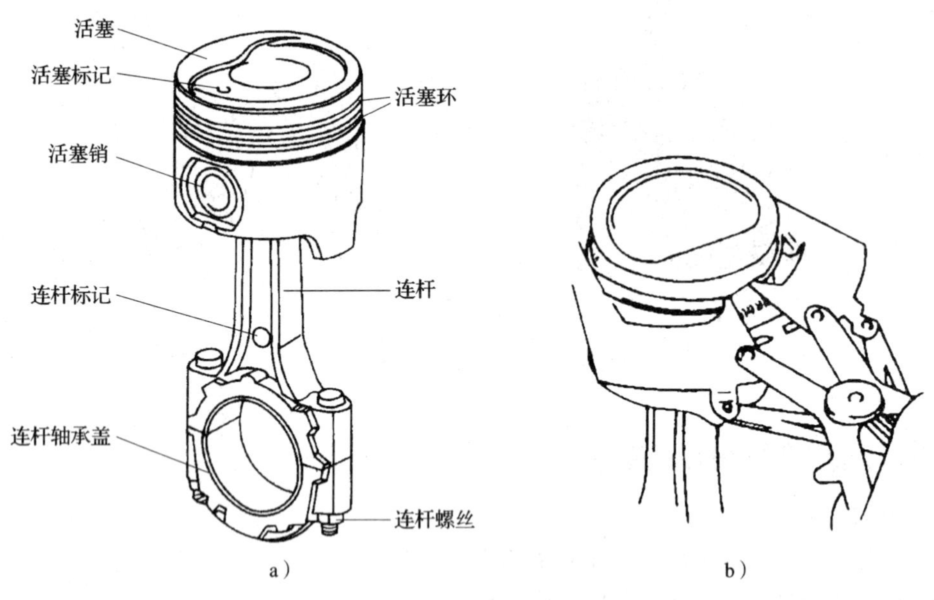

图 3—6—8　活塞环的装配

子课题 3　车床尾座修理

掌握车床尾座部件的修理。

尾座部件如图 3—6—9 所示，其修理步骤如下。

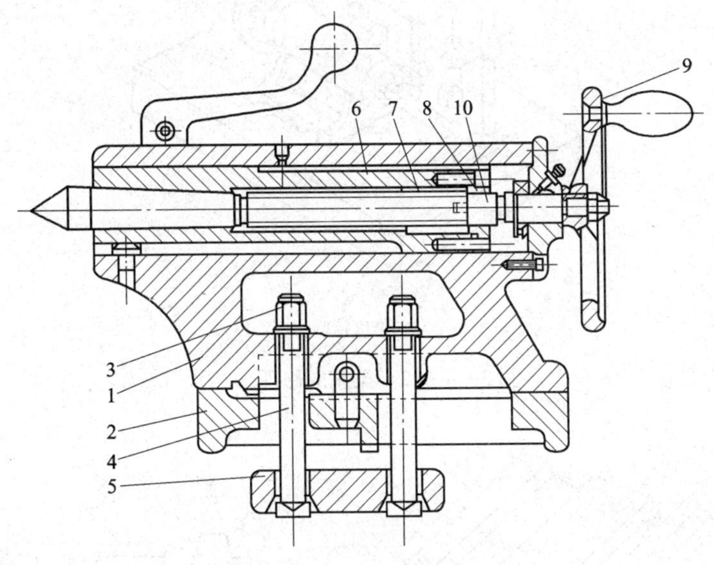

图 3—6—9　尾座部件示意图

1—座体　2—尾座底板　3、7—螺母　4—螺杆　5—压板
6—顶尖套　8—螺钉　9—手轮　10—丝杠

1. 检查尾座顶尖套，若发现磨损则更换。

2. 尾座体轴孔进行研磨修整。修理前，一般是轴孔的前端孔径较大，修整的目的是使孔径的中心线呈直线而孔径最好略呈腰鼓形（中间孔径略大一些）。

3. 轴孔研磨棒如图 3—6—10 所示，如果有珩磨机能进行珩磨更佳。更换的尾座顶尖套外径应与研磨后的轴孔按 H7/h6 配合。

4. 尾座体进行装配达到使用要求后，置于平板上，顶尖套伸出 100 mm，如图 3—6—11 所示测量平行度。超差时，可用平板刮研底面 1 至要求。

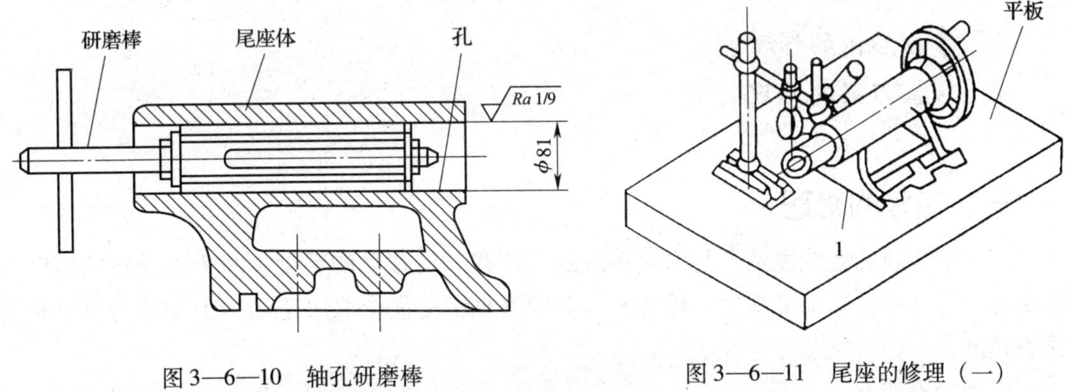

图 3—6—10　轴孔研磨棒

图 3—6—11　尾座的修理（一）

5. 如图 3—6—12 所示，检查锥孔中心线对表面 1 的平行度。如方向相反或超差时，用类似的工艺方法对锥孔进行研磨。

6. 尾座底板表面 2、3 按尾座体表面配刮，要求用 0. 04 mm 塞尺检查时不应插入（见图 3—6—13）。

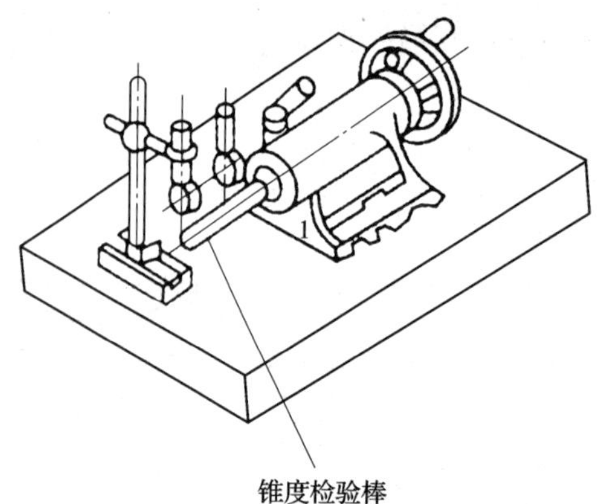

图 3—6—12　尾座的修理（二）

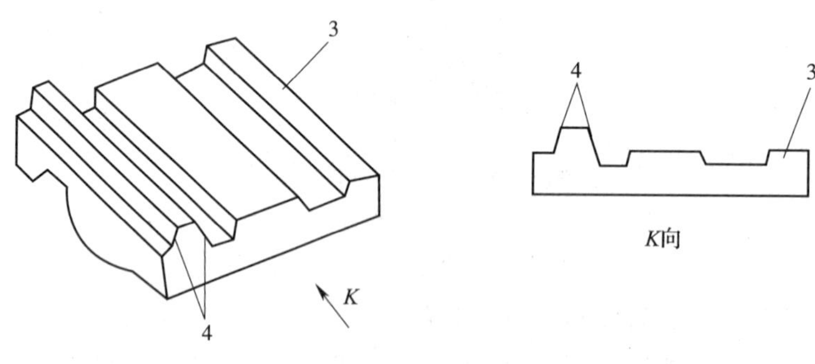

图 3—6—13　尾座的修理（三）

子课题 4　车床溜板刀架修理

1. 掌握溜板的修理。
2. 掌握刀架的修理。

一、溜板的修理

溜板下导轨的直线度及平行度直接决定工件在纵向移动的精度，溜板上导轨的精度直接决定工件在横向移动的精度；纵向和横向的垂直精度完全取决于溜板上导轨与下导轨的垂直精度。

修理步骤如下：

1. 刮研溜板与导轨板配合的导轨板基面，保证其在水平面内的直线度、单导轨的平面度和两导轨在垂直平面内的平行度都符合要求。

2. 装上修研后的导轨板，在溜板基面上再研磨至要求，保证其在水平面内的直线度、单导轨板的平面度和两导轨板在垂直平面内的平行度都符合要求。

二、刀架（见图3—6—14）的修理

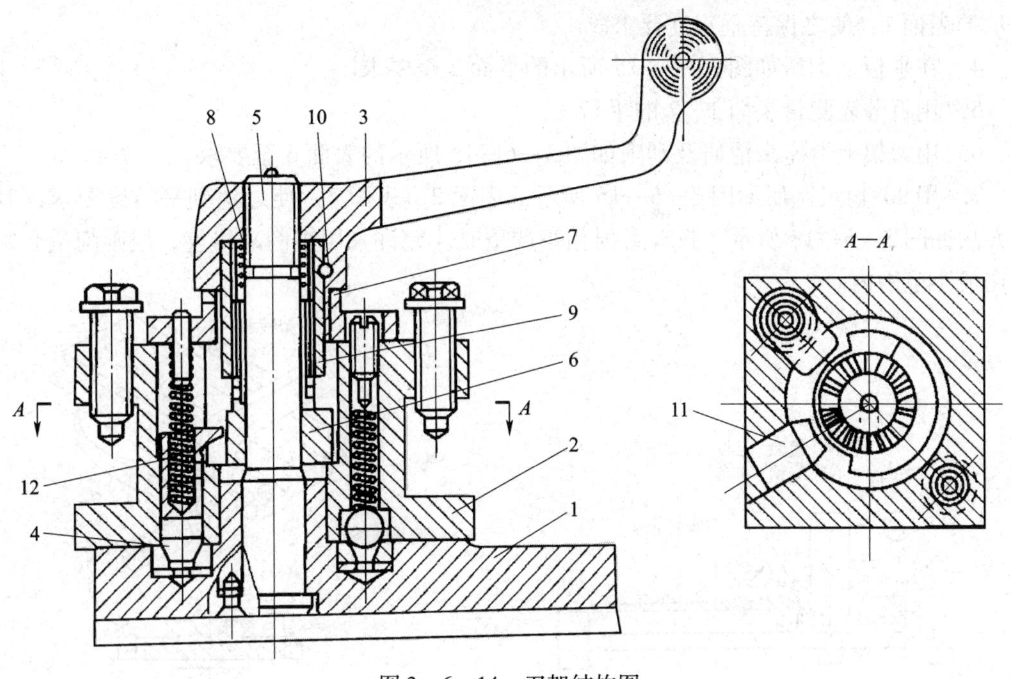

图3—6—14　刀架结构图

1—小拖板　2—方刀架　3—手柄　4—定位销　5—中心轴　6—凸块　7—套筒
8—弹簧　9—套筒　10—固定销　11—销子　12—弹簧

修理步骤如下：

1. 在生产过程中，由于方刀架经常转换位置，其定位销在弹簧的作用下会使如图3—6—15所示的表面1留下一圈很深的沟槽，因而不能正常定位。为此，可将表面1车去5～6 mm，而镶以如图3—6—16所示的钢板。

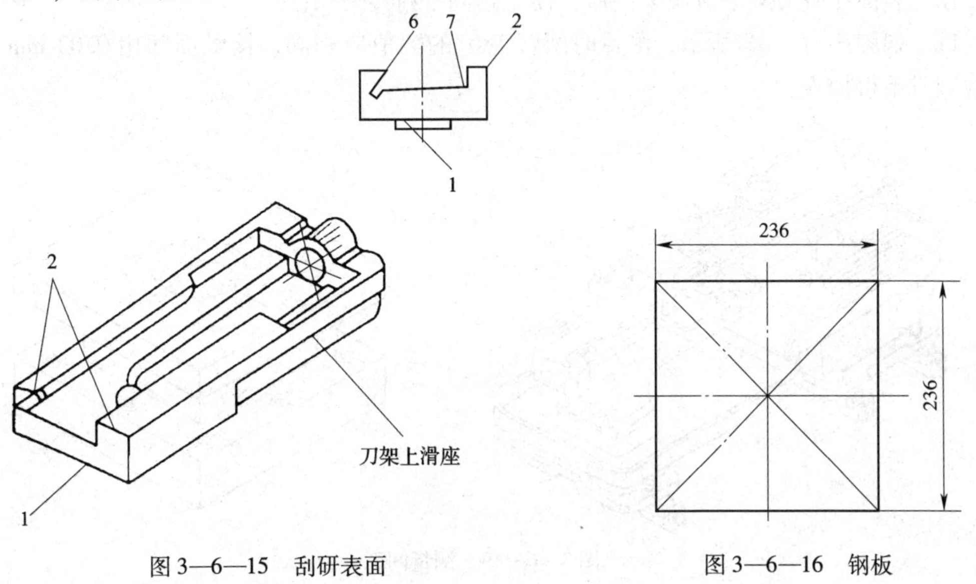

图3—6—15　刮研表面

图3—6—16　钢板

2. 车削表面1时，以定心轴颈、检验心轴为基准（见图3—6—17）。

3. 如磨损较轻，不需镶以钢板时，可用法兰工具定一个新基准来修刮如图3—6—17所示的表面1，使之保持垂直度要求。

4. 在平板上刮研如图3—6—15所示的平面2至要求。

5. 用百分表测量表面1、2的平行度。

6. 用刀架上滑座来滑研及刮削如图3—6—15所示的表面6至要求。

7. 用90°角尺刮研如图3—6—15所示的表面2、表面7，使之达到平行度要求，其测量方法如图3—6—18所示。只有磨损相当严重时才允许采用刨削来修整，但刨削量必须控制在最小范围内。

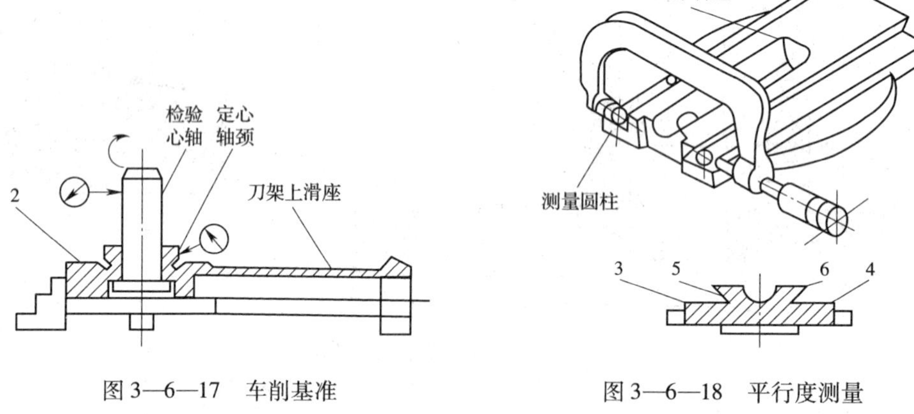

图3—6—17　车削基准　　图3—6—18　平行度测量

8. 表面6、表面7分别按刀架转盘的燕尾导轨面配刮至要求。

9. 将在平板上经过粗刮的镶条放入滑座与刀架转盘中刮研，同时将各个燕尾导轨面精刮修整，切去镶条多余长度，并保证尚有15～20 mm的调整余量。导轨接触面间用0.04 mm的塞尺检查，插入深度应≤20 mm。

10. 表面5按刀架下滑座来刮研，使之达到平行度要求。

11. 如图3—6—19所示，测量时回转180°的数值应相同，接触面间用0.03 mm的塞尺检查时不得插入。

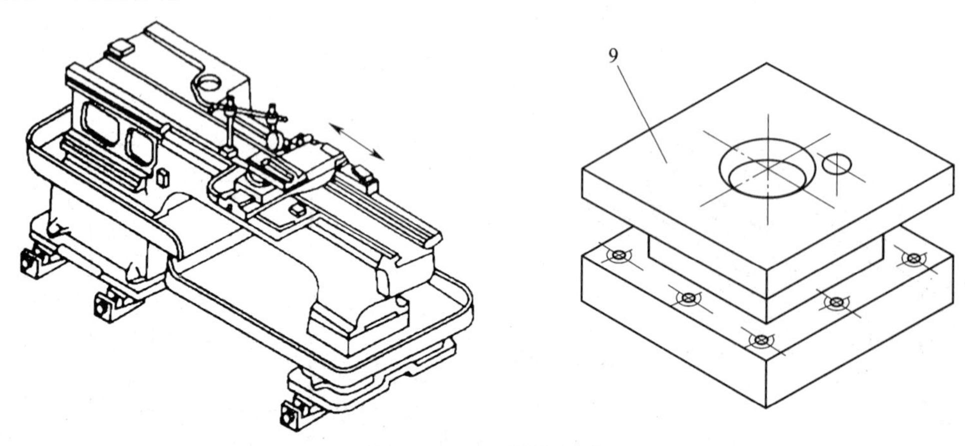

图3—6—19　测量间隙

12. 检查凸缘与刀架下滑座定位孔是否达到要求，如超差过多时，将镶套表面9先在平板上粗刮，然后与刀架上滑座的表面1（或镶上的钢板面）互相研刮。因为夹持刀具时会发生变形，因此使四个角上的接触点淡一些，用0.03 mm塞尺不得插入。

子课题5　M7120A型平面磨床砂轮架的装配和调整

学习目标

1. 掌握M7120A型平面磨床砂轮架的装配工艺和装配要求。
2. 掌握M7120A型平面磨床砂轮架中主轴与轴瓦间隙的调整。
3. 熟悉砂轮架的试运行。

砂轮架的装配主要是砂轮主轴与滑动轴承的装配。砂轮主轴和轴承是磨床非常重要的零件，它的回转精度对被加工工件的精度和表面质量都有直接影响。

一、装配工艺

砂轮架的装配质量是保证和决定砂轮架工作及运转精度的重要环节，因此，装配时应认真仔细地做好每一项工作。

1. 装配前的准备工作

（1）仔细清洗砂轮架的所有零部件，特别是主轴、轴瓦、密封圈、止推轴承、壳体孔等重要零部件。清洗各个进出油孔，轴瓦支承处的螺孔要重新攻一次螺纹，以清除螺纹孔中的污物、碎铁屑等。

（2）复检主轴、轴瓦、轴承的精度，确认主轴、轴瓦等各部件无误后再进行装配。

2. 装上止推轴承

注意不要漏装轴承内部的弹簧，各弹簧的弹性要一致，装上左端的压紧螺钉。之后，把主轴装入壳体内装配位置，用定位螺钉将止推轴承位置固定。装上前后两只密封环，注意回油孔必须置于上方，拧入定位螺钉，然后装入前后6块轴瓦及球面支承螺钉。注意装入位置应与原来的位置一致，轴瓦上的箭头方向应与主轴的实际转向一致。以上工作确认无误后，装前后定心工艺套，定心工艺套与壳体孔和主轴的配合间隙是0.04～0.05 mm，间隙越小定心精度越高。

二、装配要求

装配前，须对法兰盘、带盘校正静平衡。装配时，先刮研轴承与箱体孔的配合面，使其符合配合要求，然后用主轴着色研点将轴承刮至16～20点/25 mm×25 mm。轴承与轴颈之间的间隙调至0.015～0.025 mm。间隙过大易振动，同时降低回转精度；过小，则磨损、发热严重，甚至会产生“抱轴”现象。装配后，须对主轴部件进行动平衡。要求达到平衡精度G0.5～G1，或符合图样规定要求。

三、主轴与轴瓦间隙的调整

主轴与轴瓦间隙的调整过程如下：轴瓦由球头支承螺钉、紧固螺母组成。球头支承螺钉起控制间隙的作用。螺母起锁紧作用。调整间隙时，借助于两定心工艺套的作用，此时主轴已基本上位于壳体的中心位置，只要将球头支承螺钉拧入，使轴瓦轻轻贴紧主轴（以用手转不动主轴为限），将前后支承的下方 4 块轴瓦的球头支承螺钉用十字扳手紧固，拧紧锁紧螺母，此时，定心工艺套应旋转自如，并能随意退出。为获得所需要的间隙，可将磁性表座吸在壳体上、百分表搭在前轴颈上，调整前轴承最上端球面支承螺钉可获得所需要的间隙（一般为 0.03 ~ 0.05 mm）。轴承间隙的测量应借助经研磨后的圆柱形检验棒来完成，将圆柱形检验棒插入后轴承上部的工艺孔内，将百分表搭在检验棒顶部，此时调整后轴承球面螺钉，可获得所需间隙（一般为 0.04 ~ 0.06 mm）。此项工作完成后，装上前后法兰盘（端盖），用塞尺检验圆周各处间隙应均匀。装上其他零部件及润滑油管。

四、试运行

启动润滑油泵，待回油管回油正常后启动低速点动，观察主轴是否运转方向正确，有无其他噪声。确认无误后，用低速空运转 2 h，后用高速运转 2 h，检查温升是否正常，并检查主轴回转精度。砂轮架试运转时操作人员不得离开现场，应仔细观察砂轮架的工作动态，如有异常或温升过快、漏油等现象，应立即停车检查。如有需要应重新调整。

模块四 职业技能鉴定机修钳工中级考核模拟试卷

理论知识考核试卷一

（考试时间 90～120 min）

一、单项选择题（下列每题的选项中，只有一个是正确的，请将其代号填在括号空白处；每题 2 分，共 20 分）

1. 文明生产中要对操作设备做到“三好”“四会”，即管好、用好、修好，会使用、（　　）、会检查和会排除故障。

A. 会维修　　B. 会使用工、量具　　C. 会保养　　D. 会清理

2. 机械传动系统图是用来表示机械各个（　　）的综合简图。

A. 传动比　　B. 传动齿轮　　C. 传动系统　　D. 传动链

3. 机械磨损的类型，按磨损机理可将磨损分为黏附磨损、疲劳磨损等（　　）基本类型。

A. 6 种　　B. 7 种　　C. 8 种　　D. 10 种

4.（　　）清洗剂是机修作业中广泛采用的清洗剂。

A. 油剂　　B. 水剂　　C. 化学　　D. 雾状

5. 若机床安装在单独的基础上，其基础平面尺寸应比（　　）的轮廓尺寸大一些。

A. 地脚螺栓　　B. 机床底座　　C. 所占面积　　D. 辅助面积

6. 零件在夹具中定位时，（　　）是绝对不允许的。

A. 完全定位　　B. 不完全定位　　C. 过定位　　D. 欠定位

7. 对 M131W 型万能外圆磨床润滑油质量进行鉴别时，油品的采集应在磨床连续开动液压系统（　　）以上，并对油池的润滑油充分搅和后进行。

A. 0.5 h　　B. 1 h　　C. 1.5 h　　D. 2 h

8. 在卧式车床上加工零件时，若零件外表的表面粗糙度超差，或是圆度超差，则对于机床的故障，它们有一个共同的影响因素是（　　）。

A. 床身导轨平行度超差

B. 中滑板移动导轨平行度超差

C. 主轴轴承间隙过大

D. 主轴中心线的径向圆跳动超差

9. 在金属切削设备的定期检查中，要对刀架、丝杠、螺母、斜铁、压板、弹簧等进行

清洗，并调整到适宜的（　　）。

A. 装配位置　　B. 运动间隙　　C. 工作压力　　D. 刚性变形

10. 设备的负荷试车主要是测定设备（　　）的性能指标。

A. 承载能力　　B. 切削能力　　C. 工作能力　　D. 功率能力

二、判断题（下列判断正确的打“√”，错误的打“×”；每题2分，共40分）

1. 安全生产的方针是：“安全第一，预防为主”。文明生产是对生产过程的科学管理。（　　）

2. 事故的“三不放过”是指：事故未查清原因不放过，当事者未吸取教训不放过和事故未得出结论不放过。（　　）

3. 带传动的主要优点是工作平稳、传动比准确，噪声小、结构简单。（　　）

4. 只要是变位齿轮就能用于凑配中心距。（　　）

5. 设备的防振基础是设备的基础通过防振材料层和隔墙与厂房地基隔开。（　　）

6. 润滑油在使用过程中，由于氧化分解作用，碱值在不断增加，当达到一定值时，则说明润滑油已变质，需更换。（　　）

7. 机械传动的传动链是从电动机到末端环节之间包含的传动运动。（　　）

8. 工件由装夹到夹紧的过程称为工件的安装。（　　）

9. 在满足加工要求的前提下，限制自由度的数目少于4个的定位，称为不完全定位。（　　）

10. 为了防止油的氧化，除了加抗氧化添加剂以外，还有一个关键的方法，是将油温控制在80℃以下。因为当油温超过80℃时，油的氧化会大大加速。（　　）

11. 设备的一级保养是以操作人员为主，设备维修人员为辅，按预先排定的计划时间对设备进行定期维护。（　　）

12. 推力球轴承两环的内孔尺寸不一样，有松环、紧环之分，在装配时，松环必须随轴一起转动，紧环靠在孔壁上。（　　）

13. 圆形工作台配刮床身圆形导轨后，要检测床身圆形导轨面的直线度，还要检测圆形导轨面对主轴中心线的垂直度。（　　）

14. 设备的负荷试验是设备在规定的负荷下进行试验，即在规定的切削规范进行试验，以检验设备的力学性能、强度和刚度。（　　）

15. 凡与主轴轴承温度有关的几何精度检验项目，应在主轴运转达到稳定的温度后，才能进行检测。（　　）

16. 设备一级保养检查工作的主要目的是使设备始终处于无故障状态。（　　）

17. 卧式车床精车端面的精度检验，是使用千分表测头压住圆盘中心，随中滑板远离中心到边缘，读数的最大差值即为误差值，并要求圆盘中凹。（　　）

18. 旋转件的静平衡对象是长度与直径之比小于0.5的盘形零件。（　　）

19. 洛氏硬度试验的压痕较小，当材料的内部组织不均匀时，硬度数据波动较大，通常需要在不同部位测试数次，取平均值来代表金属材料的硬度。（　　）

20. 旋转件的静平衡需在圆柱形或菱形的平衡架上进行，平衡前必须用水平仪将平衡架装置沿纵、横两个方向调整至水平。（　　）

三、简答题（每题 5 分，共 20 分）

1. 简述制定安全技术操作规程的依据。

2. 在确定修复件、更换件时，应考虑哪些主要技术因素？

3. 简述滚动轴承定向装配的目的。

4. 怎样进行静平衡？

四、绘图、计算题（每题 10 分，共 20 分）

1. 有一机床导轨长度为 1 500 mm，用精度为 0. 02 mm/1 000 mm 的方框水平仪测量该导轨在垂直平面内的直线度，溜板每移动 250 mm 测量一次，现测得水平仪的读数为 +2，+1，+2，-1，0，+1。要求：

（1）绘制导轨误差曲线图。

（2）计算导轨在全长内的直线度误差值。

2. 已知一对啮合齿轮的中心距为 116. 25 mm，小齿轮齿数 $z_1=39$，齿顶圆直径 $d_{a1}=102.5$ mm。求：大齿轮的齿数 z_2 及这对分度圆的直径 d_1 和 d_2。

理论知识考核试卷二

（考试时间 90 ~ 120 min）

一、判断题（下列判断正确的打“√”，错误的打“×”；每题 2 分，共 40 分）

1. 在找正卧式车床水平度时，测出哪一面高，就打哪一面的斜垫铁。（　）
2. CA6140 车床导轨在竖直平面内的平行度为 0.01 mm/1 000 mm。（　）
3. 铣床主轴的轴向窜动公差值为 0.03 mm。（　）
4. B665 牛头刨床横梁和工作台移动的直线度在纵向平面及横向平面内均为 0.01 mm/1 000 mm。（　）
5. 车床调试前不必检查各部手柄是否在规定的空位上。（　）
6. 框式水平仪的测量单位是用长度作刻度。（　）
7. 车床主轴和尾座两顶尖的等高度超差时，若确定是主轴箱偏高，则修刮尾座底板与床身导轨滑动面。（　）
8. 车床溜板与床身的装配大致分为四步：配刮横向燕尾导轨、配镶条、配刮溜板下导轨面、装配。（　）
9. 铣床主要部件的安装顺序：升降台→主轴→工作台→横梁→床身。（　）
10. 划线的尺寸基准尽可能与安装基准一致。（　）
11. 箱体工件划线时，第一划线位置应该选择待加工表面和非加工表面比较重要和比较集中的位置。（　）
12. 导柱式落料模的导柱和导套都是方柱形。（　）
13. 錾槽、分割曲线板材时选用扁錾。（　）
14. 标准麻花钻的横刃较短，横刃前角为正值，致使轴向抗力增大。（　）
15. 一群钻头就称为群钻。（　）
16. 开始钻小孔时，进给力要大。（　）
17. 铰刀的齿数越多，铰孔的精度越高，孔的表面粗糙度值越低。（　）
18. 双山形组合导轨的缺点是制造困难。（　）
19. 用研点法检查导轨直线度时，可以检测出导轨直线度的误差数值。（　）
20. 用研磨棒手工研磨车床尾座套筒时，研磨棒与孔的研磨过紧时，可在研磨棒上涂研磨剂。（　）

二、选择题（下列每题的选项中，只有一个是正确的，请将其代号填在括号空白处；每题 2 分，共 20 分）

1. 在找正设备中心线时，中心线长度不得超过（　）。

A. 10 m　　B. 20 m　　C. 30 m　　D. 40 m

2. 铣床主轴定心轴颈的径向圆跳动公差为（　）。

A. 0.1 mm　　B. 0.02 mm　　C. 0.03 mm　　D. 0.04 mm

3. 当用框式水平仪测量龙门刨床导轨，龙门刨床的导轨长度超过 4 m 时，垫铁的长度应为（　　）。

A．200 mm　　B．300 mm　　C．400 mm　　D．500 mm

4．对同一工件而言，把毛坯划线称为（　　）。

A．第一次划线　　B．第二次划线　　C．第三次划线　　D．第四次划线

5．群钻主切削刃分成（　　）。

A．二尖三刃　　B．三尖四刃　　C．三尖五刃　　D．三尖七刃

6．通常指孔的深度为孔径（　　）倍以上的孔为深孔。

A．5　　B．6　　C．8　　D．10

7．燕尾形导轨的夹角为（　　）。

A．30°　　B．35°　　C．45°　　D．55°

8．采用刮研法修整导轨直线度时，通常都采用（　　）。

A．研点法　　B．垫塞法

C．水平仪检验法　　D．拉钢丝检验法

9．用研磨棒手工研磨车床尾座套筒，推压时，研磨棒下端超出孔端（　　）mm。

A．20～50　　B．50～80　　C．80～110　　D．110～140

10．CA6140 型卧式车床主轴的前支承有（　　）个滚动轴承。

A．1　　B．2　　C．3　　D．4

三、简答题（每题 4 分，共 20 分）

1．简述设备安装过程。

2．简述铣床主要部件的安装顺序。

3．简述正圆锥直交圆管展开图的画法步骤。

4．凸轮机构的运动中，从动件的运动经历了哪四个阶段？

5．简述平衡回路的工作原理。

四、计算题（每题 10 分，共 20 分）

1．有一蜗杆副传动，其传动比为 120，蜗杆头数为 1，求蜗轮齿数。

2．有一单杆活塞液压缸，活塞直径 $D = 8\ \text{cm} = 0.08\ \text{m}$，活塞杆直径 $d = 4\ \text{cm} = 0.04\ \text{m}$。若要求活塞往复运动速度 $v = 0.5\ \text{m/s}$，问进入液压缸两腔的流量各为多少？

理论知识考核试卷三

（考试时间 90 ~ 120 min）

一、单项选择题（下列每题的选项中，只有一个是正确的，请将其代号填在括号空白处；每题 2 分，共 20 分）

1. 灌浆时，水泥、沙子、石头的混合比（质量比）为（　　）。

A. 3∶1∶2　B. 2∶3∶1　C. 1∶2∶3　D. 3∶2∶1

2. 在找设备中心线时，中心线长度不得超过（　　）。

A. 10 m　B. 20 m　C. 30 m　D. 40 m

3. 一般设备单机试机的时间应为（　　）。

A. 1 ~ 2 h　B. 4 ~ 6 h　C. 3 ~ 5 h　D. 2 ~ 4 h

4. 在使用唇形密封圈时，安装唇形密封圈的有关部位，如缸筒和活塞的端部，均需倒成（　　）的倒角。

A. 10° ~ 15°　B. 15° ~ 30°　C. 30° ~ 45°　D. 45° ~ 60°

5. 当 $D \leqslant 800$ mm 时，CA6140 车床主轴锥孔轴线的径向圆跳动在靠近主轴端面的公差为（　　）。

A. 0.01 mm　B. 0.02 mm　C. 0.03 mm　D. 0.04 mm

6. 立式铣床工作台纵向和横向移动的垂直度在 300 mm 测量长度上的公差为（　　）。

A. 0.01 mm　B. 0.02 mm　C. 0.03 mm　D. 0.04 mm

7. B665 牛头刨床工作台移动方向对工作台上平面的平行度公差在纵向平面及横向平面内的任意 300 mm 测量长度上为（　　）。

A. 0.04 mm　B. 0.03 mm　C. 0.02 mm　D. 0.01 mm

8. 若框式水平仪的斜率为 0.02/1 000，其含义就是测量面与自然水平倾斜为（　　）。

A. 2″　B. 3″　C. 4″　D. 5″

9. 车床齿条安装时，纵向进给小齿轮与齿条的啮合间隙应为（　　）。

A. 0.06 mm　B. 0.08 mm　C. 0.09 mm　D. 0.10 mm

10. 对同一工件而言，把毛坯划线称为（　　）。

A. 第一次划线　B. 第二次划线　C. 第三次划线　D. 第四次划线

二、判断题（下列判断正确的打“√”，错误的打“×”；每题 2 分，共 40 分）

1. 找正设备水平度就是把设备上主要的面调整得和水平面平行。（　　）

2. 卧式车床精平时，应把水平仪放置在溜板上。（　　）

3. 在找卧式车床水平度时，测出哪一面高，就打哪一面的斜垫铁。（　　）

4. 在检验螺旋机构时，不论螺母处于何位置，丝杠的轴线都必须和螺母的轴线一致。（　　）

5. 当 $D \leqslant 800$ mm 时，CA6140 车床主轴定心轴颈的径向圆跳动公差为 0.001 mm。（　　）

6. 铣床主轴的轴向窜动公差值为 0.003 mm。（ ）

7. 铣床工作台的平行度公差值为 0.004 mm/1 000 mm。（ ）

8. B665 牛头刨床工作台的平面度在任意 300 mm 测量长度的公差为 0.028 mm。（ ）

9. 车床调试前不必检查各部手柄是否在规定的空位上。（ ）

10. 车床调试工作完毕后，应将溜板箱及尾座移到床身尾端，各部手柄应放在非工作位置上。（ ）

11. 调试车床时，在工作台移动之前应先松开固定螺钉，当工作台不移动时，应先拧紧固定螺钉。（ ）

12. 调试牛头刨床时，在机床开动时可以进行对刀及调整行程的操作。（ ）

13. 铣床主要部件的安装顺序是：升降台→主轴→工作台→横梁→床身。（ ）

14. 龙门刨床的左、右立柱安装好了以后，两立柱上端之间的距离应较其下端之间的距离大。（ ）

15. 划线的尺寸基准尽可能与安装基准一致。（ ）

16. 找正基准常选择工件上与加工部位有关且比较直观、重要的非加工表面。（ ）

17. 箱体工件划线时，第一划线位置应该选择待加工表面和非加工表面比较重要且比较集中的位置。（ ）

18. 箱体工件划线时，一般常以基准孔的轴线作为十字校正线，划在箱体上长而平直的部位。（ ）

19. 某些箱体划线时，如果内壁不需加工，在划线时就没必要找正箱体内壁。（ ）

20. 剪切机是用来剪切直线边缘的板料毛坯。（ ）

三、简答题（每题 4 分，共 20 分）

1. 何谓导轨运动曲线的包容线？

2. 简述燕尾形导轨的优、缺点。

3．简述对开式轴瓦刮削的操作要点。

4．简述 CA6140 型卧式车床溜板箱内的安全离合器的作用。

5．对于分度蜗杆副，当蜗轮齿面磨损后，精度会下降，可用修复法恢复精度，其修复方法有哪些？

四、计算题（每题 10 分，共 20 分）

1．一精密机床的滑动轴承的孔径 d 为 100 mm，求此滑动轴承（即轴瓦）的顶间隙 a。（注：系数 K 为 0.000 5）

2．有一单杆活塞液压缸，活塞直径 $D = 8\ \text{cm} = 0.08\ \text{m}$，活塞杆直径 $d = 4\ \text{cm} = 0.04\ \text{m}$。若要求活塞往复运动速度 $v = 0.5\ \text{m/s}$，问进入液压缸两腔的流量各为多少？

技能操作考核试卷一

X62W 铣床主轴系统修理及回转精度的检验

一、内容及操作要求

1. 根据 X62W 铣床主轴装配图拆卸主轴部分，并清洗。
2. 检验主轴、轴承孔精度，尤其是与主轴相配合的零件，并记录。
3. 根据记录注明更换件更换原因、修复件修复方案。
4. 装配主轴系统，使之达到技术要求。
5. 检验主轴的回转精度。
6. 合理、正确地拆卸和装配。
7. 合理地选用、使用、保养检具和量具。

二、准备工作

1. 准备 X62W 铣床主轴系统的装配图、零件图及有关技术资料。
2. 准备 X62W 铣床一台。
3. 准备检具、量具，包括千分尺、内径表、百分表、7:24 标准塞规、7:24 检验心轴、磁力表架。
4. 准备机修钳工所用工具一套。
5. 准备主轴系统的零件、配件、标准件，以供修理时更换。
6. 准备一台检验主轴精度所用的磨床或车床。
7. 准备配合零件修复的机械加工设备。
8. 准备清洗、擦拭、润滑等辅助材料。

三、考核时限

1. 准备时间 10 min，技能操作时间共计 180 min。
2. 时间允差：每超出 10 min 扣 2 分，超出 30 min 终止考核。

四、评分项目及标准

序号	考核内容及要求	配分	评分标准
1	主轴系统的拆卸： （1）合理、正确的拆洗方法及顺序 （2）拆卸时不允许损坏零件	8	拆卸方法及顺序不正确扣 4 分 损坏一个零件扣 2 分
2	主轴系统零件清洗及检查： （1）主轴精度检验 （2）零件精度检验 （3）提出更换件、修复件清单，并注明原因	20	无检验记录扣 5 分 无更换件、修复件清单及说明扣 10 分 主轴检验缺一项扣 2 分

续表

序号	考核内容及要求	配分	评分标准
3	主轴前轴承和中间支承轴承的定向装配： （1）主轴装配轴承的轴颈径向圆跳动值及最高点检测 （2）轴承外圆径向圆跳动值及最高点检测 （3）做好标记	15	主轴或轴承没有标示径向圆跳动的最高点扣8分，没有标示径向圆跳动值扣7分
4	主轴系统的装配： （1）正确、合理的装配方法及装配顺序 （2）主轴前轴承和中间轴承的定向装配 （3）不允许漏装、多装及损坏零件 （4）装配达到技术要求	25	装配方法及装配顺序不正确扣10分 定向装配不正确扣5分 漏装、多装、损坏一个零件扣2分
5	主轴回转精度检验： （1）轴向窜动 （2）轴肩端面圆跳动 （3）定位轴颈径向圆跳动 （4）锥孔中心线径向圆跳动	20	每项检验方法不正确扣4分 检验数据不准确扣1分
6	（1）安全操作：严格遵守各种安全操作规程，不发生人身、设备安全事故 （2）文明生产：现场保持清洁，工具摆放整齐 （3）准备工作充分，检具、量具使用及保养合理	6 3 3	不符合安全操作规程的酌情扣1～4分，严重违章者取消考试资格 不符合文明生产要求的酌情扣1～2分 准备工作漏项扣1分，使用、保养不合理酌情扣1～2分

技能操作考核试卷二

卧式车床精车外圆圆柱度误差分析及故障排除

一、内容及操作要求

1. 做出卧式车床精车工件外圆圆柱度超差的精度故障分析，以文字答卷考核。

2. 根据故障分析因素检测一台卧式车床的实际误差状况，对超差项目和指定项目笔答进行故障排除，检测结果做出文字记录。

3. 合理选用、使用、保养检具和量具。

4. 选择正确的检验方法，保证准确的检测数据。

二、准备工作

1. 可携带机床说明书，但不允许带修理工艺等技术资料。

2. 准备一台需要大修的卧式车床，笔答的白纸、笔。

3. 准备检具、量具，包括百分表、磁力表架、框架式水平仪、检验桥板、检验心轴、顶尖等。

4. 准备清洗、擦拭、润滑等辅助材料。

5. 准备检测、调整所用工具一套。

三、考核时限

1. 准备时间 10 min，笔答时间和技能操作时间共计 180 min。

2. 时间允差：每超出 10 min 扣 2 分，超出 30 min 终止考核。

四、评分项目及标准

序号	考核内容及要求	配分	评分标准
1	精车外圆圆柱度精度超差故障分析（笔答）： （1）主轴箱主轴中心线对溜板箱导轨的平行度超差 （2）床身导轨扭曲度超差 （3）床身导轨严重磨损 （4）地脚螺栓松动或调整垫铁松动 （5）主轴、尾座、顶尖的同轴度超差 （6）刀尖磨损 （7）在 $n=600$ r/min 的状态下运动 30 min，检查主轴箱有无因温度升得过高而引起的机床变形	25	故障分析不全面，少一项扣 5 分 笔答文字不清晰、不通畅酌情扣 2 ~ 4 分
2	卧式车床有关上述精度故障项目的检验： （1）检测方法正确，检验数据准确 （2）正确、合理地使用检具、量具 （3）每项检验应有实际误差记录	50	检测记录缺一项扣 3 分 主轴中心线径向圆跳动值没有检验或检验没有找准，扣 8 分 导轨严重磨损未检验扣 10 分 未检验主轴箱（主轴）变形扣 10 分，其他项目未检验每项酌情扣 2 ~ 4 分

续表

序号	考核内容及要求	配分	评分标准
3	检测超差项目、刀尖磨损及机床热变形故障的排除： （1）故障排除方法正确 （2）刀尖磨损故障的排除 （3）机床热变形故障的排除	15	超差项目故障未排除每项酌情扣2~6分 刀尖磨损故障未排除酌情扣2~6分 机床热变形故障未排除酌情扣2~6分
4	（1）安全文明生产：严格遵守各种安全操作规程，现场保持清洁，工具摆放整齐 （2）准备工作充分，检具、量具使用及保养合理	6 4	不符合安全操作规程、安全文明生产要求，酌情扣2~4分，严重违章者取消考试资格 准备不充分，使用、保养不合理酌情扣1~3分

技能操作考核试卷三

M7120A 平面磨床动压滑动轴承的装配和调整

一、内容及操作要求

1. 检验主轴的回转精度。

2. 前后轴承与主轴轴颈的径向间隙合理。

3. 装配工艺正确，工具使用得当，零件无损坏，测量方法正确。

4. 紧固可靠，无漏油。

二、准备工作

1. 本题主要考核三瓦滑动轴承的刮研、装配、调整，故砂轮架上其他零件的加工及试验均可在考前进行，不计入考核时间。

2. 考前被试者应在假轴上对轴瓦进行粗刮，假轴的直径可以比真轴小 0.005 mm。

3. 为提高装配精度和装配工艺性，可以在考前制作工艺套，工艺套大径可比箱体孔小 0.005 ~ 0.01 mm，小径比主轴轴颈大 0.003 ~ 0.006 mm。

4. 为去掉精刮过程中产生的微小毛刺和刀痕，在考前准备一根研磨棒，研磨棒直径比真轴大 0.01 ~ 0.03 mm，采用氧化铬研磨剂。

5. 考核装配前，应对主轴转动部件进行动平衡试验，可装上平衡环和风扇叶，在动平衡试验机上做动平衡，允许在平衡环和风扇叶上钻孔，平衡后拆卸下来。

6. 准备好考核所需的工具和量具。刮研轴瓦时最好准备一个专业夹具、支承假轴的一对 V 形架、棉布、煤油等。

三、考核时限

1. 准备时间 30 min，笔答时间和技能操作时间共计 480 min。

2. 时间允差：每超出 10 min 扣 2 分，超出 30 min 终止考核。

四、评分项目及标准

序号	考核内容及要求	配分	评分标准
1	主轴的径向圆跳动：用手转动主轴，百分表的最大示值差即为误差值，允差 0.01 mm	30	测量方法正确，百分表示值大于 0.01 mm 而小于 0.015 mm 时，扣 10 分；大于 0.015 mm 时，本项不得分
2	主轴的轴向窜动：百分表最大示值差即为误差值，允差 0.01 mm	15	测量方法正确，百分表示值差超过 0.01 mm，经调整仍不能达到要求时，本项不得分
3	前后轴承与主轴轴颈的径向间隙：百分表触及轴颈靠近工艺套处，用手上下抬动主轴，后轴承可以将放气塞卸下，放一圆柱销，百分表触及圆柱销顶端面，抬动主轴后端，百分表最大示值即为误差，前、后测量允差为 0.01 ~ 0.02 mm	15	在前、后分别测量，超过 0.02 mm 后每超过 0.005 mm 扣 3 分；超过 0.035 mm 应重新调整，调整后仍超过允差值时，本项得分不能超过 5 分

续表

序号	考核内容及要求	配分	评分标准
4	装配工艺正确合理： （1）不得装入装配图中没有标注的零件 （2）精刮轴瓦，轴瓦与轴的接触精度为 18 ~ 22 点/（25 mm × 25 mm） （3）装配方法正确、零件无损伤 （4）零件位置正确 （5）紧固可靠、密封好	 4 8 5 6 7	因操作不当或预装欠考虑而装入装配图中没有标注的零件一处扣 1 分，超过两处扣 4 分 低于 18 ~ 22 点/（25 mm × 25 mm）的，少一点扣 1 分；低于 10 点/（25 mm × 25 mm）或超过 30 点/（25 mm × 25 mm），应重新刮研 因装配方法错误或工具使用不当造成零件损坏而不影响使用扣 2 分，需修复或更换扣 3 分 保证零件位置正确，不正确零件拆下重装扣 2 分。轴瓦位置装配错误而造成轴瓦或主轴报废者，本题按不及格处理 螺丝松动扣 3 分，漏油需重新密封扣 4 分
5	（1）安全文明生产：严格遵守各种安全操作规程 （2）正确使用工具、量具，现场保持清洁，工具摆放整齐	6 4	不符合安全操作规程、安全文明生产要求，酌情扣 2 ~ 6 分，严重违章者取消考试资格 工、量具使用不正确扣 2 分，场地不整洁扣 2 分

理论知识考核模拟试卷参考答案

试卷一

一、选择题

1. C　2. D　3. C　4. B　5. B　6. D　7. B　8. C　9. B
10. A

二、判断题

1. √　2. ×　3. ×　4. ×　5. √　6. ×　7. ×　8. ×　9. ×
10. ×　11. √　12. ×　13. √　14. √　15. √　16. √　17. ×　18. ×
19. ×　20. √

三、简答题

1. 答：遵循“安全第一、预防为主”的安全方针。根据不同的生产性质，不同的机械设备或不同的工具性能等，制定出合乎安全技术需要的操作程序，达到保证完成任务的同时不发生人身安全事故和设备损坏事故的目的。

2. 答：(1) 对设备精度的影响。

(2) 对完成预定使用功能的影响。

(3) 对设备性能的影响。

(4) 对设备生产率的影响。

(5) 对零件强度的影响。

(6) 对磨损条件恶化的影响。

(7) 修理时对生产的影响。

3. 答：目的是抵消一部分相配尺寸的加工误差，从而提高主轴的旋转精度。

4. 答：旋转零件进行静平衡的方法有配重法和去重法两种。即先要找出不平衡量的大小和位置，然后在偏重处去除相应质量的材料（去重法）或在其偏重的对应处增加相应质量的材料（配重法），以得到平衡。

四、绘图、计算题

1. 解：

(1) 绘制导轨误差曲线图，如下图所示。

(2) $\Delta = nil = (cc' + ee') \times \dfrac{0.02}{1\,000} \times 250 = \left(2.5 + \dfrac{1}{6}\right) \times \dfrac{0.02}{1\,000} \times 250 = 0.013\ \text{mm}$

导轨在全长内的直线度误差值为 0.013 mm。

2. 解：

因为小齿轮的齿数 $z_1 = 39$，齿顶圆直径 $d_{a1} = 102.5$ mm，所以这对啮合齿轮的模数等于：

$$m = \frac{d_{a1}}{(z_1 + 2)} = \frac{102.5}{39 + 2} = 2.5\ \text{mm}$$

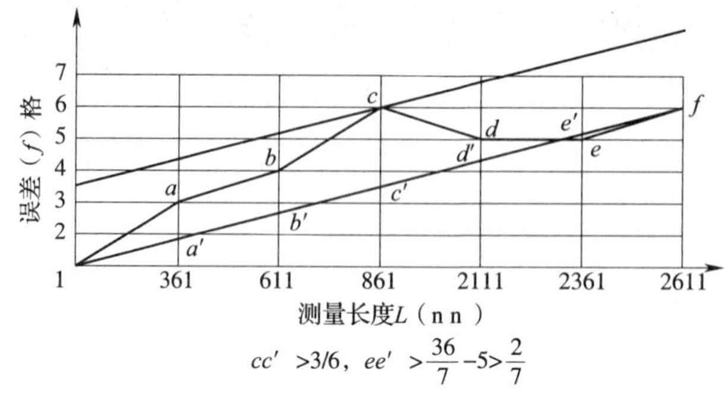

$cc'>3/6$，$ee'>\frac{36}{7}-5>\frac{2}{7}$

$$A=\frac{m(z_1+z_2)}{2}$$

因为中心距 $A=116.25$ mm，所以：

$$z_2=\frac{2A-mz_1}{m}=\frac{2\times116.25-2.5\times39}{2.5}=54$$

$$d_1=mz_1=2.5\times39=97.5\ \text{mm}$$

$$d_2=mz_2=2.5\times54=135\ \text{mm}$$

大齿轮的齿数 z_2 为54，小齿轮分度圆直径 d_1 为97.5 mm，大齿轮分度圆直径 d_2 为135 mm。

试卷二

一、判断题

1. × 2. × 3. × 4. √ 5. × 6. × 7. × 8. × 9. ×
10. × 11. √ 12. × 13. × 14. × 15. × 16. × 17. √ 18. √
19. × 20. ×

二、选择题

1. D 2. A 3. D 4. A 5. B 6. D 7. D 8. A 9. B
10. B

三、简答题

1. 答：就位→拆卸、清洗、润滑、装配→找正→初平与地脚螺钉孔灌浆（一次灌浆）→精平与固定→精度检验、调整和试运转→验收。

2. 答：床身→主轴→横梁→升降台→工作台。

3. 答：分6步：①求圆锥顶点；②画主视图和左视图；③求锥管与圆管的结合点；④求主视图锥管与圆管的结合线；⑤画展开图；⑥画切孔展开图。

4. 答：四个阶段的顺序为：升→停（远）→降→停（近）。凸轮继续回转时，从动件将又重复这四个阶段。

5. 答：首先调整顺序阀，使其开启压力与液压缸下腔作用面积的乘积稍大于垂直运动部件的重力，这样就可以防止活塞下滑；当活塞下行时，因回油路上有一定的背压，故活塞将平稳下落。

四、计算题

1.

解：依据 $i=\frac{w_{蜗杆}}{w_{蜗轮}}=\frac{n_{蜗杆}}{n_{蜗轮}}=\frac{Z_{蜗轮}}{Z_{蜗杆}}$

得：$z_{蜗轮}=z_{蜗杆}\times i=1\times 120=120$

即：蜗轮齿数为120。

2.

解：有杆腔的流量

$$Q_{有}=\pi\left(\frac{D-d}{2}\right)^2 v=3.14\times\left(\frac{0.08-0.04}{2}\right)^2\times 0.5\ \mathrm{m^3/s}=6.28\times 10^{-4}\ \mathrm{m^3/s}$$

无杆腔的流量 $Q_{无}=\pi\left(\frac{D}{2}\right)^2 v=3.14\times\left(\frac{0.08}{2}\right)^2\times 0.5\ \mathrm{m^3/s}=25.12\times 10^{-4}\mathrm{m^3/s}$

即进入液压缸两腔的流量分别为 $6.28\times 10^{-4}\mathrm{m^3/s}$，$25.12\times 10^{-4}\ \mathrm{m^3/s}$。

试卷三

一、选择题

1. C　2. D　3. D　4. B　5. A　6. B　7. C　8. C　9. B
10. A

二、判断题

1. √　2. ×　3. ×　4. √　5. √　6. ×　7. √　8. ×　9. ×
10. √　11. √　12. ×　13. ×　14. ×　15. ×　16. √　17. √　18. √
19. ×　20. ×

三、简单题

1. 答：所谓导轨运动曲线的包容线，实际上是指夹住运动曲线且距离最小的两根平行线。

2. 答：优点：导轨高度较小，可承受一定的颠覆力矩；可使用镶条调整间隙。缺点：加工、检验都不方便；刚度差，摩擦力大。

3. 答：配刮研具要得法，上下半瓦标记打，修粗细精刮半瓦，组合刮研去误差，螺钉松紧均有序，合研斑点不虚假，整个刮好加垫片，轴瓦刮研才算完。

4. 答：安全离合器也称为过载保险装置，其作用是：在进给过程当中，当刀架移动受到阻碍或进给力过大时，使刀架在过载时能自动停止进给，从而避免了传动系统的损坏。

5. 答：有刮研法、滚切法、珩磨法。

四、计算题

1. 解：$a=Kd=0.0005\times 100=0.05$ mm

即顶间隙为0.05 mm。

2. 解：有杆腔的流量

$$Q_{有}=\pi\left(\frac{D-d}{2}\right)^2 v=3.14\times\left(\frac{0.08-0.04}{2}\right)^2\times0.05\ \mathrm{m^3/s}=6.28\times10^{-4}\ \mathrm{m^3/s}$$

无杆腔的流量 $Q_{无}=\pi\left(\frac{D}{2}\right)^2 v=3.14\times\left(\frac{0.08}{2}\right)^2\times0.5\ \mathrm{m^3/s}=25.12\times10^{-4}\ \mathrm{m^3/s}$

即进入液压缸两腔的流量分别为 $6.28\times10^{-4}\ \mathrm{m^3/s}$，$25.12\times10^{-4}\ \mathrm{m^3/s}$。